普通高等教育人工智能专业系列教材

边缘计算与智能视觉应用

主 编 林 海 许华宇 徐 卉

副主编 揭天平 曹新林 李景国 姚雪兰

中国水利水电出版社
www.waterpub.com.cn
·北京·

内 容 提 要

本书以边缘计算与视觉设计技术为主题，从边缘计算概述入手，逐步深入讲解边缘计算硬件平台、基于 AiCam 边缘计算开发基础、智能视觉技术概述、深度学习智能视觉模型、边缘计算模型的加速技术、AiCam 智能视觉应用技术和 AiCam 边缘计算应用技术，并介绍了边缘计算领域相关知识。

本书首先从边缘计算的定义、背景、重要性到发展趋势，全方位展现边缘计算在当前及未来技术生态中的关键地位；随后深入探讨边缘计算中的核心硬件平台，重点介绍树莓派和 Nvidia Jetson 嵌入式计算系统；还介绍了边缘端部署的轻量化应用框架 AiCam。另外，本书向读者展示了全面、细致的智能视觉技术，并深入探讨了深度学习在智能视觉领域的重要模型及边缘计算模型的加速技术。最后，本书基于 AiCam 框架的 OpenCV 智能视觉技术应用，并结合门禁、安防、停车的应用场景展开基于 AiCam 边缘计算应用项目开发。

本书内容丰富、深入浅出，适合人工智能边缘计算与视觉设计技术的学习者和相关人员阅读。

本书配有课件、程序源码、习题答案等，读者可以从中国水利水电出版社网站（www.waterpub.com.cn）或万水书苑网站（www.wsbookshow.com）免费下载。

图书在版编目（CIP）数据

边缘计算与智能视觉应用 / 林海，许华宇，徐卉主编． -- 北京：中国水利水电出版社，2025.4． --（普通高等教育人工智能专业系列教材）． -- ISBN 978-7-5226-3408-1

Ⅰ．TN929.5；TP302.7

中国国家版本馆 CIP 数据核字第 2025BP0313 号

策划编辑：陈红华　　　责任编辑：张玉玲　　　封面设计：苏　敏

书　名	普通高等教育人工智能专业系列教材 边缘计算与智能视觉应用 BIANYUAN JISUAN YU ZHINENG SHIJUE YINGYONG
作　者	主　编　林　海　许华宇　徐　卉 副主编　揭天平　曹新林　李景国　姚雪兰
出版发行	中国水利水电出版社 （北京市海淀区玉渊潭南路 1 号 D 座　100038） 网址：www.waterpub.com.cn E-mail：mchannel@263.net（答疑） 　　　　sales@mwr.gov.cn 电话：（010）68545888（营销中心）、82562819（组稿）
经　售	北京科水图书销售有限公司 电话：（010）68545874、63202643 全国各地新华书店和相关出版物销售网点
排　版	北京万水电子信息有限公司
印　刷	三河市鑫金马印装有限公司
规　格	184mm×260mm　16 开本　20.25 印张　492 千字
版　次	2025 年 4 月第 1 版　2025 年 4 月第 1 次印刷
印　数	0001—2000 册
定　价	55.00 元

凡购买我社图书，如有缺页、倒页、脱页的，本社营销中心负责调换

版权所有·侵权必究

前　言

为贯彻落实党的二十大精神和党中央、国务院有关决策部署，按照《关于深化现代职业教育体系建设改革的意见》《国家职业教育改革实施方案》的要求，坚持以教促产、以产助教，不断延伸教育链、服务产业链、支撑供应链、打造人才链、提升价值链，加快形成产教良性互动、校企优势互补的产教深度融合发展格局，持续优化人力资源供给结构，为全面建设社会主义现代化国家提供强大人力资源支撑。本书的编写，正是顺应了国家职业教育改革的发展趋势，以及行业对高素质技术技能人才的迫切需求。

本书共 8 章，系统地介绍了边缘计算和智能视觉技术的相关知识与应用。第 1 章"边缘计算概述"为读者提供了一个全面而深入的边缘计算概述，从定义、背景、重要性到发展趋势，全方位展现边缘计算在当前及未来技术生态中的关键地位。第 2 章"边缘计算硬件平台"深入探讨了边缘计算中的核心硬件平台，重点介绍树莓派和 Nvidia Jetson 两种嵌入式计算系统，并简要介绍了 VMware 虚拟机及 Ubuntu 的安装与配置。第 3 章"基于 AiCam 边缘计算开发基础"从简单到复杂，循序渐进地介绍了基于 AiCam 框架的智能视觉应用技术。第 4 章"智能视觉技术概述"向读者展示了一个全面而细致的智能视觉技术概述，从定义、背景、主要技术到发展趋势，全方位展现智能视觉技术在当前及未来技术生态中的关键地位。第 5 章"深度学习智能视觉模型"深入探讨了 FSRCNN 图像超分辨率重建模型、MobileNet 图像分类模型和 YOLO 目标检测模型，并重点关注了模型在边缘设备上的部署问题。第 6 章"边缘计算模型的加速技术"重点介绍了 NVIDIA 开发的 TensorRT 优化库，帮助读者全面理解和掌握边缘计算中的模型加速技术。第 7 章"AiCam 智能视觉应用技术"进一步探讨了基于 AiCam 框架的 OpenCV 智能视觉技术应用，包括车辆识别、数字识别、手势识别、人体识别和语音识别等。第 8 章"AiCam 边缘计算应用技术"延续了前几章的内容，从简单到复杂，循序渐进地介绍了基于 AiCam 框架的边缘计算应用技术。

本书由湛江幼儿师范专科学校的林海、许华宇、徐卉任主编，揭天平、曹新林［中智讯（武汉）科技有限公司］、李景国（惠州 TCL 移动通信有限公司）、姚雪兰（湛江科技学院）任副主编，具体编写分工如下：第 1 章和第 4 章由徐卉、揭天平编写，第 2 章、第 5 章、第 6 章由林海、李景国编写，第 3 章、第 7 章、第 8 章由许华宇、姚雪兰、曹新林编写。在本书的编写过程中，编者得到了湛江幼儿师范专科学校信息科学系全体教师的鼎力支持。另外，王骥教授对全书的编写工作提出了许多宝贵的指导意见。

通过学习本书，读者不仅能够掌握边缘计算和智能视觉技术的基础知识，还能够在实践中运用所学知识解决实际问题，提高算法素养、信息素养和职业素养，为国家科技创新和产业发展贡献力量。本书注重培养学生的创新精神和责任意识，鼓励其将所学知识应用于实际问题，为推动我国人工智能技术的发展和应用作出贡献，以科技创新助力国家发展战略，实现技术自立自强，也有利于培养该领域人才，提高人工智能边缘计算与视觉设计技术的创新条件基础及核心竞争力。

  由于编者水平有限，书中难免存在不妥之处，敬请广大读者谅解。

编 者

2025 年 1 月

目 录

前言

第1章 边缘计算概述·················1
1.1 从GPU计算到嵌入式计算·········1
1.1.1 GPU计算···················1
1.1.2 GPU嵌入式设备介绍··········3
1.2 走进边缘计算····················6
1.2.1 边缘计算的概念··············6
1.2.2 边缘计算的发展阶段··········7
1.2.3 边缘计算的特点与优势········7
1.3 Ubuntu系统·····················8
1.3.1 Ubuntu系统概述··············9
1.3.2 Ubuntu系统安装··············9
1.4 机器人操作系统·················11
1.4.1 ROS的基本概念和特点········12
1.4.2 ROS的架构和设计············14
1.4.3 ROS的版本和发展············15
1.4.4 ROS的应用··················16
单元测试···························18

第2章 边缘计算硬件平台············21
2.1 树莓派嵌入式计算平台···········21
2.1.1 树莓派硬件介绍··············22
2.1.2 树莓派在边缘计算中的应用案例····30
2.2 VMware虚拟机···················34
2.2.1 VMware虚拟机的特点·········35
2.2.2 虚拟机的Ubuntu系统安装与配置····36
2.3 Ubuntu开发环境的安装与配置·····39
2.3.1 Miniconda安装···············39
2.3.2 Conda安装虚拟环境··········41
2.3.3 PyTorch安装·················42
2.3.4 PyCharm安装与使用··········43
2.4 NVIDIA Jetson嵌入式计算平台···46
2.4.1 系列产品介绍················46
2.4.2 GPIO硬件资源介绍···········49
2.4.3 RGB LED灯实验··············51
2.4.4 有源蜂鸣器实验··············53
2.4.5 全彩LED灯实验··············54
2.4.6 轻触按键实验················56
2.4.7 OLED显示实验···············57
单元测试···························59

第3章 基于AiCam边缘计算开发基础···63
3.1 AiCam边缘框架认知·············63
3.1.1 AiCam框架结构··············63
3.1.2 开发平台的介绍··············71
3.1.3 开发工具的使用··············76
3.1.4 应用案例····················81
3.2 基于AiCam边缘算法开发·········84
3.2.1 边缘智能算法类与方法········85
3.2.2 基于实时推理接口调用开发····86
3.2.3 基于单次推理接口调用开发····88
3.3 基于AiCam边缘计算模型开发·····91
3.3.1 边缘智能模型的训练··········92
3.3.2 边缘智能模型的推理·········101
3.3.3 模型接口开发···············105
3.3.4 边缘模型算法开发···········109
单元测试··························111

第4章 智能视觉技术概述···········116
4.1 目标检测技术···················116
4.1.1 定义与概述·················117
4.1.2 主流算法···················118
4.1.3 挑战与发展·················122
4.2 人体姿势识别技术···············122
4.2.1 定义与概述·················122
4.2.2 主流算法···················124

4.2.3 挑战与发展 …… 127
4.3 图像分割技术 …… 128
　4.3.1 定义与概述 …… 128
　4.3.2 主流算法 …… 129
　4.3.3 挑战与发展 …… 133
4.4 图像分类技术 …… 134
　4.4.1 定义与概述 …… 134
　4.4.2 主流算法 …… 135
　4.4.3 挑战与发展 …… 140
4.5 人脸识别技术 …… 141
　4.5.1 定义与概述 …… 141
　4.5.2 主流算法 …… 142
　4.5.3 挑战与发展 …… 145
4.6 车牌识别技术 …… 146
　4.6.1 定义与概述 …… 146
　4.6.2 主流算法 …… 147
　4.6.3 挑战与发展 …… 149
4.7 目标追踪技术 …… 150
　4.7.1 定义与概述 …… 150
　4.7.2 主流算法 …… 151
　4.7.3 挑战与发展 …… 153
单元测试 …… 154

第 5 章 深度学习智能视觉模型 …… 157
5.1 FSRCNN 图像超分辨率重建模型 …… 157
　5.1.1 FSRCNN 模型架构详解 …… 157
　5.1.2 FSRCNN 模型实现 …… 158
　5.1.3 FSRCNN 模型训练环境要求 …… 161
　5.1.4 FSRCNN 模型训练 …… 162
　5.1.5 模型在边缘设备上的部署 …… 164
5.2 MobileNet 图像分类模型 …… 166
　5.2.1 MobileNetV3 模型架构解析 …… 166
　5.2.2 MobileNet 模型实现 …… 167
　5.2.3 MobileNet 模型训练环境要求 …… 168
　5.2.4 MobileNet 模型训练 …… 170
　5.2.5 模型在边缘设备上的部署 …… 173
5.3 YOLO 目标检测模型 …… 174
　5.3.1 YOLO 算法原理介绍 …… 174

5.3.2 YOLO 模型版本演进（v1～v8）…… 175
5.3.3 YOLO 模型训练数据标注 …… 176
5.3.4 数据集扩展 …… 179
5.3.5 YOLO 模型训练 …… 182
5.3.6 YOLO 模型在边缘设备上的推理 …… 185
单元测试 …… 186

第 6 章 边缘计算模型的加速技术 …… 189
6.1 TensorRT 简介 …… 189
　6.1.1 TensorRT 概述 …… 189
　6.1.2 TensorRT 的工作原理 …… 190
6.2 Jetson TX2 安装 YOLOv8 …… 191
　6.2.1 Jetpack 的检查与升级 …… 191
　6.2.2 创建 Conda 环境 …… 193
　6.2.3 安装 PyTorch …… 193
　6.2.4 配置 TensorRT Pybind …… 194
6.3 TensorRT Engine 构建 …… 194
6.4 TensorRT 部署 …… 195
　6.4.1 TensorRT Engine 加载及推理 …… 196
　6.4.2 TensorRT 推理代码 …… 196
单元测试 …… 198

第 7 章 AiCam 智能视觉应用技术 …… 200
7.1 OpenCV 计算机视觉基础 …… 200
　7.1.1 OpenCV 简介 …… 200
　7.1.2 OpenCV 安装 …… 203
　7.1.3 OpenCV 示例 …… 206
7.2 图像基础算法 …… 209
　7.2.1 图像采集与图像标记 …… 209
　7.2.2 图像转换与图像变换 …… 216
　7.2.3 图像边缘检测 …… 222
7.3 图像基础应用 …… 224
　7.3.1 颜色与形状识别 …… 225
　7.3.2 数字与二维码识别 …… 229
　7.3.3 人脸检测与人脸关键点 …… 232
　7.3.4 人脸识别与目标追踪 …… 235
7.4 深度学习应用 …… 240
　7.4.1 人脸检测 …… 240
　7.4.2 人脸识别 …… 244

7.4.3　手势识别 ················ 246
　单元测试 ························ 249
第8章　AiCam 边缘计算应用技术 ········ 253
　8.1　智慧门禁系统应用开发 ············ 253
　　8.1.1　系统分析与功能设计 ········ 253
　　8.1.2　开发流程与算法交互 ········ 258
　　8.1.3　结果与应用验证 ············ 261
　8.2　智慧安防系统应用开发 ············ 267
　　8.2.1　系统分析与功能设计 ········ 267
　　8.2.2　开发流程与算法交互 ········ 270
　　8.2.3　结果与应用验证 ············ 273

　8.3　智慧停车系统应用开发 ············ 277
　　8.3.1　系统分析与功能设计 ········ 277
　　8.3.2　开发流程与算法交互 ········ 280
　　8.3.3　结果与应用验证 ············ 285
　8.4　流感防疫监测系统应用开发 ········ 290
　　8.4.1　系统分析与功能设计 ········ 290
　　8.4.2　开发流程与算法交互 ········ 298
　　8.4.3　结果与应用验证 ············ 302
　单元测试 ························ 306
参考文献 ·························· 313

第 1 章 边缘计算概述

本章导读

本章旨在为读者提供一个全面、深入的边缘计算概述，从定义、背景、重要性到发展趋势，全方位展现边缘计算在当前及未来技术生态中的关键地位。边缘计算作为云计算的延伸和补充，逐步成为推动数字化转型、实现万物互联的重要力量。边缘计算是一种分布式计算架构，它将数据处理、存储和服务功能转移到数据产生的边缘位置，即接近数据源和用户的位置，它不是依赖中心化的数据中心或云计算平台。边缘计算的核心思想是在靠近终端设备的位置处理数据，以降低延迟、减少带宽需求、提升数据隐私和增强实时性。同时，本章简要介绍了 Ubuntu 系统的安装配置、NVIDIA Jetson 嵌入式计算平台，理论联系实际。通过学习本章，读者能够认识到边缘计算作为新一代信息技术的重要组成部分，将为构建更加智能、高效、安全的社会提供有力支撑，让读者感受到科技进步对国家发展和个人成长的巨大推动力，引导读者树立正确的科技观和价值观，明确科技工作者的社会责任和道德底线。

1.1 从 GPU 计算到嵌入式计算

早期计算机中的计算都是由中央处理器（Central Processing Unit，CPU）处理的，如图 1-1 所示。CPU 集各种运算能力于一体，内部包含几十种执行单元，各执行单元用于处理不同的指令，这使得 CPU 在支持多种运算的基础上有着出色的调度能力。

1.1.1 GPU 计算

1. GPU 的诞生

图 1-1 CPU

1999 年，英伟达（NVIDIA）公司发明了图形处理单元（Graphic Processing Unit，GPU），其极大地推动了个人计算机（Personal Computer，PC）游戏市场的发展，重新定义了现代计算机图形技术，并提供了新的计算方式——GPU 计算。早期 GPU 是一种图形处理设备，但如今它已作为一种通用设备服务于多个领域。在超算领域，它赋能当今最快的超级计算机；在人工智能领域，它作为深度学习的主要平台，为自动驾驶、机器人以及智能摄像头等设备提供智能。与此同时，它依然能够以实时的帧率生成令人信服的逼真的高质量图像。GPU 的演进主要是通过增加新特性支持新的应用场景。GPU 计算定义了一种全新的超负荷定律，它始于高度专业化的并行处理器，通过系统设计、系统软件、算法优化应用程序的方式持续发展。2006 年，

NVIDIA 公司开发的计算机统一设备体系结构（Compute Unified Device Architecture，CUDA）编程模型和 Tesla GPU 平台让通用型计算拥有 GPU 并行处理的能力，一种强大的新型计算方法由此诞生。GPU 计算可以提供非凡的应用程序性能，将应用程序计算密集部分的工作负载转移到 GPU，同时仍由 CPU 运行其余程序代码。从用户的角度看，应用程序的运行速度明显提高。理解 GPU 与 CPU 区别的一种简单方式是比较其处理任务的方式。CPU 由专为顺序串行处理而优化的几个核心组成，而 GPU 拥有由专门为同时处理多重任务设计的数以千计更小、更高效的核心组成的大规模并行计算架构。GPU 计算对计算密集型和易并行的程序有非常出色的加速性能，随着性能的提升，NVIDIA 公司的 GPU 逐步发展成为虚拟现实、高性能计算和人工智能的计算机"大脑"。

CPU 更擅长处理复杂的顺序计算和控制任务，而 GPU 专注于大规模并行计算。这种差异使得 GPU 在计算密集型任务中表现出色，尤其是在需要处理大量简单计算任务的场景中。

在边缘计算日益重要的节点上，NVIDIA 公司陆续推出系列边缘运算模组。2015 年 11 月至 2019 年初，其陆续发布了 4 款 Jetson 嵌入式计算平台：Jetson TX1 及其升级版 NVIDIA Jetson TX2，NVIDIA Jetson Xavier Jetson Nano，NVIDIA Jetson Xavier Jetson TX2 和 NVIDIA Jetson Nano（图 1-2），分别对应着高端、中端和低端三个需求平台，它们相互补充，可以为人工智能从业者和机器人开发人员提供完整的产品开发框架。其既是目前应用较广的 GPU 嵌入式设备，又是性能较好的边缘端人工智能平台。

图 1-2 NVIDIA Jetson Nano

2. GPU 计算的应用领域

（1）图形渲染。GPU 最初用于图形渲染，能够加速三维模型的渲染过程，提高视觉效果。GPU 通过并行处理大量图形数据，能够显著加速图形的渲染和填充过程。在图形渲染过程中，GPU 负责处理着色、光栅化、纹理映射等关键步骤，从而提高渲染速度和渲染效率。由于 GPU 专注于图形处理任务，因此可以分担 CPU 的工作负载，使 CPU 更专注于执行其他任务。这种分工合作的方式不仅提高了系统的整体性能，还延长了设备的续航时间。现代 GPU 配备强大的渲染引擎和专用的硬件加速单元（如光线追踪单元），能够生成更加逼真、高质量的图像效果，对于影视动画、建筑表现、CG（Computer Graphics，计算机图形）广告等领域来说尤为重要。

（2）深度学习和人工智能。随着人工智能技术的不断发展，GPU 在深度学习、机器学习等领域的应用越来越广泛。GPU 可以加速神经网络的训练和推理过程，提高人工智能系统的性能和效率。深度学习需要大量计算资源，尤其是大量矩阵运算和浮点运算。GPU 的并行计算能力可以显著加速这些计算过程，使得深度学习的训练和推理过程更加高效。例如，在图像处理、语音识别、自然语言处理等任务中，GPU 可以显著提高计算速度，使得模型训练时间大幅缩短。GPU 通常具有比 CPU 大的内存空间，使得深度学习算法可以在 GPU 上处理更大的数据集，这对于需要处理大规模数据的深度学习任务来说尤为重要。因为 GPU 具有强大的并行计算能力，所以它可以同时处理多个神经网络的训练任务，从而缩短训练时间，提高模型的准确性和效率。GPU 支持许多流行的深度学习框架（如 TensorFlow、PyTorch 等），这些框架可以利用 GPU 的并行计算能力更快地训练深度学习模型，从而研究人员和开发者能够更方便地利用 GPU 进行深度学习研究。

（3）其他领域。GPU 计算广泛应用于影视制作、加密货币挖掘、金融分析等领域，如图 1-3 所示。

图 1-3　GPU 在其他领域的应用

1.1.2　GPU 嵌入式设备介绍

GPU 嵌入式设备是指集成 GPU 的嵌入式系统设备，通常用于需要高性能图形处理能力的应用场景，如图像识别、视频处理、游戏开发、虚拟现实（Virtual Reality，VR）和增强现实（Augmented Reality，AR）等。下面详细介绍 GPU 嵌入式设备。

1. 定义与特点

GPU 嵌入式设备是将 GPU 集成到嵌入式系统，使其具备强大的图形处理能力的设备。这些设备通常具有较小的体积、较低的功耗和较高的性能，适用于专用设备和便携式设备。图 1-4 为 NVIDIA 发布的超级嵌入式人工智能平台 Jetson TX2。

2. 特点

GPU 嵌入式设备通过集成高性能的 GPU，能够实现高效的图形渲染和计算，满足复杂图形处理的需求；并具有低能耗、小体积和实时性的特点。

图 1-4　NVIDIA 发布的超级嵌入式人工智能平台 Jetson TX2

3. 工业控制

在工业自动化、智能制造等领域，GPU 嵌入式设备可用于实现复杂的机器视觉、图像处理等任务，以提高生产效率和产品质量。GPU 工业控制嵌入式设备是指集成 GPU 芯片的嵌入式系统，专为工业控制应用设计。这类设备不仅具备传统嵌入式系统的优点（如高可靠性、低功耗、小型化等），还通过加入 GPU 而大幅提升了在图形处理、图像处理、并行计算等方面的能力。GPU 的并行处理能力使得工业控制中的大规模数据处理和复杂计算任务高效完成，提升了控制系统的整体性能。对于需要快速响应的工业控制场景，GPU 的实时计算能力可以确保系统及时作出反应，以满足生产过程的实时性需求。工业控制嵌入式设备通常采用工业级硬件设计，具备防尘、防震、抗干扰等特性，能够在恶劣的工业环境下稳定运行。为了满足长时间持续运行的需求，设计 GPU 工业控制嵌入式设备时需考虑降低功耗，以延长设备的使用寿命。图 1-5 为研凌国产 ZPC-X4（H110）可扩展插槽工控机。

图 1-5　研凌国产 ZPC-X4（H110）可扩展插槽工控机

4. 医疗设备

GPU 医疗设备嵌入式设备结合了 GPU 的高性能图形处理能力和嵌入式系统的稳定性与可靠性，专为医疗领域设计。这种设备能够处理复杂的医学影像数据，实现高分辨率图像的实时渲染和分析，为医生提供更精确的诊断依据，并具有高分辨率成像的优势。由于 GPU 具有较强的图形处理能力，因此医疗设备能够生成更清晰、更细腻的医学影像，有助于医生发现微小病变和异常；由于 GPU 具有并行计算能力，因此可以加速图像处理算法，实现医学影像的实时分析和实时处理，以提高诊断效率；GPU 支持复杂的三维图形渲染技术，可以将二维医学影像数据转换为三维模型，帮助医生更直观地理解人体结构；通过结合 GPU 与 AI 技术，

GPU 医疗设备嵌入式设备可以实现对海量医学影像数据的自动分析和人工智能（Artificial Intelligence，AI）辅助诊断，以提高诊断的准确性和效率。图 1-6 为 GPU 在医疗领域的医学成像应用。

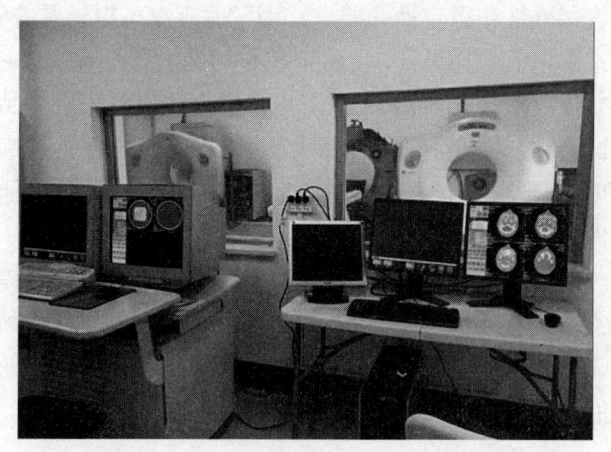

图 1-6　GPU 在医疗领域的医学成像应用

5. 安防监控

在安防领域，GPU 安防监控嵌入式设备可用于实现智能视频监控、人脸识别等任务，以提高监控系统的智能化水平。GPU 专为图像处理设计，能够实现视频图像的高效处理，包括视频解码、编码、压缩、增强等，以提高监控视频的清晰度和流畅度。结合深度学习等人工智能技术，GPU 安防监控嵌入式设备能够实现对监控视频中的行人、车辆、行为等目标的智能识别和分析，以提高监控的智能化水平。通过实时分析监控视频，该设备能够及时发现异常情况并发出预警，同时支持快速响应和联动控制，以提高安防监控的实时性和有效性。在公共场所、商业区、住宅区等区域部署 GPU 安防监控嵌入式设备，可以实现对人员流动、车辆行驶、异常行为等的实时监控和智能分析。在交通路口、高速公路等区域应用 GPU 安防监控嵌入式设备，可以实现对交通流量、违章行为等的实时监控和智能管理。作为智慧城市的重要组成部分，GPU 安防监控嵌入式设备能够与其他城市管理系统联动，以实现城市安全、交通、环境等多方面的智能化管理。图 1-7 为城市安防监控系统。

图 1-7　城市安防监控系统

6. 汽车电子

GPU 汽车电子嵌入式设备是指将 GPU 集成到汽车电子控制系统中，通过嵌入式技术实现特定功能的设备。这种设备通常具备较高的计算能力、低功耗、高可靠性等特点，能够满足汽车电子系统对实时性、精确性和稳定性的要求。为了适应汽车电子系统的特殊需求，GPU 汽车电子嵌入式设备通常采用低功耗设计，以保证在长时间运行过程中的稳定性和可靠性。汽车电子系统对设备的可靠性要求极高，GPU 汽车电子嵌入式设备采用高品质的元器件、严格的制造工艺和专业的测试流程，以保证在各种恶劣环境下正常工作。为了满足汽车电子系统对空间和质量的限制，GPU 汽车电子嵌入式设备通常采用高度集成化的设计，将多个功能模块集成在一个紧凑的封装内。

GPU 汽车电子嵌入式设备在汽车电子系统中发挥重要作用，通过提供高性能的计算能力和高效的图形渲染能力，其为自动驾驶、智能车载系统、机器视觉等领域提供强大的支持。随着技术的不断发展，GPU 汽车电子嵌入式设备将向集成化、智能化、低功耗和安全性方向发展，为汽车电子系统的进步和发展作出更大贡献。

1.2 走进边缘计算

边缘计算是指在靠近物或数据源头的一侧采用网络、计算、存储、应用核心能力为一体的开放平台，就近提供最近端服务。其应用程序在边缘侧发起，产生更快的网络服务响应，满足行业在实时业务、应用智能、安全与隐私保护等方面的基本需求。通过将计算和存储能力下沉到边缘设备，边缘计算的数据传输距离短和网络压力降低，提高了数据处理效率和响应速度提高。

1.2.1 边缘计算的概念

边缘计算（Edge Computing）是在网络边缘执行计算任务的一种新型计算模式。其中"网络边缘"通常指的是数据源和终端设备的位置，即更接近用户或物理世界的一端，而非传统的数据中心或云端。边缘计算通过将数据处理、存储和应用服务的执行从中心化的云端推向网络的边缘，可以提高数据处理的实时性、减少网络带宽消耗、增强数据隐私保护，并提高整体系统的效率和响应速度。

边缘计算允许在本地或接近数据源的地方初步处理和分析数据，只将必要的数据或处理结果发送到云端或数据中心以进一步存储和分析，减少了数据传输的延迟和带宽需求，同时有助于保护敏感数据不被未授权访问。

边缘计算的核心思想是利用分布在网络边缘的计算资源和服务（如智能设备、传感器、网关、小型数据中心等）支持实时、智能、协同和安全的计算需求。这些计算资源可以根据实际应用场景的需求进行动态配置和优化，以满足不同行业和不同领域的特定需求。

总之，边缘计算是一种将计算资源和服务推向网络边缘的新型计算模式，它通过提高数据处理的实时性、减少网络带宽消耗、增强数据隐私保护等优化整体系统的性能和效率。

1.2.2 边缘计算的发展阶段

边缘计算的发展可以大致划分为以下 5 个阶段。

1. 本地计算阶段

在本地计算阶段，计算设备和数据存储设备在同一个设备中，例如早期的计算机和打印机。这个阶段的特点是数据量和计算量较小，对计算速度和实时性的要求不高。由于计算和数据存储都在本地完成，因此不存在数据传输的延迟问题，但这也限制了计算能力的扩展和资源的共享。

2. 云计算阶段

随着云计算技术的兴起，计算设备和数据存储设备开始位于不同的位置，并通过网络连接。云计算能够处理大量数据，并具有高可用性、可扩展性和安全性等优点。然而，由于需要将数据传输到远程数据中心处理，因此带来了数据传输的延迟和网络安全等问题。在云计算阶段，虽然计算资源得到了极大的扩展和共享，但实时性和安全性成为新的挑战。

3. 边缘计算阶段

为了克服云计算在实时性和安全性方面的不足，边缘计算应运而生。边缘计算强调将计算设备和数据存储设备推向离用户更近的边缘设备，如传感器、智能手机、智能眼镜等。这种计算模式可以显著减少数据传输的延迟、提高系统的实时性、降低数据泄露的风险。在边缘计算阶段，计算和数据处理能力被推向网络的边缘，使得数据处理更高效、更可靠。

4. 雾计算阶段（与边缘计算并行发展）

在边缘计算的发展过程中，雾计算（Fog Computing）作为一个与边缘计算并行发展的概念起到了重要作用。雾计算是由思科（Cisco）公司提出的一种分层计算模型，它强调在网络边缘处理数据，并将处理后的数据传输到云端进行存储和分析。雾计算为物联网领域的发展提供了新的思路，并与边缘计算共同推动了数据处理和分析能力的提升。

5. 融合发展阶段

随着技术的不断进步和应用场景的不断扩大，边缘计算与云计算、雾计算等技术的融合发展趋势日益明显。整合不同计算模式的优势，可以构建更灵活、更高效和更安全的计算架构，以满足不同行业和领域的多样化需求。例如，在智能城市、自动驾驶等复杂应用场景中，边缘计算与云计算、雾计算的融合将发挥更加重要的作用。

综上所述，边缘计算的发展经历了从本地计算到云计算再到边缘计算（及雾计算）的演变过程。每个阶段都有独特的特点和挑战，而边缘计算作为新一代计算模式正逐步成为构建智能化、高效率和安全网络架构的重要组成部分。

1.2.3 边缘计算的特点与优势

1. 特点

边缘计算具有以下特点。

（1）低延迟。由于数据处理发生在离数据源更近的地方，因此采用边缘计算可以显著减少数据传输的时间，这对于需要实时响应的应用场景尤为重要，如自动驾驶、远程手术和工业自动化等。

（2）带宽优化。不是所有的数据都需要传输到数据中心或云端处理。边缘计算允许在本地过滤和处理大量数据，只将关键信息或需要进一步分析的数据发送到中心位置，从而减轻了网络带宽的压力。

（3）隐私和安全。因为需要跨网络传输的数据更少，所以本地处理敏感数据可以减少数据泄露的风险。同时，边缘设备可以采用更严格的本地安全策略和加密措施保护数据。

（4）自主性和灵活性。边缘设备通常具有一定的自主决策能力，可以在没有中央控制的情况下运行，使得系统更灵活、更健壮，能够应对网络中断等意外情况。

（5）可扩展性和分布式。随着物联网（Internet of Things，IoT）设备数量的爆炸式增长，边缘计算提供了可扩展的解决方案，允许在更广泛的地理区域内部署计算资源，以满足不同应用场景的需求。

2. 优势

与传统的云计算模式相比，边缘计算具有多个显著优势，使得边缘计算在处理实时性、带宽需求、数据隐私和安全性等方面表现出色。以下是边缘计算的主要优势。

（1）低延迟和高实时性。边缘计算将数据处理和分析任务移至网络边缘，即设备或数据源附近，显著减少了数据传输的延迟，因为数据不需要经过长距离的网络传输到数据中心或云端处理。这种低延迟特性对需要快速响应的应用场景至关重要，如自动驾驶、远程手术和工业自动化等。

（2）带宽优化。由于边缘计算能够在本地处理大量数据，只有必要的数据才会被发送到云端一步分析或存储，因此降低了对网络带宽的需求，特别是在带宽有限或昂贵的地区，同时减少数据传输量，即降低了网络拥堵的风险。

（3）数据隐私和安全性。边缘计算增强了数据隐私保护，由于在本地处理敏感数据，从而减少了数据在传输过程中被拦截或泄露的风险。此外，边缘计算还可以实现更细粒度的安全控制（如数据加密和访问控制），以确保数据在边缘设备上的安全性。

（4）可扩展性和灵活性。边缘计算支持分布式部署和动态扩展。随着设备的增加或应用需求的变化，可以轻松地在网络边缘添加更多计算资源，这种灵活性使得边缘计算能够适应各种复杂多变的应用场景。

（5）降低运营成本。边缘计算可以减少对数据中心和云服务的依赖，从而降低运营成本。由于在本地处理数据，因此减少了数据传输和存储的费用。此外，边缘计算还可以提高设备的能效，减少能源消耗和碳排放量。

综上所述，边缘计算在实时性、带宽优化、数据隐私和安全性、可扩展性、运营成本、本地智能以及离线操作等方面具有显著优势，这些优势使得边缘计算在物联网、智能制造、智慧城市、自动驾驶等领域得到广泛应用。

1.3 Ubuntu 系 统

Ubuntu 系统是一个基于 Debian 的开源操作系统，以桌面应用为主，同时可用于服务器和云环境。

1.3.1 Ubuntu 系统概述

Ubuntu 系统由南非企业家马克·沙特尔沃思（Mark Shuttleworth）于 2004 年创立。Ubuntu 的名称源于非洲南部祖鲁语或科萨语的"ubuntu"一词，意为"人性"或"我的存在是因为大家的存在"，体现了非洲传统的一种价值观。Ubuntu 旨在为一般用户提供一个既最新又相当稳定的操作系统，主要由自由软件构建而成。Ubuntu 系统拥有庞大的社区力量支持，用户可以方便地从社区获得帮助。其广泛应用于个人计算机、服务器、移动设备等领域。因为其具有开源、免费、易用、稳定和安全的特点，所以成为许多用户和企业的首选操作系统。

Ubuntu 系统每六个月发布一个新版本，每两年发布一个长期支持（Long Term Supportlts, LTS）版本。LTS 版本会获得更长时间的更新和支持，确保用户持续获得最新的技术和安全更新。Ubuntu 系统的版本命名遵循"Y.MM（开发代号）"格式，其中 Y 代表年份，MM 代表月份。例如，Ubuntu 20.04 LTS 是一个长期支持版本，发布于 2020 年 4 月。

综上所述，Ubuntu 系统因易用性、稳定性、安全性、开源性和丰富的应用程序库而赢得了广大用户的喜爱和信赖。无论是个人用户还是企业用户，都可以从 Ubuntu 系统中获得高质量的计算体验。

1.3.2 Ubuntu 系统安装

1. 下载 Ubuntu

从清华大学开源软件镜像站（图 1-8）下载 Ubuntu 桌面版本 Index of /ubuntu-releases/22.04/。

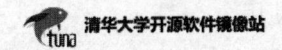

图 1-8 清华大学开源软件镜像站

2. 下载 UltraISO 软件

在 UltraISO 官方网站下载 UltraISO 软件，页面如图 1-9 所示。

图 1-9　UltraISO 软件下载页面

3. 制作 Ubuntu 系统 U 盘启动盘

（1）插上格式化后的 U 盘，单击安装好的 UltraISO 软件，继续使用。

（2）单击菜单"文件"→"打开"命令，选择下载好的 ubuntu-22.04-desktop-amd64.iso。

（3）单击菜单"启动"→"写入硬盘映像"命令，按提示操作即可。

4. 安装

在主机插入 U 盘，计算机进入开机界面前按 F8 键，选择设置启动设备为 USB（UEFI），从 USB 设备启动 Ubuntu 系统，后续按提示操作即可。

注意：

（1）选择语言时选择中文，这样后面的安装步骤都是中文提示。

（2）安装类型：如果这台计算机第一次使用或者安装过其他东西但不想用了，就可选择清除整个磁盘并安装 Ubuntu 系统。

（3）选择时区时单击地图，下面显示 shanghai 即可。

5. 安装完毕后重启

安装完成后重启计算机。重启后，界面有相关提示，将 U 盘拔出。

6. 更新包，安装显卡驱动

更新本地包索引，更新系统中已安装的软件包到最新版本，按 Ctrl+Alt+T 组合键打开终端，依次输入下面两行代码，按提示操作。

```
sudo apt update
sudo apt upgrade
```

7. 界面介绍

Ubuntu 系统通常基于 GNOME 桌面环境，它包括以下元素。

（1）桌面：桌面能看到的整个屏幕，可以在桌面上放置文件和文件夹。

（2）任务栏。任务栏位于屏幕顶部，通常包含应用程序启动器、系统菜单、通知区域等。

（3）应用程序启动器。应用程序启动器通常位于任务栏左侧，包含常用的应用程序图标，可以在这里启动应用程序。

8. 应用程序的安装和卸载

在 Ubuntu 系统中，可以通过软件中心或命令行安装和卸载应用程序。

（1）安装。打开终端，使用 apt 命令安装应用程序。在输入安装命令前，运行"sudo apt update"更新软件包列表。

（2）卸载。打开"Ubuntu 软件"应用程序，在"已安装"选项卡中找到想要卸载的应用程序，单击"删除"按钮即可。

9. 文件管理

在 Ubuntu 系统中，可以使用文件管理器浏览、创建、复制和删除文件和文件夹。

（1）浏览文件和文件夹。打开文件管理器（通常是 Nautilus），可以通过单击左侧的目录树或右侧显示的文件夹浏览文件和文件夹。

（2）创建文件和文件夹。在文件管理器中右击空白处，在弹出的快捷菜单中选择"创建文件"或"创建文件夹"命令，创建新文件或文件夹；也可以通过菜单栏中的相应选项创建文件或文件夹。

（3）复制文件和文件夹。如果要复制文件或文件夹就可以右击，在弹出的快捷菜单中选择"复制"命令，在目标位置右击，在弹出的快捷菜单中选择"粘贴"命令。也可以使用组合键 Ctrl+C 和 Ctrl+V 复制和粘贴。

（4）删除文件和文件夹。如果要删除文件或文件夹就可以右击，在弹出的快捷菜单中选择"删除"命令，或者直接按 Delete 键，系统会确认是否要永久删除文件或将其移至垃圾箱。注意，删除文件或文件夹后无法恢复，需谨慎操作。

10. 终端的使用

在 Ubuntu 系统中，可以通过在应用程序菜单中搜索"终端"或使用 Ctrl+Alt+T 组合键打开终端。终端提供一个文本界面，允许通过输入命令执行各种操作，如浏览文件系统、管理软件包、执行脚本等。

1.4 机器人操作系统

机器人操作系统（Robot Operating System，ROS）是一个开源的、灵活的、用于编写机器人软件的框架。它提供一系列工具、库和约定，旨在帮助开发人员创建先进的机器人应用程序。

1.4.1 ROS 的基本概念和特点

1. 基本概念

ROS 是一个用于编写机器人软件的灵活框架，集成大量工具、库、协议，提供类似操作系统的功能，可以简化复杂的机器人平台下的复杂任务创建与稳定行为控制。ROS 主要由核心通信机制、开发工具、应用功能和生态系统等组成。其中，核心通信机制包括话题、服务和参数管理等；开发工具包括用于编写、编译、调试机器人应用程序的工具和库函数；应用功能涵盖导航、视觉、语音、控制等机器人应用；生态系统是一个为机器人开发设计的开源框架和工具集合，提供模块化的通信、硬件抽象、代码复用和协作开发环境。ROS 广泛应用于各种机器人领域，包括服务机器人、工业机器人、科研教育机器人等。在服务机器人领域，ROS 可以帮助机器人实现导航、物体识别、交互任务等功能；在工业机器人领域，ROS 可以用于机器人协作、质量检测、装配作业等环节；在科研教育领域，ROS 是教学和研究的理想平台，有助于快速搭建实验环境、验证算法和原型设计。图 1-10 为亚博智能发布的 ROSMASTER X3 教育机器人。

图 1-10 亚博智能发布的 ROSMASTER X3 教育机器人

ROSMASTER X3 教育机器人是一款基于 ROS 开发的麦轮全向移动机器人，它支持将 NVIDIA Jetson 系列主板和树莓派 4B 作为主控，并搭载激光雷达、深度相机等高性能硬件配置，可实现机器人运动控制、遥控通信、建图导航、跟随避障、自动驾驶、人体特征识别等应用。

幻尔科技公司正式发布了基于 ROS 的六足机器人 JetHexa，如图 1-11 所示，率先在行业内将 NVIDIA Jetson 系列主板与六足机器人结合，并搭载三维双目深度相机和激光雷达，融合了 AI 深度学习技术和高阶机器人逆运动学算法。JetHexa 的主控系统具备强大的 AI 算力，结合深度相机和激光雷达，使得机器人具备高级环境感知的能力。JetHexa 可以在未知环境中，通过高精度取景测量和 360°全方位激光扫描等方式，实现同步定位、地图构建、自主导航等强大应用。凭借独特的六足底盘结构，JetHexa 具备优秀的复杂路面通过能力。与传统的轮式机器人相比，JetHexa 可以在更加坎坷的路面上运行，并进行环境感知与即时定位与地图构建

（Simultaneous Localization and Mapping，SLAM）导航。以人体特征识别为例，通过 MediaPipe 开发框架，注入多种深度学习及图像处理算法，JetHexa 可以识别指尖轨迹、面部特征和肢体骨架等，从而实现体感控制、表情控制等高端人机交互场景。

综上所述，ROS 是一个功能强大、灵活、易用的机器人软件开发平台，为机器人研究者和开发者提供丰富的工具及资源，推动了机器人技术的快速发展和应用。

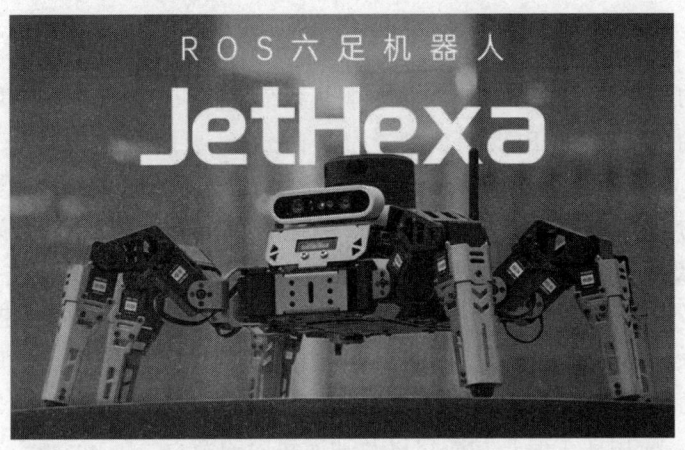

图 1-11　幻尔科技公司发布的基于 ROS 的六足机器人 JetHexa

2. 特点

ROS 是一个开源的、灵活的、用于编写机器人软件的框架。它提供丰富的工具和库，支持多种编程语言，并采用模块化和分布式的设计理念。ROS 机器人操作系统的主要特点如下。

（1）开源与免费。ROS 的开发自始至终采用开放的 BSD 协议，允许用户自由获取、修改和分发源代码。开源社区为 ROS 提供大量的资源和支持，包括功能包、工具和文档，促进了机器人技术的快速发展。

（2）模块化与分布式。ROS 的设计理念是模块化和分布式，可以轻松地将各种软件集成到一个统一的机器人系统中。每个功能都被封装成独立的节点（Node），节点之间通过消息传递通信，提高了系统的灵活性和可扩展性。

（3）多语言支持。ROS 支持多种编程语言（如 C++、Python 等），开发人员可以根据自己的喜好和需求选择合适的语言，这使得 ROS 能够吸引不同背景的开发者，促进了机器人技术的普及和应用。

（4）丰富的工具和库。ROS 提供丰富的工具和库，如 RViz（一个强大的可视化工具）、数据记录与回放工具、参数配置与管理工具等，这些工具简化了机器人应用程序的开发和调试过程。

（5）强大的社区支持。ROS 拥有庞大的开源社区，社区成员包括学术界和工业界的专家、学者、开发者。社区成员之间通过论坛、邮件列表、GitHub 等方式交流和合作，共同推动 ROS 的发展和应用。

综上所述，ROS 以其开源性、模块化、多语言支持、丰富的工具和库、分布式通信、软件复用以及强大的社区支持等特点，在机器人技术领域中发挥重要作用。

1.4.2　ROS 的架构和设计

ROS 是专为机器人软件开发所设计的一套计算机操作系统架构。它是一个开源的元级操作系统（后操作系统），提供类似于操作系统的服务，包括硬件抽象描述、底层驱动程序管理、共用功能的执行、程序间消息传递、程序发行包管理等。下面从架构和设计两个方面对 ROS 进行详细阐述。

1. ROS 架构

可以从不同的角度描述 ROS 架构，但一般从系统架构和自身实现两个层面理解。

从系统架构的角度来看，ROS 可以划分为以下三个主要层次。

（1）OS 层。OS 层即经典意义的操作系统。ROS 只是元操作系统，需要依托真正意义的操作系统，目前与 ROS 兼容性最好的是 Linux 系统的 Ubuntu，macOS 系统和 Windows 系统也支持 ROS 的较新版本。

（2）中间层。ROS 封装的关于机器人开发的中间件包括基于 TCP/UDP 封装的 TCPROS/UDPROS 通信系统，用于进程间通信的 Nodelet，以及大量机器人开发实现库，如数据类型定义、坐标变换、运动控制等。

（3）应用层。应用层主要是功能包以及功能包内的节点，如 master 节点、turtlesim 的控制与运动节点等。

就 ROS 自身实现而言，ROS 可以划分为以下三个层次。

（1）文件系统。ROS 文件系统指的是在硬盘上 ROS 源代码的组织形式，包括工作空间（workspace）、源码（src）、编译空间（build）、开发空间（devel）、功能包（package）等。

（2）计算图。ROS 分布式系统中不同进程之间需要数据交互，计算图能以点对点的网络形式表现数据交互过程。计算图中的重要概念包括节点（node）、消息（message）、主题（topic）和服务（service）。

（3）开源社区。ROS 的社区级概念是 ROS 网络上发布代码的一种表现形式，包括 ROS 发行版、软件库、ROS 维基、错误提交系统、邮件列表、ROS 问答等。

2. ROS 设计

ROS 设计体现了分布式、松耦合、语言独立性等特点，具体设计思想如下。

（1）分布式。ROS 是进程的分布式框架，进程可分布于不同主机，不同主机协同工作，从而分散计算压力。

（2）松耦合。ROS 中的功能模块封装为独立的功能包或元功能包，便于分享。功能包内的模块以节点为单位运行，以 ROS 标准的 I/O 函数为接口，开发者无须关注模块的内部实现，只要了解接口规则就能够实现复用，就可以实现模块间点对点的松耦合连接。

（3）语言独立性。由于 ROS 支持多种编程语言（如 Java、C++、Python 等），因此更容易与其他机器人软件框架集成。

（4）模块化。ROS 采用模块化设计，每个节点都是一个独立进程，可以独立运行和调试，便于系统的维护和扩展。

（5）通信机制。ROS 提供灵活的通信机制，包括基于主题的发布/订阅模型和基于服务的请求/响应模型，使得节点间可以方便地进行数据交换和通信。

总结而言，ROS 的架构和设计充分体现了分布式、松耦合、语言独立性、模块化等特点，使得 ROS 成为机器人软件开发领域的重要工具。通过 ROS，开发者可以更加高效地构建复杂的机器人系统，并实现不同模块之间的无缝集成和通信。

1.4.3 ROS 的版本和发展

ROS 是一款广泛应用于机器人领域的开源软件平台，它提供一套完整的工具集合，使得机器人开发者可以更加便捷地进行机器人软件开发。ROS 的版本和发展如下。

ROS 自 2007 年来，经历了多个版本的更新，主要分为 ROS 1 和 ROS 2 两大系列。

1. ROS 1 系列

ROS 0.4（测试版）是 ROS 的早期测试版本，由柳树车库（Willow Garage）公司和斯坦福大学人工智能实验室合作推出，为后续的 ROS 发展奠定了基础。

ROS 1.0 Boxturtle 是 2010 年 3 月发布的首个正式版本，包含核心功能和一些工具。

后续版本：ROS 随后发布了多个版本，如 ROS 1.2（C Turtle）、ROS 1.4（Diamondback）、ROS 1.8（Electric Emys）等，每个版本都具有新的功能并改进和解决了一些问题，以提升 ROS 的性能。

LTS 版本：在 ROS 1.x 系列中，有几个版本被标记为 LTS 版本，如 ROS 1.14（Indigo Igloo）、ROS 1.17（Kinetic Kame）、ROS 1.22（Melodic Morenia）等。这些版本在发布后得到了较长时间的更新和维护，成为许多机器人项目的首选。

2. ROS 2 系列

ROS 2 是 ROS 的下一代版本，它在 ROS 1 的基础上进行了一系列改进，包括实时性、分布式系统、多语言支持等，使得 ROS 2 可以在更多场景下发挥作用。

截至 2024 年 8 月，ROS 2 的最新版本是 Jazzy Jalisco，于 2024 年 5 月 23 日发布，具有许多新功能和改进，如与 Gazebo 的集成更加简化、新增 VelocityStamped 消息和 Marker.msg 中的 ARROW_STRIP 类型等。

3. ROS 的发展

ROS 的发展可以归纳为以下五个方面。

（1）开源与社区支持。ROS 是一款开源软件平台，任何人都可以自由地使用、修改和分发 ROS 的代码。ROS 拥有一个庞大的社区，机器人开发者可以在 ROS 社区交流、分享和学习，从而更好地开发机器人软件。

（2）模块化设计。ROS 的模块化设计使得机器人软件开发者可以将复杂的机器人软件系统分解成多个模块，每个模块都可以独立开发、测试和升级，从而提高开发效率和软件质量。

（3）多语言支持。ROS 支持多种编程语言（如 C++、Python、Java 等），机器人开发者可以使用自己熟悉的编程语言开发机器人软件。

（4）广泛的应用领域。ROS 可以应用于工业自动化、农业、医疗、家庭服务机器人、娱乐等领域，为机器人技术的发展提供了强大的支持。

（5）持续的技术创新。随着机器人技术的不断发展和应用需求的增加，ROS 不断创新和发展。未来的 ROS 将更加注重智能化、实时化、分布式化、多样化、可靠性和安全性等方面的发展，以满足机器人应用的扩展和需求的增加。

总之，ROS 作为一款广泛应用于机器人领域的开源软件平台，其版本不断更新，为机器人开发者提供了强大的工具和支持。随着机器人技术的不断进步和应用场景的不断拓展，ROS 将继续发挥重要作用并推动机器人技术的创新和发展。

1.4.4 ROS 的应用

1. 工业机器人

ROS 可用于控制工业机器人中的装配、搬运、焊接等任务，以提高生产线的自动化水平和生产效率。通过 ROS，开发者可以方便地控制机械臂进行精准操作，如抓取、放置、检测等。ABB YUMI 机器人双臂协作如图 1-12 所示。

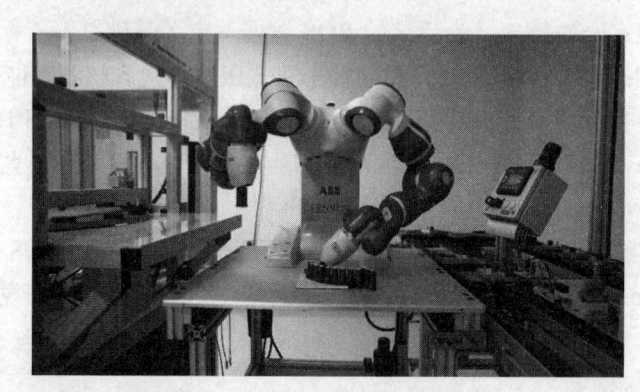

图 1-12 ABB YUMI 机器人双臂协作

2. 农业领域

ROS 在农业领域的应用包括智能播种、除草、收割等。结合物联网技术，ROS 可以实现对农田环境的实时监测和数据分析，为农业生产提供科学依据，有助于提高农业生产效率和精准度。极飞发布的农业机器人与农场管理系统如图 1-13 所示。

图 1-13 极飞发布的农业机器人与农场管理系统

极飞农业无人车具备植保无人机除飞行外的所有技术优势，包括全地形自主作业、厘米级精准导航、微米级变量喷洒等，还拥有数倍于植保无人机的超大负载、超长续航，运作成本更低，行车更安全，作业更灵活，而且操作简单易学，无需培训即可上手。此外，农业无人车具备强大的扩展功能，可配载极飞 JetSprayer 气流喷雾机、极飞 XIoT 农业物联系统等智能农业设备，提供果树植保、大田除草、智能巡田、农资运输等农事服务，能够适应智慧农业发展的新需求。

3. 医疗领域

ROS 可用于手术机器人中，以实现精准的手术操作和远程手术指导，提高手术成功率和安全性。ROS 还可用于开发康复机器人，帮助患者进行康复训练，提高康复效果。图 1-14 为用于神经外科的 ROSA ONE 手术机器人，其可精准完成手术。

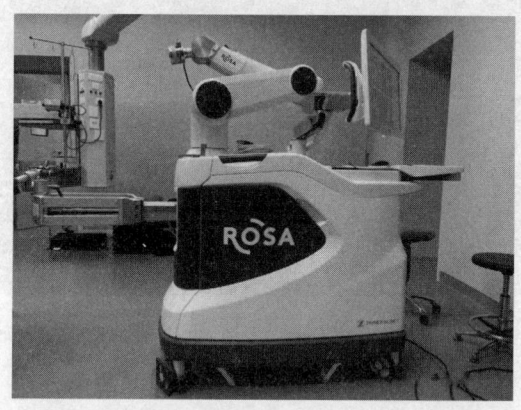

图 1-14 用于神经外科的 ROSA ONE 手术机器人

ROSA ONE 手术机器人在原有基础上提高 50%精度，其激光注册定位精度小于 1mm，骨性标志注册定位精度小于 0.4mm，可以满足脑深部病变活检、脑深部电刺激、立体脑电图、脑血肿穿刺引流等神经外科精准手术的需求，头皮切口仅 0.5cm，手术创伤小，术后恢复快；同时，其机械臂活动范围增大近 30cm，更高的精确度和灵活性可以更好地进行多角度探测及定位。ROSA ONE 手术机器人还可以用于内镜辅助和脊柱实时定位手术。这些最新功能可以大大提高相应手术的精准和全切的效果。

4. 家庭服务机器人

ROS 可以控制家庭服务机器人进行清洁、看护、陪伴等任务，以提高家庭生活的便捷性和舒适度。通过与家电设备的集成，ROS 可以实现家电设备的智能化控制和联动。图 1-15 为亚马逊推出的 Alexa 家庭机器人。

图 1-15 亚马逊推出的 Alexa 家庭机器人

5. 无人驾驶

ROS 在无人驾驶领域的应用包括车辆的自主驾驶、路径规划、避障等，为无人驾驶技术的发展提供有力支持。ROS 还可用于无人机的飞行控制、拍摄、侦察等，拓宽了无人机的应用领域。图 1-16 所示为亚博智能阿克曼 ROS 小车。

图 1-16　亚博智能阿克曼 ROS 小车

6. 环境监测

结合传感器技术，ROS 可以用于开发环境监测机器人，实时监测和分析空气质量、水质等。

总之，ROS 作为一款功能强大、广泛应用的机器人操作系统，在工业自动化、农业、医疗、家庭服务、娱乐、无人驾驶、军事与国防等领域都发挥着重要作用。随着机器人技术的不断发展和应用需求的增加，ROS 在未来的发展中将扮演越来越重要的角色。

单 元 测 试

一、单项选择题

1. (　　) 产品标志着 GPU 嵌入式计算平台的诞生。
   A．GeForce 256　　B．Jetson TX1　　C．Tesla　　D．CUDA
2. (　　) 不是深度学习成功的必要条件。
   A．算法　　B．数据　　C．存储空间　　D．算力
3. (　　) 不是云计算的特征。
   A．将计算资源集中在一起　　B．将操作请求分割成小片段
   C．分发给不同的机器同时运算　　D．需要更好、更多的服务器
4. 促进 GPU 计算普及的关键技术是 (　　)。
   A．卷积神经网络　　B．图形处理单元
   C．CUDA 编程模型　　D．深度学习

5. 边缘计算与云计算相比的优势不包括（ ）。
   A．海量数据处理　　　　　　　　B．低延迟
   C．数据安全性更好　　　　　　　　D．依赖网络连接
6. 边缘计算的核心思想是（ ）。
   A．就近提供最近端服务
   B．采用开放平台
   C．集成网络、计算、存储、应用核心能力
   D．以上均是
7. 人工智能、机器学习和深度学习的关系是（ ）。
   A．机器学习包含深度学习
   B．深度学习包含机器学习
   C．机器学习和深度学习都是人工智能的实现途径
   D．机器学习是深度学习的一部分
8. 人工智能的英文缩写是（ ）。
   A．AI　　　　　B．IA　　　　　C．IAI　　　　　D．AII
9. GPU 最初是作为（ ）出现的。
   A．通用计算设备　　　　　　　　B．图形处理设备
   C．科学计算设备　　　　　　　　D．人工智能计算设备
10. 智能机器人由（ ）结合而成。
    A．人工智能和学习　　　　　　　B．人工智能和控制
    C．机器学习和控制　　　　　　　D．深度学习和控制

二、多项选择题

1. 边缘计算与云计算相比，具有（ ）优势。
   A．海量数据处理　　　　　　　　B．低延迟
   C．数据隐私保护　　　　　　　　D．不依赖网络连接
2. （ ）应用场景需要实时响应。
   A．自主驾驶　　　　　　　　　　B．工业质量检测
   C．远程医疗　　　　　　　　　　D．决策支持系统
3. 推动 GPU 用于科学计算的关键因素是（ ）。
   A．大数据集　　　　　　　　　　B．可编程性
   C．卷积网络算法　　　　　　　　D．深度学习框架
4. （ ）不是 NVIDIA Jetson 系列产品线定位。
   A．高端平台　　　　　　　　　　B．中端平台
   C．低端平台　　　　　　　　　　D．唯一平台

5. 人工智能技术实现重要突破的领域包括（　　）。
   A. 图像分类　　　　　　　　　B. 语音识别
   C. 知识问答　　　　　　　　　D. 人机对战
6. 边缘计算节点可以用于（　　）。
   A. 分析数据　　　　　　　　　B. 作出决策
   C. 与其他节点协同工作　　　　D. 依赖云中心指挥
7. 边缘计算适用于（　　）场景。
   A. 大数据分析　　　　　　　　B. 工业互联网
   C. 网络屏蔽内的应用　　　　　D. 车载导航系统
8. 实现人工智能的关键因素包括（　　）。
   A. 数据　　　　　　　　　　　B. 算法
   C. 计算能力　　　　　　　　　D. 应用场景
9. 人工智能技术发展的驱动因素包括（　　）。
   A. 大数据　　　　　　　　　　B. 云计算
   C. 互联网　　　　　　　　　　D. 计算机硬件
10. GPU 计算的特点包括（　　）。
    A. 浮点计算能力强　　　　　　B. 顺序执行
    C. 少量核心　　　　　　　　　D. 固定功能

三、判断题

1. GPU 计算对计算密集型程序具有出色的加速性能。　　　　　　　（　　）
2. 机器学习是实现人工智能的唯一途径。　　　　　　　　　　　　（　　）
3. 智能机器人可以改变现实世界。　　　　　　　　　　　　　　　（　　）
4. Jetson Nano 的性能高于 Jetson Xavier 的性能。　　　　　　　　（　　）
5. 边缘计算是对海量终端数据的一种解决方案。　　　　　　　　　（　　）

第 2 章　边缘计算硬件平台

本章导读

本章将深入探讨边缘计算中的核心硬件平台，重点介绍树莓派和 NVIDIA Jetson 嵌入式计算系统。通过详细讲解树莓派的硬件构成及其在边缘计算中的应用案例，展示了该创新产品如何在全球范围内推动科技教育和创新。随后，重点阐述了 NVIDIA 公司的 Jetson 系列产品，通过一系列实践实验，如 RGB LED 灯、蜂鸣器、按键和 OLED 显示等，让读者深入理解 NVIDIA Jetson 平台的功能和操作方法。这些内容不仅展示了国际先进技术的发展趋势，还体现了我国在积极学习和吸收全球优秀科技成果的开放态度。通过比较不同国家和地区的技术特点，培养读者的国际视野和创新思维。同时，本章简要介绍了 VMware 虚拟机及 Ubuntu 的安装和配置，其虽然不属于硬件平台，但为读者提供了在模拟环境中进行边缘计算实验的补充知识，体现了理论与实践结合的教学理念。通过学习本章内容，读者不仅能掌握边缘计算硬件平台的特点和应用，还能认识到科技创新对国家发展的重要性，激发爱国情怀和科研热情，为我国在边缘计算领域的技术突破和自主创新贡献力量。

2.1　树莓派嵌入式计算平台

树莓派（Raspberry Pi）是一款微型单板计算机，如图 2-1 所示，由英国的树莓派基金会开发，旨在促进计算机科学教育。凭借低廉的价格和高性能，树莓派迅速在教育、开发和嵌入式应用领域获得广泛应用。本节将介绍树莓派的硬件组成及其在嵌入式计算中的应用。

图 2-1　树莓派微型单板计算机

2.1.1 树莓派硬件介绍

树莓派系列产品多样，从最早的树莓派 V1 到最新的树莓派 V4，涵盖多个版本和型号，每一代产品在性能和功能上都有所提升。

1. 中央处理器

树莓派（Raspberry Pi）系列计算机采用基于 ARM 架构的处理器，这些处理器凭借高效的性能和低功耗设计成为嵌入式系统的理想选择。早期的树莓派（如树莓派 V1）配备 ARM 1176JZF-S 处理器，这是一款 32 位 ARM11 架构的处理器，其主频为 700MHz。虽然 ARM 1176JZF-S 处理器的性能较低，但在教育和简单的嵌入式应用中已经够用。随着技术的不断发展，树莓派的硬件配置逐步升级，树莓派 V2 引入了四核 ARM Cortex-A7 处理器，每个核心的主频都为 900MHz，使其在多任务处理和性能表现方面显著提升。ARM Cortex-A7 架构具有较高的能效比，适用于对性能和功耗均有要求的应用场景，满足了更多用户对性能的需求。

树莓派 V3 进一步升级，采用四核 ARM Cortex-A53 处理器，这是一款 64 位处理器，每个核心的主频都为 1.2GHz。Cortex-A53 与 Cortex-A7 相比，不仅处理速度显著提高，还支持 64 位计算，使得树莓派可以运行更多高性能和复杂的应用程序。此外，树莓派 V3 还内置无线网络模块，支持 Wi-Fi 和蓝牙连接，提高了其在物联网和无线应用中的便利性。最新的树莓派 V4 采用更加先进的四核 ARM Cortex-A72 处理器，如图 2-2 所示，主频达到 1.5GHz，进一步提升了计算能力和性能表现。Cortex-A72 处理器基于 ARMv8-A 架构，具备更高的指令执行效率和能效，能够处理更复杂的计算任务和更高的数据吞吐量，使得树莓派 V4 在多媒体处理、机器学习、边缘计算等高性能应用中表现出色。由于 Cortex-A72 具有高性能和 64 位计算能力，因此树莓派 V4 在处理多任务、多线程应用时表现更加出色，满足了用户对更高性能和更大内存支持的需求。

图 2-2 ARM Cortex-A72 处理器

树莓派的处理器从早期的 ARM 1176JZF-S 到现在的 Cortex-A72，每一次升级都带来了性能的飞跃，使其能够支持更复杂、更高效的计算任务。树莓派的处理器采用 ARM 架构的不同型号，每一代产品都针对特定的应用需求进行了优化。从 32 位的 ARM11 到 64 位的 Cortex-A

系列，树莓派的处理器不仅性能不断提升，而且功耗和能效比显著改进。Cortex-A72 作为最新的处理器，拥有更高的主频和更强的多核处理能力，使得树莓派 V4 在处理复杂的计算任务时表现出色。树莓派不仅在教育领域继续发挥重要作用，还逐渐成为物联网、智能家居、机器人、工业控制等领域的重要工具。这些基于 ARM 架构的处理器使得树莓派在各领域的应用中都能以卓越的性能和低廉的成本赢得用户的青睐。随着硬件的不断升级，树莓派系列产品展示了其在嵌入式计算平台中的强大竞争力和广阔前景。

2. 内存

树莓派系列的内存配置从最早的 256MB 发展到最新的 8GB，体现了其在计算能力和多任务处理方面的显著提升。早期的树莓派 V1 配备 256MB 内存，这在当时已经能满足基本的计算需求，如编程教育和简单的嵌入式应用。然而，随着用户需求的增加和应用场景的扩展，树莓派 V1 很快推出 512MB 内存版本。尽管内存较小，但这些早期版本仍然成功展示了树莓派的潜力，特别是在教育领域和简单的物联网项目中。然而，随着时间的推移和应用程序复杂性的提高，256MB 或 512MB 内存显得捉襟见肘，尤其是在运行多个应用程序或处理较大数据集时。用户对更高内存容量的需求日益强烈，推动了树莓派内存配置的不断升级。

进入树莓派 V3 时代，内存容量升级到 1GB，这显著提升了其多任务处理和数据处理能力。1GB 内存使得树莓派 V3 能够运行更多、更复杂的应用程序，支持更高的计算需求，并在教育、开发和轻量级服务器等领域展现出色性能。树莓派 V3 内置的无线网络模块（Wi-Fi 和蓝牙）以及增强的处理器（Cortex-A53）进一步扩大了其应用范围，使其成为物联网和家庭自动化项目的理想选择。然而，1GB 内存仍然无法完全满足需要运行内存密集型应用的用户需求。为此，树莓派基金会继续推进内存容量的升级，最终树莓派 V4 提供多个内存选项，如图 2-3 所示。

图 2-3　树莓派 V4

树莓派 V4 的内存配置实现了质的飞跃，提供 2GB、4GB 和 8GB 三种选择，增强了其适应不同应用场景的能力。2GB 内存版本已经能够胜任大多数日常任务，如高清媒体播放、编程教育和普通的办公应用。4GB 内存版本适用于更高要求的多任务处理、软件开发和小型服务器应用。内存容量的提升使得树莓派 V4 可以运行多个应用程序且不吃力，处理较大数据集时也能够保持流畅的性能。对于需要处理复杂任务的用户，如数据分析、机器学习和边缘计算，8GB 内存版本提供了充足的内存空间，确保系统在高负载下仍然保持稳定运行。8GB 内存配置使得树莓派 V4 可以运行更复杂的操作系统和更重度的应用程序，彻底打破了树莓派只能用于简单任务的刻板印象。

通过提供不同内存容量的选择，树莓派 V4 能够更好地满足不同用户和不同应用场景的需求。从早期的 256MB 和 512MB 内存到 1GB 再到现在的 2GB、4GB 和 8GB，每一次内存升级都显著提升了树莓派的性能和应用范围。树莓派的内存配置不仅影响其计算能力和多任务处理能力，还直接关系到其在不同领域中的实际应用效果。树莓派 V4 的多种内存选项确保了其在复杂应用中的表现，从教育领域的编程教学到工业控制中的实时数据处理，再到家庭娱乐系统的高效运行。树莓派内存容量的不断提升，展示了其在嵌入式计算领域的巨大潜力和灵活性，使其成为全球开发者和教育者心目中不可或缺的工具。通过不断改进和创新，树莓派基金会成功地将树莓派系列打造成一个强大、灵活的嵌入式计算平台，满足了从初学者到专业开发者的广泛需求。

3. 图形处理器

树莓派系列计算机集成了 VideoCore IV GPU，这款图形处理器具有强大的性能，能够支持 OpenGL ES 2.0、OpenVG 1.1 和 1080P 高清视频解码。OpenGL ES 2.0 是一种用于嵌入式系统的图形应用程序编程接口（Application Programming Interface，API），它允许开发者创建复杂的二维图形和三维图形应用，具备强大的图形处理能力。OpenVG 1.1 是一种用于矢量图形的 API，主要用于高质量的文本和图形渲染。通过这些 API，树莓派能够高效处理各种图形任务，从简单的用户界面渲染到复杂的三维游戏开发都能游刃有余。此外，VideoCore IV GPU 还支持 1080P 高清视频解码，使得树莓派能够流畅播放高分辨率的视频内容，这对家庭媒体中心和视频播放设备的开发非常有利。

这种 GPU 配置使得树莓派不仅能处理一般的图形任务，还能胜任高清媒体播放等多媒体应用。凭借 VideoCore IV GPU 的强大性能，树莓派在处理高清媒体内容时表现优异，能够实现平滑的视频播放和流畅的用户体验。无论是通过 HDMI 输出连接显示器（图 2-4）还是通过无线网络进行视频流传输，树莓派都能提供高质量的媒体播放效果。尤其是在构建家庭影院系统时，树莓派能够作为一个低成本高性能的解决方案支持各种主流媒体格式的播放，满足用户对高清影音娱乐的需求。除此之外，VideoCore IV GPU 还使得树莓派在图像处理、游戏开发和其他需要强大图形处理能力的应用中具有广泛的应用前景。无论是开发图形密集型应用还是多媒体项目，树莓派都能凭借其强大的 GPU 性能提供可靠的支持。

VideoCore IV GPU 不仅在硬件性能方面表现出色，还在软件支持方面具有显著优势。树莓派基金会提供了丰富的驱动和开发资源，开发者能够充分利用 GPU 的性能。通过官方提供的图形库和开发工具，开发者可以轻松创建高效的图形应用和多媒体内容。树莓派的社区也非常活跃，用户可以在社区中找到大量的示例代码和项目案例，学习如何充分发挥 VideoCore IV GPU 的能力。此外，树莓派支持多种操作系统，如 Raspbian、Ubuntu 和 Kali Linux 等，这些操作系统都提供对 GPU 的良好支持，使得开发和部署图形应用变得更加方便。通过这些资源和支持，开发者可以快速上手，创建高性能的图形应用和多媒体项目。

图 2-4　树莓派 HDMI 输出接口

总地来说，树莓派集成的 VideoCore IV GPU 提供了强大的图形处理能力和多媒体支持，使其在嵌入式计算和开发领域具有广泛的应用前景。从简单的图形渲染到复杂的三维应用，从高清媒体播放到图像处理，树莓派凭借强大的 GPU 性能能够胜任各种任务。无论是用于教育、开发还是实际应用，树莓派都能展现出色的图形和多媒体性能，为用户提供丰富的使用体验。通过不断的硬件升级和软件优化，树莓派将继续在图形处理和多媒体应用领域保持领先地位，为全球的开发者和用户提供更加卓越的计算平台。

4. 存储设备

树莓派系列计算机不配备内部存储器，而是以 SD 卡（或 microSD 卡）为主要存储介质。这种设计决定了树莓派在存储方式上的独特性和灵活性。通过使用 SD 卡，树莓派用户可以轻松地安装和更换操作系统。初次使用树莓派时，用户只需将准备好的 SD 卡插入设备即可安装操作系统并启动设备。树莓派的 SD 卡及插槽如图 2-5 所示。SD 卡不仅可以存储操作系统，还可以存储用户数据和应用程序。与传统的硬盘或固态硬盘相比，SD 卡的成本更低、体积更小、功耗更低，非常适合嵌入式设备的需求。因此，树莓派可以保持小巧的体积和低廉的成本，同时提供足够的存储空间运行各种应用和存储数据。

图 2-5　树莓派的 SD 卡及插槽

树莓派的存储设计使得存储扩展变得非常灵活，用户可以根据需要轻松更换和升级存储卡。SD 卡的容量范围从几吉字节（GB）到几百吉字节，用户可以根据自己的需求选择适合的存储容量。例如，对于简单的编程教育和小型项目，使用16GB或32GB的SD卡已经足够；而对于需要存储大量数据或运行复杂应用的用户，可以选择更大容量的SD卡，如128GB或256GB，甚至更大。更换和升级存储卡的过程非常简单，只需将旧卡取出并插入新卡即可。这种灵活的存储设计不仅方便了用户在不同场景下的应用需求，还极大地提高了树莓派的可扩展性和使用寿命。

此外，SD卡作为存储介质也带来了其他优势。首先，SD卡的可移植性使得用户可以轻松地在不同设备之间转移数据。例如，在开发过程中，用户可以将一个设备上的SD卡移到另一个设备上继续使用，而无需担心数据丢失或重新配置操作系统。其次，SD卡的普及性和易获取性使得用户在存储扩展和更换时更加方便。最后，随着技术的发展，SD卡的读写速度和可靠性在不断提升，这使得树莓派在运行复杂应用和处理大量数据时能保持良好的性能表现。现代高速SD卡的读写速度已经能够满足大多数应用的需求，使得树莓派在启动、加载应用和存储数据时的效率大大提高。

树莓派使用SD卡作为主要存储介质的设计带来了经济上的优势。与内置存储器相比，SD卡的成本更低，使得树莓派的整体价格更加亲民，进一步降低了用户的使用门槛，这对教育领域和个人开发者来说尤为重要，能够让更多的人接触和使用树莓派进行学习及项目开发。树莓派基金会的初衷就是通过提供低成本的计算平台普及计算机科学教育，而SD卡作为存储介质的选择正是这种理念的体现。更重要的是，这种设计使得用户在设备升级时不必更换整个设备，只需更换存储卡即可，不仅节约了成本，还减少了电子垃圾的产生，对环境保护也有积极的意义。

总地来说，树莓派不配备内部存储器而采用SD卡作为主要存储介质的设计，赋予了其独特的灵活性和扩展性。用户可以根据需要轻松地更换和升级存储卡，以满足不同应用场景的需求。这种设计不仅降低了使用成本和门槛，还提高了设备的可移植性和可维护性。通过使用SD卡，树莓派能够在不增大设备体积和功耗的情况下，提供足够的存储空间和良好的性能表现。这种存储设计理念使得树莓派成为一个经济实用、灵活多变的嵌入式计算平台，广泛应用于教育、开发、物联网等领域。无论是初学者还是专业开发者都能从中受益，体验到树莓派带来的便利和强大功能。

5. 连接接口

树莓派系列计算机配备丰富的接口，如图2-6所示，极大地拓展了其应用场景和功能。首先，树莓派配备多个USB接口，方便用户连接外部设备，如键盘、鼠标、外部存储设备、打印机和其他USB设备。USB接口使得树莓派能够像传统计算机一样，轻松连接和使用外部设备，满足用户在输入、输出和数据传输方面的需求。树莓派的USB接口数量和类型随着型号的升级不断增加及改进，最新的树莓派V4配备了两个USB 3.0接口和两个USB 2.0接口，提供了更快的数据传输速度和更高的设备兼容性。USB 3.0接口的引入极大地提升了数据传输速度，使得树莓派在处理大文件、外接高速存储设备时能够表现出色，满足高性能计算和快速数据交换的需求。

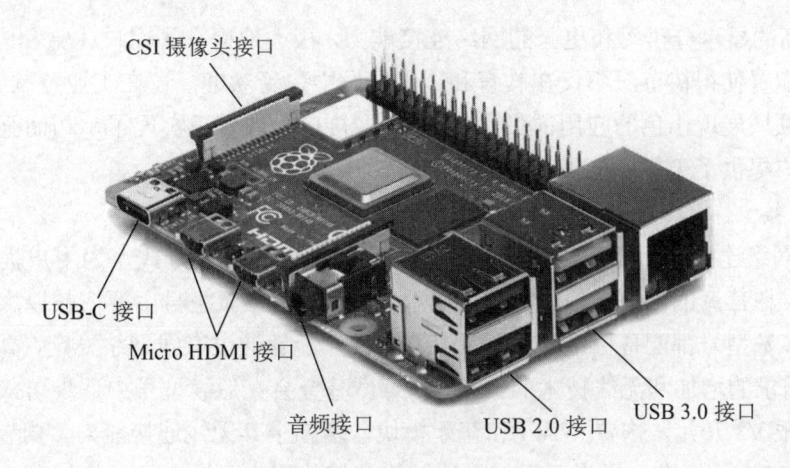

图 2-6　树莓派丰富的接口

此外，树莓派还配备 HDMI 接口，用于视频输出。早期型号配备的是标准 HDMI 接口，能够支持高达 1080P 的高清视频输出，而最新的树莓派 V4 引入两个 Micro HDMI 接口，支持双显示输出。通过这两个 Micro HDMI 接口，用户可以同时连接两台显示器，最大支持 4K 分辨率，极大地提升了多任务处理和多媒体应用的体验。双显示输出的功能特别适合需要同时监控多个任务或进行多窗口操作的用户，例如软件开发、数据分析和多媒体创作等场景。Micro HDMI 接口的小巧设计不仅节省了板载空间，还提供了高质量的图像输出，使得树莓派在高清和超高清显示应用中的表现出色。

音频输出接口是树莓派的另一个重要接口，通常以直径为 3.5mm 的音频插孔形式存在，支持立体声输出。这个接口使得树莓派能够直接连接音箱、耳机或其他音频设备，提供良好的音频输出能力，适合各种音频应用和多媒体项目。此外，树莓派还支持通过 HDMI 接口输出数字音频，用户可以选择适合自己的音频连接方式，保证音频体验的灵活性和质量。

为了支持更多的外部设备和应用扩展，树莓派配备专用的摄像头串行接口（Camera Serial Interface，CSI）和显示屏串行接口（Display Serial Interface，DSI）。CSI 用于连接树莓派官方摄像头模块，支持高分辨率图像和视频采集，非常适合图像处理、计算机视觉、安防监控等应用场景。DSI 用于连接树莓派官方显示屏，支持高清显示，适用于需要紧凑显示解决方案的项目，如便携式设备、嵌入式显示系统等。通过这些专用接口，树莓派能够轻松扩展成功能强大的多媒体和图像处理设备，适应更多专业领域的需求。

树莓派 V4 在接口配置方面有显著的升级和优化。除了上述的双 Micro HDMI 接口和 USB 3.0 接口，树莓派 V4 还配备千兆以太网接口，提供更高的有线网络连接速度，适合高带宽网络应用和数据密集型任务。千兆以太网接口的引入使得树莓派在网络服务器、家庭网关和网络存储等应用中具备更强的竞争力。树莓派 V4 还支持蓝牙 5.0 和双频 Wi-Fi，提供更加稳定和高速的无线连接，进一步增强了其在物联网和无线应用中的表现。

总地来说，树莓派配备的多种连接接口使得其在功能扩展和应用范围上具有极强的灵活性和适应性。无论是基本的 USB 外部设备连接，还是复杂的多显示输出、音频输出、摄像头和显示屏连接，树莓派都能够提供全面的支持。特别是树莓派 V4 的接口升级，带来了更高的传输速度、更高的显示分辨率和更强的网络连接能力，极大地提升了用户体验和应用潜力。这些丰富的接口配置使得树莓派不仅在教育和个人开发中广受欢迎，还在工业控制、智能家居、物联网等专业领域展现出色的应用前景。树莓派的多接口设计真正实现了小巧而强大的计算平台，为全球用户提供了无限的创作和应用可能。

6. 网络连接

树莓派在网络连接方面表现出色，支持多种有线和无线连接方式，为用户提供了灵活的网络接入选择。树莓派的网络接口如图2-7所示。早期的树莓派型号主要依赖以太网接口进行有线连接，大多数型号都配备标准的以太网接口，用户能够通过有线网络稳定、高速地传输数据。随着用户需求的增加和无线技术的普及，树莓派基金会在后续型号中逐步引入了无线连接功能。从树莓派 V3 开始，内置 Wi-Fi 和蓝牙模块，增强了其无线连接能力。内置的 Wi-Fi 模块支持 IEEE 802.11n 标准，提供可靠的无线网络连接，用户可以方便地将树莓派接入家庭网络、办公网络或其他无线网络环境，而不再需要额外的 USB 无线网卡。

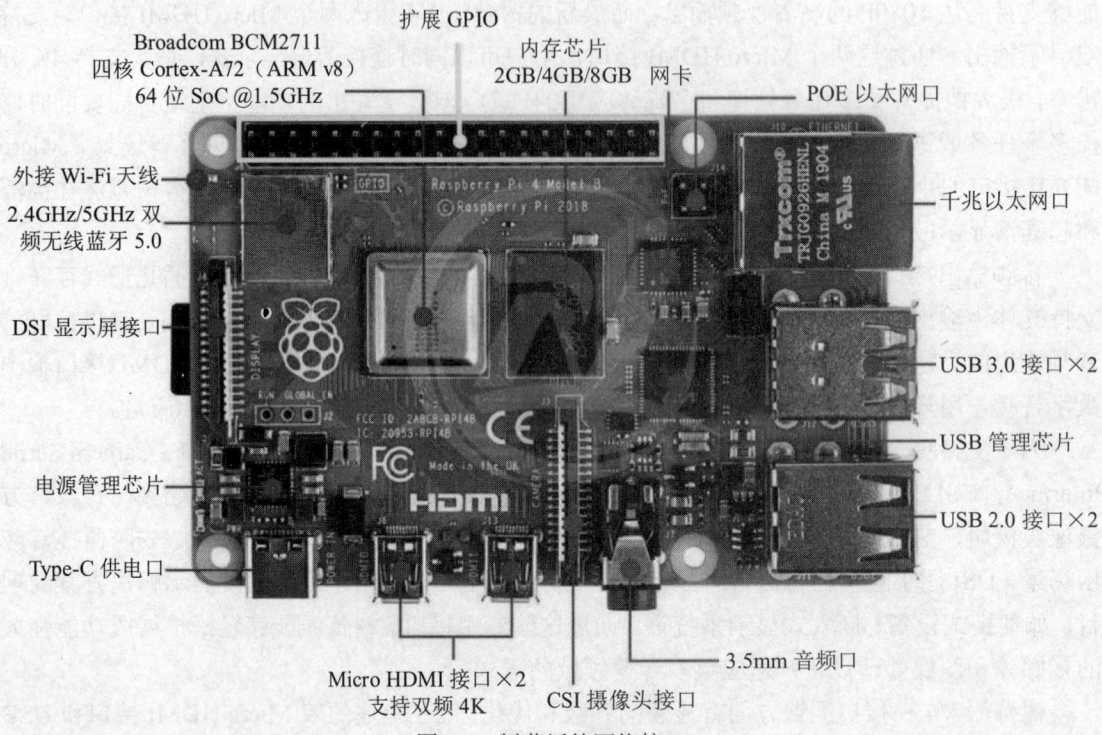

图 2-7 树莓派的网络接口

树莓派 V4 在无线连接方面更进一步，内置支持双频 Wi-Fi 的模块，能够接入 2.4GHz 和 5GHz 频段的无线网络，提升了网络连接的稳定性和速度。双频 Wi-Fi 使得树莓派在干扰较少的 5GHz 频段获得更高的传输速率，特别适合需要高带宽的应用，如高清视频流媒体播放和大文件传输。此外，树莓派 V4 还支持蓝牙 5.0，使其在连接蓝牙设备时具有更高的速率和更大的传输距离。蓝牙功能，进一步扩展了树莓派的应用场景，用户可以轻松连接蓝牙键盘、鼠标、音箱、耳机和其他蓝牙设备，提高了设备的便携性和使用便捷性。

在有线网络连接方面，树莓派 V4 配备千兆以太网接口，显著提升了网络通信性能。千兆以太网接口使得树莓派在有线网络连接时能够实现高达 1Gbps 的传输速率，早期型号的 100Mbps 接口相比，其数据传输速度提高了一个数量级，对需要高吞吐量的应用场景，如本地服务器、网络附录存储（Network Attached Storage，NAS）、数据中心和物联网网关等，提供了强大的支持。通过千兆以太网接口，树莓派能够高效地处理大量数据传输任务，保证网络通信的稳定性和速度，满足用户对高性能网络连接的需求。

树莓派的有线连接功能和无线连接功能的结合，使其在各种网络环境中都能灵活应用。无论是通过有线网络提供稳定高速的连接，还是通过无线网络实现便捷的移动接入，树莓派都能很好地适应不同的使用场景。内置的 Wi-Fi 和蓝牙模块使得树莓派不再需要额外的网络适配器，简化了用户的配置过程，并提高了设备的整体集成度。这种设计不仅提升了用户体验，还为树莓派在物联网、智能家居、移动计算等领域的应用提供了更多可能。

特别是对于开发者和教育工作者，树莓派的强大网络连接功能简化了项目的开发和部署过程。通过内置的 Wi-Fi 和蓝牙模块，开发者可以方便地进行远程控制和数据传输，快速实现无线应用的原型设计和测试。对于教育领域，树莓派的无线连接能力使得学生可以更方便地进行网络编程和无线通信实验，增强了教学的互动性和实践性。

树莓派在网络连接方面的全面支持不仅提升了设备的使用便捷性和灵活性，还扩展了其在不同领域的应用潜力。通过提供高性能的有线网络连接和无线网络连接，树莓派能够满足用户在各种复杂网络环境中的使用需求，成为一个真正强大而灵活的嵌入式计算平台。无论是个人项目、教育实验，还是专业开发和商业应用，树莓派都能凭借出色的网络连接能力提供可靠的支持和优异的性能。通过不断的技术升级和创新，树莓派将继续在网络连接领域保持领先，为全球用户提供更多便利和带来惊喜。

7. GPIO 引脚

树莓派具备一组通用输入输出（General Purpose Input/Output，GPIO）引脚，如图 2-7 所示，这些引脚为用户提供了极强的灵活性和扩展性。GPIO 引脚的设计允许用户通过编程控制这些引脚的输入和输出状态，从而实现对外部设备和模块的控制及数据采集。每个树莓派型号上都有一排排针脚，这些针脚被分配不同的功能，包括数字输入输出、电源供给、脉冲宽度调制（Pulse Width Modulation，PWM）和串行通信等。GPIO 引脚的数量和功能随着型号的不同略有变化，但基本功能保持一致，确保用户在不同的树莓派型号上轻松实现项目的迁移和扩展。

GPIO 引脚使树莓派成为嵌入式系统开发和物联网应用的理想选择。通过这些引脚，用户可以连接传感器、执行器、显示器和其他外部设备。例如，可以连接温度传感器、湿度传感器、光敏电阻、红外传感器等采集环境数据；可以连接继电器、LED 灯带、电动机等控制外部设备的运行。GPIO 引脚还支持 I2C、SPI、UART 等通信协议，使得树莓派能够与其他智能设备进行数据通信和互操作。这种灵活性和多功能性，使得树莓派在智能家居、工业自动化、环境监测、智能农业等领域得到广泛应用。

使用树莓派的 GPIO 引脚进行开发，通常需要编写控制代码配置和操作这些引脚。树莓派官方提供多种编程语言和工具支持（如 Python、C、C++等），其中 Python 因简单、易用和丰富的库支持而成为常用的 GPIO 编程语言。由于树莓派基金会提供 RPi.GPIO 库，因此在 Python 中控制 GPIO 引脚变得非常方便。用户只需输入几行代码即可配置引脚为输入或输出模式，并读取或写入引脚状态。此外，还有其他许多社区开发的库和工具（如 pigpio、wiringPi 等），进一步丰富了 GPIO 编程的选择和功能。

通过 GPIO 引脚，树莓派能够实现多种功能扩展，扩大了应用范围、增强了灵活性。例如，用户可以先将树莓派与摄像头模块连接，实现图像和视频采集，再通过机器学习算法识别和处理图像；可以连接各种传感器和数据采集模块，构建实时监测系统，将采集到的数据上传到云端进行存储和分析；还可以连接显示屏和输入设备，打造交互式控制面板，应用于智能家居控制中心等。GPIO 引脚的灵活应用，使得树莓派不仅是一台微型计算机，还是一个功能强大的嵌入式控制系统和物联网节点。

树莓派的 GPIO 引脚设计注重用户的安全和便利性。每个引脚的电压和电流都有明确的规范，以防止失误操作导致设备损坏。实际连接时，用户需要注意遵循这些规范，并可以使用面包板、杜邦线等工具简化连接过程。同时，树莓派社区提供大量教程、示例代码和项目案例，帮助用户快速上手并实现自己的创意。

GPIO 引脚使得树莓派在教育领域发挥重要作用。通过 GPIO 编程，学生可以学习基本的电子电路知识，了解传感器和执行器的工作原理，掌握基本的编程技能和逻辑思维能力。树莓派结合 GPIO 的项目教学，能够培养学生的动手能力和创新精神，激发他们对科学技术的兴趣。

2.1.2　树莓派在边缘计算中的应用案例

树莓派在边缘计算中的应用日益广泛，其因小的体积、低的成本、强大的计算能力以及丰富的连接性而成为边缘计算的理想平台。以下是树莓派在边缘计算中的典型应用案例。

1. 智能家居与家庭自动化

在智能家居中，树莓派可以用作家庭自动化的中心节点。通过连接各种传感器和执行器，树莓派能够实时监控和控制家庭环境。例如，用户可以结合使用树莓派与 Home Assistant 平台，搭建一个全面的智能家居系统，如图 2-8 所示。Home Assistant 是一款开源的家庭自动化平台，支持多种设备和协议，用户可以通过树莓派连接智能灯泡、温湿度传感器、门窗传感器、安防摄像头等，实现设备的自动化控制和状态监测。树莓派作为边缘计算设备，在本地处理传感器数据，作出相应的控制决策，如根据室内温度自动调节空调温度、检测到门窗被打开时发送警报通知。这种边缘计算模式不仅提高了系统的响应速度，还增强了数据的隐私保护。

2. 智能工业物联网

在工业物联网中，树莓派常被用作边缘网关，收集和处理工业设备和传感器的数据。例如，在一个智能工厂环境中，树莓派可以连接到生产线上的多个传感器和机器，通过 Modbus、CAN 总线等工业协议，实时监控生产设备的运行状态、温度、压力等参数。通过在边缘处理和分析数据，树莓派可以实现异常检测和预测性维护，提前识别潜在的设备故障，减少停机时间和维护成本。此外,树莓派还可以将处理后的数据上传到云端进行进一步分析和存储,或者通过消息队列遥测传输(Message Queuing Telemetry Transport,MQTT)协议与其他系统交换数据。这种分布式数据处理架构极大地提高了工业系统的可靠性和效率,如图 2-9 所示。

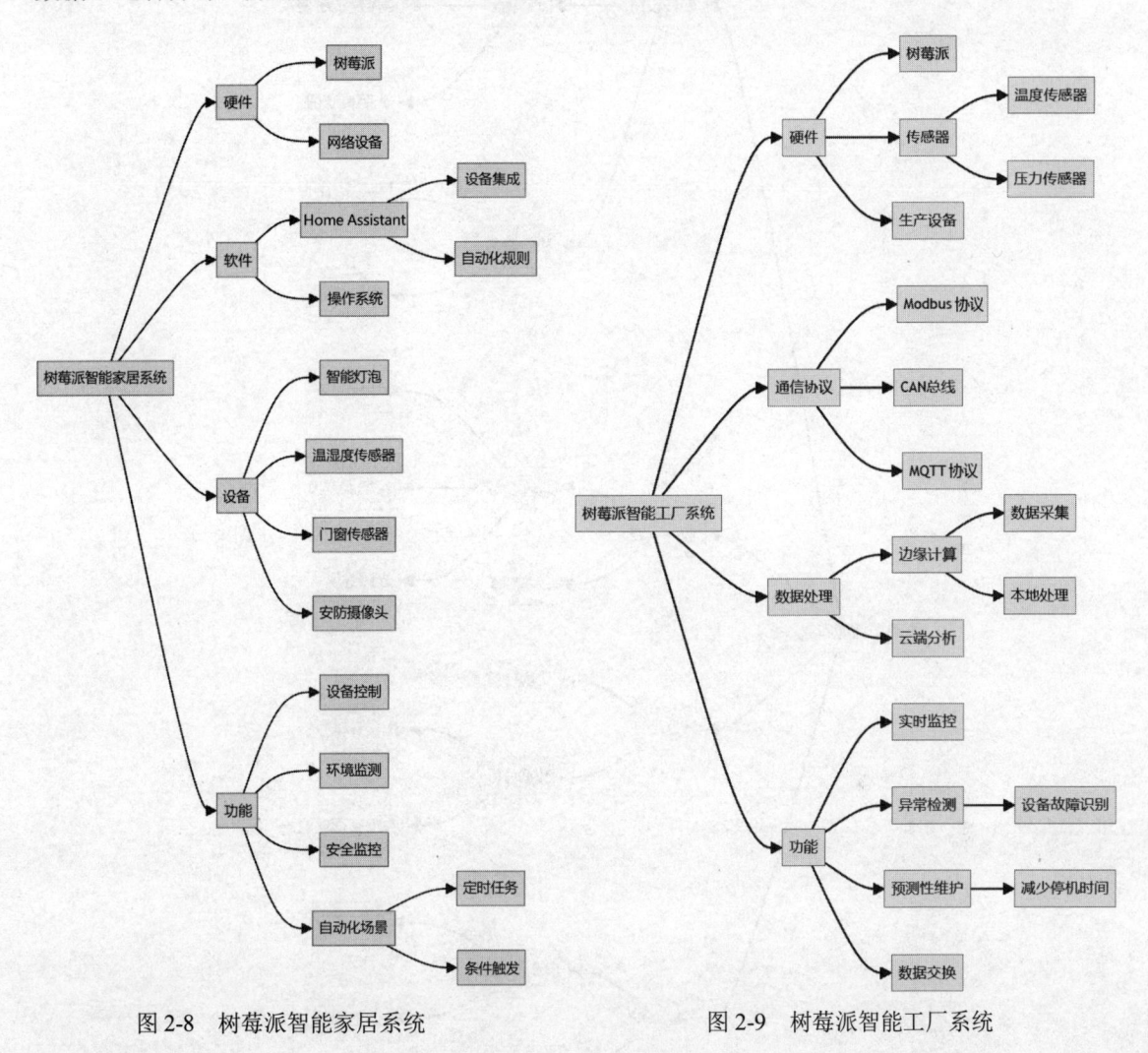

图 2-8　树莓派智能家居系统　　　　　图 2-9　树莓派智能工厂系统

3. 智能农业

在智能农业中,树莓派被用作边缘计算节点,实时监测和管理农田环境数据。通过连接土壤湿度传感器、温湿度传感器、光照传感器等,树莓派可以收集农田的各种环境参数,并通过算法分析这些数据,提供精准的农田管理建议。例如,树莓派可以根据土壤湿度数据自动控制灌溉系统,确保作物在最佳的湿度条件下生长,或根据温度和光照条件调整通风和遮阳系统。实时的数据处理和决策,使得农民能够高效地管理农田,提高作物产量和质量,减少资源浪费。这种基于边缘计算的智能农业系统,在提高农业生产效率的同时,减小了环境影响,如图 2-10 所示。

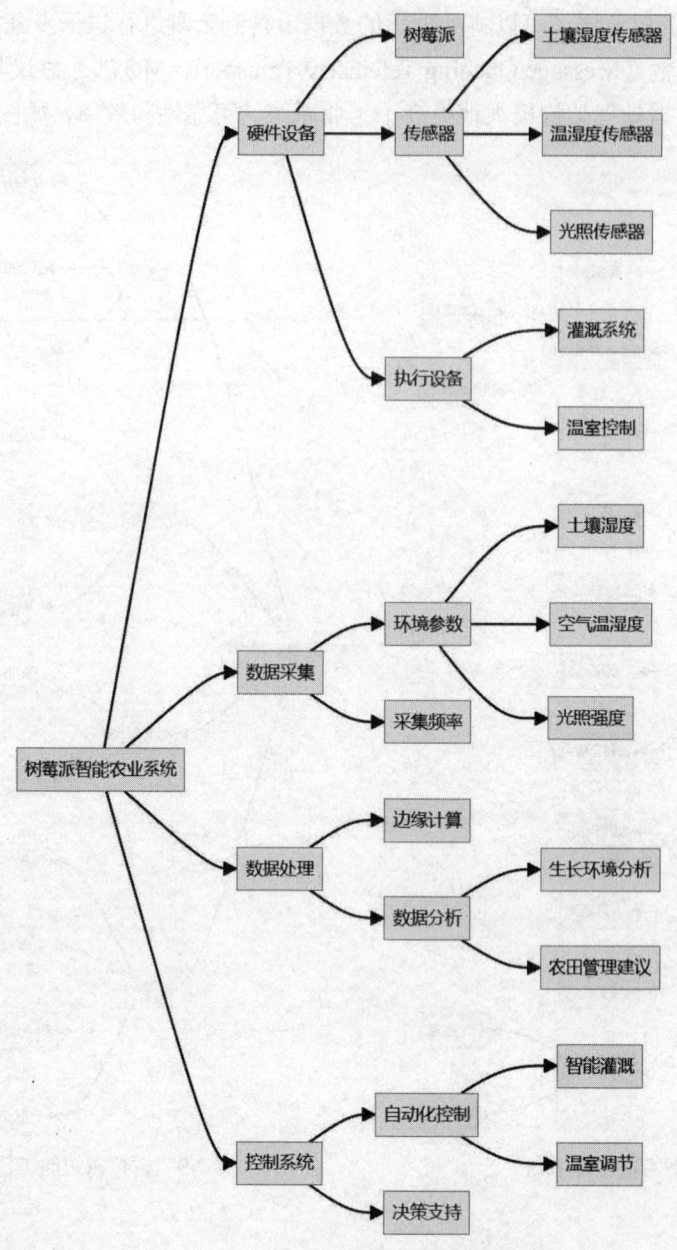

图 2-10 树莓派智能农业系统

4. 智能交通

树莓派在智能交通系统中的应用也非常广泛。通过部署在路口、停车场和交通枢纽的树莓派设备,可以实时监控交通流量、车辆状态和环境信息。例如,在一个智能交通信号控制系统中,树莓派可以通过连接摄像头和雷达传感器,实时检测车辆和行人的移动情况,分析交通流量,并动态调整交通信号灯的时间,以优化交通流动,减少拥堵和交通事故的发生。树莓派智能交通系统如图 2-11 所示。此外,树莓派还可以用于智能停车管理系统,通过传感器和摄像头实时监测停车位的使用情况,引导驾驶者快速找到空闲车位,提高停车场的利用率。

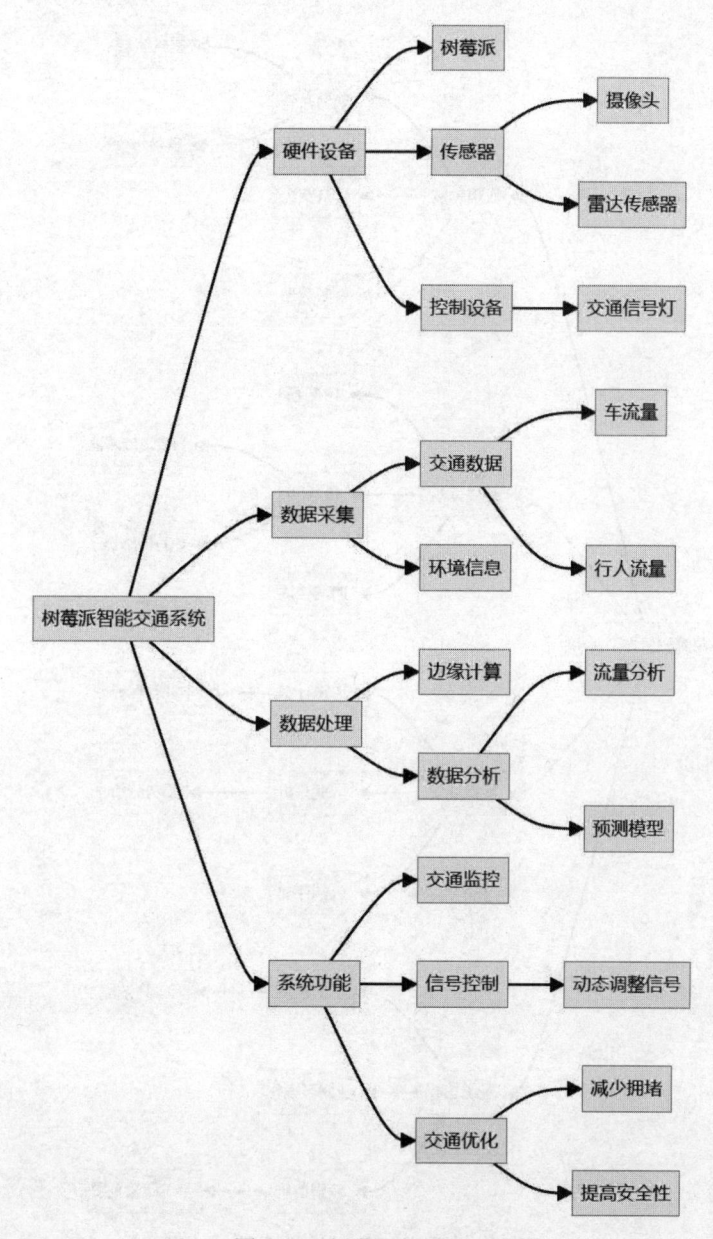

图 2-11 树莓派智能交通系统

5. 智慧城市

在智慧城市建设中，树莓派作为边缘计算节点，可以应用于环境监测、公共安全、能源管理等领域。例如，在环境监测中，树莓派可以连接空气质量传感器，实时监测空气中的PM2.5、CO_2等污染物浓度，通过边缘计算处理这些数据，并及时向市民和相关部门发布预警信息。通过分布式的环境监测网络，可以构建一个覆盖全市的实时监测系统，提高城市管理的精细化水平和智能化水平，树莓派智慧城市系统如图 2-12 所示。在公共安全方面，树莓派可以用作视频监控的边缘节点，实时处理监控摄像头采集的视频流，进行人脸识别、行为分析等，快速识别潜在的安全威胁，提高公共安全的响应速度和处理能力。

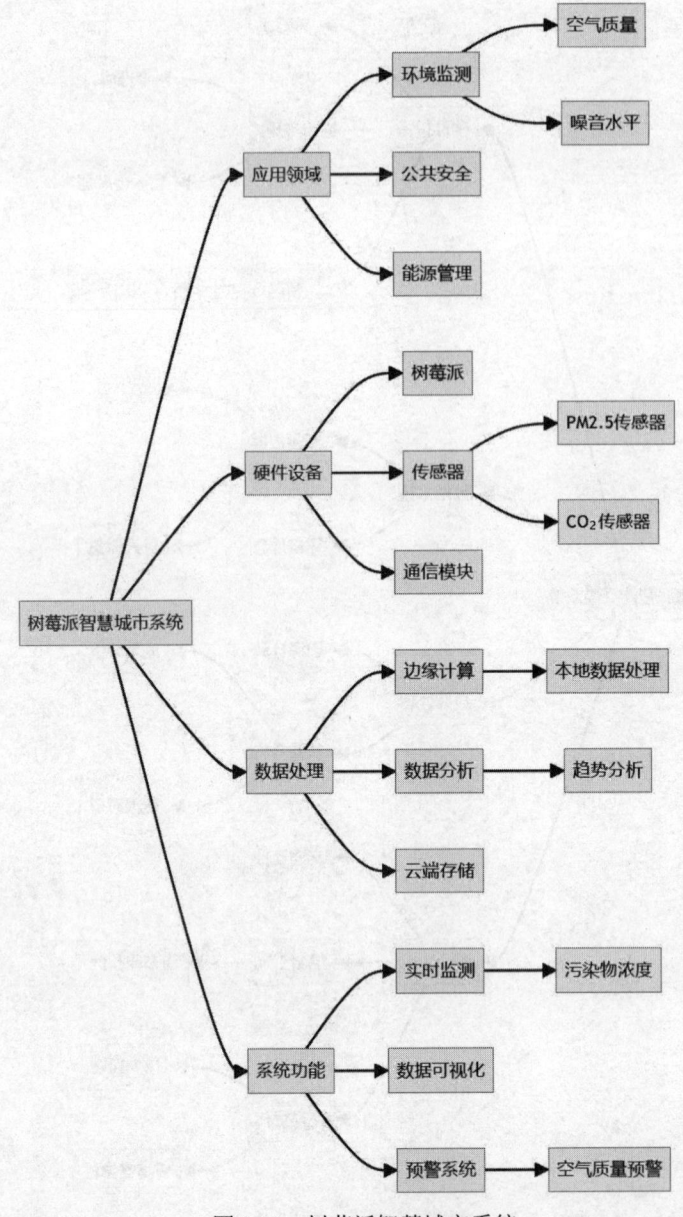

图 2-12 树莓派智慧城市系统

2.2 VMware 虚拟机

VMware 是全球领先的虚拟化和云计算基础设施解决方案提供商，其开发的虚拟化软件能够在单一物理机器上运行多个虚拟操作系统，Ubuntu 是边缘计算平台常用的操作系统，可以在虚拟机中安装。VMware 虚拟机如图 2-13 所示。这种虚拟化技术极大地提高了资源利用率和灵活性，为开发、测试、部署和管理边缘计算设备提供了强大支持。VMware Workstation 和 VMware ESXi 是两款广泛使用的产品，前者主要面向个人用户和开发者，后者用于企业级服务器虚拟化。

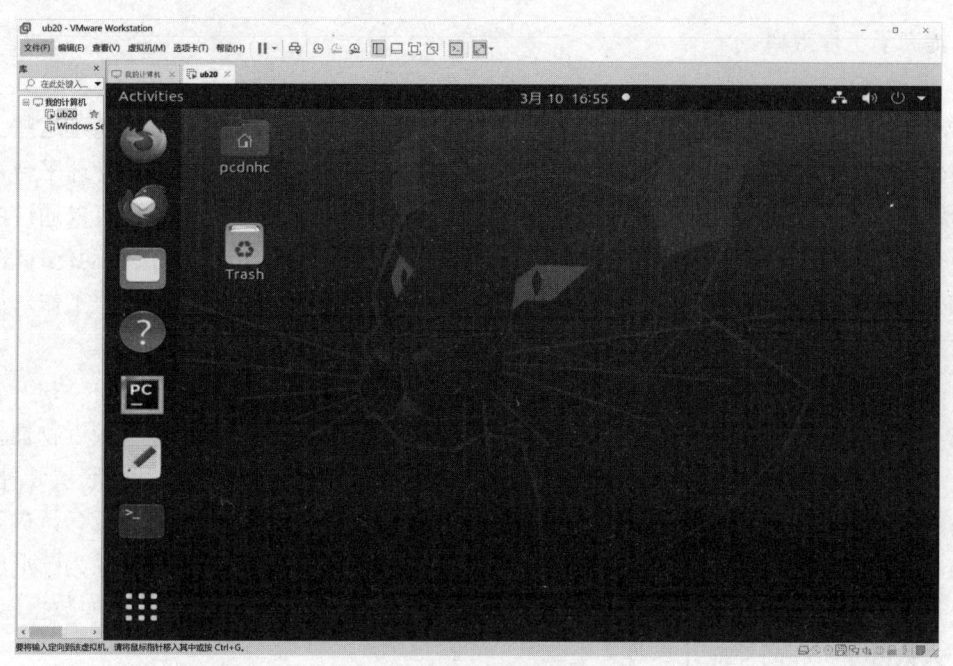

图 2-13 VMware 虚拟机

2.2.1 VMware 虚拟机的特点

1. 资源优化

VMware 虚拟化技术通过在单一物理主机上运行多个虚拟机，实现了计算资源的高效利用。传统的计算环境通常每个应用程序独占一台物理服务器，导致大量硬件资源闲置，效率低。通过虚拟化，多个虚拟机可以共享同一个物理主机的硬件资源，如 CPU、内存、存储和网络，从而最大化地利用硬件资源。这种方式不仅提升了硬件的使用率，还显著降低了企业的硬件成本，因为不再需要为每个应用程序采购独立的服务器。同时，在虚拟化环境下，资源的动态分配和调整更加灵活，能够根据工作负载的需求优化配置，进一步提高资源利用率。

2. 隔离性

每个虚拟机都运行在一个独立的操作环境中，互不干扰。VMware 虚拟化技术通过虚拟化层将每个虚拟机的操作系统和应用程序隔离，即使其中一个虚拟机发生故障或遭受攻击也不会影响其他虚拟机正常运行。这种隔离性极大地增强了系统的稳定性和安全性，为企业的业务连续性提供保障。特别是在多租户环境中，虚拟机之间的隔离性保证不同用户数据和应用的安全性，防止信息泄露和资源争夺。

3. 灵活性

VMware 虚拟机支持多种操作系统，如 Windows 系统、Linux 系统、MacOS 系统等，用户可以根据需求选择适合的操作系统进行安装和使用。这种多操作系统支持的灵活性，使得开发者和测试人员能够在不同的操作系统环境下进行开发、测试和部署工作。无论是进行跨平台应用开发，还是模拟不同操作系统的用户环境，VMware 虚拟机都能方便地提供解决方案。此外，由于虚拟机具有快速创建和销毁能力，因此用户能够快速响应业务需求，搭建和调整环境，

4. 易管理

VMware 提供了强大的虚拟机管理工具（如 VMware vSphere），用户可以通过这些工具轻松地创建、配置、监控和管理虚拟机。VMware vSphere 是一个集成的虚拟化管理平台，提供全面的管理功能，包括资源分配、性能监控、快照管理和备份恢复等。管理员可以通过图形界面或命令行接口，方便地管理虚拟机的生命周期操作。此外，VMware 还提供自动化管理工具，（如 vRealize Automation），能够实现虚拟机的自动化部署和运维，简化了管理工作，提升了运营和维护效率。

5. 高性能

VMware 虚拟化技术采用优化的虚拟化引擎和硬件加速支持，使得虚拟机接近物理机的性能运行。通过硬件虚拟化技术（如 Intel VT-x 和 AMD-V），虚拟机可以直接利用底层硬件资源，实现高效的计算性能。VMware 还提供存储和网络的优化技术（如 vSAN 和 NSX），提升了虚拟机的存储性能和网络性能。此外，VMware 虚拟机支持 GPU 加速技术，可以为图形密集型应用提供强大的计算能力。因此，VMware 虚拟机能够胜任高负载的企业应用，如数据库、ERP 系统、大数据分析和高性能计算等。

总地来说，VMware 虚拟机因具有资源优化、隔离性、灵活性、易管理和高性能等特点，而成为现代 IT 基础设施中不可或缺的重要组成部分，广泛应用于各行各业的虚拟化解决方案中。

2.2.2　虚拟机的 Ubuntu 系统安装与配置

在虚拟化环境中，安装与配置 Ubuntu 系统是实现边缘计算平台的常见步骤。以下是使用 VMware 虚拟机安装与配置 Ubuntu 系统的详细过程。

1. 准备工作

（1）下载 Ubuntu 镜像文件。访问 Ubuntu 官方网站，选择合适的版本，下载 ISO 镜像文件，如图 2-14 所示。

图 2-14　下载 Ubuntu 桌面版本

（2）下载并安装 VMware Workstation。访问 VMware 官方网站，下载并安装 VMware WORKSTATION 或 VMware Player，如图 2-15 所示。

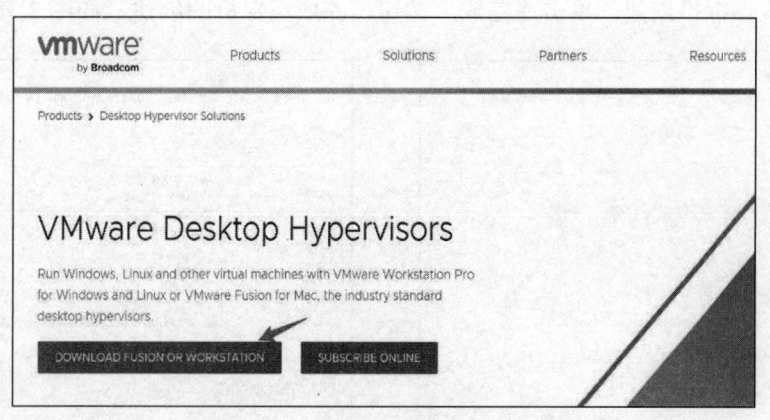

图 2-15　下载 VMware WORKSTATION

2. 创建虚拟机

（1）启动 VMware WORKSTATION。打开 VMware WORKSTATION，在主界面选择"文件"→"新建虚拟机"命令。

（2）选择虚拟机配置类型。打开新建虚拟机向导，选择"典型（推荐）"单选项，单击"下一步"按钮，如图 2-16 所示。

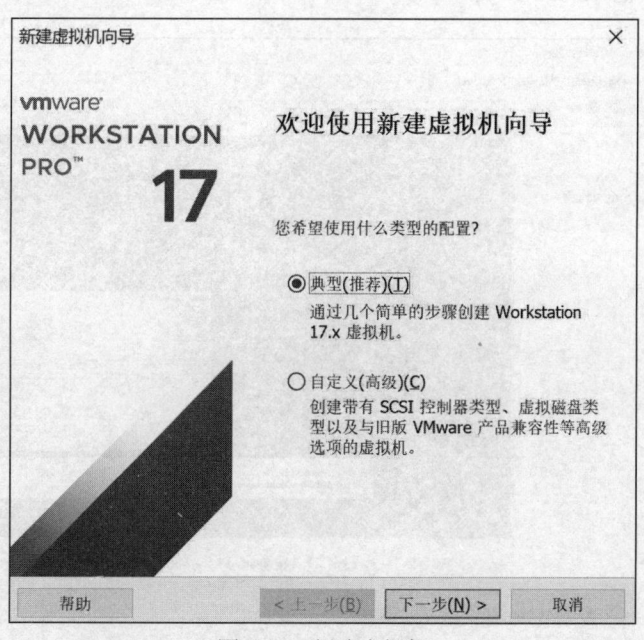

图 2-16　新建虚拟机

（3）选择安装源。选择"安装程序光盘映像文件(iso)"单选项，单击"浏览"按钮，选择下载的 Ubuntu ISO 文件，如图 2-17 所示，单击"下一步"按钮，输入用户名和密码。

（4）命名虚拟机和设置存储位置。为虚拟机命名并选择存储位置，单击"下一步"按钮。

（5）设置磁盘容量。根据需求设置虚拟机磁盘容量，建议至少为 20GB。选择"将虚拟磁盘存储为单个文件(Q)"单选项，单击"下一步"按钮。

（6）完成虚拟机创建。单击"完成"按钮，完成虚拟机的创建，如图 2-18 所示。

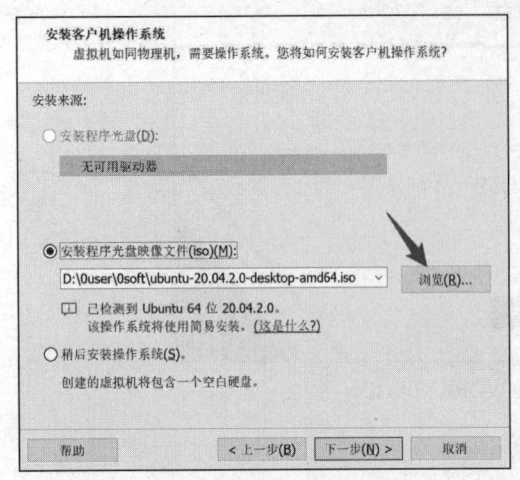

图 2-17　选择下载的 Ubuntu ISO 文件

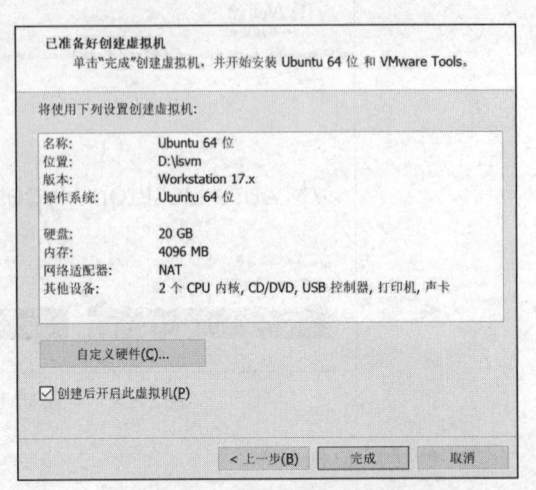

图 2-18　完成虚拟机的创建

3. 安装 Ubuntu 操作系统

（1）进入 Ubuntu 安装程序。完成后，自动进入 Ubuntu 的安装界面，如图 2-19 所示，单击"Install Ubuntu"按钮开始安装。

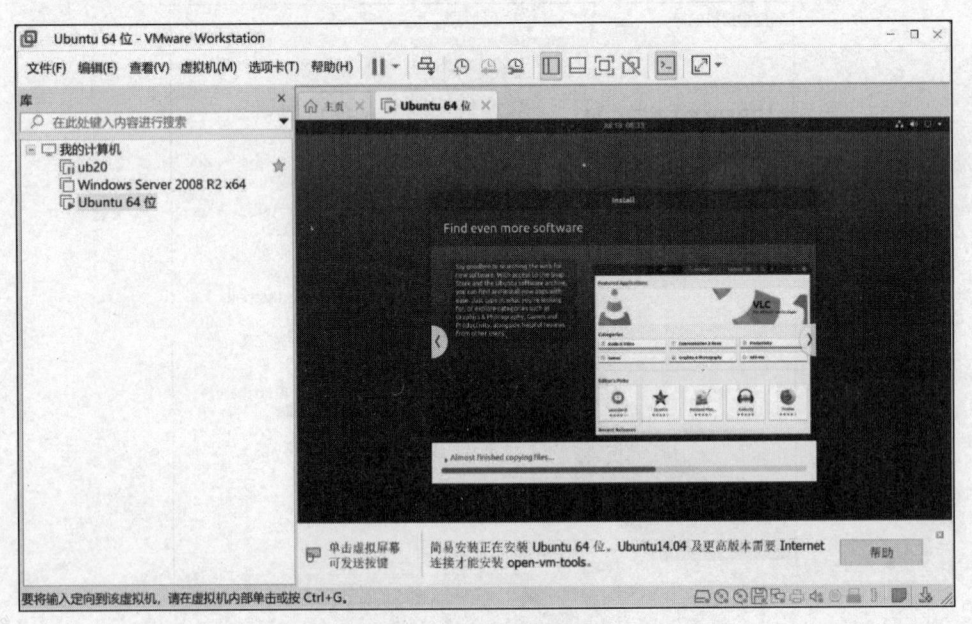

图 2-19　Ubuntu 的安装界面

（2）完成安装。安装完成后，系统自动重启虚拟机，重启后进入录界面，如图 2-20 所示。

通过上述步骤，在 VMware 虚拟机上成功安装与配置了 Ubuntu 系统。这个虚拟化的 Ubuntu 系统可以用于边缘计算平台的开发和测试，提供了一个稳定且隔离的开发环境。

图 2-20　登录界面

2.3　Ubuntu 开发环境的安装与配置

下面介绍在 Ubuntu 系统上安装和配置开发环境，包括安装 Miniconda、PyTorch 和 PyCharm 的方法。这些工具对边缘计算平台的开发和测试非常重要。

2.3.1　Miniconda 安装

Conda 是一种开源的包管理和环境管理系统，最初由 Anaconda 公司为 Python 和 R 语言开发。它旨在简化软件包的安装、更新和管理过程，并提供一个独立的环境来隔离项目，避免依赖冲突。Miniconda 是一个轻量级的 Anaconda 发行版，包含最小的 Conda 包管理器和 Python，适合只需要某些特定包和依赖项的开发者。

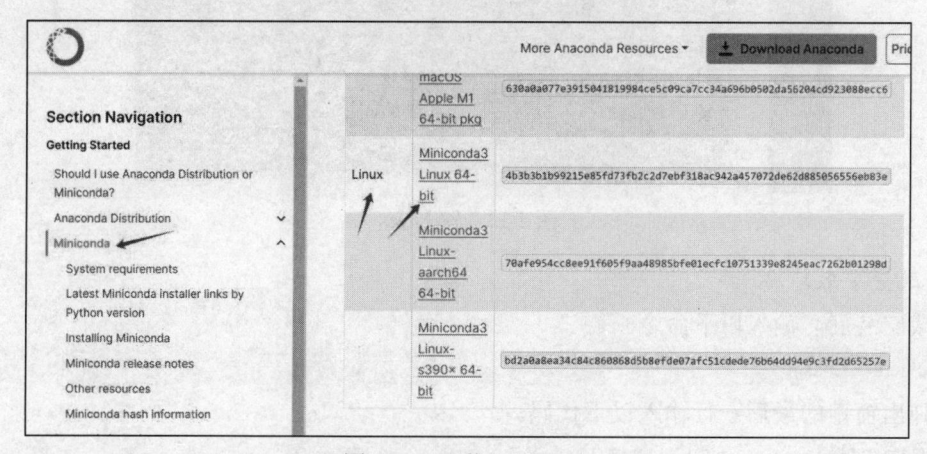

1. 下载 Miniconda

访问 Miniconda 官网，下载适用于 Linux 系统的安装脚本，如图 2-21 所示。

图 2-21　下载 Miniconda

2. 安装 Miniconda

下载完成后,在虚拟机的下载文件夹中找到 Miniconda3-latest-Linux-x86_64.sh 文件,如图 2-22 所示,在空白处右击,在弹出的快捷菜单中选择 Open in Terminal 命令。

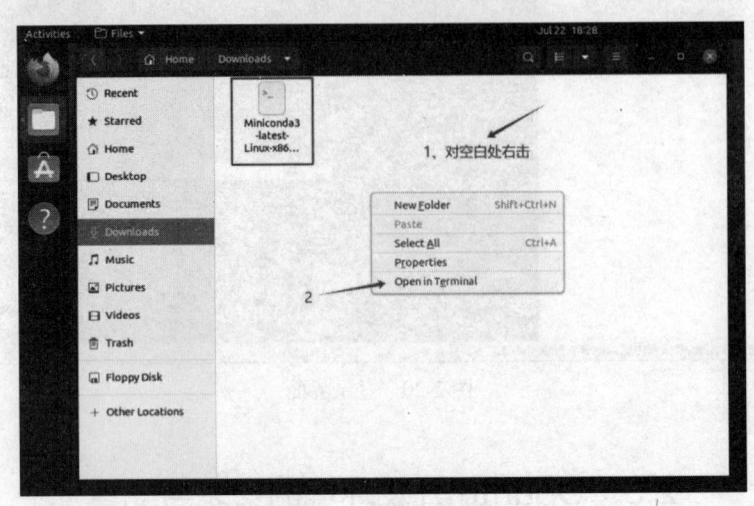

图 2-22　找到安装文件

在弹出的终端窗口运行以下指令,并按照提示安装。

bash Miniconda3-latest-Linux-x86_64.sh

按住 Enter 键,直到出现图 2-23 所示界面,输入 yes,按 3 次 Enter 键,继续等待安装完毕。

图 2-23　输入 yes

3. 配置安装环境

完成安装后,输入以下命令。

sudo gedit ~/.bashrc

在弹出窗口的最后一行输入以下代码。

export PATH=~/miniconda3/bin:$PATH

按 Ctrl+s 组合键保存文件，关闭窗口，在终端输入指令，刷新安装环境。

```
source ~/.bashrc
```

4. 验证 Conda

为了确保 Conda 安装正确，输入以下指令查看其版本。

```
conda --version
```

如果出现版本号（如 conda 24.5.0），表示已经正确安装 Conda。

2.3.2 Conda 安装虚拟环境

Conda 允许用户创建多个独立的环境，每个环境都可以有不同的包版本和依赖关系，从而开发者可以在同一台计算机上开发和测试多个边缘计算项目，而不会发生包版本冲突。例如，在完成安装后，Python 的版本是 3.12，而有些边缘计算项目要求 Python 的版本是 3.8，此时需要安装 Python 3.8 的虚拟环境。

1. 创建虚拟环境

创建一个包含指定 Python 版本的虚拟环境需输入相应命令。例如，创建一个 Python 3.8 的虚拟环境时输入以下命令。

```
conda create -n myenv python=3.8
```

其中，-n myenv 指定新环境的名称为 myenv；python=3.8 指定版本为 Python 3.8。

安装的 myenv 虚拟环境如图 2-24 所示。

图 2-24 安装的 myenv 虚拟环境

2. 查看已安装的环境

使用以下命令查看所有已创建的 Conda 环境。

```
conda env list
```

或者

```
conda info --envs
```

这将列出所有环境的名称和路径,其中当前激活的环境将用星号"*"标出。

3. 激活虚拟环境

如果要使用创建的虚拟环境,就需要将其激活。使用以下命令激活虚拟环境 myenv。

```
source activate myenv
```

激活后,命令行提示符将显示环境名称,以指示正在使用的环境。

4. 退出虚拟环境

完成工作后,可以停用(退出)当前激活的环境,并返回基环境(base environment)。使用以下命令停用环境。

```
conda deactivate
```

5. 删除虚拟环境

如果不再需要某个虚拟环境,就可以删除它以释放空间。使用以下命令删除环境 myenv。

```
conda env remove -n myenv
```

通过使用 Conda 创建和管理虚拟环境,开发者可以灵活地在不同项目间切换,确保每个项目的依赖包互不干扰。这种方法特别适用于边缘计算项目,因为不同项目可能对 Python 版本和其他依赖包有不同的要求。利用 Conda 的环境管理功能,可以轻松地创建、查看、激活和删除虚拟环境,从而提高开发和测试的效率。

2.3.3 PyTorch 安装

PyTorch 是一个开源的深度学习框架,广泛用于计算机视觉和自然语言处理等领域。以下是在 Ubuntu 系统安装 PyTorch 的步骤。

1. 创建 Conda 环境

为了避免与其他项目的依赖冲突,比如使用 2.3.2 节创建的 myenv 虚拟环境。

```
source activate myenv
```

2. 安装 PyTorch

根据需要选择相应的 CUDA 版本,或安装 CPU 版本的 PyTorch。下面以安装 CPU 的版本为例。

```
pip install torch torchvision torchaudio -i https://pypi.tuna.tsinghua.edu.cn/simple
```

根据弹出的安装提示安装,安装过程与网速有关。

3. 验证安装

输入以下指令,查看 PyTorch 版本号,确保 PyTorch 正确安装并可以使用。

```
python
import torch
print(torch.__version__)
```

4. 清除安装包

清除安装包可以节省磁盘空间。以下是使用 pip 命令和 conda 命令清除安装包的指令。

（1）使用 pip 命令安装包时会缓存一些数据，可以通过以下命令清除 pip 缓存。

```
pip cache purge
```

（2）使用 conda 命令可缓存下载的包，可以使用以下命令清除 conda 缓存。

```
conda clean --all
```

（3）清除 pip 缓存。

```
pip cache purge
```

通过执行上述命令，可以清除不必要的缓存文件，以释放磁盘空间。

2.3.4 PyCharm 安装与使用

PyCharm 是由 JetBrains 公司开发的一款 Python IDE，其因功能强大而深受开发者的喜爱。以下是安装和配置 PyCharm 的步骤。

1. 下载 PyCharm

访问 PyCharm 官网，下载适用于 Linux 系统的社区版，如图 2-25、图 2-26 所示。

图 2-25　单击 Linux 按钮

图 2-26　下载社区版

2. 解压安装包

假设将 PyCharm 解压到 ~/software/ 目录下。

```
tar -xzf pycharm-community-*.tar.gz -C ~/software/
```

3. 运行 PyCharm

运行 PyCharm 的命令如下。

```
~/software/pycharm-community-*/bin/pycharm.sh
```

4. 创建新项目

在欢迎界面单击 Create New Project 按钮，选择项目位置和 Python 解释器。可以选择前面创建的 Conda 环境 myenv 作为解释器，如图 2-27 所示。

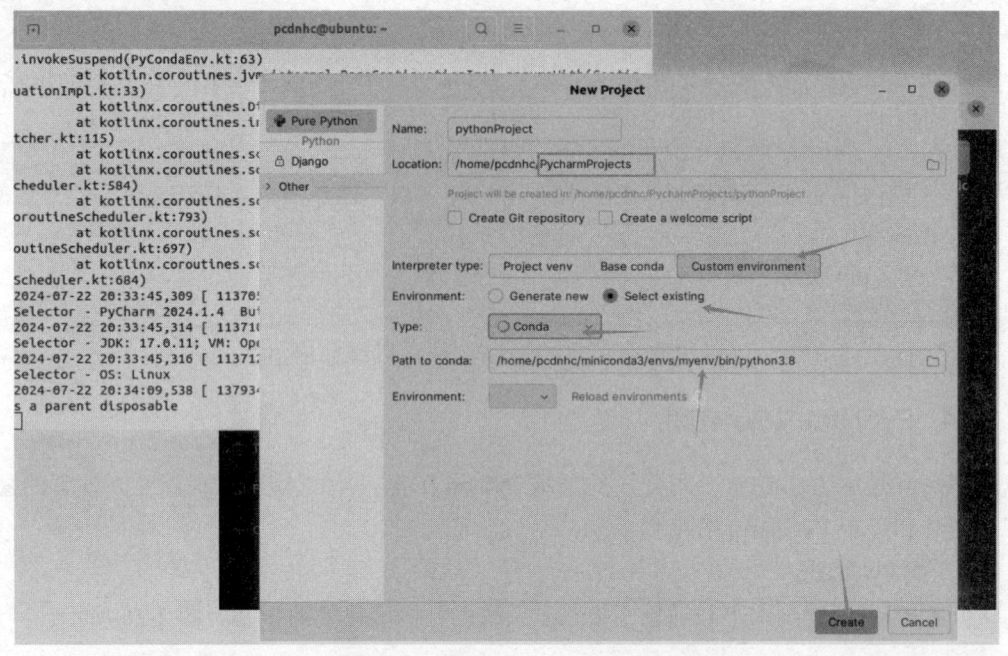

图 2-27　选择 myenv 作为解释器

5. 创建 Python 程序

在项目目录结构中右击项目名称，在弹出的快捷菜单中选择 New→Python File 命令。在弹出的界面输入文件名（例如 main），并单击 Run 按钮。PyCharm 将创建一个新的 Python 文件，如图 2-28 所示。

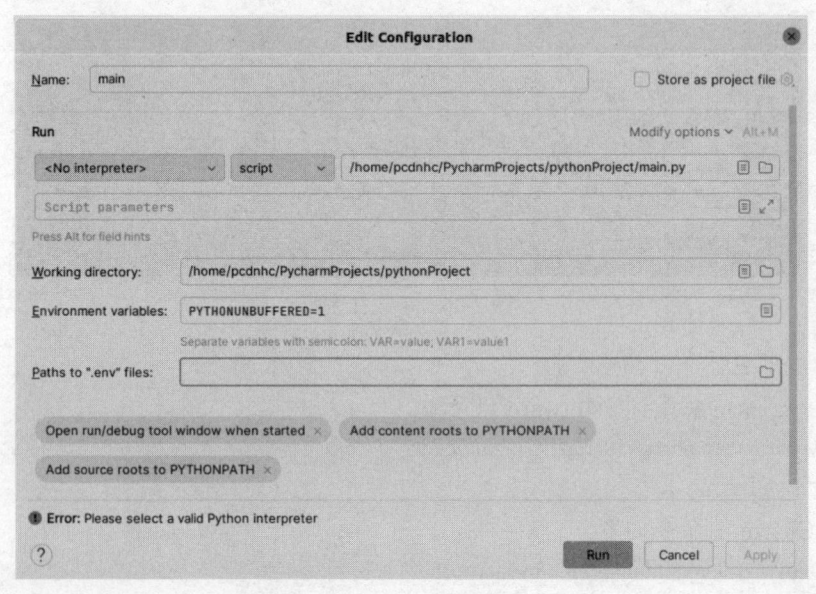

图 2-28　创建一个新的 Python 文件

6. 安装项目依赖

在项目中，可以通过 PyCharm 的 Terminal 项或者 Python Console 安装其他需要的包。

7. 编写代码

编写一个简单的欢迎代码。

```
import torch
print(torch.__version__)
print("Hello, PyCharm!")
```

8. 配置 PyCharm 使用 Conda 环境

如果创建项目时没有配置 Conda 环境，则可以随时在项目设置中添加。如图 2-29 所示，单击 File→Settings 命令，在左侧列表框中选择 Project: <project name>→Python Interpreter 选项，单击右上角的齿轮图标，选择 Add...，在弹出的快捷菜单中选择 Conda Environment 命令，然后选择 Conda 虚拟环境，单击 OK 按钮。

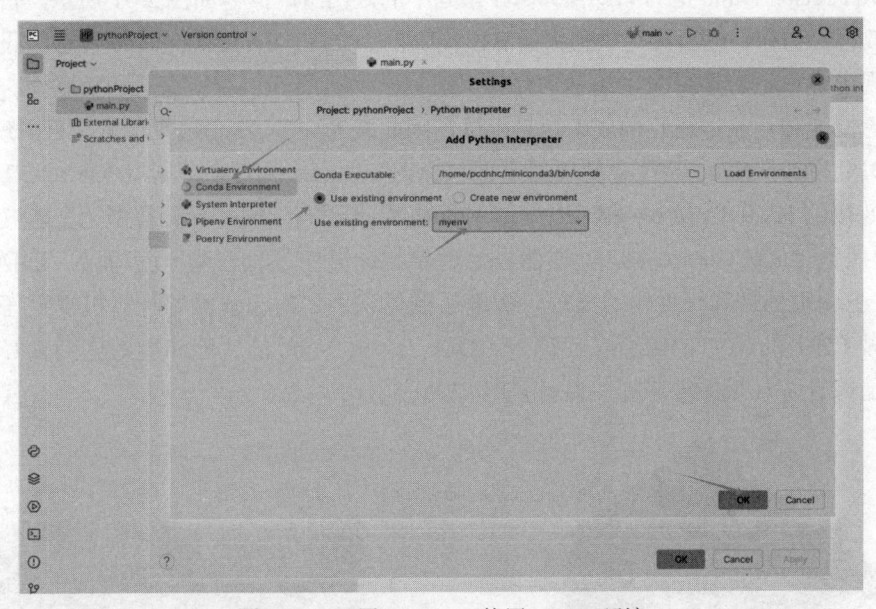

图 2-29 配置 PyCharm 使用 Conda 环境

9. 运行 Python 程序

右击 main.py 文件，在弹出的快捷菜单选择 Run main 命令；或者单击 PyCharm 界面右上角的"运行"按钮（三角形图标），将在 Run 窗口中看到 PyTorch 的版本号和欢迎词"Hello, PyCharm!"，如图 2-30 所示。

图 2-30 程序运行结果

2.4　NVIDIA Jetson 嵌入式计算平台

NVIDIA Jetson 系列嵌入式计算平台是专为边缘计算和人工智能应用设计的高性能、低功耗解决方案。Jetson 系列产品包含多个型号，旨在满足从简单到复杂的多种应用需求，涵盖入门级开发板至工业级模块。

2.4.1　系列产品介绍

1. NVIDIA Jetson Nano

NVIDIA Jetson Nano 是 NVIDIA Jetson 系列中的入门级产品，如图 2-31 所示，旨在为个人开发者、教育机构和初创公司提供强大的 AI 计算能力。NVIDIA Jetson Nano 在边缘设备的推理任务中表现出色，适合多种应用场景，如计算机视觉、机器人、智能家居和物联网。由于其设计不仅考虑性能和功能，还兼顾成本和易用性，因此成为许多 AI 和边缘计算项目的理想选择。

NVIDIA Jetson Nano 的核心处理器是四核 ARM Cortex-A57 处理器，如图 2-32 所示。它结合了 128 核的 NVIDIA Maxwell GPU。这种配置提供了高效的并行计算能力，能够处理复杂的 AI 推理任务。ARM Cortex-A57 处理器在处理日常计算任务时表现出色，而 NVIDIA Maxwell GPU 专注于图形处理和深度学习推理，提高了图像识别、对象检测等计算机视觉任务的执行速度。这种 CPU 和 GPU 的组合，使得 NVIDIA Jetson Nano 的性能和能效达到良好的平衡，特别适合边缘计算环境中要求低功耗和高性能的应用。

图 2-31　NVIDIA Jetson Nano　　　　图 2-32　ARM Cortex-A57 处理器

在内存和存储方面，NVIDIA Jetson Nano 配备 4GB LPDDR4 内存，足以应对大多数入门级 AI 应用的需求。对于存储，NVIDIA Jetson Nano 支持使用 microSD 卡作为主要存储介质。用户可以根据项目的具体需求选择合适容量的 microSD 卡，并且可以随时更换和升级存储卡，以满足不断变化的存储需求。这种设计不仅提高了灵活性，还降低了成本，因为 microSD 卡价格相对低廉且易购买。

NVIDIA Jetson Nano 的接口非常丰富，如图 2-33 所示，提供了多种标准接口以支持各种外部设备连接。例如，其提供 USB 3.0 接口，允许用户连接高速存储设备、相机和其他外部设备；HDMI 接口和 DisplayPort 接口支持高分辨率显示器的连接，方便进行开发和调试工作；

千兆以太网接口确保了高速网络连接,适合需要稳定和快速数据传输的应用。此外,NVIDIA Jetson Nano 还配备 MIPI CSI-2 摄像头接口,能够直接连接高性能摄像头,支持实时视频处理和计算机视觉任务;GPIO 引脚提供了与传感器和执行器的连接能力,极大地扩展了其应用范围和灵活性。

图 2-33 NVIDIA Jetson Nano 的接口

NVIDIA Jetson Nano 在多种应用场景中表现出色。对于计算机视觉应用,它可以快速处理视频流和图像数据,实时检测和识别对象。在机器人领域,NVIDIA Jetson Nano 能够运行复杂的运动算法和环境感知系统,帮助机器人进行自主导航和任务执行。在智能家居领域,NVIDIA Jetson Nano 可以作为智能设备的核心,处理各种传感器的数据,进行环境监测和设备控制。在物联网应用中,NVIDIA Jetson Nano 可以充当边缘节点,处理和分析本地数据,减少对云端计算资源的依赖,提升响应速度和数据隐私性。

NVIDIA Jetson Nano 作为 NVIDIA Jetson 系列的入门级产品,以其强大的 AI 计算能力、丰富的连接接口和灵活的存储选项,成为个人开发者、教育机构和初创公司探索和实现 AI 与边缘计算应用的理想平台。其设计和功能不仅满足了多种入门级应用的需求,还为用户提供了极强的灵活性和扩展性。无论是在开发和实验环境中,还是在实际应用场景中,NVIDIA Jetson Nano 都展示出了其独特的优势和广泛的应用前景。

2. NVIDIA Jetson TX2

NVIDIA Jetson TX2 是一款中等性能的嵌入式 AI 计算模块,其开发板如图 2-34 所示,面向需要更高计算能力和能效的应用场景。它广泛应用于无人机、自动驾驶、医疗设备和智能摄像头等领域。

NVIDIA Jetson TX2 采用双核 NVIDIA Denver 2 处理器和四核 ARM Cortex-A57 处理器,搭载 256 核 NVIDIA Pascal GPU;配备 8GB LPDDR4 内存和 32GB eMMC 存储,支持扩展存储;包括 USB 3.0 接口、HDMI 接口、PCIe 接口、MIPI CSI-2 摄像头接口和 12 个 CSI 通道,支持多个摄像头同时工作。其适用于需要高性能和能效的边缘 AI 应用,如自动驾驶、无人机和智能视频分析。

3. NVIDIA Jetson Xavier NX

NVIDIA Jetson Xavier NX 是一款小型但功能强大的嵌入式 AI 计算模块，其开发板如图 2-35 所示，提供优异的性能和能效比，适用于需要高密度计算的边缘 AI 应用。

图 2-34　NVIDIA Jetson TX2 开发板 　　　　图 2-35　NVIDIA Jetson Xavier NX 开发板

NVIDIA Jetson Xavier NX 采用六核 NVIDIA Carmel ARMv8.2 64 位处理器，结合 384 核 NVIDIA Volta GPU（含 48 个 Tensor 核心）。配备 8GB 或 16GB LPDDR4x 内存，支持 microSD 卡、eMMC 和 NVMe SSD 存储选项。提供丰富的接口选择，包括 USB 3.1 接口、HDMI 接口、PCIe 接口、MIPI CSI-2 接口和 CSI-3 摄像头接口，支持高速数据传输和多设备连接；适用于高性能 AI 推理、机器人、自主机器和边缘分析等复杂应用。

4. NVIDIA Jetson AGX Xavier

NVIDIA Jetson AGX Xavier 是 NVIDIA Jetson 系列的高端产品，如图 2-36 所示，专为最苛刻的边缘 AI 计算任务设计。它提供了强大的计算性能，能够处理复杂的 AI 推理和训练任务。

图 2-36　NVIDIA Jetson AGX Xavier

NVIDIA Jetson AGX Xavier 采用八核 ARM v8.2 64 位处理器，配备 512 核 NVIDIA Volta GPU（含 64 个 Tensor 核心）；配备 32GB LPDDR4x 内存和 32GB eMMC 存储，支持 NVMe SSD 扩展存储。包括 USB 3.1 接口、HDMI 接口、DP 接口、PCIe 接口、MIPI CSI-2 接口和 CSI-3 摄像头接口，提供丰富的连接和扩展能力。适用于自动驾驶、机器人、高端医疗设备和智能城市等需要极高计算性能的应用场景。

5. NVIDIA Jetson Orin

NVIDIA Jetson Orin 是新一代嵌入式 AI 计算平台，进一步提升了计算性能和能效比，适合未来的复杂 AI 应用需求。NVIDIA Jetson Orin 采用 NVIDIA Ampere 架构 GPU，配备 2048 个 CUDA 核心和 64 个 Tensor 核心，结合高性能的 ARM CPU。提供多种内存配置，最高支持 32GB LPDDR5 内存，支持更高带宽和更低功耗的存储解决方案；包括最新的高速接口，如 USB 4.0 接口、PCIe Gen4 接口和更高带宽的 MIPI CSI 接口，支持更高的数据传输速率和更多的设备连接；适用于自动驾驶、边缘服务器、智能制造和高性能计算等需要顶级 AI 性能的应用场景。

NVIDIA Jetson 系列嵌入式计算平台通过多种型号，覆盖了从入门级到工业级的广泛应用需求。每个型号都具备强大的计算能力、丰富的接口和灵活的存储选项，能够满足不同场景下的边缘 AI 应用。无论是简单的物联网设备还是复杂的自动驾驶系统，NVIDIA Jetson 系列都提供了高效且可靠的解决方案，为边缘计算和人工智能的广泛应用奠定了坚实基础。表 2-1 所列为 NVIDIA Jetson 系列产品的配置和性能。

表 2-1 NVIDIA Jetson 系列产品的配置和性能

产品	核心处理器	GPU	内存	存储	连接接口
NVIDIA Jetson Nano	四核 ARM Cortex-A57 处理器	128 核 NVIDIA Maxwell	4GB LPDDR4	microSD 卡	USB 3.0、HDMI、DisplayPort、千兆以太网、MIPI CSI-2、GPIO
NVIDIA Jetson TX2	双核 NVIDIA Denver 2 和四核 ARM Cortex-A57 处理器	256 核 NVIDIA Pascal	8GB LPDDR4	32GB eMMC，可扩展存储	USB 3.0、HDMI、PCIe、MIPI CSI-2、12 个 CSI 通道
NVIDIA Jetson Xavier NX	六核 NVIDIA Carmel ARMv8.2 64 位处理器	384 核 NVIDIA Volta（含 48 个 Tensor 核心）	8GB 或 16GB LPDDR4x	microSD 卡、eMMC、NVMe SSD	USB 3.1、HDMI、PCIe、MIPI CSI-2、CSI-3
NVIDIA Jetson AGX Xavier	八核 ARM v8.2 64 位处理器	512 核 NVIDIA Volta（含 64 个 Tensor 核心）	32GB LPDDR4x	32GB eMMC、NVMe SSD	USB 3.1、HDMI、DP、PCIe、MIPI CSI-2、CSI-3
NVIDIA Jetson Orin	NVIDIA Ampere，ARM Cortex-A78AE 处理器	2048 个 CUDA 核心（64 个 Tensor 核心）	最高支持 32GB LPDDR5	32GB eMMC、NVMe SSD	USB 4.0、PCIe Gen4、更高带宽的 MIPI CSI 接口

2.4.2 GPIO 硬件资源介绍

NVIDIA Jetson 系列开发板不仅具备强大的 AI 计算能力，还提供了丰富的 GPIO 硬件资源，使其在开发和实验中具有极强的灵活性。GPIO 接口是一种通过简单的信号电平控制外部设备的方式，广泛应用于传感器、执行器和外设的连接与控制。

1. GPIO 基本概念

GPIO 是一种可编程的引脚接口，通过软件配置可以实现输入或输出功能。在输入模式下，GPIO 引脚可以检测外部设备的电平信号；在输出模式下，GPIO 引脚可以驱动外部设备或发送信号。NVIDIA Jetson 开发板上的 GPIO 接口通常由多组引脚组成，每组引脚都可以独立配置和控制。

2. NVIDIA Jetson Nano 的 GPIO 资源

NVIDIA Jetson Nano 提供 40 针 GPIO 引脚，如图 2-37 所示。与树莓派的 GPIO 布局兼容，方便用户利用现有的树莓派配件和扩展板。

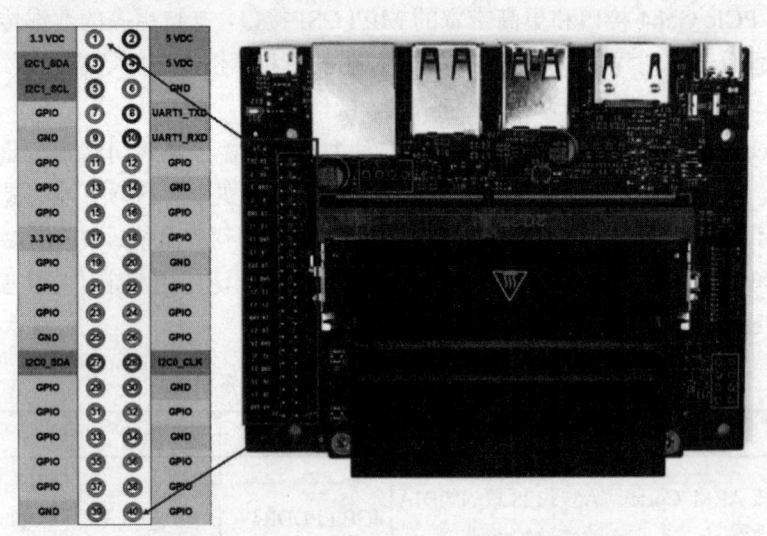

图 2-37　Jetson Nano 的 40 针 GPIO 引脚功能

GPIO 引脚的主要功能如下。

（1）数字输入/输出。GPIO 引脚（图 2-37 中标示为 GPIO 的引脚，如 7、11 等引脚），可以配置为数字输入或输出模式，用于连接按钮、开关、LED 等设备。

（2）PWM（脉宽调制）。部分 GPIO 引脚支持 PWM 信号输出，可以用于控制电机、伺服和调光等应用。

（3）I2C。NVIDIA Jetson Nano 支持 I2C 通信协议，通过 GPIO 的 I2C 引脚（图 2-37 中标示为 I2C 的引脚，如 3、5 等引脚）连接 I2C 设备，如温度传感器、加速度计和显示屏等。

（4）SPI。部分 GPIO 引脚支持 SPI 通信协议，适用于高速数据传输的设备连接，如 ADC/DAC 模块和存储设备。

（5）UART。提供串行通信接口，通过 GPIO 引脚连接串口设备，如 GPS 模块和无线通信模块。

3. NVIDIA Jetson TX2 和 NVIDIA Jetson AGX Xavier 系列的 GPIO 资源

NVIDIA Jetson TX2 和 NVIDIA Jetson AGX Xavier 系列在 GPIO 资源方面更加丰富，除提供类似于 NVIDIA Jetson Nano 的功能外，还增加了更多高级特性和接口。

（1）多功能引脚。支持更多的多功能引脚配置，可以根据具体需求配置为 GPIO 接口、PWM 接口、I2C 接口、SPI 接口或 UART 接口。

（2）更高的引脚数量。与 NVIDIA Jetson Nano 相比，这些高端型号提供更多的 GPIO 引脚，支持更多外部设备连接和复杂应用。

（3）高性能通信接口。除基本的 I2C 接口、SPI 接口和 UART 接口外，还支持更高带宽和速度的通信协议，满足高性能应用的需求。

2.4.3　RGB LED 灯实验

1. RGB LED 灯简介

RGB LED 灯是一种能够发出红色、绿色、蓝色三种光的发光二极管。通过调节这三种颜色光的强度，可以混合出不同的颜色。RGB LED 灯广泛应用于指示灯、显示屏、装饰灯和电子产品中。一个标准的 RGB LED 灯通常具有四个引脚：一个公共引脚（共阳极或共阴极）和三个控制引脚，分别用于控制红色、绿色和蓝色发光二极管。

2. 实验目标

本实验旨在通过控制 NVIDIA Jetson 开发板的 GPIO 引脚点亮和关闭 RGB LED 灯的不同颜色，并实现 RGB 灯的混合发光效果。通过 Python 编程控制 RGB LED 灯显示红色、绿色、蓝色以及混合的白色，并最终关闭 LED 灯。

3. 实验步骤

（1）引脚配置和初始化。
（2）控制 RGB LED 灯的颜色。
（3）关闭 RGB LED 灯。

4. 实验代码

```python
import RPi.GPIO as GPIO
import time
#定义 RGB LED 灯的引脚
makerobo_R = 17
makerobo_G = 18
makerobo_B = 27
#初始化程序
def makerobo_setup(Rpin, Gpin, Bpin):
    global pins
    global p_R, p_G, p_B
    GPIO.setmode(GPIO.BCM)                #采用实际的物理管脚编号
    pins = {'pin_R': Rpin, 'pin_G': Gpin, 'pin_B': Bpin}
    GPIO.setwarnings(False)               #去除 GPIO 接口警告
    for i in pins:
        GPIO.setup(pins[i], GPIO.OUT)     #设置引脚为输出模式
        GPIO.output(pins[i], GPIO.LOW)    #设置引脚为低电平，关闭 LED
#关闭 RGB LED 灯
def makerobo_off():
    for i in pins:
        GPIO.output(pins[i], GPIO.LOW)    #设置引脚为低电平，关闭 LED
def makerobo_destroy():
    makerobo_off()    #关闭 RGB LED 灯
    GPIO.cleanup()    #释放资源
#初始化设置函数
makerobo_setup(makerobo_R, makerobo_G, makerobo_B)
#点亮红色灯
```

```
GPIO.output(makerobo_R, GPIO.HIGH)
GPIO.output(makerobo_G, GPIO.LOW)
GPIO.output(makerobo_B, GPIO.LOW)
time.sleep(1)
#点亮绿色灯
GPIO.output(makerobo_R, GPIO.LOW)
GPIO.output(makerobo_G, GPIO.HIGH)
GPIO.output(makerobo_B, GPIO.LOW)
time.sleep(1)
#点亮蓝色灯
GPIO.output(makerobo_R, GPIO.LOW)
GPIO.output(makerobo_G, GPIO.LOW)
GPIO.output(makerobo_B, GPIO.HIGH)
time.sleep(1)
#全亮（白色）
GPIO.output(makerobo_R, GPIO.HIGH)
GPIO.output(makerobo_G, GPIO.HIGH)
GPIO.output(makerobo_B, GPIO.HIGH)
time.sleep(1)
#关闭所有灯
makerobo_off()
```

5. 实验过程和结果

（1）引脚配置和初始化。调用 makerobo_setup()函数，配置引脚为输出模式并初始化为低电平（关闭 LED 灯）。

（2）控制 RGB LED 灯的颜色。设置 GPIO 引脚的高低电平，分别点亮红色、绿色和蓝色的 LED 灯，每次保持 1s。设置所有引脚为高电平，点亮 RGB 灯的所有颜色（白色），保持 1s。

（3）关闭 RGB LED 灯。调用 makerobo_off()函数，关闭所有的 LED 灯。

通过上述实验步骤，可以直观地观察到 RGB LED 灯在不同引脚电平控制下的颜色变化。实验结果显示，NVIDIA Jetson 开发板可以通过 GPIO 引脚灵活控制 RGB LED 灯，显示多种颜色。

6. 关键函数说明

（1）makerobo_setup(Rpin, Gpin, Bpin)。这是初始化函数，用于设置 GPIO 引脚。它设置 GPIO 模式为 BCM，定义 RGB LED 的引脚，将这些引脚设置为输出模式，并初始化所有 LED 为关闭状态。

（2）makerobo_off()。这个函数用于关闭所有 LED 灯。它遍历所有的引脚，将它们设置为低电平（GPIO.LOW），从而关闭 LED。

（3）makerobo_destroy()。这是清理函数，用于程序结束时调用。它首先调用 makerobo_off()函数关闭所有 LED，然后调用 GPIO.cleanup()函数释放 GPIO 资源。

（4）GPIO.output(pin, state)。这是控制 LED 开关的核心函数。通过设置引脚的高、低电平控制 LED 的亮灭。GPIO.HIGH 表示点亮 LED，GPIO.LOW 表示关闭 LED。

（5）time.sleep(seconds)。这个函数用于控制程序的执行速度，使 LED 保持特定状态一段时间。它暂停程序执行指定的秒数。

7. 总结

本实验通过配置 NVIDIA Jetson 开发板的 GPIO 引脚，成功实现了对 RGB LED 灯的颜色控制和开关闭操作。通过编写简单的 Python 代码，控制红色、绿色、蓝色三种颜色的 LED 灯，可以混合不同的颜色，不仅展示了 Jetson 开发板的 GPIO 控制能力，还为后续项目开发和实验打下了基础。

2.4.4 有源蜂鸣器实验

1. 有源蜂鸣器简介

有源蜂鸣器是一种能够发出声音的电子元件，通过内部的振荡器产生声音。它内部自带振荡电路，只需简单的电信号控制即可发出固定频率的声音。与无源蜂鸣器不同，有源蜂鸣器无需外部驱动信号即可工作，因此使用起来更为简便，广泛应用于报警器、计时器、电子玩具等需要声音提示的场合。

2. 实验目标

本实验旨在通过控制 NVIDIA Jetson 开发板的 GPIO 引脚，驱动有源蜂鸣器发出蜂鸣声。通过 Python 编程控制蜂鸣器，实验中的蜂鸣器会以一定的频率发出 Beep 声，并最终关闭蜂鸣器。

3. 实验步骤

（1）引脚配置和初始化。

（2）控制蜂鸣器发声。

（3）关闭蜂鸣器。

4. 实验代码

```python
#导入树莓派 GPIO 库
import RPi.GPIO as GPIO
#从 time 模块导入 sleep()函数
from time import sleep
#暂时忽略警告
GPIO.setwarnings(False)
#使用实际的 PIN 管脚编码
GPIO.setmode(GPIO.BCM)
#设置蜂鸣器引脚
makerobo_buzzer = 6
#将蜂鸣器引脚设置为输出引脚，并将初始值设置为 LOW（关闭）
GPIO.setup(makerobo_buzzer, GPIO.OUT, initial=GPIO.LOW)
#控制蜂鸣器发声和停止发声
for i in range(10):
    GPIO.output(makerobo_buzzer, GPIO.HIGH)    #打开蜂鸣器
    print("Beep")
    sleep(0.5)   #延时 0.5s
    GPIO.output(makerobo_buzzer, GPIO.LOW)     #关闭蜂鸣器
    print("No Beep")
    sleep(0.5)   #延时 0.5s
#关闭蜂鸣器
GPIO.output(makerobo_buzzer, GPIO.LOW)
```

5. 实验过程和结果

（1）引脚配置和初始化。调用 GPIO.setmode(GPIO.BCM)，设置 GPIO 引脚为 BCM 编码模式。将蜂鸣器引脚设置为输出模式，并初始化为低电平（关闭状态）。

（2）控制蜂鸣器发声。通过循环 10 次控制蜂鸣器引脚的高低电平，模拟蜂鸣器发声和停止发声的过程。每次设置引脚为高电平时，蜂鸣器都发出 Beep 声，保持 0.5s；每次设置引脚为低电平时，蜂鸣器都停止发声，保持 0.5s。

（3）关闭蜂鸣器。最后一次设置蜂鸣器引脚为低电平，确保实验结束时蜂鸣器处于关闭状态。

通过上述实验步骤，可以直观地观察到蜂鸣器在不同引脚电平控制下发声和停止发声的变化。实验结果显示，NVIDIA Jetson 开发板可以通过 GPIO 引脚灵活控制有源蜂鸣器，实现有规律的声音提示。

6. 关键函数说明

（1）GPIO.setmode(GPIO.BCM)。这个函数用于设置 GPIO 引脚的编号模式。BCM 模式使用 Broadcom SOC 通道编号，这是树莓派的内部编号系统。

（2）GPIO.setup(makerobo_buzzer, GPIO.OUT, initial=GPIO.LOW)。这个函数用于设置特定 GPIO 引脚的模式。它将蜂鸣器引脚设置为输出模式，并将初始状态设置为低电平（关闭）。

（3）GPIO.output(makerobo_buzzer, GPIO.HIGH)。这个函数用于控制 GPIO 引脚的输出状态。当设置为 HIGH 时，它会打开蜂鸣器，使其发出声音。

（4）GPIO.output(makerobo_buzzer, GPIO.LOW)。与上面的函数相反，这个函数将 GPIO 引脚设置为低电平，从而关闭蜂鸣器，停止发声。

（5）sleep(0.5)。这是从 time 模块导入的函数，用于暂停程序执行指定的秒数。在这个程序中，它用于控制蜂鸣器的开启时间和关闭时间。

7. 总结

本实验通过配置 NVIDIA Jetson 开发板的 GPIO 引脚，成功实现了对有源蜂鸣器的发声控制和关闭操作。通过编写简单的 Python 代码，可以灵活控制蜂鸣器发出 Beep 声，并模拟简单的声音提示功能，不仅展示了 NVIDIA Jetson 开发板的 GPIO 控制能力，还为后续项目开发和实验打下了基础。

2.4.5　全彩 LED 灯实验

1. 全彩 LED 灯简介

全彩 LED 灯（也称 RGB LED 灯）是一种能够发出多种颜色光的发光二极管。它通常由红色、绿色、蓝色三种颜色的 LED 组成，通过调节三种颜色光的强度，可以混合不同的颜色。全彩 LED 灯广泛应用于装饰灯、显示屏、指示灯和电子玩具中。它们通过不同的控制方法实现颜色变化，从简单的开关控制到复杂的 PWM 控制。

2. 实验目标

本实验旨在通过控制 NVIDIA Jetson 开发板的 GPIO 引脚驱动全彩 LED 灯，以实现简单的开关控制。通过 Python 编程，实现全彩 LED 灯的点亮和关闭操作。

3. 实验步骤

（1）引脚配置和初始化。

（2）控制全彩 LED 灯点亮。

（3）控制全彩 LED 灯关闭。

4. 实验代码

```
#导入树莓派 GPIO 库
import RPi.GPIO as GPIO
#从 time 模块导入 sleep()函数
from time import sleep
#定义全彩 LED 灯控制引脚
makerobo_Led_pin = 25
#暂时忽略警告
GPIO.setwarnings(False)
#设置 GPIO 模式为 BCM 编码
GPIO.setmode(GPIO.BCM)
#将全彩 LED 引脚设置为输出引脚，并将初始值设置为 HIGH（打开）
GPIO.setup(makerobo_Led_pin, GPIO.OUT, initial=GPIO.HIGH)
#关闭全彩 LED 灯
GPIO.output(makerobo_Led_pin, GPIO.LOW)
sleep(1)   #延时 1s
#打开全彩 LED 灯
GPIO.output(makerobo_Led_pin, GPIO.HIGH)
```

5. 实验过程和结果

（1）引脚配置和初始化。调用 GPIO.setmode(GPIO.BCM)，设置 GPIO 引脚为 BCM 编码模式。将全彩 LED 灯的控制引脚设置为输出模式，并初始化为高电平（打开状态）。

（2）控制全彩 LED 灯点亮。调用 GPIO.output(makerobo_Led_pin, GPIO.HIGH)，设置控制引脚为高电平，全彩 LED 灯点亮。

（3）控制全彩 LED 灯关闭。GPIO.output(makerobo_Led_pin, GPIO.LOW)，设置控制引脚为低电平，全彩 LED 灯关闭。稍后，再次设置引脚为高电平，重新点亮全彩 LED 灯。

6. 关键函数说明

（1）GPIO.setmode(GPIO.BCM)。这个函数用于设置 GPIO 引脚的编号模式。BCM 模式使用 Broadcom SOC 通道编号，这是树莓派的内部编号系统。

（2）GPIO.setup(makerobo_Led_pin, GPIO.OUT, initial=GPIO.HIGH)。这个函数用于设置特定 GPIO 引脚的模式。它将 LED 引脚设置为输出模式，并将初始状态设置为高电平（打开）。

（3）GPIO.output(makerobo_Led_pin, GPIO.LOW)。这个函数用于控制 GPIO 引脚的输出状态。当设置为 LOW 时，它会关闭 LED 灯。

（4）GPIO.output(makerobo_Led_pin, GPIO.HIGH)。与上面的函数相反，这个函数将 GPIO 引脚设置为高电平，从而打开 LED 灯。

7. 总结

本实验通过配置 NVIDIA Jetson 开发板的 GPIO 引脚，成功实现了对全彩 LED 灯的简单开关控制操作。通过编写简单的 Python 代码，可以灵活控制全彩 LED 灯的点亮和关闭，不仅展示了 Jetson 开发板的 GPIO 控制能力，还为后续项目开发和实验打下了基础。在实际应用中，还可以通过 PWM 控制方法实现全彩 LED 灯的颜色渐变和动态效果，从而实现更加丰富的显示效果。

2.4.6 轻触按键实验

1. 轻触按键简介

轻触按键是一种机械式开关，具有较小的操作力和短的行程。它通常用于各种电子设备中，作为用户输入的一种方式。当按下轻触按键时，电路闭合，产生一个电信号；当松开轻触按键时，电路断开。轻触按键广泛应用于遥控器、计算器、电话、玩具以及其他需要简单开关控制的电子设备中。

2. 实验目标

本实验旨在通过控制 NVIDIA Jetson 开发板的 GPIO 引脚检测轻触按键的状态，并驱动蜂鸣器发声。当按下轻触按键时，蜂鸣器发出声音；当松开轻触按键时，蜂鸣器停止发声。

3. 实验步骤

（1）引脚配置和初始化。
（2）检测轻触按键状态。
（3）控制蜂鸣器发声。

4. 实验代码

```python
import RPi.GPIO as GPIO
from time import sleep
#配置按钮和蜂鸣器引脚
makerobo_button_pin = 19    #按键 key2
makerobo_buzzer_pin = 6     #蜂鸣器
#暂时忽略警告
GPIO.setwarnings(False)
#使用实际的 PIN 管脚编码
GPIO.setmode(GPIO.BCM)
#设置按钮引脚为输入，设置蜂鸣器引脚为输出
GPIO.setup(makerobo_button_pin, GPIO.IN, pull_up_down=GPIO.PUD_UP)
GPIO.setup(makerobo_buzzer_pin, GPIO.OUT, initial=GPIO.LOW)
#执行检测
while True:
    #读取按键状态
    ver = GPIO.input(makerobo_button_pin)
    #检测按键是否被按下
    if ver == 0:
        GPIO.output(makerobo_buzzer_pin, GPIO.HIGH)
    else:
        #没有按下按键，关闭蜂鸣器
        GPIO.output(makerobo_buzzer_pin, GPIO.LOW)
```

5. 实验过程和结果

（1）引脚配置和初始化。调用 GPIO.setmode(GPIO.BCM)设置 GPIO 引脚为 BCM 编码模式。将轻触按键引脚设置为输入模式，并启用上拉电阻，以确保未按下轻触按键时为高电平。将蜂鸣器引脚设置为输出模式，并初始化为低电平（关闭状态）。

（2）检测轻触按键状态。使用函数 GPIO.input(makerobo_button_pin)读取轻触按键的状态。如果轻触按键被按下（引脚电平为低），则设置蜂鸣器引脚为高电平，蜂鸣器发声。如果按键未按下（引脚电平为高），则设置蜂鸣器引脚为低电平，蜂鸣器关闭。

（3）控制蜂鸣器发声。通过循环检测按键状态，实现实时控制蜂鸣器的发声与关闭。

6. 关键函数说明

（1）GPIO.setup(makerobo_button_pin, GPIO.IN, pull_up_down=GPIO.PUD_UP)。这个函数设置按钮引脚为输入模式，并启用内部上拉电阻。这意味着当按钮没有被按下时，引脚会保持高电平状态。

（2）GPIO.setup(makerobo_buzzer_pin, GPIO.OUT, initial=GPIO.LOW)。这个函数将蜂鸣器引脚设置为输出模式，并将初始状态设置为低电平（关闭）。

（3）GPIO.input(makerobo_button_pin)。这个函数用于读取指定 GPIO 引脚的当前状态。在这个程序中，它用于检测按钮是否被按下。

（4）GPIO.output(makerobo_buzzer_pin, GPIO.HIGH)。这个函数将蜂鸣器引脚设置为高电平，从而打开蜂鸣器使其发声。

（5）GPIO.output(makerobo_buzzer_pin, GPIO.LOW)。这个函数将蜂鸣器引脚设置为低电平，从而关闭蜂鸣器停止发声。

7. 总结

本实验通过配置 NVIDIA Jetson 开发板的 GPIO 引脚，成功实现了对轻触按键的状态检测和蜂鸣器的控制。当按下轻触按键时，蜂鸣器发出 Beep 声；松开按键时，蜂鸣器停止发声，不仅展示了 NVIDIA Jetson 开发板的 GPIO 控制能力，还为后续项目开发和实验打下了基础。轻触按键与蜂鸣器的结合可以用于简单的用户输入和反馈系统，在实际应用中具有广泛的应用前景。

2.4.7 OLED 显示实验

1. OLED 显示简介

OLED（Organic Light Emitting Diode，有机发光二极管）显示技术因具有自发光特性、不需要背光、对比度高、响应速度快、视角广等优点而在各种显示设备中得到广泛应用。OLED 显示屏广泛应用于智能手机、手表、电视、仪表等设备，其轻薄、省电、可弯曲，是现代显示技术的重要发展方向。

2. 实验目标

本实验旨在通过 NVIDIA Jetson 开发板驱动 OLED 显示屏，以展示基本的文本信息。通过 Python 编程，学习如何使用 Adafruit_SSD1306 库在 OLED 屏幕上绘制图像和显示文本。

3. 实验步骤

（1）硬件连接。

（2）库的安装和导入。

（3）显示屏初始化。

（4）图像创建和绘制。

（5）在 OLED 屏幕上显示文本。

4. 实验代码

```
import time
import Adafruit_SSD1306
from PIL import Image
from PIL import ImageDraw
from PIL import ImageFont
#设置硬件 I2C
disp = Adafruit_SSD1306.SSD1306_128_32(rst=None, i2c_bus=1, gpio=1)
#初始化库
disp.begin()
#清除显示内容
disp.clear()
disp.display()
#为绘图创建空白图像,确保 1 位颜色创建模式为"1"的图像（单色）
width = disp.width
height = disp.height
image = Image.new('1', (width, height))
#载入默认字体
font = ImageFont.load_default()
#获取要在图像上绘制的绘图对象
draw = ImageDraw.Draw(image)
while True:
    #画一个黑色填充框清除图像
    draw.rectangle((0,0,width,height), outline=0, fill=0)
    draw.text((0,0),"MakeRobo Jetbot",font=font,fill=255)

    #显示图像
    disp.image(image)
    disp.display()
    time.sleep(3)
```

5. 实验过程和结果

（1）硬件连接。将 OLED 显示屏通过 I2C 接口连接到 NVIDIA Jetson 开发板，确保连接正确，VCC 连接 3.3V 电源，GND 接地，SCL 和 SDA 分别连接相应的 I2C 引脚。

（2）库的安装和导入。安装 Adafruit_SSD1306 库和 PIL（Python Imaging Library）库，并使用 import 语句导入这些库。

（3）显示屏初始化。创建 Adafruit_SSD1306 对象，设置显示屏的分辨率和 I2C 接口。使用 begin() 方法初始化显示屏。使用 clear() 和 display() 方法清除显示内容。

（4）图像创建和绘制。创建一个 1 位颜色模式（单色）的空白图像，并获取其绘图对象。使用默认字体 ImageFont.load_default() 方法加载字体。通过 draw.rectangle() 方法绘制一个黑色填充框清除图像。使用 draw.text() 方法在图像上绘制文本。

（5）在 OLED 屏幕上显示文本。使用 disp.image(image) 方法将图像传输到显示屏。使用 disp.display() 方法更新显示屏内容。

6. 关键函数说明

（1）Adafruit_SSD1306.SSD1306_128_32(rst=None, i2c_bus=1, gpio=1)。这个函数初始化了一个 128 像素×32 像素的 SSD1306 OLED 显示器对象，使用硬件 I2C 接口。

（2）disp.begin()。初始化显示器，准备接收命令和数据。

（3）disp.clear()。清除显示器上的所有内容，将所有像素都设置为关闭状态。

（4）Image.new('1', (width, height))。创建一个新的空白图像，模式为"1"表示它是一个 1 位颜色（黑白）图像。

（5）ImageFont.load_default()。加载默认字体，用于在图像上绘制文本。

（6）ImageDraw.Draw(image)。创建一个可以在指定图像上绘图的对象。

（7）draw.rectangle((0,0,width,height), outline=0, fill=0)。在图像上绘制一个黑色填充的矩形，用于清除整个图像。

（8）draw.text((0,0),"MakeRobo Jetbot", font=font, fill=255)。在图像上绘制文本，位置为 (0,0)，使用指定的字体，颜色为白色（255）。

（9）disp.image(image)。将创建的图像发送到显示器。

（10）disp.display()。更新显示器，显示发送的图像。

7. 总结

本实验通过配置 NVIDIA Jetson 开发板，成功实现了驱动 OLED 显示屏并显示文本信息的功能。通过使用 Adafruit_SSD1306 库和 PIL 库，掌握了在 OLED 屏幕上绘制图像和显示文本的基本方法。OLED 显示技术因其卓越的显示效果和低功耗特性，广泛应用于各种电子产品中。掌握这一技术，为后续开发复杂的显示应用和项目打下了坚实的基础。

单 元 测 试

一、单项选择题

1. 树莓派是由（　　）开发的。
   A．树莓派基金会　　　　　　　　B．微软公司
   C．英特尔公司　　　　　　　　　D．高通公司
2. Ubuntu 系统的创始人是（　　）。
   A．Linus Torvalds　　　　　　　　B．Steve Jobs
   C．Bill Gates　　　　　　　　　　D．Mark Shuttleworth

3. 树莓派的创始人是（　　）。
   A. 史蒂夫·乔布斯　　　　　　　　　B. 比尔·盖茨
   C. 埃本·阿普顿　　　　　　　　　　D. 马斯克
4. Ubuntu 的应用场景是（　　）。
   A. 工业生产　　　　　　　　　　　　B. 家庭和服务
   C. 军事国防　　　　　　　　　　　　D. 以上都不对
5. VMware 公司最主要的业务是（　　）。
   A. 网络设备　　　　　　　　　　　　B. 云计算服务
   C. 硬件虚拟化软件　　　　　　　　　D. 以上都不是
6. 虚拟机通过（　　）的具有完整硬件系统功能的计算机系统，运行在一个完全隔离的环境中。
   A. 软件模拟　　　　　　　　　　　　B. 硬件模拟
   C. CPU 模拟　　　　　　　　　　　　D. GPU 模拟
7. Ubuntu 系统的版本编号采用的格式是（　　）。
   A. 发布年份的前两位数字　　　　　　B. 发布年份的后两位数字
   C. 发布年份的最后一位数字　　　　　D. 完整的发布年份
8. 树莓派可以运行的系统不包括（　　）。
   A. Linux　　　　　　　　　　　　　　B. Windows 10 IoT
   C. Android　　　　　　　　　　　　　D. Mac OS
9. NVIDIA Jetson Xavier NX 的主要功能是（　　）。
   A. 处理传感器数据　　　　　　　　　B. 运行自主机器软件
   C. 提供自主机器所需的性能　　　　　D. 以上都对
10. （　　）产品的价格最低。
    A. NVIDIA Jetson Xavier NX　　　　　B. NVIDIA Jetson TX2
    C. NVIDIA Jetson Nano　　　　　　　D. NVIDIA Jetson TK1
11. ROS 1.0 出现的目的是（　　）。
    A. 将 ROS 应用于工业机器人　　　　B. 解决兼容性问题
    C. 拓展更多行业应用　　　　　　　　D. 以上都对
12. Ubuntu 系统的开发代号采用的格式是（　　）。
    A. 动物+形容词　　　　　　　　　　B. 形容词+动物
    C. 两个单词首字母不按字母表顺序显示　D. 两个单词首字母按字母表顺序显示
13. VMware 工作站的主要功能是（　　）。
    A. 在一台计算机上运行多个操作系统　B. 隔离不同操作系统的环境
    C. 在不同操作系统间共享资源　　　　D. 以上都对
14. 在虚拟机中体验 Ubuntu 系统的方式是（　　）。
    A. 导入 Ubuntu ISO 镜像文件　　　　B. 下载 Ubuntu 虚拟机
    C. 浏览器在线体验　　　　　　　　　D. SSH 远程连接

二、多项选择题

1. VMWare 软件通常用于（　　）。
   A．游戏娱乐　　　　B．软件测试　　　C．病毒分析　　　D．安全评估
2. 个人使用虚拟机的原因包括（　　）。
   A．演示环境　　　　B．保护主机　　　C．测试软件　　　D．体验不同系统
3. Ubuntu 致力于（　　）。
   A．推广开源软件　　　　　　　　　　B．盈利
   C．帮助有需要的人获得软件　　　　　D．与 Windows 竞争操作系统市场份额
4. Turing OS 的优势包括（　　）。
   A．成本低　　　　　B．周期短　　　　C．技术领先　　　D．服务稳定
5. Turing OS 包含（　　）AI 技术。
   A．人脸检测　　　　B．声音识别　　　C．手写识别　　　D．在线物体识别
6. VMWare 的功能和优点有（　　）。
   A．资源隔离　　　　　　　　　　　　B．不同系统间互动
   C．可移植性强　　　　　　　　　　　D．配置方便
7. 树莓派的基本配置有（　　）。
   A．ARM 处理器　　　B．SD 卡存储　　C．USB 接口　　　D．以太网接口
8. NVIDIA Jetson 解决方案可应用于（　　）领域。
   A．自动驾驶　　　　B．工业检测　　　C．机器人　　　　D．医疗诊断
9. 树莓派广泛应用于（　　）领域。
   A．教育　　　　　　B．工业控制　　　C．智能家居　　　D．游戏娱乐
10. NVIDIA Jetson Xavier NX 的主要特征包括（　　）。
    A．尺寸小　　　　　B．性能高　　　　C．生产可用　　　D．支持热门 AI 框架
11. VMware 工作站为客户系统提供（　　）虚拟化。
    A．视频设备　　　　B．网络设备　　　C．存储设备　　　D．输入设备
12. （　　）属于 NVIDIA Jetson 产品系列。
    A．NVIDIA Jetson Nano　　　　　　　B．NVIDIA Jetson Xavier
    C．NVIDIA Jetson TX1　　　　　　　 D．NVIDIA Jetson AGX
13. 获得 Ubuntu 体验的方式可以是（　　）。
    A．虚拟机　　　　　　　　　　　　　B．USB 启动盘
    C．在线浏览器　　　　　　　　　　　D．Windows 子系统
14. 基于 Turing OS 开发的机器人应用覆盖（　　）领域。
    A．教育　　　　　　B．娱乐　　　　　C．市场营销　　　D．社交
15. 树莓派的优点包括（　　）。
    A．体积小　　　　　B．扩展性强　　　C．价格低廉　　　D．性能强大

三、判断题

1．Ubuntu 是基于商业软件公司红帽（Red Hat）的 RHEL 系统。　　（　　）
2．虚拟机与实体机的性能相当。　　（　　）
3．每个 Ubuntu 版本都有一个"动物+形容词"的开发代号。　　（　　）
4．Ubuntu 仅面向高端服务器市场。　　（　　）
5．基于 Turing OS 可以开发家用机器人。　　（　　）
6．树莓派与信用卡大小相当。　　（　　）
7．VMware 可在不同物理机间迁移虚拟机。　　（　　）
8．Turing OS 集成了多种人工智能技术。　　（　　）
9．不同的 NVIDIA Jetson 产品可满足不同性能和价格需求。　　（　　）

第 3 章　基于 AiCam 边缘计算开发基础

本章导读

本章主要介绍了边缘端部署的轻量化应用框架 AiCam，并基于 AiCam 框架进行算法和模型开发。首先通过详细讲解 AiCam 边缘框架的构成、常用开发平台工具及其结合虚拟边缘硬件开发案例，深入探讨了基于 AiCam 框架的项目开发过程。接着通过算法类与方法的介绍展开推理算法和计算模型开发，内容从简单到复杂，循序渐进。本章每节都首先简要介绍基本概念和原理，接着介绍开发流程，最后验证实验，让读者清晰了解案例实施的整个过程，理解各模块的逻辑关系，通过这种循环迭代的方式加深了读者对知识点的理解和应用，体现当前职业教育培养应用型人才的教育理念。

3.1　AiCam 边缘框架认知

边缘框架是专为边缘计算设计的软件框架，用于在边缘设备上部署、管理应用程序和服务，通常包含数据采集、设备管理、应用部署、资源管理、数据处理和分析、通信与同步等，边缘框架为边缘计算提供了一套标准化的方法和工具，让开发者更容易构建和部署边缘应用程序，比如 EdgeX Foundry、KubeEdge、BaetyI、K3s、StarlingX 等，而轻量化应用框架是指以一系列轻量化技术为驱动提高芯片、平台和算法效率，在更为紧密的物理空间实现低功耗的人工智能训练和应用部署，不需要依赖与云端的交互就能实现智能化操作。AiCam 框架是基于多平台边缘端部署的轻量化应用框架，本节主要从 AiCam 框架结构、开发平台的介绍、开发工具的使用和应用案例四个维度介绍 AiCam 边缘框架。

3.1.1　AiCam 框架结构

AiCam 是基于边缘端部署的轻量化应用框架，其核心引擎集成了算法、模型、硬件和应用轻量级开发框架，支持 x86、ARM、GPU、FPGA、MLU 等异构计算环境部署和离线计算推理，支持本地摄像头、网络摄像头接入，进行实时视频推送分析，采用了统一模型调用接口、统一硬件控制接口和基于 Web 的 RESTful 调用接口，能够屏蔽底层硬件差异，快速调用模型算法，并实时返回分析视频流的结果和数据。Aicam 框架主要包括 Flask 服务、边缘推理、算法调度和视频推流，如图 3-1 所示。

图 3-1　AiCam 框架结构

1. Flask 服务与接口

Flask 诞生于 2010 年,是用 Python 基于 Werkzeug 工具箱编写的轻量级 Web 开发后端框架,主要负责处理用户的请求并返回响应,提供数据存储、请求路由、REST API 支持和模板渲染等服务,通常由一个或多个 Python 文件组成,这些文件定义了 Web 服务器的行为,允许开发者快速构建 RESTful API 和服务。Flask 的核心在于路由模块(Werkzeug)和模板引擎(Jinja 2),路由模块包括一个开发服务器、调试器和路由系统,这些共同构成了 Flask 的基础架构,模板引擎 Jinja 2 是一个功能强大的模板语言,支持变量交换、循环、条件判断等模板特性,极大地简化 Web 页面的渲染过程。

在 Flask 中,可以创建简单的 HTTP 服务器,定义路由(URL 到函数的映射)和处理函数,这些函数通常是处理 HTTP 请求的核心逻辑,比如定义处理 HTTP 方法中的 GET、POST、PUT、DELETE 请求的路由,可以轻松实现 CRUD(Create、Read、Update、Delete),即添加、删除、修改、查询操作。

(1)安装 Flask。Flask 可以通过 Python 的包管理工具 pip 命令安装,在 Ubuntu 系统中输入以下命令。

```
zonesion@zonesion:$ pin install flask
```

通过下列命令可以查看 Flask 版本、安装位置。

```
zonesion@zonesion:~$ pip show flask
```

显示结果如下。

```
DEPRECATION: Python 3.5 reached the end of its life on September 13th, 2020. Please upgrade your Python as Python 3.5 is no longer maintained. pip 21.0 will drop support for Python 3.5 in January 2021. pip 21.0 will remove support for this functionality.
Name: Flask
Version: 1.0.2
Summary: A simple framework for building complex web applications.
Home-page: https://www.palletsprojects.com/p/flask/
Author: Armin Ronacher
Author-email: armin.ronacher@active-4.com
License: BSD
Location: /home/zonesion/.local/lib/python3.5/site-packages
Requires: click, Werkzeug, itsdangerous, Jinja2
Required-by: rknn-toolkit, Flask-SQLAlchemy, Flask-RESTful, Flask-Cors
```

(2)创建 Flask 实例——test01.py。在 Python 文件中,导入 Flask 模块并创建一个实例,test01.py 代码如下。

```
from flask import Flask        #导入 Flask 类
app= Flask(__name__)           #创建 Flask 类实例,__name__是一个 Python 特殊变量,代表当前脚本名称
@app.route('/')                #使用 route()装饰器告诉 Flask 触发函数的 URL,一般使用的装饰器以@开头
def index():                   #函数返回需要在用户浏览器中显示的信息,默认的内容类型为 HTML
    return 'hello'
```

接着在 Shell 终端输入以下命令。

```
zonesion@zonesion:~/flask-test$ export FLASK_APP=test01.py
zonesion@zonesion:~/flask-test$ export FLASK_ENV=development
zonesion@zonesion:~/flask-test$ flask run
```

打开浏览器，输入 http://127.0.0.1:5000 即可得到前端显示信息，如图 3-2 所示。

图 3-2　前端显示信息

（3）定义路由。通过创建路由并关联函数实现一个基本的网页，其中@app.route()装饰器定义接口，对函数进行装饰即可成为视图函数，例如"@app.route("/") def index(): return 'hello'"是一个路由和视图函数。在 Flask 中，路由将 URL 映射到 Python 函数过程，这个例子就是当用户访问根 URL（通常是 http://127.0.0.1:5000/）时调用 index()函数，"@app.route('/edge') def test(): return 'hello edge'"就是当用户访问 http://127.0.0.1:5000/edge 时调用 test()函数。如图 3-3 所示。

（a）app.route('/')对应的 index()函数及视图

（b）app.route('/edge')对应的 test()函数及视图

图 3-3　路由并联函数实例

Web 应用使用不同 HTTP 方法处理 URL，比如 POST 方法、GET 方法、PUT 方法、DELETE 方法等，在 Flask 中可以使用 route()装饰器的 methods 参数处理不同 HTTPS 方法，通常默认一个路由只回应 GET 请求。GET 是从服务器获取指定资源的请求，通常用于请求数据，而不对数据，进行任何修改。POST 是向服务器发送数据以创建新的资源。例如，处理 GET 请求的接口"@app.route('/edge/data', methods=['GET']) def get_data(): return 'hello edge'"，其中，/edge/data 是访问路径，methods=['GET']指定该接口只接收 GET 请求。

在 Python 文件下，建立一个 templates 文件，用来储 HTML 文件，此时需要使用模板引擎 Jinja 2，Python 部分代码如下。

```python
from flask import Flask,request,render_template
app=Flask(__name__)
@app.route('/index')
def index():
    return render_template('index.html')
if __name__ == '__main__':
    app.run(debug=True)
```

templates 文件下的 index.html 代码如下。

```html
<!DOCTYPE html>
<html>
<head>
<meta charset="utf-8">
<title>边缘计算与智能视觉应用</title>
</head>
<body>
<h1>边缘计算与智能视觉应用</h1>
<form action="#" method="post">
<p>账号：
<input type="text" name="name">
</p>
<p>密码：
<input type="password" name="password">
</p>
<input type="submit" name="submit">
</form>
</body>
</html>
```

然后运行 python test02.py，得到实验结果，如图 3-4 所示。

图 3-4 模板引擎渲染 HTML 文件

（4）编写接口逻辑。在函数体内编写处理数据的业务逻辑，返回适当的数据格式，如 JSON。

（5）运行服务器。使用"if__name__=='__main__':"检查程序是否作为主入口，然后启动服务器。app.run(debug=True)（调试模式下）。

（6）测试接口。可以使用 Postman、Curl 或其他工具发送 HTTP 请求到定义的 URL 来测试接口功能。

2. 边缘推理

边缘推理是指在设备端执行机器学习模型的推理过程。在边缘推理过程中，通常涉及数据采集、数据预处理、模型部署、本地推理和结果反馈。数据采集主要从物联网设备收集原始数据；数据预处理是在本地进行初步处理，比如去除噪声、压缩数据等；模型部署是将训练好的 AI 模型（如深度学习模型）嵌入边缘设备；本地推理是设备利用模型对本地数据进行预测或分类，无需每次都上传到云端；结果反馈是将处理后的信息返回终端用户或者用于进一步控制。由于数据处理发生在本地，因此无需将数据发送到远程服务器接收，可以实现更短的响应时间。

AiCam 边缘推理框架主要采用 RKNN（Rockchip Kemel Neural Network）和 NCNN（Ncnn Convolutional Neural Network）。NCNN 是由腾讯开发的一个高性能的神经网络推理框架，提供了轻量级、高性能和低延迟的推理能力，适用于需要实时处理的移动应用和边缘计算场景，支持多种模型格式，包括 ONNX、TensorFlow Lite、PyTorch 等，提供工具将这些模型转换成 NCNN 支持的格式，支持常见的神经网络层和多线程并行处理，能够充分利用多核 CPU 的计算能力，不依赖任何第三方库和 BLAS、NNPACK 等计算框架，框架设计以 Blob 存储数据，以 Layer 为计算单元，以 Network 为调度单元，同时有一个 Extractor 作为 Network 对用户的接口，支持硬件加速，可以根据输入动态调整计算图。RKNN 是 Rockchip 公司针对边缘计算设备开发的深度学习模型，模型文件以.rknn 结尾，支持将 Caffe、TensorFlow、Pytorch、Darknet 等模型转成 RKNN 模型，支持 RKNN 模型导入/导出，优化了模型的结构和运算，能在低功耗、高性能的硬件上流畅运行。由于 RKNN 具有高效性和跨平台兼容性，因此可以在边缘设备上实现高性能的机器学习推理，被广泛应用在自然语言处理、计算机视觉等领域。下面以 NCNN 为例，简要介绍边缘推理的部署和推理。

首先，在 Ubuntu 系统终端输入以下命令，下载 NCNN 源码、安装依赖的第三库并创建 build 文件编译安装。

```
$ git clone https://github.com/Tencent/ncnn.git
$ cd ncnn
$ git submodule update --init
$ mkdir buid && cd build
$cmake ..
$make -j
$make install
```

此时，查看 ncnn 目录包含 LICENSE、README、CMakeLists 以及 Android、iOS 编译设置的顶层目录、模型文件案例目录 examples、包含宏定义、平台检测、mat 数据结构、layer 定义、net 定义等的基层源代码目录 src 以及包含 ncnn 转换 caffe、tensorflow 模型工具的 tools 目录。其中，build 目录下的 install 目录包含 bin、include 和 lib 目录，bin 目录下存储模型转换工具，每个工具都由 tools 目录下的文件对应生成，如图 3-5 所示。

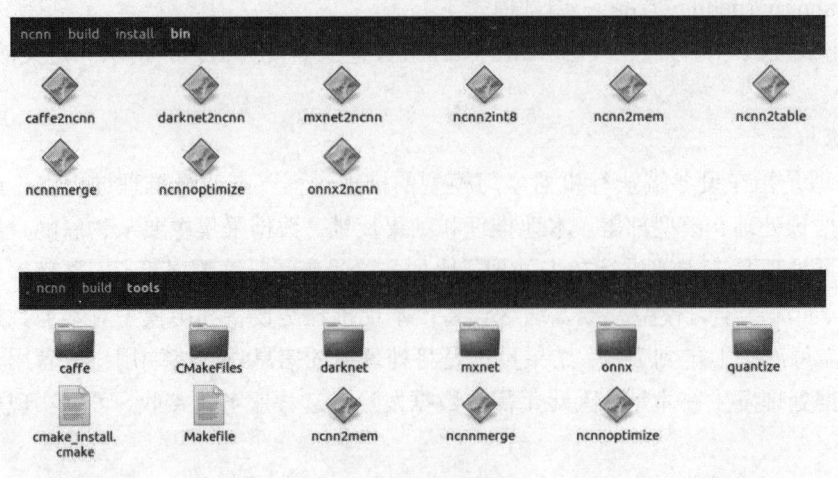

图 3-5　模型转换工具

接着，进入/ncnn/examples 目录和 images 目录，查看可验证的模型和图片文件，如图 3-6 所示。

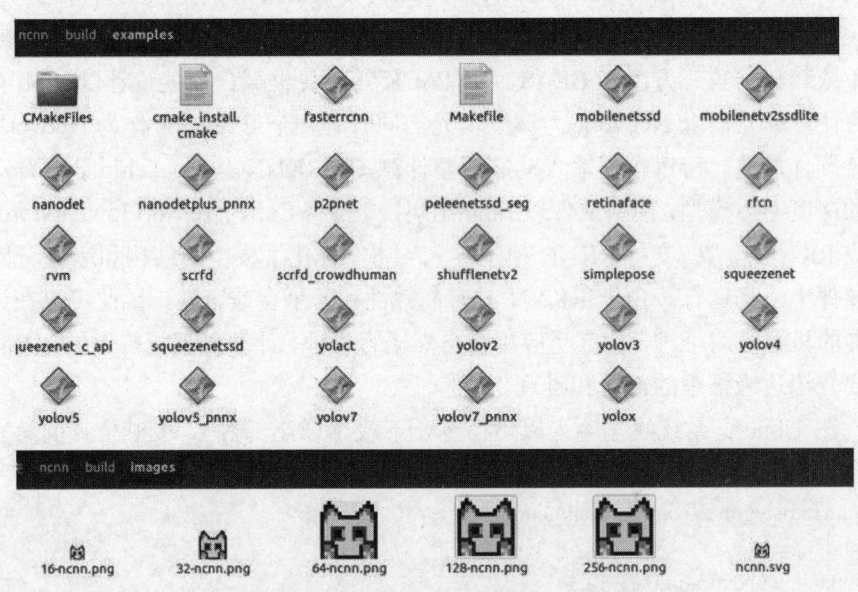

图 3-6　ncnn 下的 examples 和 images 文件

最后，运行以 squeezenet 模型文件为案例，验证编译是否成功，命令如下。

~/ncnn/examples$ ../build/examples/squeezenet ../images/256-ncnn.png

在上面命令中，第一个参数为需要执行的程序，第二个参数为测试图像路径，验证结果如下。

532 = 0.165951
920 = 0.094098
716 = 0.062193

更换图片文件的不同数据值，如图 3-7 所示。

```
~/ncnn/examples$ ../build/examples/squeezenet ../images/128-nc
nn.png
532 = 0.138279
920 = 0.060225
598 = 0.049634
           ~/ncnn/examples$ ../build/examples/squeezenet ../images/32-ncn
n.png
747 = 0.140955
446 = 0.098634
531 = 0.063560
           :~/ncnn/examples$
```

图 3-7　squeezenet 模型验证

在模型推理中，首先使用 PyTorch、TensorFlow 等框架训练模型，将模型导出为 ONNX 或 SavedModel 格式，即准备模型；接着使用 TensorRT、NCNN 等工具优化模型，对模型进行量化、剪枝等操作优化模型；然后预处理数据，对输入图像进行归一化、缩放等预操作，将预处理后的数据转换为模型期望的输入格式并执行推理，在优化后的模型上运行输入数据，获取模型输出，如类别标签或概率分布；最后进行后处理，对模型输出进行后处理，如阈值筛选、非极大值抑制等，返回最终结果给用户或应用程序。

3. 算法调度系统

算法调度的原理是根据任务的特点和要求，利用特定的算法将资源分配给不同的资源，并按照一定的策略进行优化和调度。调度的目标是提高系统的性能和效率，并实现任务的合理分配和平衡负载，比如任务调度、资源管理、负载均衡和优化目标。其中，任务调度决定何时何地执行任务的过程，任务可以是计算任务、数据处理任务等；资源管理主要管理如何分配计算资源，如 CPU 时间、内存、存储空间、网络带宽等；负载均衡是确保资源被均匀地分配给任务，避免某些资源过载其他资源空闲；优化目标通常包括最小化完成时间、最大化资源利用率、最小化成本等。

算法调度系统主要由任务管理模块、资源管理模块、调度算法模块和性能监控模块组成，如图 3-8 所示。任务管理模块主要负责接收和管理任务的信息；资源管理模块负责管理系统中的资源；调度算法模块根据任务和资源的特点进行优化和调度；性能监控模块用于监控系统的性能指标，其核心是调度算法模块。

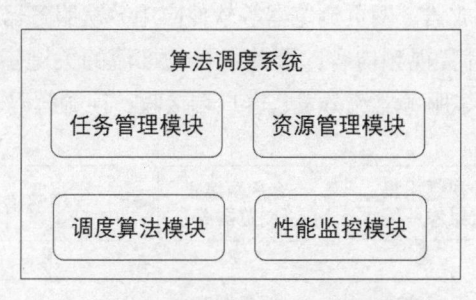

图 3-8　算法调度系统的组成

常见的调度算法有先来先服务（按照任务到达的顺序依次执行）、最短作业优先（优先执行最短任务，以减少等待时间）、优先级调度（为每个任务分配一个优先级值，优先执行优先级高的任务）、轮询调度（将 CPU 时间分成相等的时间片，轮流分配给各任务）、动态优先级调度（任务的优先级可以根据运行情况动态调整）、公平共享调度（确保所有任务都获得公平的资源份额)、基于预测的调度(使用机器学习模型预测任务的执行时间和资源需求,以作出更优的调度决策),可以结合具体场景应用和需求选择不同的调度算法。

任务管理模块是负责创建、调度、执行和监控任务的核心部分,主要包括任务队列、任务的创建与提交、任务调度、任务分配与执行、任务监控与调整。当一个任务完成时,任务模块会记录相关信息并清理任务占用的资源,以保证这些资源可以被后续任务使用,同时记录任务相关的重要事件以便后续分析和审计,结合具体应用场景和需求设计适合自己场景特点的任务管理方案。

资源管理模块是负责管理和优化计算资源(如CPU、内存等)分配的关键部分,一般与任务管理模块紧密协作,共同决定哪些任务应该运行,以及使用系统资源,这个模块确保系统中所有任务能够高效地访问所需资源,同时避免资源的过度使用或浪费,主要包括资源发现与注册、资源分配策略、资源预留与释放、性能调优、容错与恢复等,确保及时在高负债情况下保证良好的服务质量。高效的资源管理对提高整个调度系统的效率至关重要。

性能监控模块是确保算法调度系统高效运行的关键组成部分,负责收集、分析和报告关于系统资源使用情况、任务执行效率以及系统健康情况数据,主要包括数据采集、历史数据分析、阈值与告警、故障检测与诊断等,并根据监控到的数据提供建议,以提高系统的性能和效率。同时,性能监控是容量规划和服务级别协议合规性验证的重要依据,对维护一个稳定、高效的调度系统至关重要。

4. 视频推流

视频推流是一种通过互联网将视频数据实时传输到接收端的过程,推流的源端可以是摄像头、采集卡等设备,目标端可以是服务器、云平台、移动设备等。推流过程是实现高质量实时视频传输的关键技术,主要涉及视频捕获、视频编码、封装、传输协议、服务器分发等环节,是一个复杂的生态系统。

一般推流端将采集的数据经过编码处理,然后选择合适网络传输和接收解码的压缩格式,将编码后的数据通过网络协议(如HTTP协议、MQTT协议、RTSP等协议)发送到服务器,服务器接收推流端发送的数据后,根据设定的规则存储和分发,客户端(可以是手机、计算机等终端设备,也可以是流媒体播放器、网页浏览器等软件应用)从服务器获取推流数据并进行解码和播放,使用户能够实时观看音视频内容。因此,视频推流的关键步骤是视频采集、视频编码、视频封装、推流视频服务器、服务器流分发、客户端接收、视频解码、视频播放,如图3-9所示。

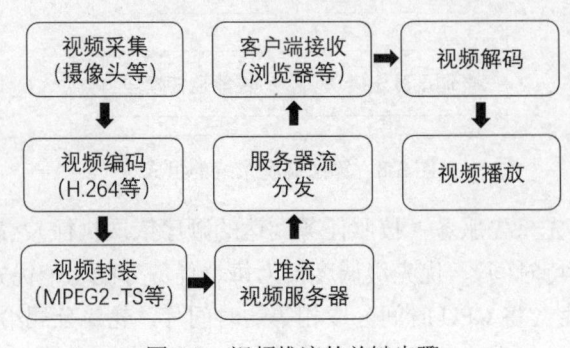

图3-9 视频推流的关键步骤

视频采集通过摄像头捕获视频和音频信号完成，视频编码是对采集的视频和音频数据进行压缩编码，视频封装是将编码后的视频和音频数据封装到特定的传输格式中，推流视频服务器是通过互联网将封装好的数据流传输到服务器，服务器流分发是服务器将接收的数据流分发给观众客户端，视频解码是观众客户端接收数据流后进行解码以还原原始的视频和音频，视频播放是解码后的视频和音频通过播放器呈现给观众。

AiCam 核心引擎集成了算法、模型、硬件、轻量级 Flask 应用开发框架。AiCam 开发流程如图 3-10 所示。首先基于 TensorFlow 框架训练模型，然后进行算法开发，最后开发前端应用。其中配置文件（\config\app.json）用来添加摄像头及配置，模型文件（\models\xx\xx.bin、xx.param）用来添加模型文件，算法文件（\algorithm\xx\xx.py）用来添加算法文件，应用文件（\static\xx）用来添加前端应用，运行主程序（.py）文件启动 AiCam 服务，通过 chrome 浏览器打开应用。

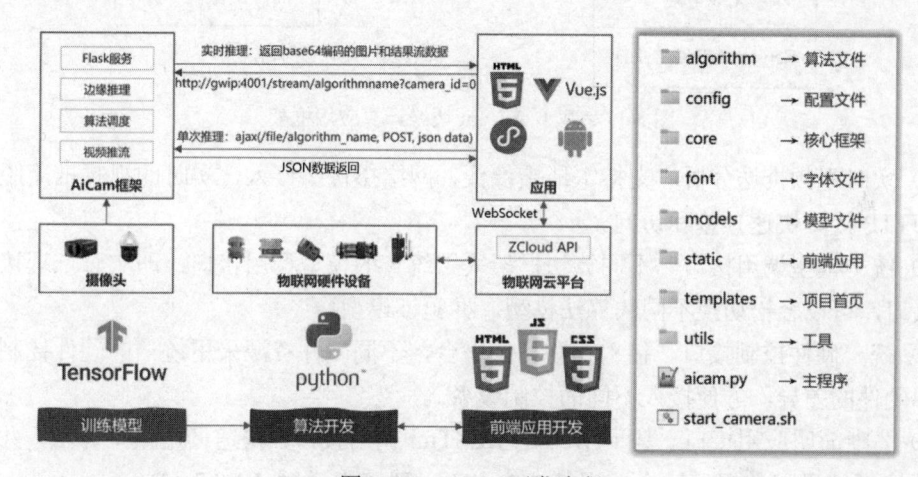

图 3-10 AiCam 开发流程

3.1.2 开发平台的介绍

基于 AiCam 边缘计算开发应用，主要用到 AiCam 的机器视觉平台和物联网智云平台，通过 AiCam 机器视觉平台能够构建高性能的机器学习和深度学习模型，从而实现自动化图像处理和视觉分析任务。物联网智云平台可以采集物联网硬件设备数据，比如温度传感器、湿度传感器、语音识别传感器、距离传感器、风扇、LED 等。AiCam 人工智能轻量化应用框架能够接入海量的物联网硬件，通过智云物联网平台与物联网硬件交互，实现了云—边—端协同的边缘应用开发。基于 AiCam 边缘计算应用框架如图 3-11 所示。

1. AiCam 平台介绍

AiCam 是基于边缘处理器硬件级别的人工智能轻量化应用框架，采用直接基于边缘处理器硬件级别的加速处理，部分应用借助服务器算力。基于 AiCam 平台能够进行图像处理、图像应用、深度学习、视觉云应用，还能够结合软硬件应用场景开发，AiCam 平台的主要特性如下：

（1）多平台边缘端部署。支持 x86、ARM、GPU、FPGA、MLU 等异构计算环境部署和离线计算推理，实现多样化的边缘项目应用需求。

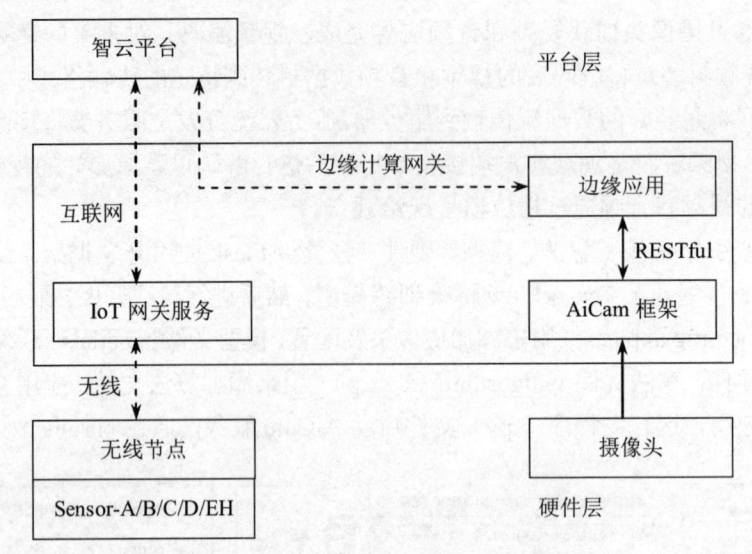

图 3-11 基于 AiCam 边缘计算应用框架

（2）实时视频推送分析。支持本地摄像头、网络摄像头接入，实时的视频推流服务，通过 Web HTTP 接口快速预览和访问。

（3）统一模型调用接口。不同算法框架采用统一的模型调用接口，即实时推理接口和单次推理接口，可以轻松切换不同的算法模型，并验证模型。

（4）统一硬件控制接口。接入物联网云平台，不同硬件资源采用统一的硬件控制接口，屏蔽底层硬件的差异，方便接入不同的控制设备。

（5）清晰简明应用接口。基于 Web 的 RESTful 调用接口，快速调用模型算法，并实时返回分析的视频结果和数据。这个应用接口在 Web 环境中遵循 REST（Representational State Transfer，表层状态转移）原则设计 API。

2. 智云平台介绍

通常，一个完整的物联网系统由采集物理世界信息的感知层、数据传输通道的网络层、数据处理的平台层、实际应用的应用层四个部分组成，如图 3-12 所示。

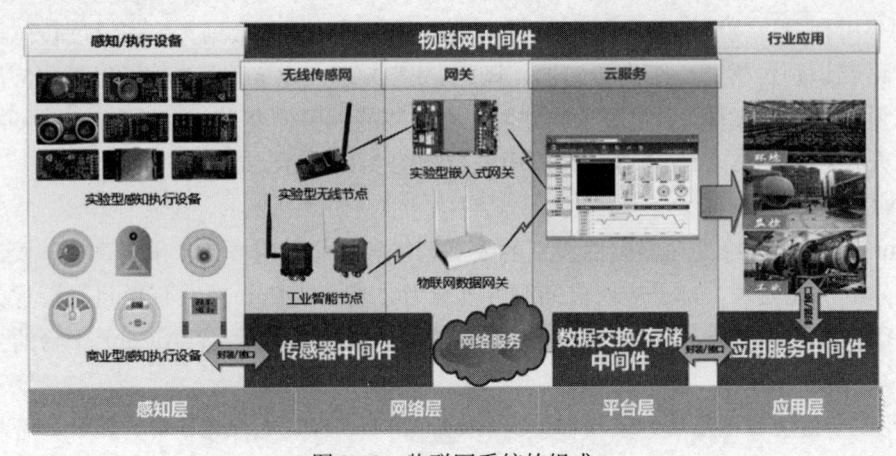

图 3-12 物联网系统的组成

智云平台主要承担平台层的数据中枢智能,同时为感知层、网络层、应用层提供软硬件平台和项目案例支撑。它的业务管理平台是基于 B/S 架构的后台分析管理系统,支持 Web 对数据中心进行管理和系统运营监控,主要功能模块有消息推送、数据存储、数据分析、触发逻辑、应用数据、位置服务、短信通知、视频传输等,常用工具有 ZXBeeGW4 智云网关和 ZCloudWebTools 智云调试助手,具体应用案例见 3.1.4 部分内容。

(1)应用框架。智云平台提供五大应用接口供开发者使用,包括实时连接(WSNRTConnect)、历史数据(WSNHistory)、摄像监控(WSNCamera)、自动控制(WSNAutoctrl)、用户数据(WSNProperty)。智云平台应用框架如图 3-13 所示。

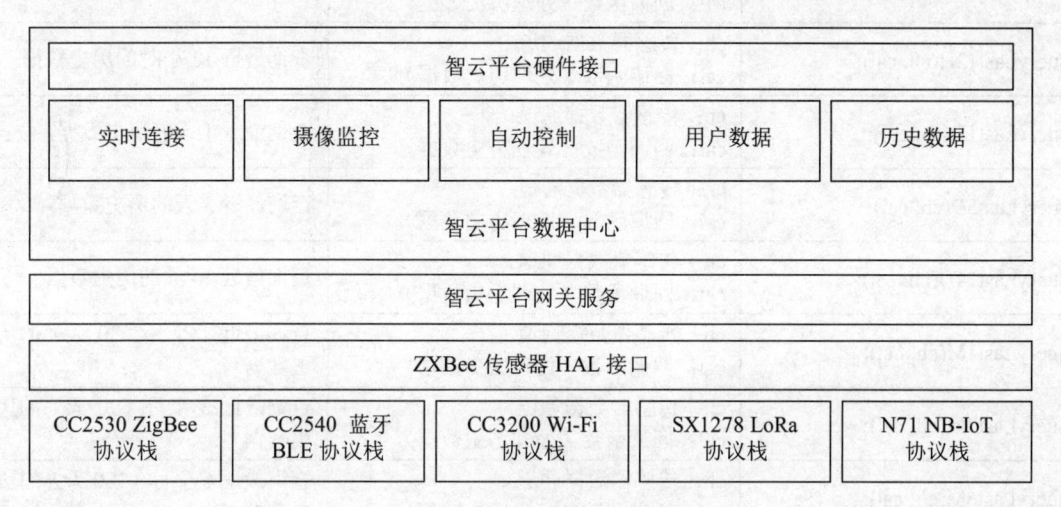

图 3-13 智云平台应用框架

(2)接口说明。针对 Web 应用开发,智云平台提供 JavaScript 接口库,用户直接调用相应的接口即可完成简单 Web 应用的开发。下面重点介绍实时连接接口和历史数据接口。

1)实时连接接口。实时连接接口见表 3-1。

表 3-1 实时连接接口

函数	参数说明	功能
new WSNRTConnect(ID, Key);	ID:智云账号 Key:智云密钥	建立实时数据实例,并初始化智云 ID 及密钥
connect()	无	建立实时数据服务连接
disconnect()	无	断开实时数据服务连接
onConnect()	无	监听连接智云服务成功
onConnectLost()	无	监听连接智云服务失败
onMessageArrive(mac, dat)	mac:传感器的 MAC 地址 dat:发送的消息内容	监听接收的数据
sendMessage(mac, dat)	mac:传感器的 MAC 地址 dat:发送的消息内容	发送消息
setServerAddr(sa)	sa:数据中心服务器地址及端口	设置/改变数据中心服务器地址及端口号

2）历史数据接口。历史数据接口见表3-2。

表3-2 历史数据接口

函数	参数说明	功能
new WSNHistory(ID, Key);	ID：智云账号 Key：智云密钥	初始化历史数据对象，并初始化智云ID及密钥
queryLast1H(ch, cal);	ch：传感器数据通道 cal：回调函数（处理历史数据）	查询最近1小时的历史数据
queryLast6H(ch, cal);	ch：传感器数据通道 cal：回调函数（处理历史数据）	查询最近6小时的历史数据
queryLast12H(ch, cal);	ch：传感器数据通道 cal：回调函数（处理历史数据）	查询最近12小时的历史数据
queryLast1D(ch, cal);	ch：传感器数据通道 cal：回调函数（处理历史数据）	查询最近1天的历史数据
queryLast5D(ch, cal);	ch：传感器数据通道 cal：回调函数（处理历史数据）	查询最近5天的历史数据
queryLast14D(ch, cal);	ch：传感器数据通道 cal：回调函数（处理历史数据）	查询最近14天的历史数据
queryLast1M(ch, cal);	ch：传感器数据通道 cal：回调函数（处理历史数据）	查询最近1个月（30天）的历史数据
queryLast3M(ch, cal);	ch：传感器数据通道 cal：回调函数（处理历史数据）	查询最近3个月（90天）的历史数据
queryLast6M(ch, cal);	ch：传感器数据通道 cal：回调函数（处理历史数据）	查询最近6个月（180天）的历史数据
queryLast1Y(ch, cal);	ch：传感器数据通道 cal：回调函数（处理历史数据）	查询最近1年（365天）的历史数据
query(cal);	cal：回调函数（处理历史数据）	获取所有通道的最后一次数据
query(ch, cal);	ch：传感器数据通道 cal：回调函数（处理历史数据）	获取该通道的最后一次数据
query(ch, start, end, cal);	ch：传感器数据通道 start：起始时间 end：结束时间 cal：回调函数（处理历史数据） 时间为 ISO 8601 格式的日期，例如 2010-05-20T11:00:00Z	通过起止时间查询指定时间段的历史数据（根据时间范围默认选择采样间隔）
query(ch, start, end, interval, cal);	ch：传感器数据通道 start：起始时间 end：结束时间 interval：采样点的时间间隔，详细见后续说明 cal：回调函数（处理历史数据） 时间为 ISO 8601 格式的日期，例如 2010-05-20T11:00:00Z	通过起止时间查询指定时间段指定时间间隔的历史数据
setServerAddr(sa)	sa：数据中心服务器地址及端口	设置/改变数据中心服务器地址及端口号

（3）通信协议。智云平台支持物联网无线传感网数据的接入，并定义了物联网数据通信的规范——ZXBee 数据通信协议。该协议对物联网整个项目从底层到上层的数据段作出了定义，采用了 JSON 数据格式，语法简单，语义清晰，参数少且精，参数命名合乎逻辑，变量和命令分工明确，参数读写权限分配合理，可以有效抵抗不合理的操作，能够在最大程度上确保数据安全，变量能对值进行查询，可以方便应用程序调试，命令是对位进行操作，避免内存资源浪费。

1）通信协议数据格式。数据格式为{[参数]=[值],[参数]=[值],...}，每条数据以"{}"为起始字符，"{}"内参数的多个条目以","分隔，通信协议数据格式中的字符均为英文半角符号，例如{CD0=1,D0=?}。通信协议参数见表 3-3。

表 3-3 通信协议参数

参数	参数名	含义	示例
变量	A0～A7	用于传递传感器数值或者携带的信息量，权限为只能通过赋值"?"查询当前变量的数值，支持上传到物联网云数据中心存储	温湿度传感器采用 A0 表示温度值，A1 表示湿度值，数值类型为浮点型 0.1 精度；高频 RFID 模块采用 A0 表示卡片 ID 号，数值类型为字符串
	D0	D0 的 Bit0～Bit7 分别对应 A0～A7 的状态（是否主动上传状态），权限为只能通过赋值"?"来进行查询当前变量的数值，0 表示禁止上传，1 表示允许主动上传	温湿度传感器采用 A0 表示温度值，A1 表示湿度值，D0=0 表示不上传温度值和湿度值，D0=1 表示主动上传温度值，D0=2 表示主动上传湿度值，D0=3 表示主动上传温度值和湿度值
	D1	D1 表示控制编码，权限为只能通过赋值"?"来进行查询当前变量的数值，用户根据传感器属性来自定义功能	在温湿度传感器中，D1 的 Bit0 表示电源的开关状态，例如，D1=0 表示电源处于关闭状态，D1=1 表示电源处于打开状态
	V0～V7	用于表示传感器的参数，用户根据传感器属性自定义功能，权限为可读写	温湿度传感器采用 V0 表示自动上传数据的时间间隔；风扇采用 V1 表示风扇转速；红外电器遥控采用 V2 表示红外学习的键值；语音合成采用 V3 表示需要合成的语音字符
命令	CD0	对 D0 的位进行操作，CD0 表示位清零操作	温湿度传感器采用 A0 表示温度值，A1 表示湿度值，CD0=1 表示关闭 A0 温度值的主动上报
	OD0	对 D0 的位进行操作，OD0 表示位置一操作	火焰报警传感器采用 A0 表示警报状态，OD0=1 表示开启火焰报警监测，当有火焰报警时主动上报 A0 的数值
	CD1	对 D1 的位进行操作，CD1 表示位清零操作	继电器采用 D1 的 Bit6～Bit7 分别代表 K1、K2 状态，CD1=0 表示开关处于断开状态
	OD1	对 D1 的位进行操作，OD1 表示位置一操作	步进电动机采用 D1 的 Bit2 分别代表电动机的正反转动状态，OD1=1 表示 5 后反转
特殊参数	ECHO	用于检测节点在线的指令，对发送的值进行回显	发送{ECHO=test}，若节点在线则回复数据{ECHO=test}

续表

参数	参数名	含义	示例
TYPE		表示节点类型，该信息包含了节点类别、节点类型、节点名称，权限为只能通过赋值"?"来进行查询当前值。TYPE 的值由 5 个 ascii 字节表示	1 1 001 采用第 1 个字节表示节点类别（1—ZigBee，2—RF433，3—Wi-Fi，4—BLE，5—IPv6，6—LTE，7—NB-IOT，8—LoRa，9—其他）；第 2 个字节表示节点类型（0—汇集节点，1—路由/中继节点，2—终端节点）；第 3 个、第 4 个、第 5 个字节一起表示节点名称（编码用户自定义）

2）协议分析。以 Sensor-A 为例，Sensor-A 节点能够准确测量室内温度、湿度、光强值、控制质量、大气压力等数据，根据智云平台 ZXBee 协议定义，Sensor-A 通信参数见表 3-4。

表 3-4　Sensor-A 通信参数

发送命令	接收结果	含义
{A0=?}	{A0=XX}	温度值，浮点型，0.1 精度，单位为℃
{A1=?}	{A1=XX}	湿度值，浮点型：0.1 精度，单位为%Rh
{A2=?}	{A2=XX}	光强值，浮点型：0.1 精度，单位为 lx
{A3=?}	{A3=XX}	空气质量值，整型，单位为 ppm
{A4=?}	{A4=XX}	大气压力值，浮点型：0.1 精度，单位为 hPa
{A5=?}	{A5=XX}	跌倒状态，0 表示未跌倒，1 表示跌倒
{A6=?}	{A6=XX}	距离值，浮点型：0.1 精度，单位为 cm
{D0=?}	{D0=XX}	D0 的 Bit0~Bit7 对应 A0~A7 的主动上报功能，0 表示允许主动上报，1 表示不允许主动上报
{D1=?}	{D1=XX}	D1 的 Bit6~Bit7 表示继电器 K1、K2 的开关状态，0 表示断开，1 表示吸合
{A0=?,A1=?,A2=?,A3=?,A4=?,A5=?,A6=?,0=?,D1=?}	回复 A0~A6、D0~D1 所有数据	查询所有数据
{CD1=XXX,D1=?} {OD1=XXX,D1=?}	{D1=XX}	CD1 表示位清零，OD1 表示位置一； D1 的 Bit 位控制设备： Bit6：继电器 K1 开关，0 表示关，1 表示开 Bit7：继电器 K2 开关，0 表示关，1 表示开
{V0=?} {V0=XXX,V0=?}	{V0=XXX}	查询/设置 A0~A7、D1 主动上报时间间隔，默认为 30，单位为 s

3.1.3　开发工具的使用

1. AiCamTools 工具的介绍与使用

AiCamTools 是一款测试 AiCam 框架下算法的工具，使用工具可以快速理解算法的应用交互，实现算法的调用和数据返回。首先通过浏览器打开 AiCamTools 工具，接着填入项目边缘网关地址（如 http://192.168.100.200:4000）、算法、摄像头、接口选择相关参数，单击"连接"

按钮，即可调用相关算法相关接口，在"交互"窗口显示视频图像，在"结果"窗口看到返回的结果数据，如图 3-14 所示。

图 3-14　AiCamTools 工具

2. 网关 ZXBeeGW4 工具介绍与使用

一般网关 ZXBeeGW4 工具结合 ZCloudWebTools 智云硬件调试工具使用。ZXBeeGW.exe 是智云 Windows 端测试工具，支持 ZigBee 和 LoRa；ZXBeeGW.apk 是智云 Android 客户端网关工具，支持蓝牙和 Wi-Fi；ZXBeeGW4 包括智云、阿里云、OneNet、ZigBee、Lora、LoRaWAN、Wi-Fi、AI 和 Camera 选项。打开智云网关，记录用户账号和用户密钥，输入服务地址 api.zhiyun360.com，单击"远程服务"和"本地服务"后的"启动"按钮，如图 3-15 所示，开启远程和本地服务，服务器开启成功后会显示"已连接"。

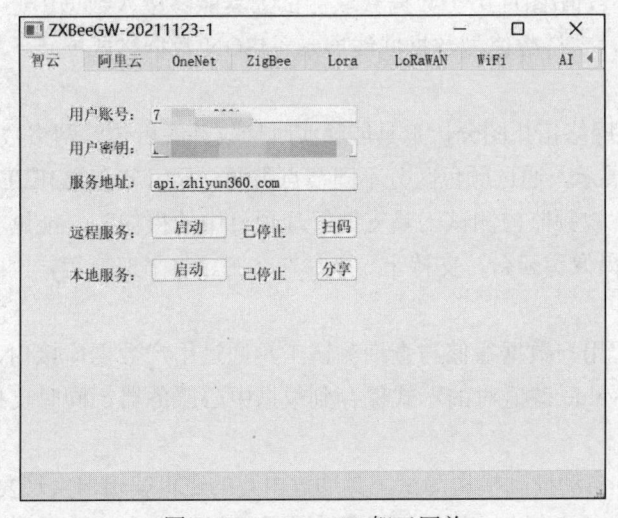

图 3-15　ZXBeeGW 智云网关

3. ZCloudWebTools 工具的介绍与使用

ZCloudWebTools 是一款基于智云物联网平台的综合性调试工具，通常与智云网关 ZXBeeGW4 工具一起使用，支持查看网络拓扑结构、节点实时数据分析、节点历史数据曲线化展示等，使用 ZCloudWebTools 工具可以进行 ZXBee 协议的理解和调试。

（1）实时数据。ZCloudWebTools 工具提供实时数据功能，能够通过智云平台向传感器节点发送命令，也能够接收传感器节点主动上报的数据，可用于数据分析和调试。实际使用时，首先将 ZCloudWebTools 工具切换到实时数据选项，然后输入网关的用户账号和用户密钥，单击"连接"按钮即可。连接成功之后，在地址处输入传感器节点的 MAC 地址，在数据处输入 ZXBee 协议定义的命令，然后单击"发送"按钮，下方会显示传感器节点返回数据，如图 3-16 所示。

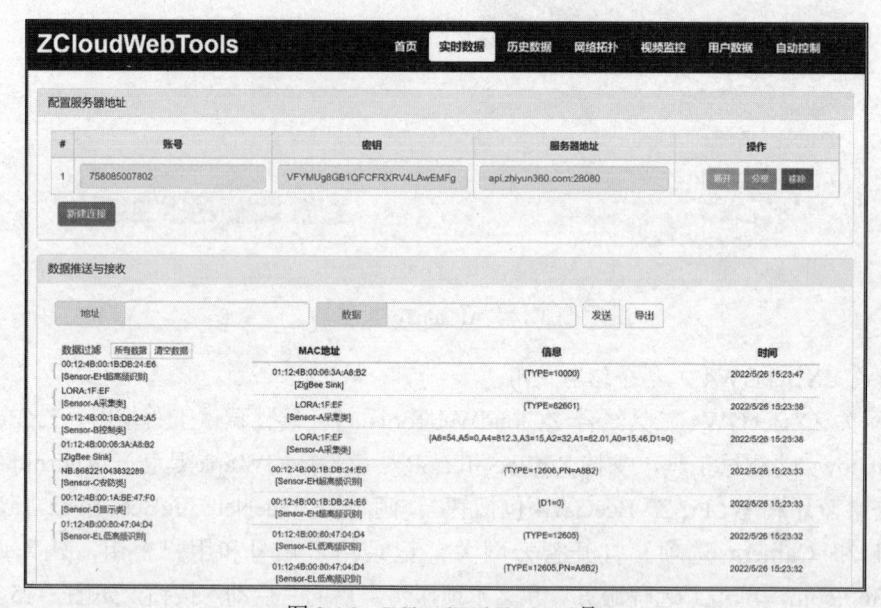

图 3-16 ZCloudWebTools 工具

（2）历史数据。数值/图片历史数据获取测试工具能够接入数据中心数据库，获取项目任意时间段的历史数据，支持数值型数据曲线展示、JSON 数据格式展示、摄像头抓拍的照片在曲线时间轴展示。

（3）网络拓扑。网络拓扑图分析工具能够实时接收并解析传感网络数据包，将接收的网络信息以拓扑图的形式展示，通过颜色区分不同节点类型，显示节点的 IEEE 地址。

（4）视频监控。视频监控测试工具支持管理项目中的摄像头，能够实时获取摄像头采集的画面，并支持控制摄像头云台，支持上、下、左、右、水平巡航等，同时支持截屏操作，如图 3-17 所示。

（5）用户数据。用户数据存储与查询测试工具通过用户数据库接口，支持在该项目下存取用户数据，以 key-value 键值对的形式保存到数据中心服务器，同时支持通过 key 获取其对应的 value 数值。

（6）自动控制。自动控制模块测试工具通过内置的逻辑编辑器实现复杂的自动控制逻辑，包括触发器、执行器、执行任务、执行记录四大模块，每个模块都具有查询、创建、删除功能。

图 3-17　视频监控

4. MobaXterm 工具的介绍与使用

MobaXterm 是一款非常实用的工具，主要用于远程计算机的管理和开发。它集成了多种远程网络工具，比如 SSH、VNC、SFTP、Telnet 等。下面重点介绍 MobaXterm 登录边缘计算网关的使用方法和流程。

（1）登录边缘计算网关流程。首先，准备边缘计算网关，正确连接 Wi-Fi、电源，启动边缘计算网关并启动 Ubuntu 系统。系统启动后，连接局域网内的 Wi-Fi 网络，记录边缘计算网关的 IP 地址，如 192.168.100.105。

接着，运行 MobaXterm 工具，在菜单栏选择 Sessions→New Sessions 命令，在弹出的对话框选择 SSH 选项卡，正确填写需要连接的边缘计算网关 IP 地址、用户名（勾选 Specify username 复选框）等信息（如 192.168.100.105/zonesion），如图 3-18 所示。

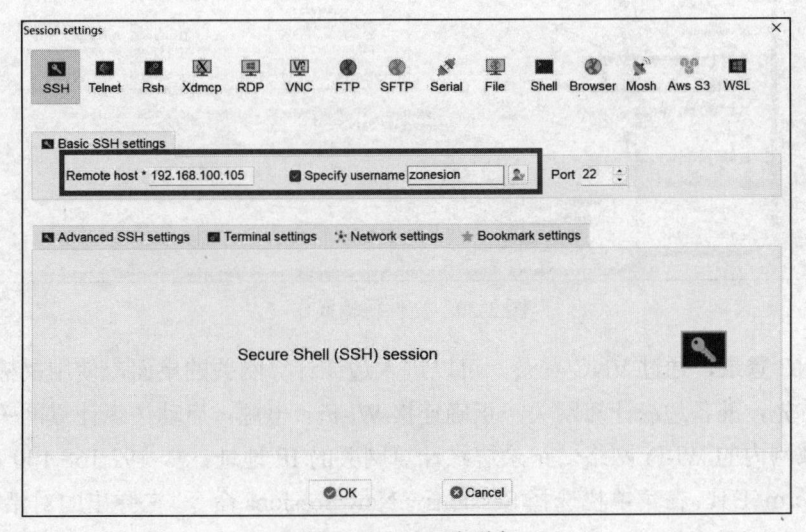

图 3-18　SSH 选项卡

然后，单击 OK 按钮，等待连接。如果出现需要输入密码的提示，就输入边缘计算主机的密码"123456"并按 Enter 键，连接成功后，即可进入 Linux 系统的 Shell 界面，如图 3-19 所示。

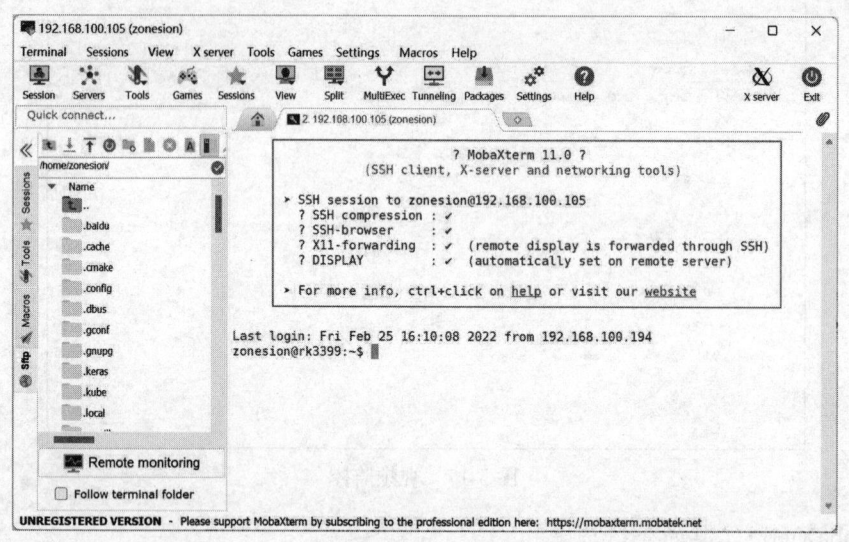

图 3-19　Shell 界面

（2）文件传输，通过 SSH 登录，可以进入边缘计算网关的 Shell 界面，建立网络文件共享通道，能够快速实现与计算机的文件双向传输。在 SSH 登录界面，左边栏是边缘计算网关的"文件系统"窗口，右边是 Shell 窗口。通过"文件系统"窗口，可以查看文件、传输文件等操作（将需要传输的文件拖拽到对应目录下即可），如图 3-20 所示。

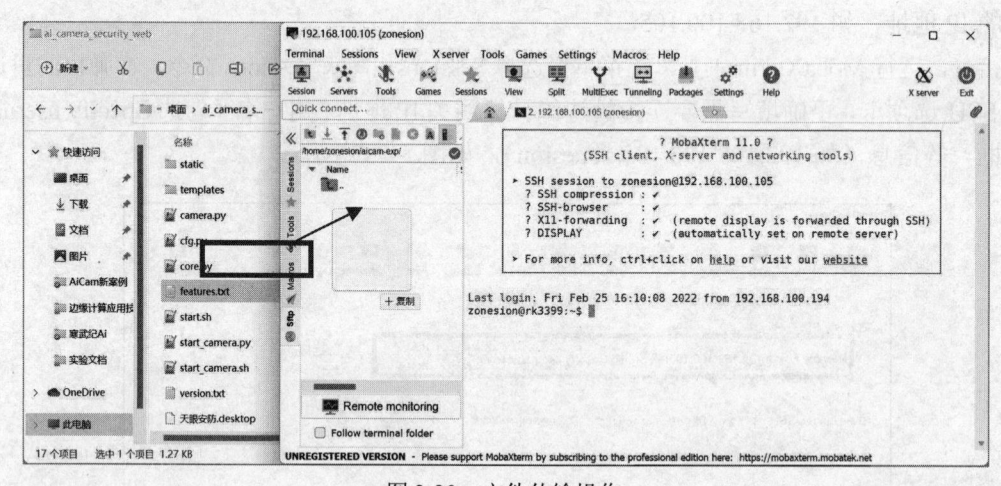

图 3-20　文件传输操作

（3）VNC 登录，通过 VNC 登录，可以进入边缘计算网关的桌面，使用鼠标可远程进行同步操作。首先，准备边缘计算网关，正确连接 Wi-Fi、电源，启动边缘计算网关，系统启动后，连接局域网内的 Wi-Fi 网络，记录边缘计算网关的 IP 地址，如 192.168.100.105。接着，运行 MobaXterm 工具，在菜单栏选择 Sessions→New Sessions 命令，在弹出的对话框选择 VNC 选项卡，正确输入需要连接的边缘计算网关 IP 地址信息（如 192.168.100.105），如图 3-21 所示。

图 3-21 VNC 选项卡

最后,单击 OK 按钮,第一次会弹出密码输入界面,输入边缘计算主机的密码并单击 OK 按钮,连接成功后即可进入 Linux 系统的桌面。

3.1.4 应用案例

为了进一步熟悉整个系统流程,在硬件物元仿真平台 HSIMS 中应用基于智云平台的传感器实时数据和历史数据,首先登录 HSIMS 软件平台,登录界面如图 3-22 所示。

图 3-22 HSIMS 登录界面

进入主页后单击"项目管理",在项目列表中单击"新建项目",输入项目名称,如"智能产业项目"。用户 ID 和用户密钥分别使用边缘网关设备的 ZXBeeGW 智云网关 ID 和密钥,服务器地址使用默认地址即可,如图 3-23 所示。

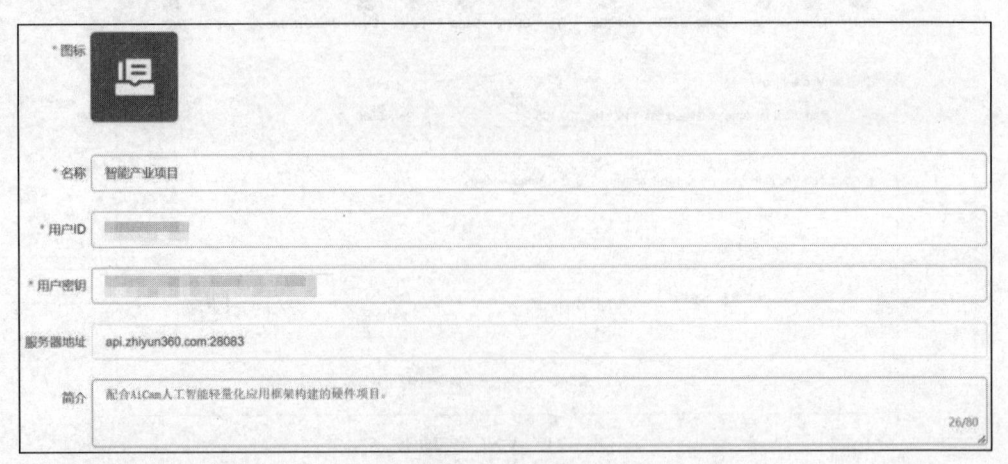

图 3-23　新建项目

接着,添加项目中需要使用的传感器,勾选左侧"传感器列表"列表框中的 Sensor-A/B/C/D/EL/EH 传感器并单击"添加"按钮,即可完成传感器的添加,如图 3-24 所示,项目配置完成之后,单击"立即创建"按钮,即可创建"智能产业项目"虚拟仿真项目。

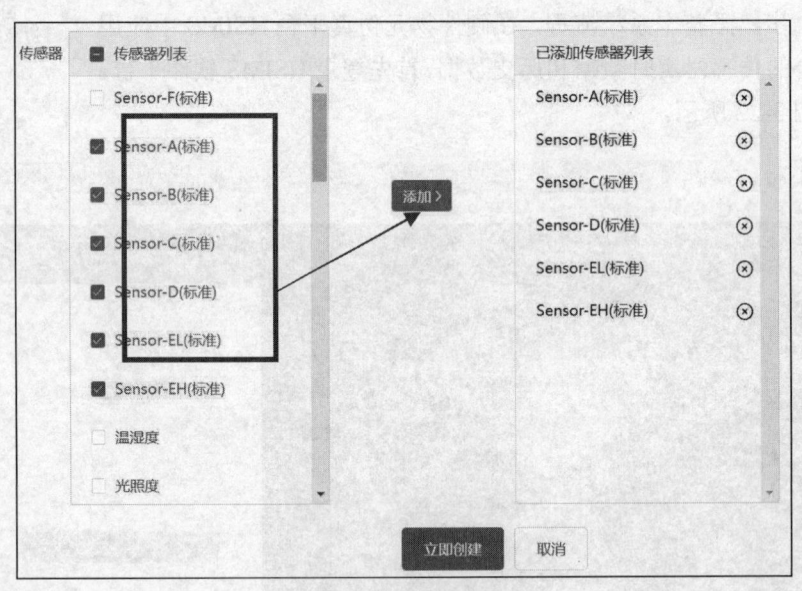

图 3-24　添加传感器

接着,运行智能产业项目,在"项目管理"菜单中找到新建的"智能产业项目"并单击进入项目,等待加载完成。然后单击右上角的"启动"按钮启动项目,依次单击下方每个传感器的"开启"按钮启动设备,大约 30s 后传感器数据开始上传并更新,如图 3-25 所示。

接下来可以应用测试工具与"智能产业项目"虚拟硬件进行数据采集和控制。打开 ZCloudWebTools 软件,单击"实时数据"按钮,输入"智能产业项目"的账号和密钥信息,单击"连接"按钮连接项目,可以看到当前项目中设备的实时数据信息。

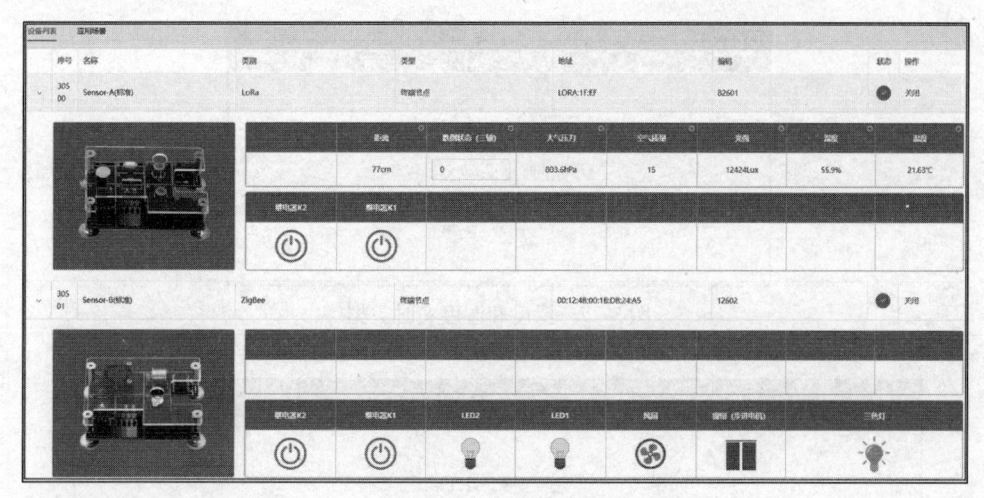

图 3-25 启动传感器

下面以智能产业套件中的 Sensor-A 为例，理解 ZXBee 协议内容。Sensor-A 节点采用 ZigBee 无线节点驱动，能够准确测量室内温度、湿度、光照强度、控制质量、大气压力等数据。根据前面的智云平台 ZXBee 协议定义，参考 Sensor-A 通信参数表 3-4，以查询实时温度数据为例，在"地址"栏输入 Sensor-A MAC 地址，在"数据"栏输入命令{A0=?}，然后单击"发送"按钮，在"信息返回"栏可以看到返回的实时温度数据，如图 3-26 所示。

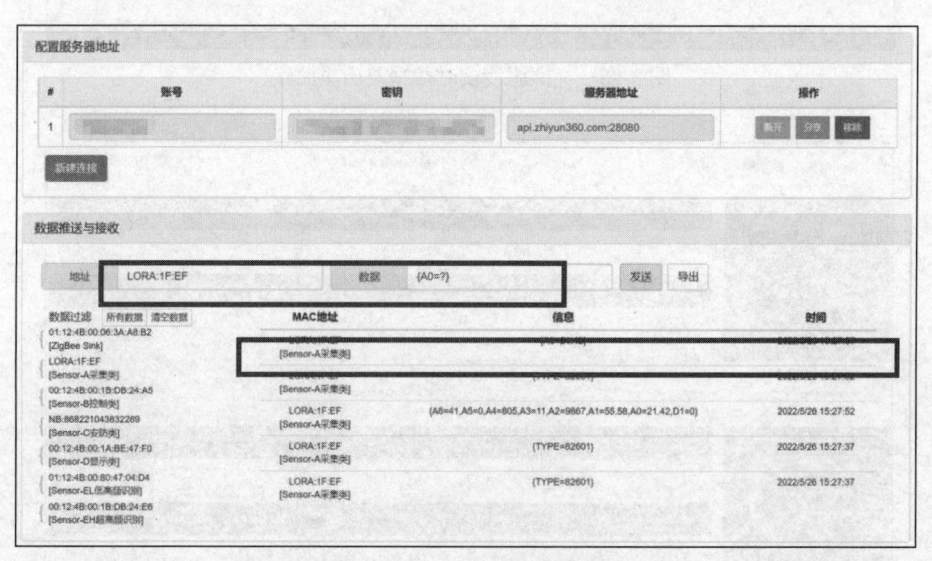

图 3-26 Sensor-A 实时温度数据查询

最后，用记事本或者 Visual Studio Code 软件打开实时连接示例程序 RTConnectDemo-Web\js\script.js 文件和 HistoryDemo-Web\js\script.js 文件，输入"智能产业项目"的智云账号、密钥和 Sensor-A、Sensor-B 节点的 MAC 地址，在 Chrome 浏览器打开 RTConnectDemo-Web\index.html 和 HistoryDemo-Web\index.html，查看实时数据信息及灯的开关操作（图 3-27）和光照强度实时数据信息及历史曲线信息（图 3-28）。同时，可以在 HSIMS 虚拟仿真平台看到"智能产业项目"Sensor-A 传感器的相关变化（图 3-29）。

图 3-27　温度和湿度实时数据

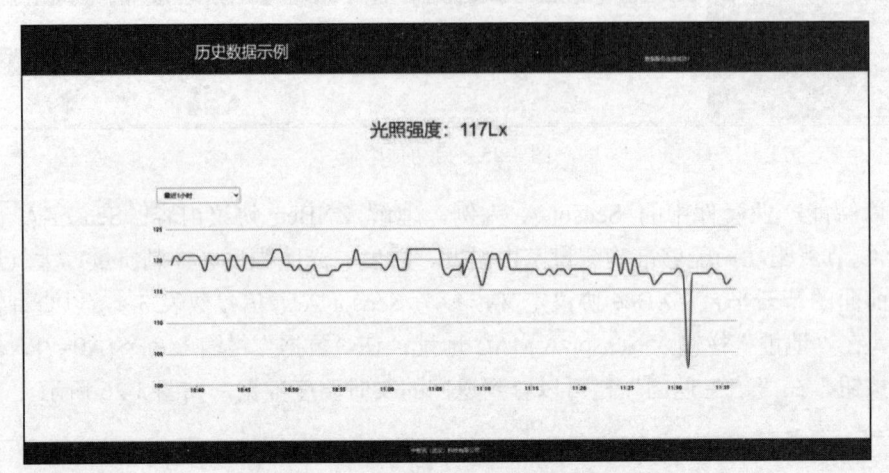

图 3-28　光照强度实时数据及历史曲线

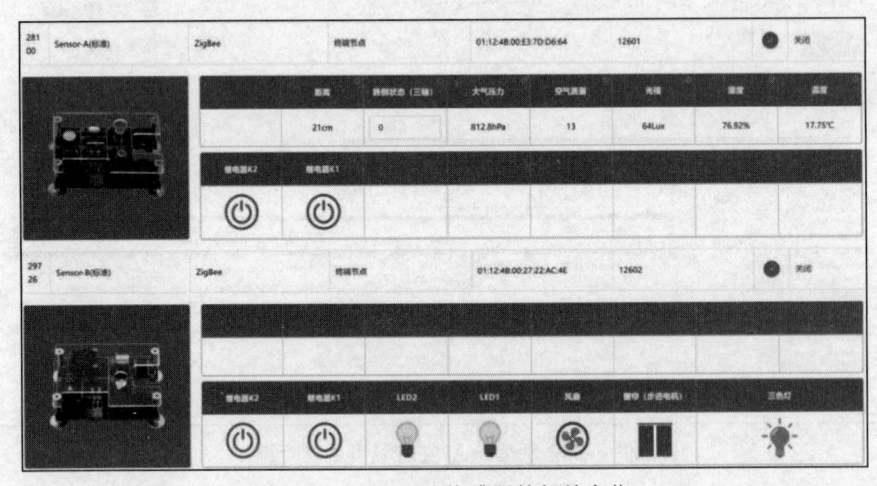

图 3-29　Sensor-A 传感器的相关变化

3.2　基于 AiCam 边缘算法开发

AiCam 框架的算法采用 RESTful 调用方式，以 Web Flask 后端接口的方式提供给应用层调用。根据实际的 AI 应用逻辑，算法提供两种交互接口，即实时推理接口和单次推理接口，分别用于处理实时推理和单次推理的应用场景，如图 3-30 所示。本节主要介绍边缘智能算法类与方法、实时推理和单次推理案例开发流程及相关开发案例分析基于 AiCam 边缘算法开发。

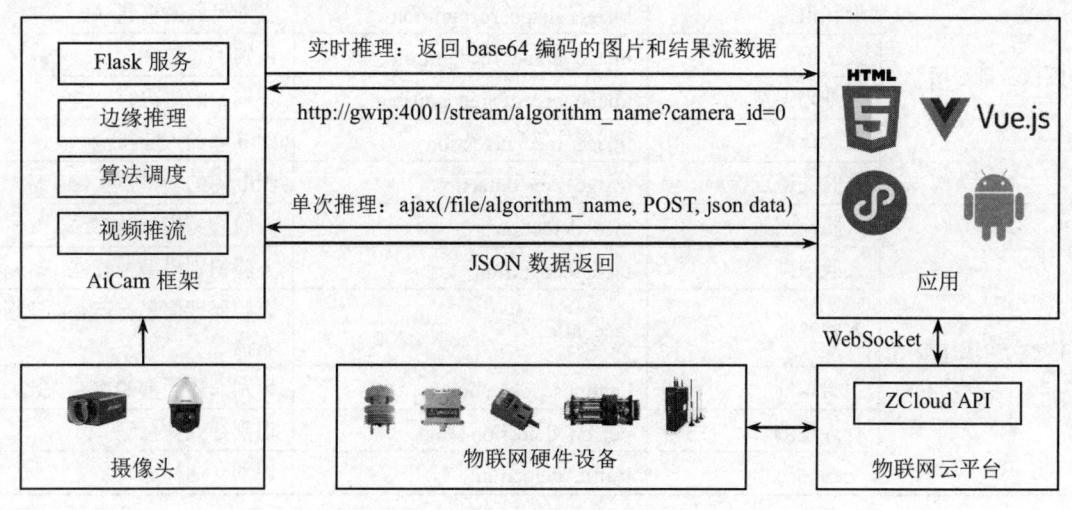

图 3-30 基于 AiCam 的算法接口调用

3.2.1 边缘智能算法类与方法

AiCam 框架支持图像处理、图像基础应用、深度学习、视觉云等应用，其中图像处理和图像应用是基于 OpenCV 开发的数字图像处理算法和图像应用，每个算法都开放源代码并提供了单元测试，常用边缘智能算法类别见表 3-5。第 7 章将结合这些算法进行 AiCam 视觉应用案例分析。

表 3-5 常用边缘智能算法类别

支持的应用	类别	接口名称	接口描述
图像处理	图像采集	image_capture	实时视频流采集和输出
	图像标记	image_lines_and_rectangles	绘制直线和矩形
		image_circle_and_ellipse	绘制圆和椭圆
		image_polygon	绘制多边形
		image_display_text	显示文字
	图像转换	image_gray	灰度实验
		image_simple_binary	二值化
		image_adaptive_binary	自适应二值化实验
	图像变换	image_rotation	图像旋转
		image_mirroring	图像镜像旋转实验
		image_resize	图像缩放实验
		image_perspective_transform	图像透视变换
	图像边缘检测	image_edge_detection	图像边缘检测实验

续表

支持的应用	类别	接口名称	接口描述
图像基础应用	颜色识别	image_color_recognition	识别目标的颜色
	形状识别	image_shape_recognition	识别目标的形状
	数字识别	image_mnist_recognition	识别手写数字
	二维码识别	image_qrcode_recognition	识别二维码内容
	人脸检测	image_face_detection	Dlib 库的人脸检测
	人脸关键点检测	image_key_detection	Dlib 库的关键点检测
深度学习应用	人脸检测	face_detection	人脸检测模型及算法
	人脸识别	face_recognition	人脸识别模型及算法
	人脸属性	face_attr	人脸属性信息：年龄、性别、表情等
	手势识别	handpose_detection	识别人体手部的主要关键点
	行人检测	person_detection	识别行人并标记
	交通标志	traffic_detection	识别交通标志

3.2.2 基于实时推理接口调用开发

1. 实时推理定义

实时推理是在短时间内对连续的输入数据进行处理并返回结果的过程，这类推理需要及时反馈，比如人脸识别、运动检测等需要实时分析视频流。实时推理通常需要对模型进行裁剪、量化等，AiCam 框架的实时推理接口主要实现了视频流的实时 AI 推理计算，摄像头采集到的视频图像通过算法实时计算，将返回的计算结果图片（比如框出目标位置和识别内容的图片）实时推流到应用端以视频的方式显示，同时计算的结果数据（比如目标坐标、目标关键点、目标名称、推理时间、置信度等）返回应用端用于处理业务，应用层通过 EventSource 接口获取实时推送的数据流。

2. 实时推理接口调用开发流程

AiCam 框架提供摄像头视频流图像的实时计算推理，并将计算的结果图像和结果数据以数据流的方式推送给应用层，应用层通过 EventSource 接口获取实时推送的数据流（结果图像和结果数据），流程如下。

（1）AiCam 打开边缘计算网关的摄像头，获取实时视频图像。

（2）将实时视频图像推送给算法接口的算法推理 inference 方法。

（3）使用算法推理 inference 方法处理图像或调用模型推理图像。

（4）使用算法推理 inference 方法返回 base64 编码的结果图像、结果数据。

（5）AiCam 核心框架将返回的结果图像和结果数据拼接为/text/event-stream 流数据供应用调用。

（6）应用层通过 EventSource 接口获取实时推送的算法流数据（结果图像和结果数据）。

（7）应用层解析流数据，提取结果图像和结果数据进行应用展示。

3. 实验验证

首先给边缘计算网关正确连接 Wi-Fi、摄像头、电源，启动边缘计算网关 Ubuntu 操作系统，如图 3-31 所示。系统启动后，记录好边缘计算网关的 IP 地址，比如 192.168.100.200。

接着，通过 MobaXterm 工具的 SSH 服务登录边缘计算网关，将实验工程代码上传到 aicam-exp 目录下，输入 tar 命令解压实验工程。

图 3-31　启动系统

然后，进入 AiCam 项目工程包启动工程。

```
$ cd ~/aicam
$ chmod 755 start_aicam.sh
$ ./start_aicam.sh
 * Serving Flask app "start_aicam" (lazy loading)
 * Environment: production
   WARNING: Do not use the development server in a production environment.
   Use a production WSGI server instead.
 * Debug mode: off
 * Running on http://0.0.0.0:4000/ (Press Ctrl+C to quit)
```

接着通过 AiCam 的实时推理接口调用人脸识别算法（face_detection），打开 AiCamTools 工具，输入记录的边缘网关地址 4000（比如 http://192.168.100.200:400），算法 face_detection，摄像头 camera_id=0，接口选择 stream，单击"连接"按钮，即可调用人脸检测算法的实时推理接口。在"交互"窗口显示实时的推理视频图像，在"结果"窗口可以看到返回的结果数据，如图 3-32 所示。

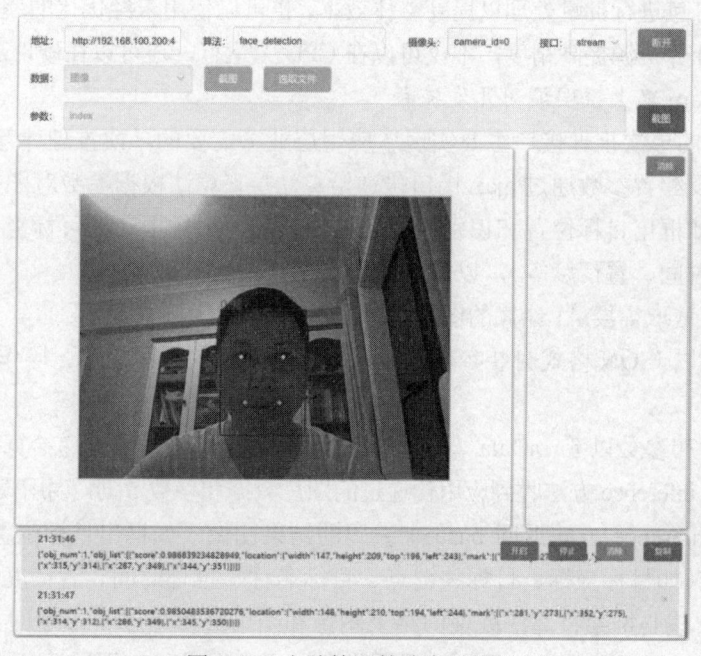

图 3-32　人脸检测算法实时推理

最后，解压 stream-exp.zip 前端实验代码，用记事本打开 index.html 文件，修改 AiCam 服务链接为边缘计算网关地址。

let linkData = 'http://192.168.100.200:4000/stream/face_detection?camera_id=0'

此时，stream-exp 调用 AiCam 服务内的人脸检测算法，用 Chrome 浏览器打开 index.html 文件浏览应用，将调用人脸检测（face_detection）算法进行处理，结果如图 3-33 所示。

图 3-33　人脸检测算法处理结果

3.2.3　基于单次推理接口调用开发

1. 单次推理定义

单次推理是对一个单独的输入样本进行一次模型推理的过程，比如对一张图片进行分类，检测一张图片中的对象、对一幅图像进行像素级别的分类，单次推理一般不需要立即返回结果，可以将多个样本打包进行批量处理以提高整体效率，也可以使用未经优化的完整模型提高精度，还可以利用更多计算资源提高精度，不仅可以在 CPU 上运行，还可以在硬件加速器上运行。

2. 基于 AiCam 单次推理调用开发流程

AiCam 框架的单次推理接口主要实现了应用层业务需要的单次推理计算请求，应用层将需要计算的图片及配置参数通过 ajax 接口传递给算法层，算法根据参数对图片进行推理计算，返回结果图片（如框出目标位置和识别内容的图片）和结果数据（如目标坐标、目标关键点、目标名称、推理时间、置信度等），以供应用层展示，具体流程如下。

（1）应用层截取需要 AI 计算的图片，并转换为 BLOB 格式。

（2）应用层以 JSON 格式封装参数（如人脸注册应用的人脸名称、操作类型：注册人脸/删除人脸等）。

（3）将图片和参数以 formData 表单数据的形式通过 ajax 请求传递给算法层。

（4）算法层 inference 方法收到应用传递过的图片数据和参数数据，调用模型进行图像推理。

（5）算法 inference 方法返回 base64 编码的结果图像（如框出目标位置和识别内容的图片）和结果数据（如目标坐标、目标关键点、目标名称、推理时间、置信度等）。

（6）AiCam 核心框架将算法处理的结果图像和结果数据通过 ajax 返回。

（7）应用层解析返回数据，提取结果图像和结果数据进行应用展示。

3. 实验验证

首先给边缘计算网关正确连接 Wi-Fi、摄像头、电源，启动边缘计算网关 Ubuntu 操作系统，如图 3-21 所示。系统启动后，记录边缘计算网关的 IP 地址，比如 192.168.100.200。

接着通过 MobaXterm 工具的 SSH 服务登录边缘计算网关，将实验工程代码上传到 aicam-exp 目录下，输入 tar 命令解压实验工程，进入 aicam 项目工程包启动工程。

```
$ cd ~/aicam
$ chmod 755 start_aicam.sh
$ ./start_aicam.sh
 * Serving Flask app "start_aicam" (lazy loading)
 * Environment: production
   WARNING: Do not use the development server in a production environment.
   Use a production WSGI server instead.
 * Debug mode: off
 * Running on http://0.0.0.0:4000/ (Press Ctrl+C to quit)
```

接着通过 AiCam 的单次推理接口调用百度的人脸识别算法（baidu_face_detection）实现人脸注册和人脸识别，打开 AiCamTools 工具，输入记录的边缘网关地址 4000（如 http://192.168.100.200:400），算法为 baidu_face_detection，摄像头为 camera_id=0，接口选择 file，单击"连接"按钮，调用摄像头显示实时的原始视频流图像。

在"数据"栏中选择"图像"后，单击"截图"按钮，将当前视频截图作为需要注册的人脸对象暂存。登录百度云服务地址 https://ai.baidu.com，注册百度开发者账号，登录后创建应用，返回应用列表，系统显示刚刚创建的应用，并显示 APP_ID、API_Key、Secret_Key，将数据填入参数 {"APP_ID":"XXX", "API_KEY":"XXX", "SECRET_KEY":"XXX","userId":"XXX","type":0}。单击"执行"按钮，即可调用百度人脸识别算法的单次推理接口进行人脸注册，在"结果"窗口可以看到返回的结果数据，如图 3-34 所示。

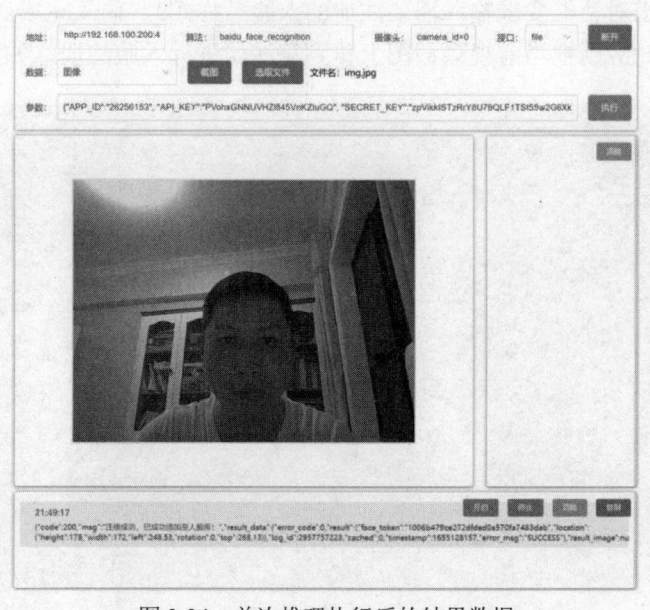

图 3-34 单次推理执行后的结果数据

最后，解压缩实验代码 file-exp.zip，用记事本打开 index.html 文件，修改 AiCam 服务地址、百度账号信息。

```
//用户信息
let user = {
    edge_addr:'http://192.168.100.200:4000',
    baidu_id:'12345678',
    baidu_apikey:'12345678',
    baidu_secretkey:'12345678'
}
```

用 Chrome 浏览器打开 index.html 文件浏览应用，调用原始视频（index）算法接口获取实时视频流并展示，如图 3-35 所示。

图 3-35 实时视频流数据

单击"人脸注册"按钮，应用将调用百度人脸识别（baidu_face_recognition）算法接口进行人脸注册。先弹出对话框要求输入需要注册的人脸名称 ID，输入完成后，单击"确认"按钮退出对话框，此时应用把当前视频截图上传到算法层进行人脸注册，如图 3-36 所示。

图 3-36 人脸注册 ID 输入

注册的结果信息将在右边的结果窗口显示。

08:32:13————{"origin_image":null,"result_image":null,"code":200,"result_data":{"timestamp":1654475532,"cached":0,"error_code":0,"log_id":1932140814,"error_msg":"SUCCESS","result":{"face_token":"cf4186d79250fdd248bbce074ee14edc","location":{"width":121,"rotation":0,"top":177.79,"height":115,"left":250.72}}},"msg":" 注册成功，已成功添加至人脸库！"}

单击"人脸识别"按钮，应用调用百度人脸识别（baidu_face_recognition）算法接口进行人脸比对。如果成功识别人脸，则显示识别的人脸结果图片并返回识别的结果信息，如图 3-37 所示。

图 3-37 识别结果

08:39:29————{"origin_image":"/9j/4AAQSkZJRgABAQAA","result_image":"/9j/4AAQSkZJRgABAQAAAQAB","code":200,"result_data":{"timestamp":1654475968,"cached":0,"error_code":0,"log_id":2368854620,"error_msg":"SUCCESS","result":{"face_list":[{"face_token":"e01cc53ce95d556b098e0f0f1898119b","location":{"width":118,"rotation":1,"top":191.92,"height":114,"left":248.76},"user_list":[{"group_id":"zonesion","user_id":"lu","user_info":"lu","score":98.911056518555},{"group_id":"zonesion","user_id":"lusi","user_info":"lusi","score":97.734367370605},{"group_id":"zonesion","user_id":"18164011650","user_info":"18164011650","score":96.068313598633}]}],"face_num":1}},"msg":"人脸识别成功！"}

3.3 基于 AiCam 边缘计算模型开发

模型，通俗讲就是一个函数 f，它将现实问题转化为数学问题（Encoder 编码器），通过求解数学问题得到现实世界的解决方案（Decoder 解码器）。它根据输入数据（文本、图像、语音、视频等）和一组参数 ŵ（通常表示为权重）预测输出 Ŷ。边缘智能模型是指在边缘计算环境中运行的人工智能模型，它是边缘计算和人工智能相结合的产物，通俗讲就是将人工智能模型应用在边缘设备上，比如网关、物联网设备等，以减小对中心化云服务的依赖，提高数据处理的速度、减少延迟、节省带宽，为实时数据处理和智能决策提供新的可能。

本节主要用 Darknet 框架、NCNN 框架和 Yolov3 模型介绍模型训练、模型验证、模型接口和模型算法开发。

3.3.1　边缘智能模型的训练

模型训练的本质是求解最优化问题的过程。训练过程又称学习过程，即通过大数据训练出一个复杂的神经网络模型，通过大量数据训练确定网络中权重和偏置值，使其能够适应特定的功能。在训练中需要调整神经网络权重以使损失函数最小，通过反向传播执行训练以更新每层中的权重。常用的模型训练框架有 Google 公司开发的 TensorFlow、Facebook AI 研究院开发的 PyTorch、微软公司开发的 Microsoft DeepSpeed、Berkeley Vision and Learning Center 公司开发的 Caffe、Joseph Redmon 为了 YOLO 开发的 Darknet。下面主要采用 Darknet 框架、Voc2yolo 工具和 YOLOv3 模型进行模型训练。

1. Darknet 框架

Darknet 是 Joseph Redmon 为 YOLO（You Only Look Once）开发的框架，是一个用于实现深度学习算法的开源神经网络框架，特别设计用于实现端到端的实时物体检测系统，尤其是实时视频流分析和物体检测。Darknet 包含 YOLO 系列模型，支持 CPU 和 GPU，可以利用 NVIDIA GPU 加速计算过程，区支持从其他框架导入和导出模型。Darknet 官网如图 3-38 所示。

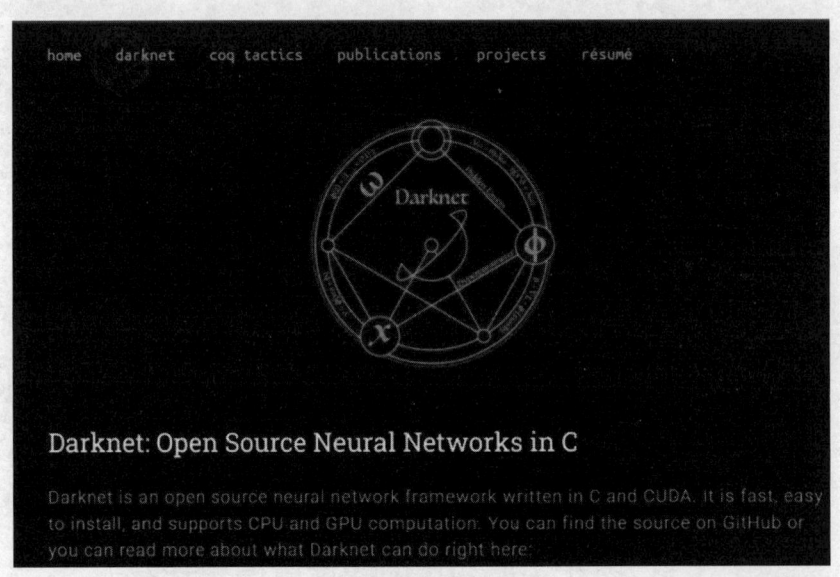

图 3-38　Darknet 官网

Darknet 的代码结构主要由 cfg 文件、data 文件、examples 文件、include 文件、python 文件、scripts 文件和 src 目录文件构成。

cfg 目录文件主要包含.date 文件和.cfg 文件。.data 文件包含一些配置信息，具体为训练的总类别数、训练数据和验证数据的路径、类别名称、模型存放路径等；.cfg 文件主要包含训练的一些配置信息，如输入图像尺寸、学习率、数据增强等，还包括训练的网络结果，例如 yolov4.cfg 和 data 配置文件（比如 voc.data）等。

include 文件和 src 文件就是具体函数的实现，src 文件用来存储所有源代码（如各种网络层结构、重要的工具函数等），卷积+等操作都在这里，examples 文件里是高层任务的定义，包括 classifer、detector，python 文件主要有 darknet.py 和 proverbot.py，前者是 python 调用 YOLO+模型的案例，scripts 文件中存储一些脚本文件等。

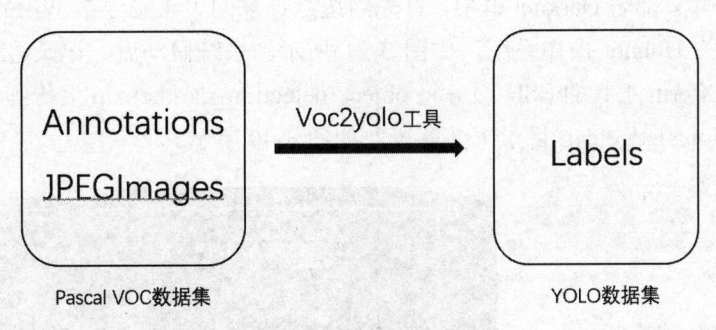

2. Voc2yolo 工具

Voc2yolo 工具将 Pascal VOC 数据集格式转换为 YOLO 数据集格式，如图 3-39 所示。其中，Annotations 中存储的是.xml 文件，JPEGImages 中存储的是图片文件，Labels 中存储的是 YOLO 的 TXT 文件。

图 3-39 Voc2yolo 工具

Pascal VOC 数据集格式通常包括图像文件（JPEG、PNG 等），对应的 XML 文件包含每个图像的对象类别、边界框坐标等信息。YOLO 格式通常包括图像文件、对应的 TXT 文件，每行都代表一个对象，包含类别的索引以及归一化后的边界框坐标、中心点坐标、宽度和高度。Voc2yolo 工具可以自动将 VOC 格式的 XML 文件转换为 YOLO 格式的 TXT 文件，并且进行数据集的划分，如后续案例中运行 python3 voc2yolo.py，即在相关文件下生成 yolo 数据集 labels 文件、object_train.txt 训练集和 object_val.txt 验证集。

3. YOLOv3 模型

YOLOv3 借鉴了 YOLOv1 和 YOLOv2，虽然没有太多创新点，但在保持 YOLO 家族速度优势的同时，提升了检测精度，尤其是对小物体的检测能力。YOLOv3 算法使用一个单独神经网络作用在图像上，将图像划分为多个区域并且预测边界框和每个区域的概率。它是在计算机视觉领域应用广泛的一个深度学习的模型，在目标检测、物体识别等任务中的表现也非常出色。

YOLOv3 模型包含 107 层，0~74 层为卷积层和 res 层，其目的是提取图片的上层特征，75~106 层是三个 YOLO 分支，使模型具备检测、分类和回归的功能。由此可见，YOLOv3 模型结构比较复杂。为了兼顾 YOLOv3 在目标检测、物体识别的速度劣势，YOLOv3-tiny 是在 YOLOv3 模型基础上的一个简化，其作用就是兼顾准确率的同时适应训练、推理速度要求比较高的业务场景，它在 YOLOv3 的基础上去掉了一些特征层，只保留 2 个独立预测分支。

4. 基于 Darknet 框架的模型训练流程

（1）配置环境。安装 Darknet 及其依赖项，可以从 Darknet 的 GitHub 页面获取源代码并编译。

（2）准备数据和模型。按照 Darknet 的要求格式化数据集，创建配置文件，然后定义网络架构和训练参数。

（3）训练模型。使用以下命令开始训练模型，这里以基于 YOLO3 的交通识别为例。

./darknet-gpu detector train cfg/yolov3-tiny-traffic.data cfg/yolov3-tiny-traffic.cfg yolov3- tiny.conv.15 15

（4）进行预测。使用训练好的模型进行预测。

5．应用案例

本案例基于 Darknet 框架对交通标志左转弯、右转弯要识别模型进行训练，主要包括配置环境、准备数据和模型、训练模型和模型验证四个步骤。

（1）配置环境。部署 Darknet 框架，首先给边缘计算网关正确连接 Wi-Fi、摄像头、电源，启动边缘计算网关 Ubuntu 操作系统，如图 3-31 所示。系统启动后，记录边缘计算网关的 IP 地址，通过 MobaXterm 工具的 SSH 服务将 object_detection_darknet.zip 上传到 GW3399 边缘网关的/home/zonesion/aiedge-exp 目录下并解压，如图 3-40 所示。

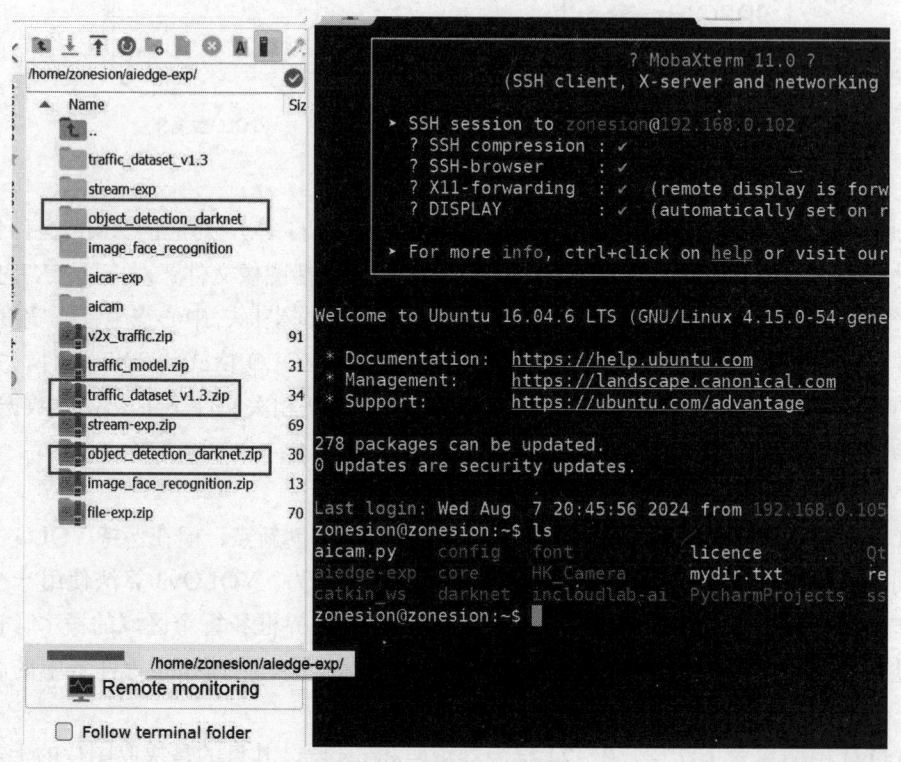

图 3-40　部署 Darknet 框架

（2）准备数据和模型。通过 Voc2yolo 工具将 VOC 数据集转换为 YOLO 数据集，并切分训练集和验证集。

首先，将制作的交通标志数据集 traffic_dataset_v1.3.zip 通过 MobaXterm 工具的 SSH 服务上传到~/aiedge-exp 目录下，解压缩数据集，并将数据集复制到 darknet 工程目录下，如图 3-41 所示。

$ cd ~/aiedge-exp
$ unzip traffic_dataset_v1.3.zip
$ cd object_detection_darknet
$ cp -a ../traffic_dataset_v1.3/dataset

```
zonesion@zonesion:~/aiedge-exp/object_detection_darknet$ ls
backup          dataset      src               yolo_anchors.txt
cfg             include      train_anchors.py  yolov3-tiny.conv.15
CMakeLists.txt  kmeans.py    train_anchors.txt
darknet-cpu     Makefile     train.sh
darknet-gpu     results      voc2yolo.py
zonesion@zonesion:~/aiedge-exp/object_detection_darknet$
```

图 3-41 准备数据

然后，根据交通标志的类别修改 object_detection_darknet/voc2yolo.py 工具文件内的目标类别。文件修改好后，通过 MobaXterm 工具创建的 SSH 连接，将修改后的文件上传到边缘计算网关。

classes = ['red','green','left','straight','right']

在 SSH 终端输入以下命令切分数据集转换和数据集，然后在 dataset 文件夹中生成 yolo 数据集 labels 文件、object_train.txt 训练集和 object_val.txt 验证集，如图 3-42 所示。

$ cd ~/aiedge-exp/object_detection_darknet
$ python3 voc2yolo.py
files: ['1638757925381593', '16387579716174064', '1640220985345892', '1640220986479758', '16387579476261072', '16387579697302487', '1640221005206378', '16387579900259972', '1638757972922645', '159238212456671337387']

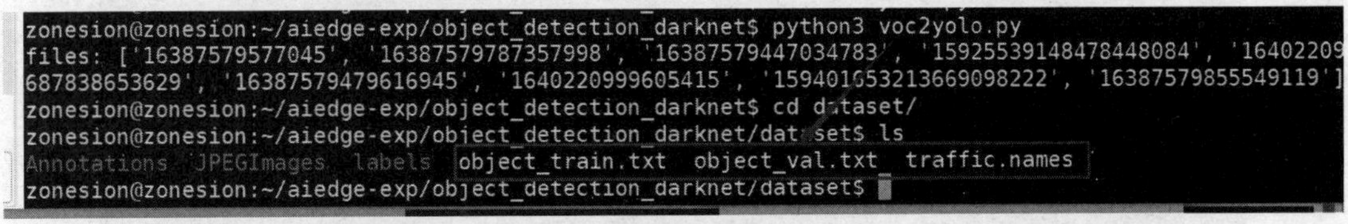

```
zonesion@zonesion:~/aiedge-exp/object_detection_darknet$ python3 voc2yolo.py
files: ['16387579577045', '16387579787357998', '16387579447034783', '15925539148478448084', '16402209687838653629', '16387579479616945', '16402209996605415', '15940165323136690098222', '16387579855549119']
zonesion@zonesion:~/aiedge-exp/object_detection_darknet$ cd dataset/
zonesion@zonesion:~/aiedge-exp/object_detection_darknet/dataset$ ls
Annotations  JPEGImages  labels  object_train.txt  object_val.txt  traffic.names
zonesion@zonesion:~/aiedge-exp/object_detection_darknet/dataset$
```

图 3-42 数据集转换

接着，配置参数，创建交通标志识别的配置文件。在 object_detection_darknet/dataset 文件夹下创建交通标志数据集的标签文件 traffic.names，内容如下。

red
green
left
straight
right

然后，在 SSH 终端输入以下命令，复制 yolov3-tiny-pill.cfg/yolov3-tiny-pill.data 文件，并命名为 yolov3-tiny-traffic.cfg/yolov3-tiny-traffic.data。

$ cd ~/aiedge-exp/object_detection_darknet
$ cp cfg/yolov3-tiny-pill.cfg cfg/yolov3-tiny-traffic.cfg
$ cp cfg/yolov3-tiny-pill.data cfg/yolov3-tiny-traffic.data
$ ls cfg
yolov3-tiny-pill.cfg   yolov3-tiny-pill.data   yolov3-tiny-traffic.cfg   yolov3-tiny-traffic.data

根据交通标志的类别，已知 classes 为 5，修改 yolov3-tiny-traffic.data 文件内的相关参数。

classes= 5
train = ./dataset/object_train.txt

```
valid = ./dataset/object_val.txt
names = ./dataset/traffic.names
backup = ./backup/
```

根据交通标志的类别修改 object_detection_darknet/train_anchors.py 文件内 classes 的相关参数，文件修改好后，通过 MobaXterm 工具创建的 SSH 连接，将修改后的文件上传到边缘计算网关。

```
classes = ['red','green','left','straight','right']
```

在 SSH 终端输入以下命令运行 train_anchors.py，生成用于 anchor 聚类的数据文件 train_anchors.txt，如图 3-43 所示。

```
$ cd ~/aiedge-exp/object_detection_darknet
$ conda activate py36_tf114_torch15_cpu_cv345      // PC ubuntu20.04 环境下需要切换环境
$ python3 train_anchors.py
./dataset/Annotations/1638757980448458.xml
./dataset/Annotations/16387579456090543.xml
./dataset/Annotations/16387579667065635.xml
./dataset/Annotations/164022096542211.xml
./dataset/Annotations/16387579403672035.xml
```

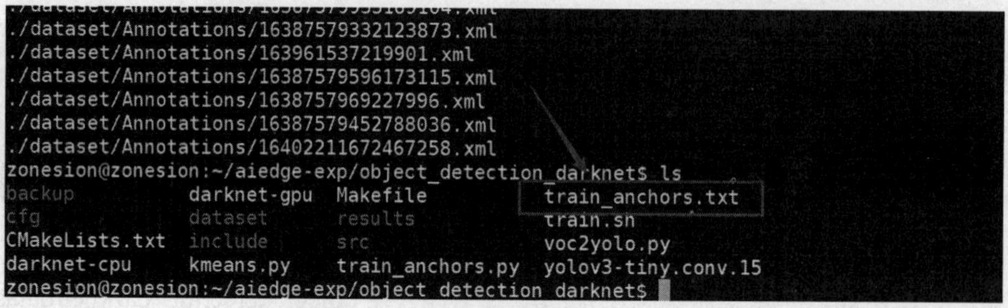

图 3-43 train_anchor 聚类的数据文件

在 SSH 终端输入以下命令运行 kmeans.py，生成用于 anchor 的数据文件 yolo_anchors.txt，如图 3-44 所示。

```
$ cd ~/aiedge-exp/object_detection_darknet
$ conda activate py36_tf114_torch15_cpu_cv345      // PC ubuntu20.04 环境下需要切换环境
$ python3 kmeans.py
1 4 ./dataset/JPEGImages/1638757980448458.jpg 17
2 4 ./dataset/JPEGImages/1638757980448458.jpg 17
3 4 ./dataset/JPEGImages/1638757980448458.jpg 17
1 2 ./dataset/JPEGImages/16387579456090543.jpg 15
……
K anchors:
[[ 43   51]
 [ 62   79]
 [ 86   95]
 [104 109]
```

[125 132]
[163 175]]
Accuracy: 84.62%

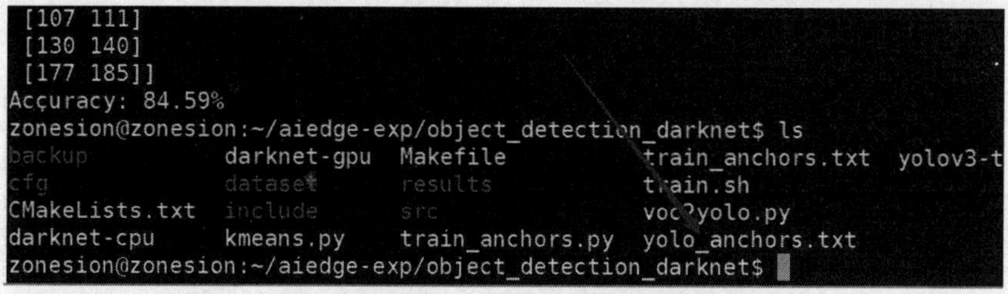

```
[107 111]
[130 140]
[177 185]]
Accuracy: 84.59%
zonesion@zonesion:~/aiedge-exp/object_detection_darknet$ ls
backup           darknet-gpu    Makefile       train_anchors.txt   yolov3-t
cfg              dataset        results        train.sh
CMakeLists.txt   include        src            voc2yolo.py
darknet-cpu      kmeans.py      train_anchors.py   yolo_anchors.txt
zonesion@zonesion:~/aiedge-exp/object_detection_darknet$
```

图 3-44   yolo_anchor 聚类的数据文件

从生成的 yolo_anchors.txt 文件获取到 anchors 值为 43,51，62,79，86,95，104,109，125,132，163,175。根据交通标志的类别 classes=5，修改 cfg/yolov3-tiny-traffic.cfg。对应的卷积数 filters 为(classes+5)×3=30。搜索 cfg/yolov3-tiny-traffic.cfg 文件内的 yolo 关键字（有两处），修改上下文的 filters、anchors、classes，如图 3-45 所示。

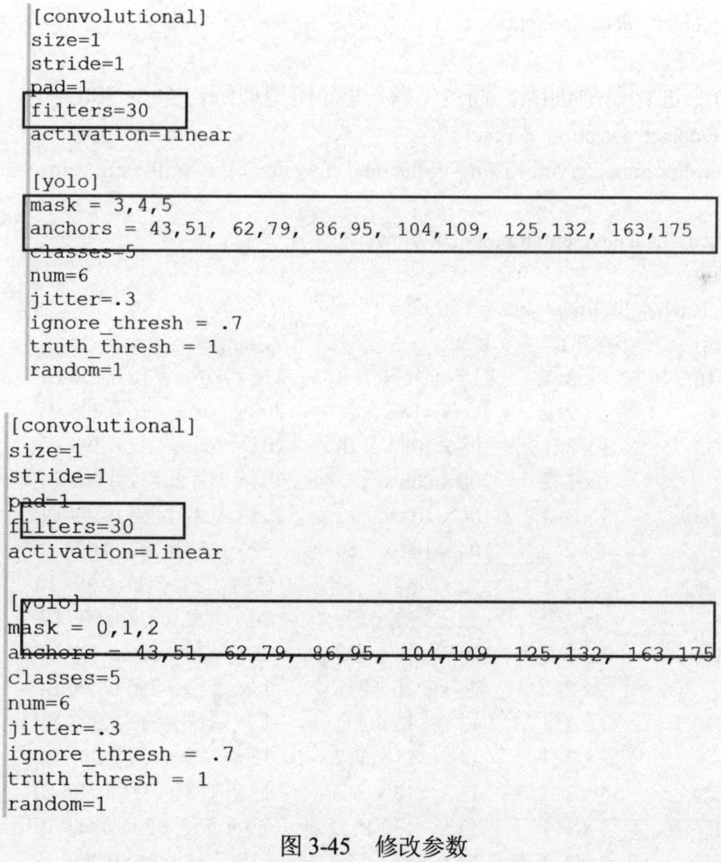

```
[convolutional]
size=1
stride=1
pad=1
filters=30
activation=linear

[yolo]
mask = 3,4,5
anchors = 43,51, 62,79, 86,95, 104,109, 125,132, 163,175
classes=5
num=6
jitter=.3
ignore_thresh = .7
truth_thresh = 1
random=1

[convolutional]
size=1
stride=1
pad=1
filters=30
activation=linear

[yolo]
mask = 0,1,2
anchors = 43,51, 62,79, 86,95, 104,109, 125,132, 163,175
classes=5
num=6
jitter=.3
ignore_thresh = .7
truth_thresh = 1
random=1
```

图 3-45   修改参数

由于交通标志的左转弯与右转弯图片呈垂直镜像关系，因此在配置文件内增加 flip=0，如图 3-46 所示。

```
[net]
# Testing
batch=16
subdivisions=1
# Training
# batch=64
# subdivisions=2
width=416
height=416
channels=3
momentum=0.9
decay=0.0005
angle=0
flip=0
saturation = 1.5
exposure = 1.5
hue=.1
```

图 3-46　增加 flip=0

（3）训练模型。通过 Darknet 框架可以完成交通标志识别的模型训练。由于模型训练对硬件要求较高且训练耗时较长，因此本实验以了解实验过程为主，可以在虚拟机中按照实验步骤执行模型开发与训练的流程，以便更好地理解，首先，在 SSH 终端输入以下命令进入工程目录，改变 Darknet 执行权限。

```
$ cd ~/aiedge-exp/object_detection_darknet
$ chmod 755 darknet-*
```

接着，执行命令进行模型训练。通过 CPU 进行模型训练，至少 300 小时。

```
$ cd ~/aiedge-exp/object_detection_darknet
$ ./darknet-cpu detector train cfg/yolov3-tiny-traffic.data cfg/yolov3-tiny-traffic.cfg yolov3-tiny.conv.15 15
 GPU isn't used
 OpenCV isn't used - data augmentation will be slow
yolov3-tiny-traffic
mini_batch = 16, batch = 16, time_steps = 1, train = 1
   layer   filters  size/strd(dil)    input                output
   0 conv     16       3 x 3/ 1      416 x 416 x   3 ->   416 x 416 x  16  0.150 BF
   1 max              2x 2/ 2        416 x 416 x  16 ->   208 x 208 x  16  0.003 BF
   2 conv     32       3 x 3/ 1      208 x 208 x  16 ->   208 x 208 x  32  0.399 BF
   3 max              2x 2/ 2        208 x 208 x  32 ->   104 x 104 x  32  0.001 BF
   4 conv     64       3 x 3/ 1      104 x 104 x  32 ->   104 x 104 x  64  0.399 BF
   5 max              2x 2/ 2        104 x 104 x  64 ->    52 x  52 x  64  0.001 BF
   6 conv    128       3 x 3/ 1       52 x  52 x  64 ->    52 x  52 x 128  0.399 BF
   7 max              2x 2/ 2         52 x  52 x 128 ->    26 x  26 x 128  0.000 BF
   8 conv    256       3 x 3/ 1       26 x  26 x 128 ->    26 x  26 x 256  0.399 BF
   9 max              2x 2/ 2         26 x  26 x 256 ->    13 x  13 x 256  0.000 BF
  10 conv    512       3 x 3/ 1       13 x  13 x 256 ->    13 x  13 x 512  0.399 BF
  11 max              2x 2/ 1         13 x  13 x 512 ->    13 x  13 x 512  0.000 BF
  12 conv   1024       3 x 3/ 1       13 x  13 x 512 ->    13 x  13 x1024  1.595 BF
  13 conv    256       1 x 1/ 1       13 x  13 x1024 ->    13 x  13 x 256  0.089 BF
  14 conv    512       3 x 3/ 1       13 x  13 x 256 ->    13 x  13 x 512  0.399 BF
  15 conv     30       1 x 1/ 1       13 x  13 x 512 ->    13 x  13 x  30  0.005 BF
  16 yolo
[yolo] params: iou loss: mse (2), iou_norm: 0.75, obj_norm: 1.00, cls_norm: 1.00, delta_norm: 1.00, scale_x_y: 1.00
```

```
  17 route     13                              -> 13 x  13 x 256
  18 conv      128       1 x 1/ 1    13 x  13 x 256 ->  13 x  13 x 128 0.011 BF
  19 upsample            2x          13 x  13 x 128 ->  26 x  26 x 128
  20 route     19 8                              -> 26 x  26 x 384
  21 conv      256       3 x 3/ 1    26 x  26 x 384 ->  26 x  26 x 256 1.196 BF
  22 conv      30        1 x 1/ 1    26 x  26 x 256 ->  26 x  26 x  30 0.010 BF
  23 yolo
```

[yolo] params: iou loss: mse (2), iou_norm: 0.75, obj_norm: 1.00, cls_norm: 1.00, delta_norm: 1.00, scale_x_y: 1.00
Total BFLOPS 5.454
avg_outputs = 325691
Loading weights from yolov3-tiny.conv.15...
 seen 64, trained: 0 K-images (0 Kilo-batches_64)
Done! Loaded 15 layers from weights-file
Learning Rate: 0.001, Momentum: 0.9, Decay: 0.0005
 Detection layer: 16 - type = 28
 Detection layer: 23 - type = 28
Resizing, random_coef = 1.40
 608 x 608
 Create 64 permanent cpu-threads
Loaded: 0.069905 seconds
 v3 (mse loss, Normalizer: (iou: 0.75, obj: 1.00, cls: 1.00) Region 16 Avg (IOU: 0.462607), count: 19, class_loss = 377.545441; iou_loss = 1.748474, total_loss = 379.293915
 v3 (mse loss, Normalizer: (iou: 0.75, obj: 1.00, cls: 1.00) Region 23 Avg (IOU: 0.409510), count: 23, class_loss = 1121.026611, iou_loss = 3.438599, total_loss = 1124.465210
 total_bbox = 42, rewritten_bbox = 0.000000 %
 1: 751.879578, 751.879578 avg loss, 0.000000 rate, 103.777236 seconds, 16 images, -1.000000 hours left
Loaded: 0.000072 seconds
 v3 (mse loss, Normalizer: (iou: 0.75, obj: 1.00, cls: 1.00) Region 16 Avg (IOU: 0.341734), count: 25, class_loss = 376.413269, iou_loss = 4.249542, total_loss = 380.662811
 v3 (mse loss, Normalizer: (iou: 0.75, obj: 1.00, cls: 1.00) Region 23 Avg (IOU: 0.372197), count: 22, class_loss = 1121.051880, iou_loss = 4.764771, total_loss = 1125.816650
 ……
 25009: 0.062177, 0.086965 avg loss, 0.000010 rate, 0.128478 seconds, 400144 images, 0.002451 hours left
Loaded: 0.000057 seconds
 v3 (mse loss, Normalizer: (iou: 0.75, obj: 1.00, cls: 1.00) Region 16 Avg (IOU: 0.937889), count: 26, class_loss = 0.053363, iou_loss = 0.020515, total_loss = 0.073878
 v3 (mse loss, Normalizer: (iou: 0.75, obj: 1.00, cls: 1.00) Region 23 Avg (IOU: 0.914718), count: 20, class_loss = 0.097458, iou_loss = 0.049408, total_loss = 0.146867
 total_bbox = 1091785, rewritten_bbox = 0.001282 %
 25010: 0.110372, 0.089306 avg loss, 0.000010 rate, 0.119459 seconds, 400160 images, 0.002427 hours left
Saving weights to ./backup//yolov3-tiny-traffic_final.weights
If you want to train from the beginning, then use flag in the end of training command: -clear

训练完成后，将会在 backup 目录下看到训练完成的模型文件 yolov3-tiny-traffic_final.weights，如图 3-47 所示。

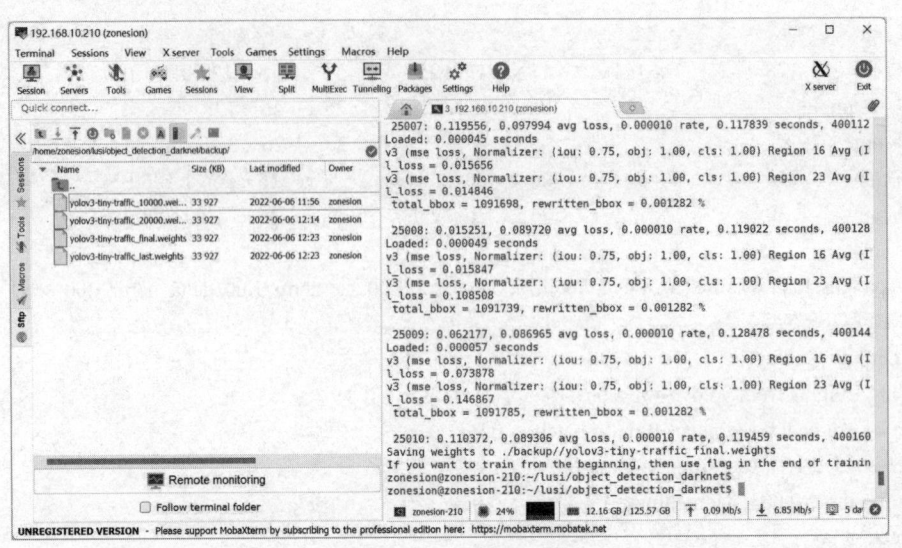

图 3-47 训练模型文件

（4）模型验证。通过前面的步骤完成了交通标志识别模型训练，得到 yolov3-tiny-traffic_final.weights。

首先，在数据集中选择一张测试样图 dataset/JPEGImages/10050.jpg。

接着，在 SSH 终端输入以下命令对测试样图进行测试，执行命令与结果如下，成功识别目标为 right。

```
$ cd ~/aiedge-exp/object_detection_darknet
$ conda activate py36_tf114_torch15_cpu_cv345    // PC ubuntu20.04 环境下需要切换环境
$ ./darknet-cpu detector test cfg/yolov3-tiny-traffic.data cfg/yolov3-tiny-traffic.cfg backup/yolov3-tiny-traffic_final.weights dataset/JPEGImages/10050.jpg
 GPU isn't used
 OpenCV isn't used - data augmentation will be slow
mini_batch = 1, batch = 1, time_steps = 1, train = 0
   layer   filters  size/strd(dil)    input              output
   0 conv     16     3 x 3/ 1    416 x 416 x   3 ->   416 x 416 x  16 0.150 BF
   1 max            2x 2/ 2     416 x 416 x  16 ->   208 x 208 x  16 0.003 BF
   2 conv     32     3 x 3/ 1    208 x 208 x  16 ->   208 x 208 x  32 0.399 BF
   3 max            2x 2/ 2     208 x 208 x  32 ->   104 x 104 x  32 0.001 BF
   4 conv     64     3 x 3/ 1    104 x 104 x  32 ->   104 x 104 x  64 0.399 BF
   5 max            2x 2/ 2     104 x 104 x  64 ->    52 x  52 x  64 0.001 BF
   6 conv    128     3 x 3/ 1     52 x  52 x  64 ->    52 x  52 x 128 0.399 BF
   7 max            2x 2/ 2      52 x  52 x 128 ->    26 x  26 x 128 0.000 BF
   8 conv    256     3 x 3/ 1     26 x  26 x 128 ->    26 x  26 x 256 0.399 BF
   9 max            2x 2/ 2      26 x  26 x 256 ->    13 x  13 x 256 0.000 BF
  10 conv    512     3 x 3/ 1     13 x  13 x 256 ->    13 x  13 x 512 0.399 BF
  11 max            2x 2/ 1      13 x  13 x 512 ->    13 x  13 x 512 0.000 BF
  12 conv   1024     3 x 3/ 1     13 x  13 x 512 ->    13 x 1024 1.595 BF
  13 conv    256     1 x 1/ 1     13 x  13 x1024 ->    13 x  13 x 256 0.089 BF
  14 conv    512     3 x 3/ 1     13 x  13 x 256 ->    13 x  13 x 512 0.399 BF
```

```
  15 conv      30         1 x 1/ 1     13 x  13 x 512 ->   13 x   13 x  30 0.005 BF
  16 yolo
[yolo] params: iou loss: mse (2), iou_norm: 0.75, obj_norm: 1.00, cls_norm: 1.00, delta_norm: 1.00, scale_x_y: 1.00
  17 route     13                                    ->    13 x   13 x 256
  18 conv      128        1 x 1/ 1     13 x  13 x 256 ->   13 x   13 x 128 0.011 BF
  19 upsample             2x           13 x  13 x 128 ->   26 x   26 x 128
  20 route     19 8                                   ->    26 x   26 x 384
  21 conv      256        3 x 3/ 1     26 x  26 x 384 ->   26 x   26 x 256 1.196 BF
  22 conv      30         1 x 1/ 1     26 x  26 x 256 ->   26 x   26 x  30 0.010 BF
  23 yolo
[yolo] params: iou loss: mse (2), iou_norm: 0.75, obj_norm: 1.00, cls_norm: 1.00, delta_norm: 1.00, scale_x_y: 1.00
Total BFLOPS 5.454
avg_outputs = 325691
Loading weights from backup/yolov3-tiny-traffic_final.weights...
 seen 64, trained: 400 K-images (6 Kilo-batches_64)
Done! Loaded 24 layers from weights-file
 Detection layer: 16 - type = 28
 Detection layer: 23 - type = 28
dataset/JPEGImages/10050.jpg: Predicted in 826.494000 milli-seconds.
right: 100%
Not compiled with OpenCV, saving to predictions.png instead
```

完成后，在工程目录生成 predictions.jpg 文件，交通标志识别验证效果如图 3-48 所示。

图 3-48 交通标志识别验证效果

3.3.2 边缘智能模型的推理

通常神经网络算法从研发到应用有两大主要环节，一个是训练，又称学习，通过大数据训练出一个复杂神经网络模型，通过大量数据的训练确定网络中权重和偏置的值；另一个是推理，推理过程即判断过程，是利用训练好的模型使用新数据推出各种结论，借助训练中已确定参数的神经网络模型进行运算，利用输入的新数据进行分类或输出预测结果，类似于人类大脑的学习过程和判断过程。

模型推理指的是使用已经训练的模型对新的、未知的数据进行预测或生成的结果,通常发生在模型训练之后,是模型应用于实际场景中的关键步骤,包括静态推理和动态推理。

模型推理的基本步骤如下:①数据准备,准备好需要进行推理的新数据;②加载模型,从文件或数据库中加载已经训练好的模型;③向前传播,将新数据输入模型,执行前向传播计算,得到模型的输出;④后处理,根据应用需求对模型输出进行必要的后处理,如转换为可读的结果格式;⑤应用决策,基于模型的输出作出相应的业务决策或用户交互。下面主要用NCNN框架推理YOLOv3模型。

1. NCNN 框架

NCNN 是一个轻量级专注于移动设备和嵌入式设备的高性能神经网络前向计算框架,可以在不同的处理器架构(如 ARM、x86 和 MIPS 等)上运行,支持 Linux、Windows、Android 等操作系统,支持(包括 ARM Compute Library、OpenMP、Meta 等)硬件加速库,提供灵活的模型转换工具,可以将主流深度学习框架(如 Caffe、TensorFlow、ONNX 等模型)转换为 NCNN 模型格式。NCNN 模型有两个组成部分,分别是*.param 和*.bin。*.param 存储的是网络结构的描述,文件内容较小,可用文本工具打开;*.bin 存储的是网络权重和 bias 数据,内容较大。

NCNN 框架源代码可以从 GitHub 页面中获取,ncnn 的子目录 tools 主要有模型转换工具、模型加密可执行文件、模型优化可执行文件、模型合并可执行文件,为了节省资源,本节案例的 NCNN 框架 darknet2ncnn 主要通过 MobaXterm 工具上传到 GW3399 边缘网关,而 darknet2ncnn 目录下主要有 CMakeLists、data、tools、ncnn 目录,ncnn 目录主要是头文件和库,tools 目录下有模型优化可执行文件 ncnnoptimize 和模型转换工具 darnet2ncnn,data 目录用来存储模型配置文件、模型文件,build 目录用来存储测试执行文件。

2. 基于 NCNN 框架的 YOLOv3 模型推理流程

(1)配置环境。安装 NCNN 框架,可以从 GitHub 页面获取源代码并编译。

```
$ git clone https://github.com/Tencent/ncnn.git
```

(2)准备数据。将训练好的模型文件和模型配置文件复制到 NCNN 框架中的数据 data 目录下。

(3)模型转换。利用 NCNN 框架的工具将模型转换为 NCNN 模型格式,这里以基于 Darknet 模型格式转换为例,执行如下命令。

```
$./tools/darknet2ncnn data/yolov3-tiny-traffic.cfg data/yolov3-tiny-traffic_final.weights yolov3-tiny-traffic.param yolov3-tiny-traffic.bin 1
```

(4)模型优化。利用 NCNN 框架工具对模型进行优化,同样以 YOLOv3 交通识别为例,命令如下。

```
$./tools/ncnnoptimize yolov3-tiny-traffic.param yolov3-tiny-traffic.bin yolov3-tiny-traffic-opt.param yolov3-tiny-traffic-opt.bin 0
```

(5)模型预测。执行测试程序,对测试图像进行推理与验证。

3. 应用案例

本案例基于 NCNN 框架的交通标志识别模型推理,主要有环境配置、数据准备、模型转换、模型优化和模型测试五个步骤。

（1）配置环境。部署 NCNN 框架，首先给边缘计算网关正确连接 Wi-Fi、摄像头、电源，启动边缘计算网关 Ubuntu 操作系统，如图 3-31 所示。系统启动后，记录边缘计算网关的 IP 地址，比如 192.168.100.200。实验通过 MobaXterm 工具的 SSH 服务将 darknet2ncnn.zip 上传到 GW3399 边缘网关的/aiedge-exp 目录下并解压。

（2）准备数据。在 SSH 终端输入以下命令解压缩实验工程和训练好的交通识别模型文件，将 traffic_model 文件夹内的模型配置文件 yolov3-tiny-traffic.cfg 和模型文件 yolov3-tiny-traffic_final.weight 复制到 darknet2ncnn/data 目录下。

```
$ cd ~/aiedge-exp
$ unzip darknet2ncnn_gcc7.zip
$ unzip traffic_model.zip
$ cd ~/aiedge-exp/darknet2ncnn
$ cp -a ../traffic_model/* ./data
```

（3）模型转换。通过 darknet2ncnn 工具将基于 Darknet 框架训练好的交通识别模型转换为 NCNN 模型，在 SSH 终端输入以下命令转换模型。

```
$ cd ~/aiedge-exp/darknet2ncnn
$ chmod 755 tools/*
$ ./tools/darknet2ncnn data/yolov3-tiny-traffic.cfg data/yolov3-tiny-traffic_final.weights yolov3-tiny-traffic.param yolov3-tiny-traffic.bin 1
Loading cfg...
WARNING: The ignore_thresh=0.700000 of yolo0 is too high. An alternative value 0.25 is written instead.
WARNING: The ignore_thresh=0.700000 of yolo1 is too high. An alternative value 0.25 is written instead.
Loading weights...
Converting model...
47 layers, 49 blobs generated.
NOTE: The input of darknet uses: mean_vals=0 and norm_vals=1/255.f.
NOTE: Remember to use ncnnoptimize for better performance.
```

（4）模型优化。利用 NCNN 框架 tools 的模型优化工具 ncnnoptimize 优化转换后的交通识别模型，在 SSH 终端输入以下命令优化模型。

```
$ cd ~/aiedge-exp/darknet2ncnn
$ chmod 755 tools/*
$ ./tools/ncnnoptimize yolov3-tiny-traffic.param yolov3-tiny-traffic.bin yolov3-tiny-traffic-opt.param yolov3-tiny-traffic-opt.bin 0
fuse_convolution_batchnorm 0_26 0_26_bn
fuse_convolution_batchnorm 2_38 2_38_bn
fuse_convolution_batchnorm 4_50 4_50_bn
fuse_convolution_batchnorm 6_62 6_62_bn
fuse_convolution_batchnorm 8_74 8_74_bn
fuse_convolution_batchnorm 10_86 10_86_bn
fuse_convolution_batchnorm 12_98 12_98_bn
fuse_convolution_batchnorm 13_108 13_108_bn
fuse_convolution_batchnorm 14_116 14_116_bn
fuse_convolution_batchnorm 18_146 18_146_bn
```

```
fuse_convolution_batchnorm 21_160 21_160_bn
fuse_convolution_activation 0_26 0_26_bn_leaky
fuse_convolution_activation 2_38 2_38_bn_leaky
fuse_convolution_activation 4_50 4_50_bn_leaky
fuse_convolution_activation 6_62 6_62_bn_leaky
fuse_convolution_activation 8_74 8_74_bn_leaky
fuse_convolution_activation 10_86 10_86_bn_leaky
fuse_convolution_activation 12_98 12_98_bn_leaky
fuse_convolution_activation 13_108 13_108_bn_leaky
fuse_convolution_activation 14_116 14_116_bn_leaky
fuse_convolution_activation 18_146 18_146_bn_leaky
fuse_convolution_activation 21_160 21_160_bn_leaky
shape_inference
input = data
extract = output
estimated memory footprint = 26180.77 KB = 25.57 MB
mac = 2724074496 = 2724.07 M
```

然后可以在工程目录下看到 yolov3-tiny-traffic-opt.bin 和 yolov3-tiny-traffic-opt.param 的 NCNN 模型文件。

（5）模型测试。在 darknet2ncnn 目录下创建 build 目录并编译。编译成功后，在 build 目录下生成测试执行文件 objectdet。

```
$ cd ~/aiedge-exp/darknet2ncnn
$ mkdir -p build
$ cd build
$ cmake ..
-- The C compiler identification is GNU 7.5.0
-- The CXX compiler identification is GNU 7.5.0
-- Check for working C compiler: /usr/bin/cc
-- Check for working C compiler: /usr/bin/cc -- works
-- Detecting C compiler ABI info
-- Detecting C compiler ABI info - done
-- Detecting C compile features
-- Detecting C compile features - done
-- Check for working CXX compiler: /usr/bin/c++
-- Check for working CXX compiler: /usr/bin/c++ -- works
-- Detecting CXX compiler ABI info
-- Detecting CXX compiler ABI info - done
-- Detecting CXX compile features
-- Detecting CXX compile features - done
-- Found OpenCV: /usr/local (found version "4.5.3")
-- Found OpenMP_C: -fopenmp (found version "4.5")
-- Found OpenMP_CXX: -fopenmp (found version "4.5")
-- Found OpenMP: TRUE (found version "4.5")
OPENMP FOUND
-- Configuring done
```

```
-- Generating done
-- Build files have been written to: /home/zonesion/lusi/darknet2ncnn/build
$ make
Scanning dependencies of target objectdet
[ 50%] Building CXX object CMakeFiles/objectdet.dir/yolov3.cpp.o
[100%] Linking CXX executable objectdet
[100%] Built target objectdet
```

最后,执行测试程序,对测试图片进行推理验证,结果如图 3-49 所示。

```
$ cd ~/aiedge-exp/darknet2ncnn/build
$ ./objectdet ../data/test.jpg
5 = 0.90109 at 424.53 158.23 108.40 x 93.63
3 = 0.89344 at 147.85 142.42 111.84 x 116.85
4 = 0.51185 at 272.18 143.81 126.40 x 119.39
```

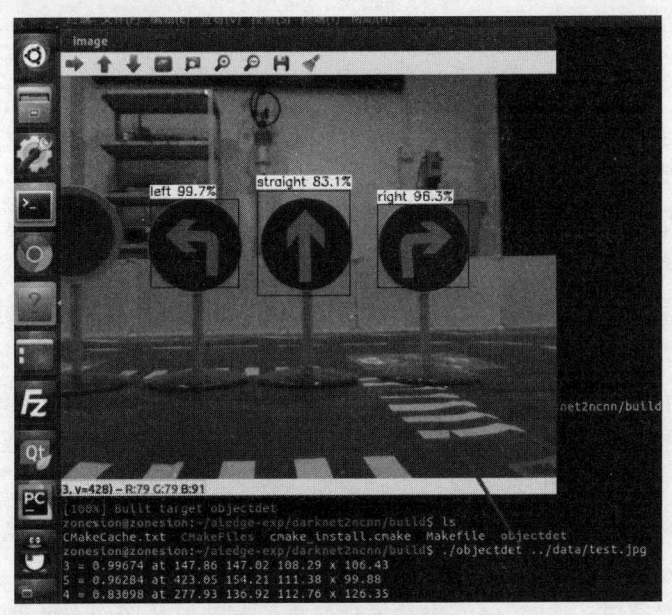

图 3-49 推理验证结果

3.3.3 模型接口开发

模型接口是将深度学习模型的功能暴露给外部系统的一种方式,通常通过 Web 服务的形式实现,模型接口开发是将深度学习的模型封装为可调用的服务接口,以便其他应用程序或服务通过这些接口与模型交互,而无需了解模型内部的具体实现细节。模型接口的开发主要由模型部署、API 设计、服务实现和接口测试。下面基于 AiCam 边缘网关,结合 NCNN 框架设计交通标志识别模型接口。

1. 模型部署

NCNN 框架目录包括头文件和相关库,其中 cpp 目录是模型接口,traffic_detection.cpp 是交通标志识别模型接口,traffic_detection.py 是交通标志识别模型接口的测试程序,将上一节优化的模型放入 models 目录以备调用。

2. 推理流程

上节案例中完成了交通标志识别的模型接口库，通过 Python 程序可以调用模型进行推理，推理流程如图 3-50 所示。

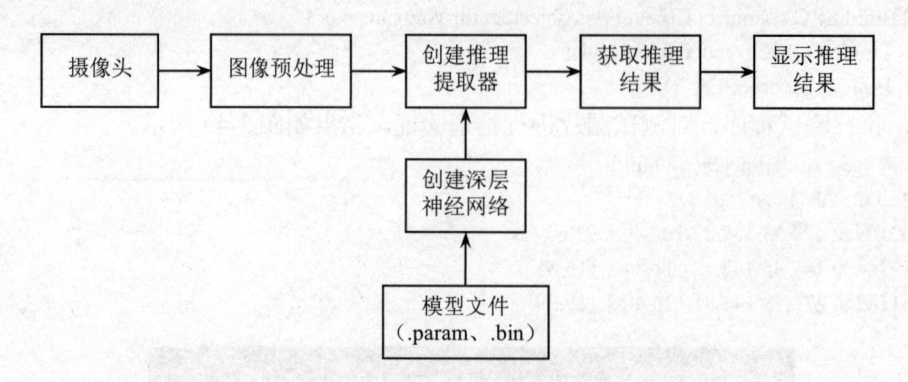

图 3-50 交通标志识别模型推理流程

推理流程描述如下。

（1）通过摄像头或本地获取图像数据。

（2）图像预处理。对图像数据进行灰度化处理，并采用双线插值等算法进行图像尺寸变换，最后进行图像数据归一化处理。

（3）创建深层神经网络。调用 NCNN 框架接口，创建.Net 神经网络对象。

（4）加载 NCNN 模型文件。使用上一步创建的.Net 神经网络对象，加载.param 文件和.bin 文件，其中.param 文件是神经网络结构说明，.bin 文件是神经网络权重参数文件。

（5）创建推理提取器 Extractor。调用 NCNN 框架接口，创建推理提取器 Extractor，设置提取器线程数量和轻量模式开关等。

（6）推理提取器输入图像预处理的图像数据，输出推理预测结果，包括目标物体坐标、类别和置信度 score 等数据。

（7）显示推理结果。将第（6）步的推理结果绘制在原始图像上并展示，返回推理结果数据。

3. 接口设计分析

通过前面的介绍，已了解 NCNN 基于 C/C++实现，而 AiCam 的算法层采用 Python 语言编写，需要基于 Pybind11 将 NCNN 推理部分的模型接口封装成 so 库供 Python 算法调用。Pybind11 是一个强大的 C++库，用于创建高效的 Python 绑定，即允许 C++代码与 Python 交互，它使得 C++函数和类可以像纯 Python 对象一样在 Python 中使用，同时支持 Python 对象传递给 C++函数。在头文件中加入 namespace py=pybind11 创建一个 C++函数，并将其暴露给 Python，如图 3-51 所示。

AiCam 框架对模型接口的调用与返回作出标准化定义，数据返回采用 JSON 数据格式，方便算法层解析。模型接口算法实现了模型的调用和推理相关方法的封装，编译成 so 库供 Python 算法层调用。

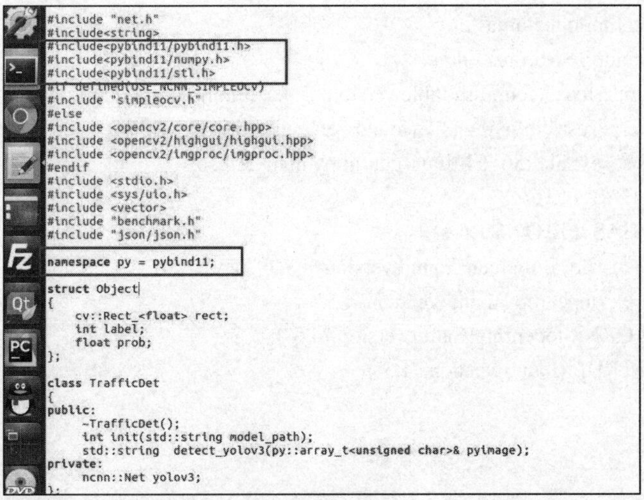

图 3-51 Pybind11

4. 实验操作过程

首先给边缘计算网关正确连接 Wi-Fi、摄像头、电源，启动边缘计算网关 Ubuntu 操作系统，如图 3-31 所示。系统启动后，记录边缘计算网关的 IP 地址，比如 192.168.100.200，通过 MobaXterm 工具的 SSH 服务登录边缘计算网关，将实验工程代码上传到/aicam-exp 目录下。

接着通过 SSH 将包含交通识别模型、测试图片、NCNN 框架等的 traffic_detection_interface 压缩包上传到/aiedge-exp 目录下，在 SSH 终端输入以下命令解压缩实验工程。

```
$ cd ~/aiedge-exp
$ unzip traffic_detection_interface.zip
```

然后编译接口，在 SSH 终端输入以下命令运行编译模型接口工程。编译完成后，在 build 目录下面生成 trafficdet.cpython-35m-x86_64-linux-gnu.so 模型接口库文件，需要注意，本案例是在虚拟机 AiCam 平台上运行的，如果是 GW3399 边缘网关，则生成 trafficdet.cpython-35m-aarch64-linux-gnu.so 模型接口文件，因为 GW3399 网关基于 ARM 架构。

```
$ cd ~/aiedge-exp/traffic_detection_interface
$ mkdir -p build
$ cd build
$ cmake ..
-- The C compiler identification is GNU 7.5.0
-- The CXX compiler identification is GNU 7.5.0
-- Check for working C compiler: /usr/bin/cc
-- Check for working C compiler: /usr/bin/cc -- works
-- Detecting C compiler ABI info
-- Detecting C compiler ABI info - done
-- Detecting C compile features
-- Detecting C compile features - done
-- Check for working CXX compiler: /usr/bin/c++
-- Check for working CXX compiler: /usr/bin/c++ -- works
-- Detecting CXX compiler ABI info
-- Detecting CXX compiler ABI info - done
```

```
-- Detecting CXX compile features
-- Detecting CXX compile features - done
-- Found OpenCV: /usr/local (found suitable version "3.4.5", minimum required is "3.4")
-- Found PythonInterp: /usr/bin/python3.5 (found version "3.5.2")
-- Found PythonLibs: /usr/lib/x86_64-linux-gnu/libpython3.5m.so
-- Performing Test HAS_FLTO
-- Performing Test HAS_FLTO - Success
-- Found pybind11: /usr/local/include (found version "2.6.0" dev)
-- Found OpenMP_C: -fopenmp (found version "4.5")
-- Found OpenMP_CXX: -fopenmp (found version "4.5")
-- Found OpenMP: TRUE (found version "4.5")
OPENMP FOUND
-- Configuring done
-- Generating done
-- Build files have been written to: /home/zonesion/aiedge-exp/traffic_detection_interface/build
$ make
Scanning dependencies of target trafficdet
[ 50%] Building CXX object CMakeFiles/trafficdet.dir/cpp/traffic_detection.cpp.o
[100%] Linking CXX shared module trafficdet.cpython-35m-x86_64-linux-gnu.so
[100%] Built target trafficdet
```

最后测试接口，运行 traffic_detection.py 文件，在 SSH 终端输入以下命令运行测试模型接口。

```
$ cd ~/aiedge-exp/traffic_detection_interface
$ cp build/*.so ./
$ python3 traffic_detection.py
{
    "code" : 200,
    "msg" : "SUCCESS",
    "result" : {
        "obj_list" : [
            {
                "location" : {
                    "height" : 79,
                    "left" : 494,
                    "top" : 165,
                    "width" : 80
                },
                "name" : "right",
                "score" : 0.99122744798660278
            },
            {
                "location" : {
                    "height" : 97,
                    "left" : 383,
                    "top" : 152,
                    "width" : 87
                },
```

```
                "name" : "straight",
                "score" : 0.39871492981910706
            }
        ],
        "obj_num" : 2
    }, "time" : 71.77294921875
}
```

执行成功后，程序将调用模型对测试图片进行交通标志识别推理，打印识别的返回码、返回消息、返回结果、内容、目标坐标、目标关键点、置信度、目标名称、目标数量、推理时间信息。

3.3.4 边缘模型算法开发

本节主要利用前两节的交通识别模型和边缘模型算法进行交通标志识别，实验可以直接在虚拟机的 AiLab-Ubuntu 环境下操作，也可以在人工智能边缘应用平台实验箱 GW3399 边缘网关和高清摄像头完成。

1. 框架介绍

traffic_detection 项目工程包包含 models、font 文件、测试图片、traffic_detection.py 交通识别算法文件，以及 3.3.3 节中编译模型接口生成的模型接口库文件，其中 models 文件包含 3.3.2 节中基于 YOLOv3 模型 NCNN 框架优化的交通识别模型 yolov3-tiny-traffic-opt.bin 和 yolov3-tiny-traffic-opt.param。

通过前面的实验，完成了交通标志识别的模型接口库，可以通过 Python 程序调用模型进行推理。

```
#实时视频接口：@__app.route('/stream/<action>')
#image：摄像头实时传递过来的图片
#param_data：必须为None
result = self.traffic_model.detect(image)
```

2. 模型算法开发流程

交通标志识别算法通过对测试图片或视频图像进行实时计算和识别，采集的图像通过算法实时计算，将返回的标注有识别框和识别内容的结果图片实时推流到应用端以图片或视频的方式显示，同时将计算的结果数据（交通标志坐标、关键点、名称、推理时间、置信度等）返回应用端用于业务的处理。算法的详细逻辑如下。

（1）通过测试程序获取图片，如果使用 GW3399 就通过 AiCam 边缘计算网关的摄像头获取实时视频图像。

（2）将实时视频图像推送给算法接口的 inference 方法。

（3）调用模型进行图像推理或使用算法 inference 方法进行图像处理。

（4）使用算法 inference 方法返回 base64 编码的结果图像和结果数据。

（5）AiCam 核心框架将返回的结果图像和结果数据拼接为 text/event-stream 流数据供应用调用。

```
result_result={'code':*,'msg':*,'origin_image':*;'result_image':*,'result_date':*}
```

（6）应用层通过 EventSource 接口获取实时推送的算法流数据（结果图像和结果数据）。

（7）应用层解析流数据，提取结果图像和结果数据进行应用展示。

3. 实验操作过程

GW3399 边缘网关操作时需要确保设备正确连接，如图 3-31 所示，系统启动后，连接局域网内 Wi-Fi，记录边缘计算网关 IP 地址，比如 192.168.100.200。

首先，运行 MobaXterm 工具，通过 SSH 登录边缘计算网关，在 SSH 终端创建实验工作目录，通过 SSH 将本实验工程代码上传到/aiedge-exp 目录下并解压。

```
$ mkdir -p ~/aiedge-exp
$ cd ~/aiedge-exp
$ unzip traffic_detection.zip
```

接着，测试算法，在 SSH 终端输入以下命令运行算法进行图像比对单元测试。本实验将读取测试图片，提交给算法接口比对图片。比对完成后，在视窗显示结果图片，如图 3-52 所示，并返回比对结果信息，如图 3-53 所示。

```
$ cd ~/aiedge-exp/traffic_detection/algorithm/traffic_detection
$ conda activate py36_tf114_torch15_cpu_cv345     // PC Ubuntu20.04 环境下需要切换环境
$ python3 traffic_detection.py
```

图 3-52　在视窗显示结果图片

图 3-53　比对结果信息

单 元 测 试

一、单项选择题

1. AiCam 是基于边缘端部署的轻量化应用框架,其核心引擎集成了（   ）框架。
   A. 算法、模型、软件和应用轻量级 Flask 开发
   B. 算法、模型、硬件和应用轻量级 Flask 开发
   C. 算法、硬件和应用轻量级 Flask 开发
   D. 算法、软件、硬件和应用轻量级 Flask 开发

2. Flask 是用 Python 基于 Werkzeug 工具编写的（   ）Web 开发（   ）框架。
   A. 轻量级,前端   B. 重量级,后端
   C. 轻量级,后端   D. 重量级,前端

3. Flask 核心在是路由模块和模板引擎,下列不属于路由模块内容的是（   ）。
   A. 开发服务器   B. 调试器
   C. 模板语音   D. 路由系统

4. 定义路由通过创建路由并关联函数实现一个基本网页,一般使用的装饰器以（   ）开头。
   A. @   B. $ C. &   D. *

5. 边缘推理是指在设备端执行机器学习模型的推理过程,下列不属于边缘推理过程的是（   ）。
   A. 数据采集   B. 数据预处理
   C. 模型训练   D. 模型部署

6. NCNN 是由腾讯公司开发的一个高性能的神经网络推理框架,下列关于 NCNN 说法不正确的是（   ）。
   A. NCNN 适用于需要实时处理的移动应用和边缘计算场景,支持多种模型格式
   B. NCNN 支持常见的神经网络层,能够充分利用多核 CPU 的计算能力
   C. 提供工具将模型转换成 NCNN 支持的格式
   D. 顶层目录包含 LICENSE、README 以及 Android、iOS 编译设置的目录

7. 算法调度系统主要由任务管理模块、资源管理模块、调度算法模块和性能监控模块组成,其中核心是（   ）。
   A. 任务管理模块   B. 资源管理模块
   C. 调度算法模块   D. 性能监控模块

8. 视频推流是一种通过互联网将视频数据实时传输到接收端的过程,下列不属于推流过程的是（   ）。
   A. 视频采集   B. 视频编码
   C. 服务器流分发   D. 数据解析

9. 下列关于 AiCam 开发流程说法错误的是（　　）。
   A. 基于 AiCam 开发首先是基于 TensorFlow 框架进行模型训练，然后运行算法，最后是前端应用开发
   B. 模型文件一般放在 models 目录下
   C. algorithm 目录下一般存储模型文件
   D. 前端应用文件存储在 static 目录下
10. 基于 Web 的 RESTful 调用接口可快速调用模型算法，并实时返回分析的视频结果和数据。这个应用接口遵循 REST 原则，通常这些 API 使用（　　）协议作为通信的基础。
    A. TCP　　　　B. HTTP　　　　C. UDP　　　　D. MQTT
11. 一个完整的物联网系统一般由感知层、网络层、平台层和应用层组成，其中数据传输通道在（　　）层。
    A. 感知层　　　B. 网络层　　　C. 平台层　　　D. 应用层
12. 基于 AiCam 边缘算法开发主要包括实时推理和单次推理，下列说法不正确的是（　　）。
    A. 实时推理返回 base64 编码的图片和结果流数据
    B. 单次推理返回 JSON 数据
    C. 实时推理接口主要实现视频流的实时 AI 推理计算，并将计算的结果图像和结果数据以数据流的方式推送给应用层
    D. 单次推理是对一个单独的输入样本进行一次模型推理的过程，一般立即返回结果
13. 模型接口是将深度学习模型的功能暴露给外部系统的一种方式，通常通过 Web 服务的形式实现，下列关于模型接口开发说法不正确的是（　　）。
    A. 模型接口开发是将深度学习的模型封装为可调用的服务接口
    B. 模型接口开发主要由模型部署、API 设计、服务实现和接口测试组成
    C. 优化模型一般放在 cpp 目录里
    D. 推理结果包括目标物体坐标、类别和置信度等数据
14. 下列关于 Darknet 框架和 Voc2yolo 工具说法不正确的是（　　）。
    A. Darknet 框架是一个用于实现深度学习算法的开源神经网络框架
    B. Darknet 框架是使用 Python 语言编写的
    C. Voc2yolo 工具用于将 Pascal VOC 数据集格式转换为 YOLO 数据集格式
    D. Labels 文件主要存储 YOLO 数据集
15. 下列不属于基于 Darknet 框架的模型训练流程的是（　　）。
    A. 配置环境　　　　　　　　　B. 准备数据和模型
    C. 训练模型　　　　　　　　　D. 模型优化

二、多项选择题

1. AiCam 支持 x86、ARM 等异构计算环境部署和离线计算推理，下列属于 AiCam 框架技术的是（　　）。

A．Flask 服务　　　B．边缘推理　　　C．算法调度　　　D．视频推流
　2．Flask 是一个轻量级 Web 开发后端框架，主要负责处理用户的请求并返回响应，提供数据存储、请求路由、REST API 支持和模板渲染，下列说法正确的是（　　）。
　　A．Flask 是由一个或多个 Python 文件组成的，这些文件定义了 Web 服务器的行为
　　B．Flask 的核心主要是路由模块
　　C．模板引擎 Jinja 2 可以极大简化 Web 页面的渲染过程
　　D．通过创建路由并关联函数实现一个基本的网页
　3．AiCam 边缘推理框架主要采用（　　）推理框架。
　　A．RKNN　　　　　B．NCNN　　　　　C．MNN　　　　　D．TensorRT
　4．算法调度指的是根据任务的特点和要求，利用特定的算法将资源分配给不同的资源，并按照一定的策略进行优化和调度，下列属于算法调度系统模块的是（　　）。
　　A．任务管理模块　　　　　　　　　B．资源管理模块
　　C．调度算法模块　　　　　　　　　D．性能监控模块
　5．调度算法是算法调度系统的核心，下列属于常见的调度算法的是（　　）。
　　A．按照任务到达的顺序依次执行　　B．最短作业优先 SJF
　　C．轮询调度　　　　　　　　　　　D．动态优先级调度
　6．下列属于 AiCam 框架主要特性的是（　　）。
　　A．多平台边缘部署
　　B．实时视频推送分析
　　C．统一模型调用接口和统一硬件控制接口
　　D．基于 Web 的 RESful 调用
　7．平台层是物联网数据的汇聚中心，是整个物联网系统的数据中枢，下列关于平台层说法正确的是（　　）。
　　A．平台层主要解决应用层和网络层之间的数据互操作性问题
　　B．平台层主要实现设备管理、数据管理、应用接口和服务管理等功能
　　C．平台层包含各种通信协议和网络设备
　　D．在平台层可以进行数据的融合、管理、处理和决策支持
　8．智云平台支持海量物联网数据的接入，下列关于智云平台说法正确的是（　　）。
　　A．智云平台提供实时连接、历史数据、摄像监控、自动控制和用户数据五大应用接口供开发者使用
　　B．智云平台提供 JavaScript 接口库，用户直接调用相应的接口即可完成简单 Web 应用开发
　　C．ZXBee 数据通信协议对物联网整个项目从底层到上层数据段作出定义，采用 JSON 数据格式
　　D．智云的业务管理平台是基于 B/S 架构的后台分析管理系统，支持 Web 对数据中心进行管理和系统运行监控

9. AiCam 框架的算法采用 RESTful 调用方式，以 Web Flask 后端接口的方式提供应用层调用。下列属于 AiCam 支持的边缘算法类和方法的是（　　）。

　　A．图像处理算法　　　　　　　　B．图像基础应用

　　C．深度学习应用　　　　　　　　D．百度云边应用

10. 模型训练的本质是解决最优化问题的过程，训练过程又称学习过程。下列关于边缘智能模型的训练说法正确的是（　　）。

　　A．TensorFlow 和 PyTorch 都是常用的模型训练框架

　　B．通过大量数据的训练可以确定网络中权重和偏置值，使其能够适应特定的功能

　　C．在训练中需要调整神经网络权重以使损失函数最小

　　D．通过反向传播执行训练以更新每层中的权重

11. 下列关于 Darknet 代码结构说法正确的是（　　）。

　　A．Darknet 代码结构主要由 cfg、data、examples、include、python、scripts 和 src 目录文件构成

　　B．.data 文件包含一些配置信息，具体为训练的总类别数、训练数据和验证数据的路径、类别名称、模型存放路径等

　　C．.cfg 文件主要包含训练的一些配置信息，如输入图像大小、学习率、数据增强等，还包括训练的网络结果

　　D．.cfg 文件包含一些配置信息，具体为训练的总类别数、训练数据和验证数据的路径、类别名称、模型存放路径

12. 模型接口是将深度学习模型的功能暴露给外部系统的一种方式，下列关于模型接口开发的说法正确的是（　　）。

　　A．优化模型一般存放在 models 目录下

　　B．cpp 目录是模型接口

　　C．.param 文件是神经网络结构说明

　　D．.bin 文件是神经网络权重参数文件

13. 关于模型算法开发流程，下列说法正确的是（　　）。

　　A．调用模型进行图像推理或算法 inference 方法进行图像处理

　　B．应用层通过 EventSource 接口获取实时推送的算法流数据

　　C．应用层解析流数据，提取结果图像和结果数据进行应用展示

　　D．模型接口实现了模型的调用和推理相关方法的封装

14. 交通标志识别是通过边缘计算和计算机视觉技术来自动检测和识别道路上交通标志的过程，下列属于其开发流程的是（　　）。

　　A．在 AiCam 工程的配置文件 config 添加摄像头

　　B．在 models 目录下添加模型文件和交通标志识别

　　C．在 algorithm 目录下添加算法文件和模型接口文件

　　D．在 static 目录下添加前端应用文件

15．下列属于基于 AiCam 边缘计算应用场景的是（　　）。
   A．智能家居领域应用　　　　　　B．智慧城市领域应用
   C．智慧农业领域应用　　　　　　D．自动驾驶领域应用

三、判断题

1．在 AiCam 框架中 Flask 服务与接口主要负责处理用户的请求并返回响应，提供数据存储、请求路由和模板渲染等服务。　　　　　　　　　　　　　　　　　　（　　）
2．边缘推理是将计算能力和人工智能算法部署在网络的边缘节点。　　（　　）
3．资源管理模块是算法调度系统的核心，主要负责管理和优化计算资源。（　　）
4．基于 Web 的 RESTful 调用接口使用标准 HTTP 方法定义操作，GET 方法用于创建新的资源。　　　　　　　　　　　　　　　　　　　　　　　　　　　　　（　　）
5．WSNRTconnect 是智云平台提供的实时连接应用接口，其函数参数主要包括智云账号和密钥。　　　　　　　　　　　　　　　　　　　　　　　　　　　　　　（　　）
6．通信协议数据中每条数据以"{}"作为起始字符，"{}"内参数多个条目以";"分隔，的字符均为英文半角符号。　　　　　　　　　　　　　　　　　　　　　（　　）
7．image_color_recognition 是图像处理算法的接口名称。　　　　　（　　）
8．AiCam 核心框架将返回的结果图像和结果数据拼接为 text/event-stream 流数据供应用调用。　　　　　　　　　　　　　　　　　　　　　　　　　　　　　　（　　）
9．AiCam 核心框架将算法处理的结果图像和结果数据通过 JSON 格式返回。（　　）
10．YOLOv3 模型一共包含 107 层，0～74 层为卷积层和 res 层，其目的是提取图片的上层特征。　　　　　　　　　　　　　　　　　　　　　　　　　　　　　　（　　）

第 4 章　智能视觉技术概述

本章导读

　　智能视觉技术作为人工智能领域的重要分支,近年来取得了显著发展,并在多个行业中得到广泛应用。本章旨在向读者展示一个全面、细致的智能视觉技术概述,从定义、背景、主要技术到发展趋势,全方位展现智能视觉技术在当前及未来技术生态中的关键地位。智能视觉技术,简而言之,是通过计算机自动对采集的视频或图像进行分析和处理,捕捉其中的目标对象,并获取其相关信息(如出现时间、运动轨迹、颜色等)。通过对这些信息的分析,系统能够识别视频或图像中的危险、违规行为或可疑目标,并进行实时报警、提前预警、存储以及事后检索。同时,本章会展开介绍各项技术,结合相关算法和项目,理论联系实际。通过学习本章内容,读者能够认识到智能视觉技术作为人工智能的重要组成部分,随着人工智能技术的持续发展和广泛应用,智能视觉技术的需求不断增长。未来,智能视觉技术将在更多领域发挥重要作用,如智能家居、智能城市、虚拟现实、增强现实等。同时,随着深度学习技术的不断发展,智能视觉的精度和效率将进一步提升,跨学科融合也将推动智能视觉在更多领域的应用,为人类社会带来更多便利和效益。

4.1　目标检测技术

目标检测技术

　　目标检测技术是一种基于深度学习技术和计算机视觉技术的机器学习应用,其核心功能是从输入的图像或视频中自动识别并定位出特定的目标物体。图 4-1 为常见的目标检测效果。

图 4-1　常见的目标检测结果

4.1.1 定义与概述

1. 定义

目标检测技术是指利用计算机视觉和机器学习（尤其是深度学习）的方法，从输入的图像或视频中自动识别并定位特定类别的目标物体的过程。这些目标物体可以是任何预先定义好的类别，如人、车辆、动物、物品等。目标检测不仅需要识别图像中是否存在目标物体，还需要准确地标出目标物体在图像中的位置，通常用边界框（Bounding Box）表示。图 4-2 为目标检测边界框。

图 4-2 目标检测边界框

2. 概述

目标检测技术主要包括以下几个关键步骤。

（1）数据预处理。对输入的图像或视频进行预处理，包括尺寸调整、归一化、去噪等操作，以便后续处理。

（2）特征提取。利用图像处理技术或深度学习模型提取图像中的有用信息（特征）。在深度学习时代，卷积神经网络（Convolutional Neural Networks，CNN）算法因其强大的特征提取能力而被广泛应用。特征提取也是目标检测的重要步骤。

（3）候选区域生成（只针对某些算法）。一些目标检测算法会首先生成一系列可能包含目标物体的候选区域（也称提议框或锚框），以减小后续处理的计算量。

（4）分类与定位。对于每个候选区域（或整幅图像），通过分类器判断其是否包含目标物体，并通过回归模型确定目标物体的精确位置（边界框）。

（5）后处理。对检测结果进行后处理，如非极大值抑制（Non-Maximum Suppression，NMS）等，以去除冗余的边界框，得到最终的检测结果。

随着深度学习技术的快速发展，目标检测技术取得了显著的进步。目前，基于深度学习的目标检测算法主要分为两大类。第一类是基于候选区域的检测算法（如 R-CNN 系列），首先生成候选区域，然后对每个候选区域进行分类和定位。这类算法通常具有较高的检测精度，但速度相对较慢。第二类是基于回归的检测算法（如 YOLO、SSD 等），将目标检测视为一个回归问题，直接在图像上预测出目标物体的类别和位置。这类算法具有较快的检测速度，同时精度较高。

目标检测技术在多个领域都有广泛应用，包括安全监控、智能交通、医学影像分析、智能制造等。随着技术的不断进步和应用场景的不断拓展，目标检测技术将在未来发挥更加重要的作用。

4.1.2 主流算法

目标检测是计算机视觉领域的一个核心任务，它涉及识别图像中的物体种类和信息并确定它们的位置。

1. R-CNN 算法

R-CNN（Region-based Convolutional Neural Network）算法的原理是通过结合候选区域生成（Region Proposals）和卷积神经网络识别图像中的物体。R-CNN 算法于 2013 年由罗斯·吉尔希克（Ross Girshick）等人开发。

Region Proposals 是指可能包含目标对象的图像区域的候选集合。换句话说，它们是图像中可能包含用户想要检测的对象的区域。在 R-CNN 算法及其类似模型中，这些区域会进一步被处理以确定它们确实包含对象，并且确定对象的类型和位置。图 4-3 所示为 R-CNN 算法。

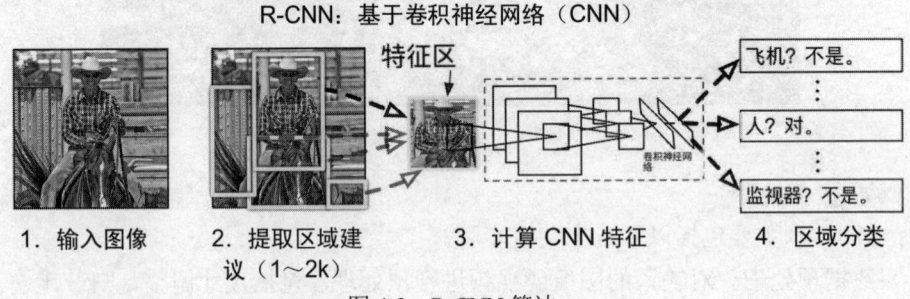

图 4-3 R-CNN 算法

R-CNN 算法采用和传统目标检测类似的执行过程，主要包含以下几个步骤。

（1）候选区域生成。通过候选区域生成的方法从原始图片中提取约 2000 个区域候选框，一般选择选择性搜索算法（Selective Search，SS）。

（2）区域大小归一化。将所有候选框缩放到固定尺寸。

（3）特征提取。通过 CNN 网络，对每个候选区域框提取高阶特征，将高阶特征保存到磁盘。

（4）分类与回归。在高阶特征的基础上添加两个全连接层，再使用 SVM 分类器识别，用线性回归微调边框位置与尺寸，其中每个类别都单独训练一个边框回归器（类似 OverFeat 的 class specific 结构）。

如图 4-4 所示，R-CNN 的模型框架总体分为以下四个部分。

（1）Region proposal：Selective Search 算法生成大量候选框。

（2）Feacure extraction：神经网络对候选框进行特征提取。

（3）Classification：分类器对候选框内的物体进行分类。

（4）Bounding-box regression：回归器对候选框位置进行修正。

Region proposal（Selective Search）区域建议（选择性搜索）	
Feature extraction（CNN）特征提取（CNN）	
Classification（SVM） 分类（SVM）	Bounding-box regression 边界框回归

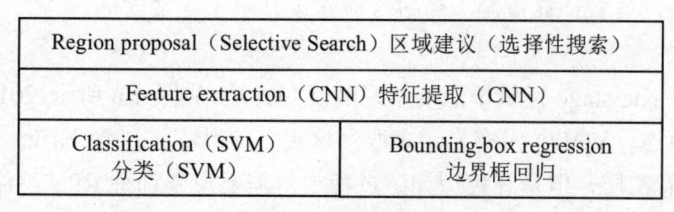

图 4-4　R-CNN 框架

综上所述，Selective Search 算法在 R-CNN 中占关键地位。什么是目标检测中的 Selective Search 算法？

Selective Search 算法是一种常用于目标检测的候选区域生成方法。在传统的目标检测算法中，需要对图像中的每个可能包含目标的区域进行检测，但这样会导致计算量大，尤其是在图像具有大量区域时。Selective Search 算法的目标是通过一种高效方式生成一组可能包含目标的区域，以减小后续目标检测算法的计算复杂度。

Selective Search 算法的核心思想是通过结合不同的图像特征（如颜色、纹理、大小等）生成候选区域。具体来说，该算法首先将图像分割成多个小的超像素；然后利用这些超像素之间的相似性合并，生成不同大小和形状的候选区域；最后 Selective Search 算法输出一组具有多样性和丰富性的候选区域，其中有些可能包含真实目标。

这些生成的候选区域可以用作后续目标检测算法的输入，从而减少了需要检测的区域，提高了检测的效率。Selective Search 算法已经成为目标检测领域中的经典方法，在许多基于深度学习的目标检测算法中仍然被广泛使用。图 4-5 为候选框的选择。

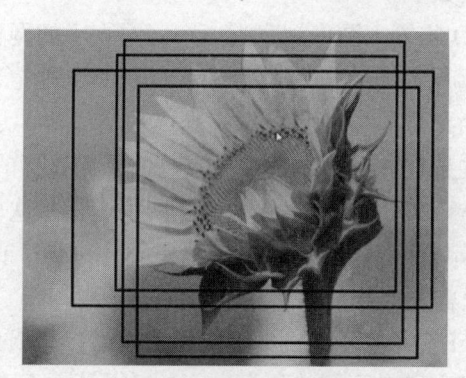

图 4-5　候选框的选择

但是 R-CNN 同样存在计算量大、训练和推理速度慢、空间利用率低等问题。R-CNN 后续也针对存在的问题进行了改进，提出了 Fast R-CNN 和 Faster R-CNN，其中 Fast R-CNN 在 R-CNN 的基础上改进，通过感兴趣区域（Region of Interest，ROI）池化层提高了处理速度。将 CNN 网络由 AlexNet 替换成 VGG16，能提取到更深层次特征。利用多任务损失函数，使得训练一步到位。训练阶段网络全部层都可以更新，且不需要额外的磁盘空间用于存储特征。Faster R-CNN 的最大改进是在生成候选区域阶段弃用 Selective Search 算法，启用一种新的候选区域提取方式——使用 RPN（区域建议网络）提取候选区域。RPN 是一种全卷积神经网络，它负责生产高质量的待检测物体候选框。它与后面的检测网络（Fast R-CNN 网络）可以在训练时共享卷积特征，节省计算资源，使得区域建议几乎不花费时间。

2. YOLO 系列

YOLO 系列是 one-stage 且基于深度学习的回归方法，如图 4-6 所示，2015—2024 年，YOLO 系列发生了九次更迭。YOLO 没有显示求取区域提案的过程。尽管 Faster R-CNN 中 RPN 与 Fast R-CNN 共享卷积层，但是在模型训练过程中，需要反复训练 RPN 网络和 Fast R-CNN 网络。相对于 R-CNN 系列的"看两眼"（候选框提取与分类），YOLO 只需要 Look Once。YOLO 系列的核心思想就是把目标检测转变为一个回归问题，利用整张图片作为网络的输入，通过神经网络得到边界框的位置及其所属类别。

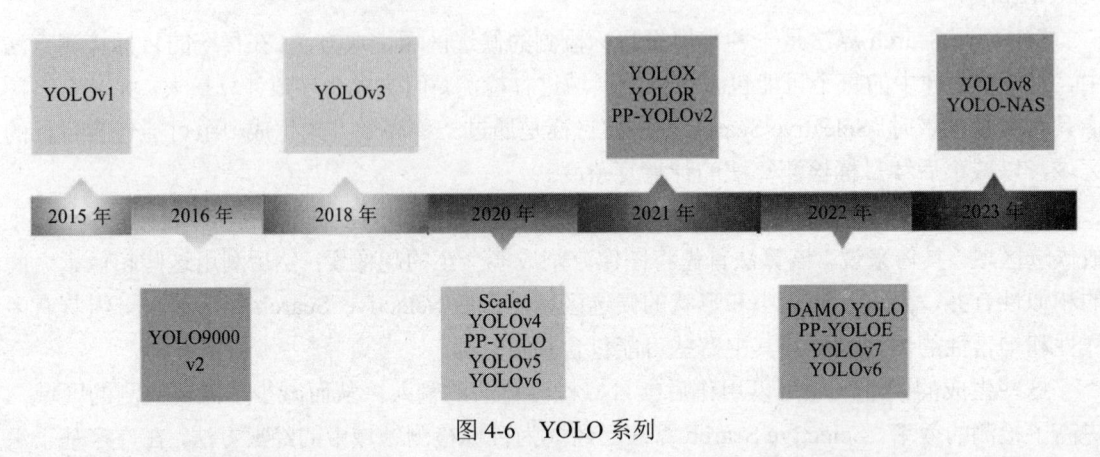

图 4-6 YOLO 系列

YOLO 系列算法的步骤如下。

（1）划分图像。YOLO 将输入图像划分为一个固定大小的网格。

（2）预测边界框和类别。对于每个网格，YOLO 预测出固定数量（通常为 5 个或 3 个）的边界框。每个边界框都由边界框的位置（中心坐标和宽高）和边界框包含的目标的置信度（confidence）5 个主要属性描述。此外，每个边界框都预测目标的类别。

（3）单次前向传递。YOLO 通过一个卷积神经网络进行单次前向传递，同时预测所有边界框的位置和类别。相比于其他目标检测算法（如基于滑动窗口或区域提议的方法），YOLO 具有更高的速度，因为它只需要一次前向传递即可完成预测。

（4）损失函数。YOLO 使用多任务损失函数训练网络。该损失函数包括位置损失、置信度损失和类别损失。位置损失衡量预测边界框和真实边界框之间的位置差异。置信度损失衡量边界框是否正确地预测目标，并惩罚背景框的置信度。类别损失衡量目标类别的预测准确性。

（5）非最大抑制。在预测的边界框中，可能存在多个相互重叠的框，代表同一个目标。为了消除冗余的边界框，YOLO 使用非最大抑制算法，根据置信度和重叠程度筛选出最佳边界框。

物体检测器的结构开始被描述为 Backbone、Neck 和 Head 三个部分。图 4-7 为高层次的 Backbone、Neck 和 Head 图。

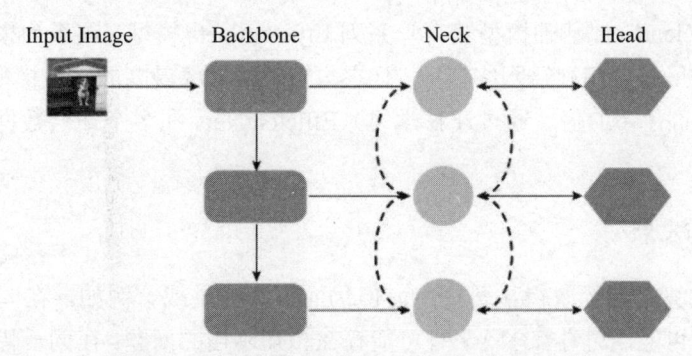

图 4-7 高层次的 Backbone、Neck 和 Head 图

Backbone 负责从输入图像中提取有用的特征。它通常是一个卷积神经网络，在大规模的图像分类任务中训练，如 ImageNet。骨干网络在不同尺度上捕捉层次化的特征，在较浅的层中提取低层次的特征（如边缘和纹理），在较深的层中提取高层次的特征（如物体部分和语义信息）。

Neck 是连接 Backbone 和 Head 的中间部件。它聚集并细化骨干网提取的特征，通常侧重于加强不同尺度的空间和语义信息。颈部可能包括额外的卷积层、特征金字塔（Feature Pyramid Networks，FPN）或其他机制，以提高特征的代表性。

Head 是物体检测器的最后组成部分。它负责根据 Backbone 和 Neck 提供的特征进行预测。它通常由一个或多个特定任务的子网络组成，执行分类、定位，以及最近的实例分割和姿势估计。头部处理颈部提供的特征，为每个候选物产生预测。最后过滤掉重叠的预测，只保留置信度最高的检测。

3. EfficientDet

EfficientDet 是由 Google Brain 团队提出的一种高效目标检测模型，它在保持高精度的同时，还具有较低的计算复杂度和内存消耗。

EfficientDet 的架构由四个主要部分组成：EfficientNet Backbone、BiFPN layer、Class 预测网络和 Box 预测网络。为了研究系统的模型缩放，谷歌大脑的研究人员针对 EfficientNets 的基础网络模型提出了一种全新的模型缩放方法，该方法使用简单高效的复合系数权衡网络深度、宽度和输入图片分辨率。图 4-8 为不断堆叠 BiFPN 层的 EfficientDet 模型。

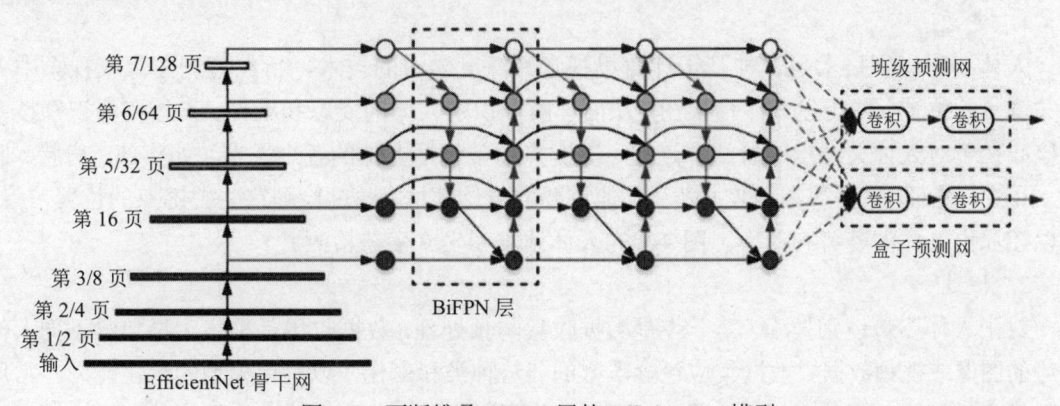

图 4-8 不断堆叠 BiFPN 层的 EfficientDet 模型

通过放大 EfficientNets 基础模型获得一系列 EfficientNets 模型。该系列模型在效率和准确性上战胜了之前的所有卷积神经网络模型。且它与当时准确率最高的其他模型相比，尺寸缩小了 89.4%，效率提高了 6.1 倍。通过迁移学习，EfficientNets 在多个知名数据集上均达到了当时最先进的水平。

4.1.3 挑战与发展

尽管目标检测算法已经取得显著进步，但仍面临一些挑战。例如，在同一幅图下要识别的物体类别和数量可能同时存在多个，且可能存在相互遮挡的问题；在同一幅图下同一类别的物体可能因为透视原理而尺寸不同；光照等问题可能引起图片质量问题，从而影响目标检测的准确性。

未来，目标检测算法将朝着更高效、更强泛化能力、更广泛应用场景以及更高级交互方式的方向发展。例如，通过优化网络结构、改进训练策略等手段进一步提高目标检测算法的效率和精度；利用弱监督学习、自监督学习等技术减少对标注数据的依赖；将多模态信息融合到目标检测算法中，提高算法在复杂环境下的适应性和准确性；结合自然语言处理、增强现实等技术实现更加自然、便捷的人机交互方式等。

综上所述，目标检测作为计算机视觉领域的重要研究方向之一，其发展历程充满了挑战与机遇。随着人工智能技术的不断发展和应用需求的日益增长，目标检测算法将在更多领域发挥重要作用。

4.2 人体姿势识别技术

人体姿势识别技术（Human Pose Estimation）是一种基于计算机视觉和深度学习的技术，它能够自动检测和识别人体的姿态和动作。其核心在于通过视频或图像捕捉人体的动作，并利用深度学习算法进行解析。这一过程主要包括两个关键步骤：人体骨架提取和动作识别。人体姿势识别技术的实现通常基于深度学习模型，如卷积神经网络和循环神经网络。

4.2.1 定义与概述

1. 定义

人体姿势识别技术是一种基于计算机视觉和深度学习的技术，旨在检测图像或视频中人体关键点的位置，并构建人体骨架图，从而理解和识别人体的姿态和动作。人体姿势识别技术的核心在于对人体关键点的检测和连接。关键点通常包括人体的各个关节（如头部、肩膀、肘部、手腕、髋部、膝盖和脚踝等）以及其他重要的身体部位。通过检测这些关键点的位置信息，可以还原出人体的姿势和动作。图 4-9 为人体站立和坐立姿势检测。

2. 概述

对于人体姿势识别技术，第一步是数据收集与预处理。数据收集是采集大量包含不同人体姿势的图像或视频数据。数据集应包含丰富的姿势种类和变化，以确保模型的泛化能力。常用的数据集包括 COCO、MPII 等，这些数据集通常包含标记好的关键点位置，用于训练神经网络模型。数据预处理就是对原始数据进行清洗，去除噪声和无关信息。对图像进行缩放、归一化等处理，以确保数据的一致性。数据增强（如旋转、翻转、裁剪等）可以提高数据的多样性和模型的鲁棒性。

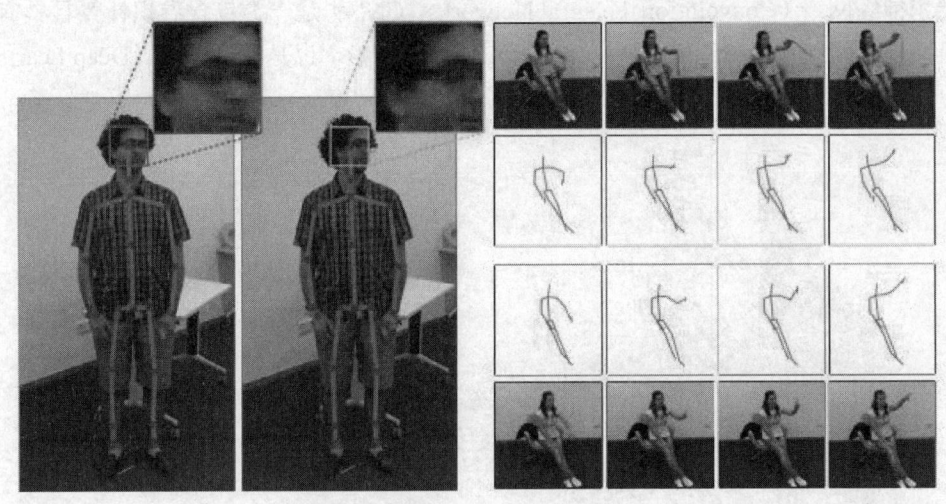

图 4-9　人体站立和坐立姿势检测

第二步是特征提取。特征提取包括传统方法和深度学习方法。传统方法主要使用图像处理和计算机视觉技术（如边缘检测、轮廓提取等）提取人体的形状和轮廓特征。这些特征通常用于构建人体骨架模型或进行姿态估计。深度学习方法利用卷积神经网络等深度学习模型，自动提取图像中的高层特征，这些特征通常更加抽象和复杂，能够更好地表示人体的姿态和动作。

第三步是对模型训练与优化。首先需要选择模型，根据具体应用场景和需求，选择合适的深度学习模型，如 CNN、RNN、GCN 等。这些模型应具有强大的特征提取和姿态估计能力。接着训练模型，使用标记好的数据集训练模型，使模型能够学习人体关键点的位置信息和姿态特征。在训练过程中，通过最小化预测关键点位置与真实关键点位置的误差来优化模型参数。

第四步是姿态识别与后处理。姿态识别是将训练好的模型应用于新的图像或视频数据，实时识别人体姿态。模型会输出人体关键点的位置信息和姿态特征，用于构建人体骨架模型或进行动作分类。后处理是对识别结果进行平滑处理，以减少噪声和抖动。姿态估计和动作分类可以将识别结果转化为具体的姿态或动作标签。

第五步是系统评估与应用部署。系统评估是使用测试集对系统进行评估，衡量系统的准确性和鲁棒性。评估指标包括关键点检测的准确率、姿态估计的精度等。应用部署是将训练好的模型和应用系统部署到实际场景，如体育训练、医疗健康、虚拟现实等。根据具体应用需求，对系统进行定制和优化。

综上所述，人体姿势识别技术的基本步骤包括数据收集与预处理、特征提取、模型训练与优化、姿态识别与后处理、系统评估与应用部署。这些步骤相互关联、相互支持，共同构成了人体姿势识别技术的完整流程。

4.2.2 主流算法

1. 卷积神经网络

卷积神经网络（Convolutional Neural Networks，CNN）是一类包含卷积计算且具有深度结构的前馈神经网络（Feedforward Neural Networks，FNN），也是深度学习（Deep Learning）的代表算法。图4-10为卷积神经网络的结构。

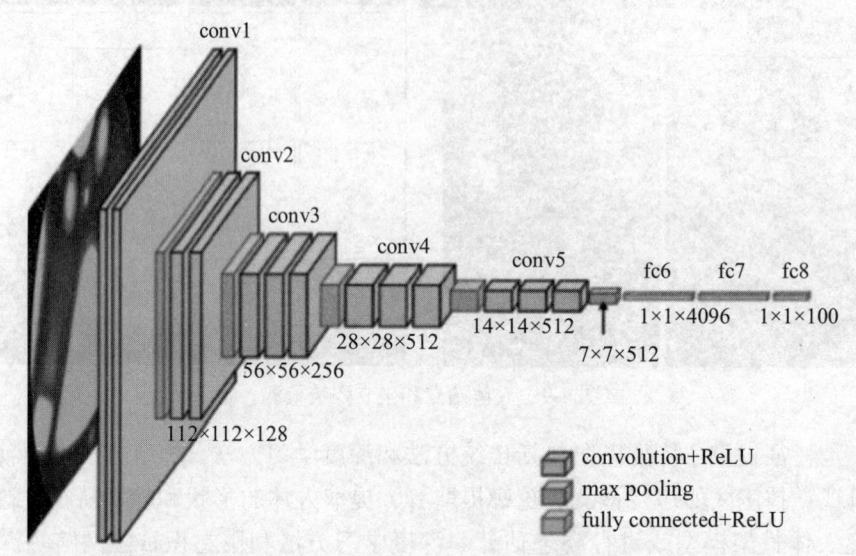

图 4-10 卷积神经网络的结构

卷积神经网络是多层感知器（Multi-Layer Perceptron，MLP）的变种，由生物学家大卫·休伯尔（David Hubel）和托斯坦·维厄瑟尔（Torsten Wiesel）在早期关于猫视觉皮层的研究发展而来，视觉皮层的细胞具有复杂的构造，这些细胞对视觉输入空间的子区域非常敏感，称为感受野。卷积神经网由纽约大学的杨·立昆（Yann Lecun）于1998年提出（LeNet-5），其本质是一个多层感知机，成功的原因在于其采用的局部连接和权值共享的方式：一方面减少了权值，使得网络易优化；另一方面降低了模型的复杂度，减小了过拟合的风险。当网络的输入为图像时，这些优点将表现得更加明显。

2006年，杰弗里·辛顿（Geoffrey Hinton）提出了深度学习，其主要的观点是多隐层的人工神经网络具有优异的特征学习能力，学习到的数据更能反映数据的本质特征有利于可视化或分类。大数据和计算机硬件的发展使得深度学习得以推广及应用，每层都提取上一层的特征，层层递进，从而提取本质特征。

2012年，AlexNet取得ImageNet比赛的分类任务的冠军，使得卷积神经网络真正爆发。如今的卷积神经网络是一种带有卷积结构的深度神经网络，卷积结构可以减小深层网络占用的内存量，其三个关键的操作——局部感受野、权值共享、pooling层，有效地减少了网络的参数，缓解了模型的过拟合问题。

与常规神经网络不同，卷积神经网络的各层中的神经元是三维（宽度、高度和深度）排列的。对于输入层来说，宽度和高度代表输入图像的宽度和高度，深度代表输入图像的通道数，例如，对于 RGB 图像有 R、G、B 三个通道，深度为 3；对于灰度图像只有一个通道，深度为 1。对于中间层来说，宽度和高度代表特征图（feature map）的宽和高，通常由卷积运算和池化操作的相关参数决定；深度代表特征图的通道数，通常由卷积核数决定。全连接神经网络中的主要运算为矩阵相乘，而卷积神经网络中的主要运算为卷积计算。图 4-11 为传统神经网络与卷积神经网络的对比。

了解卷积神经网络的基本原理后，一起来看卷积神经网络的相关概念。首先，什么是卷积操作？如图 4-12 所示，卷积操作就是每次取一个特定大小的矩阵 F（图中下方矩阵的阴影部分），然后将其对输入 X（图中下方矩阵）依次扫描并进行内积的运算过程。可以看到，阴影部分每移动一个位置都会计算得到一个卷积值（上方矩阵中的阴影部分），F 扫描完成后就得到了整个卷积后的结果 Y（图中上方矩阵）。

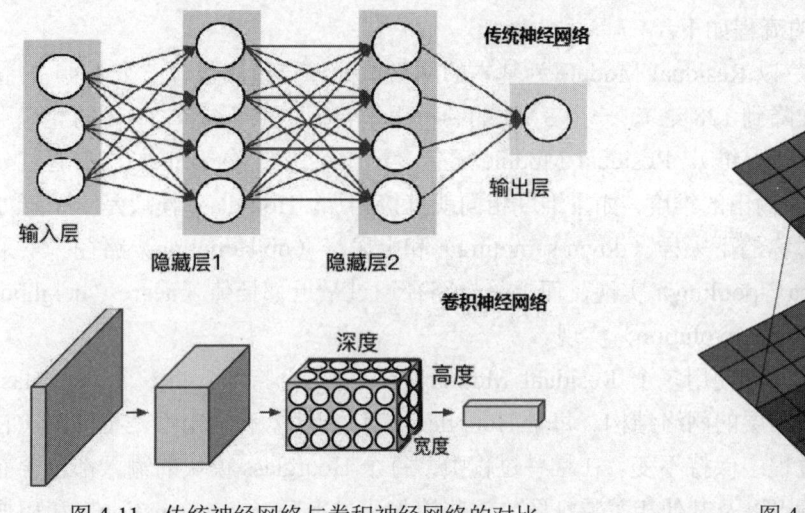

图 4-11　传统神经网络与卷积神经网络的对比

图 4-12　卷积计算图

同时，将特定大小的矩阵 F 称为卷积核（convolutional kernel、kernel、filter 或 detector），它可以有一个也可以有多个；将卷积后的结果 Y 称为特征图（feature map），并且每个卷积核卷积后都会得到一个对应的特征图；最后，对于输入 X 的形状，都会用三个维度表示，即宽度（width）、高度（high）和通道（channel）。但其仍存在梯度消失或梯度爆炸、过拟合、欠拟合、参数过多、训练时间长等问题。

2. Hourglass 网络

ECCV（European Conference on Computer Vision，欧洲计算机视觉会议）2016 *Stacked Hourglass Networks for Human Pose Estimation*r 中提出，Hourglass 网络是一个姿态估计（pose estimation）的网络结构。Hourglass 网络最初是为解决人体姿态估计问题而设计的，它包含一个瓶颈层，能够将多个输入映射为较少的输出。这种网络在处理图像、音频等高维数据方面具有很大的优势，同时具有较快的运算速度。如图 4-13 所示，Hourglass 网络通过多个 Hourglass 模块的串联，每个模块都将输入图像分别经过多次下采样和上采样，产生一系列不同尺度的特征图。这些特征图经过回归和分类头进行训练及预测，最后合成整个图像输入的关键点和姿势输出。处理人体关键点检测时，由于人的姿势会因为动态变化和视角变换而导致关键点位置的不稳定性，因此 Hourglass 网络能够在不同的尺度下检测关键点和姿势，从而提高了检测的准确性和稳健性。

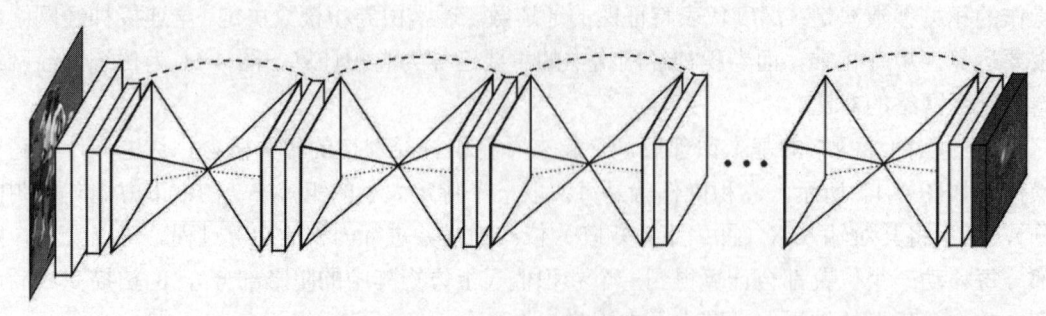

图 4-13　Hourglass 网络

Hourglass 网络算法的流程如下。

（1）网络结构构建。以 Residual Module 为基本的网络单元。该模块包含一个 1×1 的卷积用于降维（如从 256 维降到 128 维）、一个 3×3 的卷积用于特征提取、一个 1×1 的卷积用于升维（如从 128 维升到 256 维）。Residual Module 还包含一个跳级路（shortcut），它通过一个 1×1 的卷积匹配输入和输出的维度，如果维度相同就直接相加。Hourglass 模块是一个形如沙漏的网络结构，具有对称的下采样（down-sampling）和上采样（up-sampling）路径。下采样路径通过最大池化（max pooling）实现，而上采样路径通过最近邻插值（nearest neighbor interpolation）或反卷积（deconvolution）实现。

在下采样与上采样之间，使用多个 Residual Module 提取和融合特征。将多个 Hourglass 模块堆叠起来，形成一个深层的网络结构。每个 Hourglass 模块的输入和输出都是特征图，它们的维度和尺寸在堆叠过程中保持不变。在堆叠过程中，每个 Hourglass 模块的输入都包含前一个 Hourglass 模块的输出以及其他相关特征图。这些输入通过串联（concatenation）和相加等方式融合。

（2）输入处理。输入图像首先经过一个 7×7 的卷积层，步长为 2，填充为 3，输出通道数为 128。然后经过一个 Residual Module，输出通道增加到 256 个。接着进行最大池化操作，将图像尺寸减半（如从 256×256 降到 128×128），以减少计算量。

（3）Hourglass 模块处理。输入图像（或特征图）进入第一个 Hourglass 模块。在模块内部，图像首先经过降采样路径，然后通过多个 Residual Module 提取特征。接着，特征图上采样到原始尺寸，并与降采样前的特征图进行融合（通过相加或串联等方式）。这个过程在 Hourglass 模块内部重复多次，形成一个递归的结构。

（4）堆叠处理。第一个 Hourglass 模块的输出作为第二个 Hourglass 模块的输入。在堆叠过程中，每个 Hourglass 模块都会输出一个特征图集合（heatmap），这些 heatmap 用于表示人体关键点的位置。对于每个 Hourglass 模块的输出，都计算与真实标签（ground truth）之间的误差（如使用均方误差），并进行反向传播以更新网络参数。

（5）输出处理。最后一个 Hourglass 模块的输出经过一个 1×1 的卷积层，以生成最终的 heatmap 集合。每个 heatmap 都对应一个人体关键点。比较 heatmap 中的响应值与预设的阈值可以确定关键点的位置。

（6）训练与优化。以均方误差（Mean Squared Error，MSE）为损失函数，比较预测的 heatmap 与真实标签的 heatmap 的误差。在训练过程中，为每个 Hourglass 模块的输出都添加损失层，以实现中继监督（Intermediate Supervision），这有助于加速训练和提高性能。

3. PostNet

PoseNet 是轻量级单人姿势识别，于 2018 年由丹尼尔·R·约翰逊（Daniel R. Johnson）等人开发。随着移动设备的普及，研究人员开始关注轻量级的姿势识别模型。PoseNet 是一种基于卷积神经网络的网络，专注于单人姿势识别，能够在移动设备上实时运行。

PoseNet 在单人姿势识别任务中表现出色，适用于嵌入式设备和实时应用。其优点在于模型轻量级，适用于移动设备和实时应用。然而，由于其专注于单人姿势，因此对于多人姿势可能存在一定挑战。

4.2.3　挑战与发展

姿态检测，特别是人体姿态检测在计算机视觉领域具有广泛的应用，但面临如下挑战。

1. 遮挡问题

在实际应用中，人与人、人与物体之间的遮挡是常见问题。例如，在拥挤的场景中，人体的某些部分可能会被其他人或物体遮挡，导致这些部分的关键点检测变得困难。

2. 实时性要求

在一些应用场景中（如人机交互、体育分析等），对姿态检测的实时性有很高的要求。然而，现有的很多先进算法往往因参数量大、模型结构复杂而难以满足实时性需求，可以通过模型轻量化、算法优化等方法提高检测速度，同时保持较高的检测精度。

3. 复杂场景下的检测精度

在复杂场景下（如背景杂乱、光照变化大等情况），姿态检测的精度可能会受到影响。但是可以采用更鲁棒的特征提取方法，如深度学习中的卷积神经网络等，以及结合上下文信息来提高检测精度。

4. 数据集的问题

数据集的质量和数量对姿态检测算法的训练及测试至关重要。然而，现有的数据集往往存在样本数量不足、样本多样性不够等问题。可以通过数据增强、迁移学习等方法扩大数据集的规模和多样性，同时可以通过生成对抗网络（Generative Adversarial Networks，GAN）等方法生成更多的高质量样本。

针对上述问题，制定以下调整策略。

首先优化算法，可以对现有的姿态检测算法进行优化和改进，如采用更先进的特征提取方法、优化模型结构等。

接着可以使用多传感器融合，结合其他传感器（如深度传感器、惯性传感器等）信息提高姿态检测的精度和鲁棒性。

然后可以利用上下文信息，利用图像中的上下文信息辅助姿态检测，如利用人体的形状、纹理等信息提高检测精度。

最后可以硬件加速，利用高性能的硬件（如 GPU、FPGA 等）加速姿态检测算法的计算过程，从而提高实时性。

综上所述，姿态检测面临诸多挑战和问题，但通过算法优化、多传感器融合、上下文信息利用以及硬件加速等策略，可以不断提高姿态检测的精度和实时性，以满足实际应用的需求。

4.3 图像分割技术

图像分割技术是一种将图像分成互不重叠、具有各自特征（灰度、颜色、纹理等）区域的技术。

4.3.1 定义与概述

1. 定义

图像分割技术是指将图像划分为若干特定的、具有独特性质的区域，并提出感兴趣目标的技术和过程。根据图像的灰度、颜色、结构、纹理等特征设计合理的准则函数，设计一个或多个阈值，从而将图像中的像素点逐个与设定阈值比较，进而将图像分割成若干互不交叠的区域。图 4-14 为色彩分割。

(a) 图像　　(b) 语义分割　　(c) 全景分割　　(d) 实例分割

图 4-14　色彩分割

2. 概述

图像分割方法分类如图 4-15 所示。

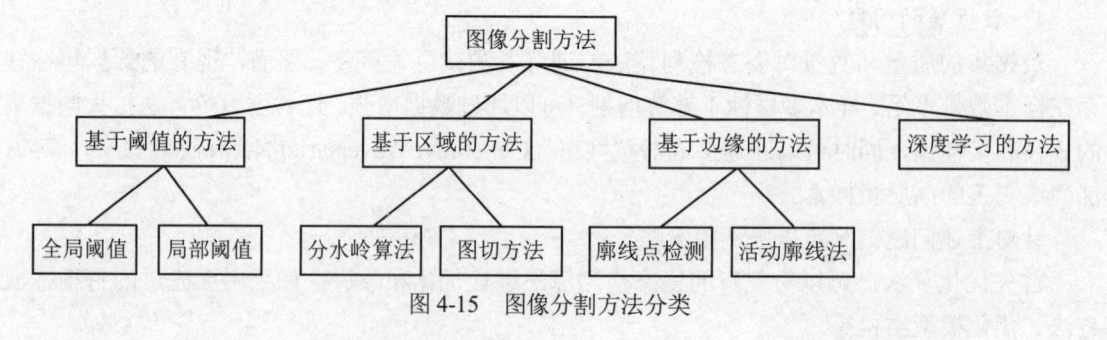

图 4-15　图像分割方法分类

如图 4-16 所示，图像分割的三个任务等级如下。

（1）语义分割：把图像中的每个像素分为特定的语义类别，属于特定类别的像素仅被分类到该类别。

（2）实例分割：在语义分割的基础上，进一步区分出同一类别的不同个体。

（3）全景分割：同时完成语义分割和实例分割的任务，为图像中的每个像素分配一个唯一的标签，这个标签既表示该像素所属类别，又表示它属于的实例。

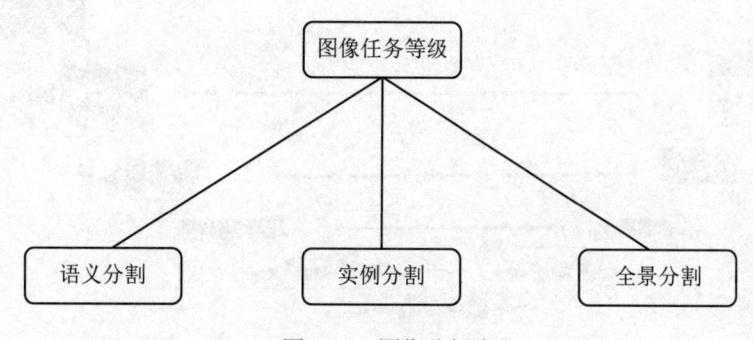

图 4-16　图像分割流程

图像分割技术可以应用于如下领域。
（1）计算机视觉：如物体识别、目标跟踪、人脸识别等。
（2）医学图像处理：如诊断、手术规划、病灶检测等，精准的图像分割技术是提高诊断效率和准确性的关键。
（3）机器人技术：如自主导航、目标识别等。
（4）农业技术：如植物检测、病虫害识别等。
（5）无人驾驶：如道路识别、交通信号灯识别等。
（6）视频处理：如移动目标检测、背景分离等。

随着基础理论研究的深化，越来越多的新理论和新方法被引入图像分割领域，为该领域的研究注入了新的活力。综合使用两种或两种以上的方法，能够部分克服单独的图像分割算法难以对一般图像取得令人满意的分割效果的问题。利用这些领域的专业知识辅助解决图像分割问题，越来越多的吸引了研究人员的注意力。

综上所述，图像分割技术是数字图像处理中的一个重要问题，具有广泛的应用领域和发展前景。随着新理论和新方法的不断涌现以及计算机技术的不断发展，图像分割技术将取得更加显著的进步和突破。

4.3.2　主流算法

1. U-Net 模型

U-Net 模型是一种在深度学习中广泛应用的卷积神经网络结构，主要用于图像分割任务。U-Net 模型的结构对称，分为左半边的压缩通道（Contracting Path，也称编码器）和右半边扩展通道（Expansive Path，也称解码器），整体形状类似英文字母"U"，因此得名。在 U-Net 模型的最底部与最顶部之间有一个跳跃连接（Skip Connection），这是 U-Net 的一个关键创新。通过跳跃连接可以将浅层特征与深层特征融合，有助于保留细节信息，提高分割精度。图 4-17 为 U-Net 模型。

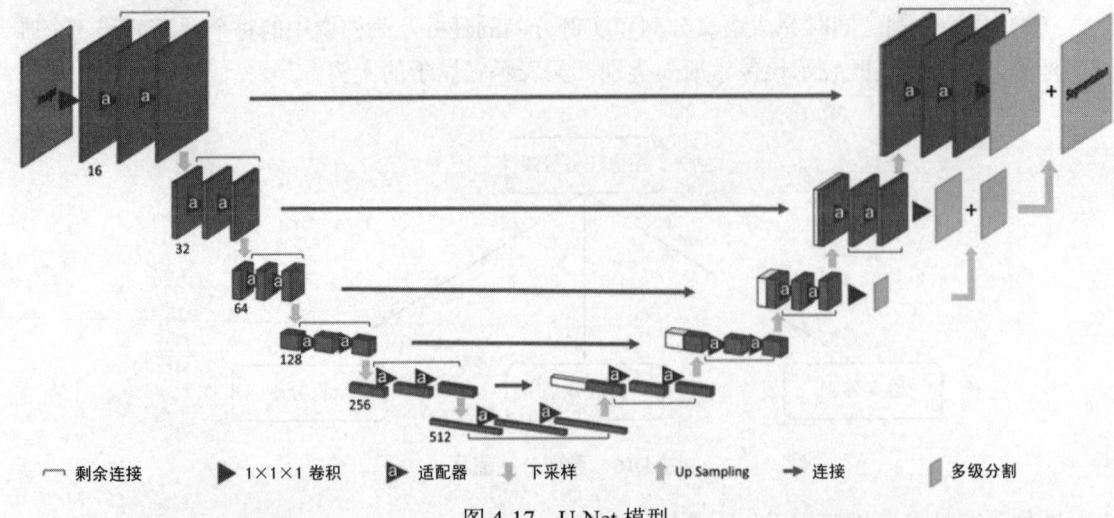

图 4-17　U-Net 模型

在 U-Net 模型中，跳跃连接实现了特征融合，可以有效解决分割过程中信息丢失和分割不准确的问题。为什么要特征融合呢？因为在每次下采样提取特征的过程中，必然会损失一些边缘特征，而失去的特征不能从上采样中找回，并且直接对特征图进行上采样不会增加特征信息。所以，为了补充更多的特征信息，U-Net 模型将前面的中间变量拼接到后面采样的结果中，使得特征更加丰富。

特征融合有如下两种做法。

第一种是 Add 操作，类似于 ResNet，将两个特征变量相加，使得原来的变量包含更多信息。

第二种是 Concat 操作，将特征变量在通道的维度上拼接，通过 torch.cat((x1,x2), dim=1) 使得特征信息增加。U-Net 模型使用这种方案。

U-Net 模型最初是为生物医学图像分割设计的，由于其高效且可靠，因此逐渐被应用于其他领域的图像分割任务，如遥感图像分割、工业瑕疵检测、自动驾驶中的道路和车辆识别等。图 4-18 为基于 U-Net 模型实战眼底图像血管提取。

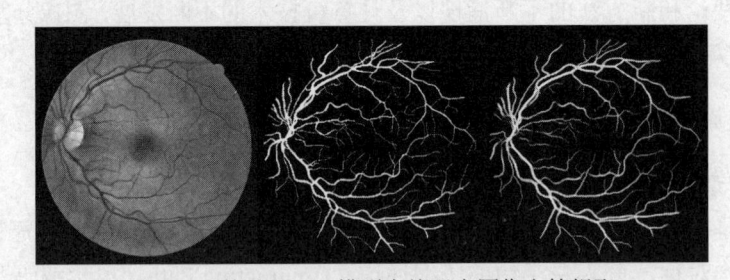

图 4-18　基于 U-Net 模型实战眼底图像血管提取

U-Net 模型避免了直接在高级特征图中进行损失计算和监督，而是将低级特征图中的特征结合，能够保证最终得到的特征图中既包含 high-level 的 Feature 又包含大量 low-level 的 Feature，最终实现不同尺度下 Feature 的融合，进而提高模型的精确度。U-Net 模型是一种在图像分割领域具有广泛应用前景的深度学习模型。通过不断优化和改进，U-Net 模型将在更多领域发挥重要作用。

2. 全卷积网络

全卷积网络是一种深度学习领域中的特殊神经网络结构，特别是在计算机视觉领域表现出色。如图 4-19 所示，全卷积网络是对传统卷积神经网络的一种改进和扩展。传统的卷积神经网络结构通常包括卷积层、池化层和全连接层，其中全连接层用于输出固定尺寸的特征向量，处理分类任务时非常有效。然而，处理像素级别的任务（如图像分割）时，全连接层的限制明显，因为它要求输入图像具有固定的尺寸。为了克服这一限制，全卷积网络通过将全连接层替换为卷积层（通常是全局平均池化或转置卷积），使得网络能够接受任意尺寸的输入，并输出相应尺寸的特征图。这种替换使得全卷积网络可以应用于图像分割等像素级别的任务。

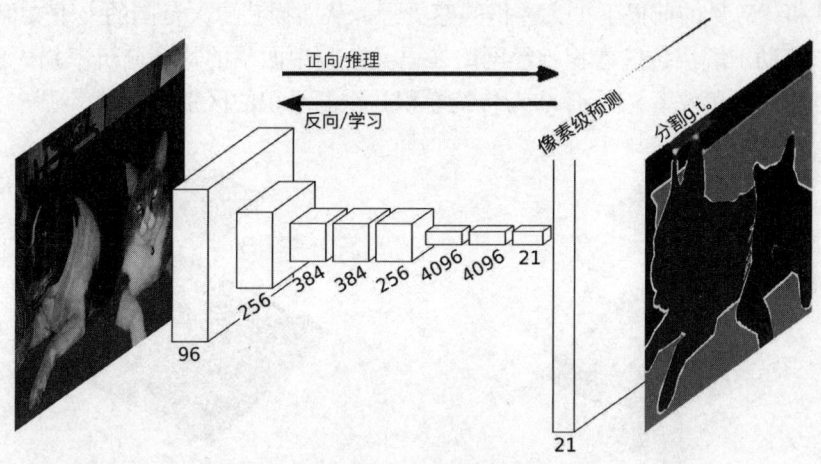

图 4-19　全卷积网络

全卷积网络的基础仍然是卷积神经网络，其核心操作包括卷积和池化。卷积层通过卷积运算提取输入数据的局部特征，生成特征图。池化层用于对特征图进行降维，减少计算量并防止过拟合。

在全卷积网络中，为了接受任意尺寸的输入并输出相应尺寸的特征图，全连接层被替换为全局平均池化或转置卷积。全局平均池化通过对特征图进行全局平均，将每个特征图都转换为一个单一的输出值，这有助于减少模型参数并提高泛化能力。然而，在图像分割等像素级别任务中，转置卷积更常用。

转置卷积（也称反卷积或分数步长卷积）是一种特殊的卷积操作，它可以实现特征图的上采样，即增大特征图的尺寸。通过转置卷积，全卷积网络可以将深层特征图逐步恢复到接近输入图像的尺寸，从而在每个像素位置上预测。

此外，全卷积网络还通常采用跳跃连接结构，允许将浅层特征与深层特征相结合，从而融合更多的上下文信息。这种结构有助于在保持高分辨率的同时，利用深层特征中的语义信息。

全卷积网络的典型结构包括编码器和解码器两部分。编码器部分通过卷积层和池化层对输入图像进行特征提取和降维；解码器部分通过转置卷积和上采样操作逐步恢复特征图的尺寸，并通过跳跃连接融合浅层特征。

随着深度学习技术的不断发展，全卷积网络的研究和应用将更加注重轻量级网络设计、上下文信息增强、多尺度特征融合以及跨域迁移学习等方面，以进一步提高分割精度和鲁棒性，并降低计算复杂度。

3. 空洞卷积和多尺度分割

空洞卷积和多尺度分割（DeepLab）是由谷歌研究人员提出的一系列深度学习模型，主要用于图像语义分割任务。

DeepLab 系列模型基于卷积神经网络构建，并引入了多项创新技术以提高语义分割的准确性和效率。这些创新技术包括空洞卷积（Atrous Convolution）、空间金字塔池化（Spatial Pyramid Pooling）、条件随机场（Condition Random Field，CRF）优化以及编码器—解码器结构等。

空洞卷积是 DeepLab 系列的核心创新。通过在卷积核中引入空洞（又称膨胀率），可以在不增大参数量和计算量的前提下扩大卷积的感受野，从而捕获更大范围的上下文信息。

空洞卷积有助于解决传统卷积神经网络在语义分割中面临的特征分辨率损失问题，同时提高了分割的准确性和效率。图 4-20 为传统卷积与空洞卷积的区别。

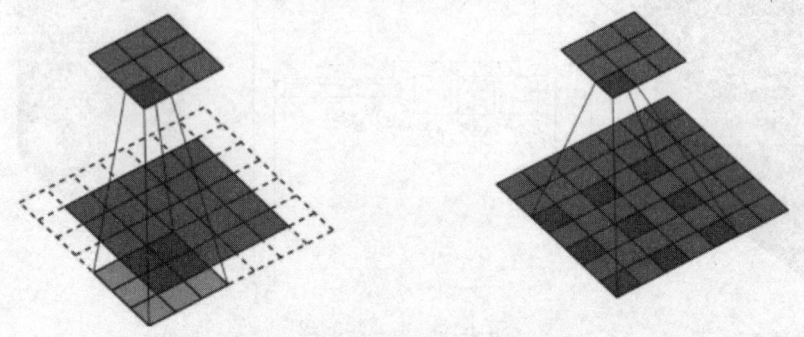

图 4-20　传统卷积与空洞卷积的区别

空间金字塔池化是一种多尺度特征提取方法，通过使用不同尺寸的卷积核和采样率捕捉不同尺度的上下文信息。

在 DeepLab 模型中，空间金字塔池化通常与空洞卷积结合，以进一步提高分割的准确性和鲁棒性。图 4-21 为空间金字塔池化的结构。

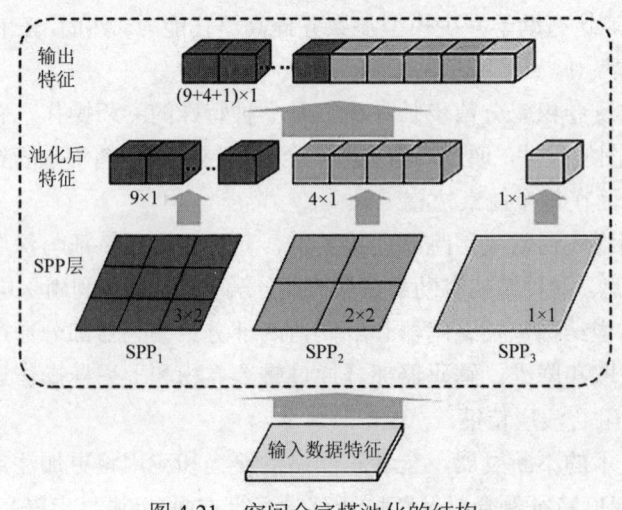

图 4-21　空间金字塔池化的结构

DeepLab-v2 引入了条件随机场来优化输出结果。如图 4-22 所示，条件随机场是一种用于建模像素之间关系的概率图模型，可以捕捉图像中的全局上下文信息。

将条件随机场与深度卷积神经网络结合，可以进一步提高分割的精度和细节表现。

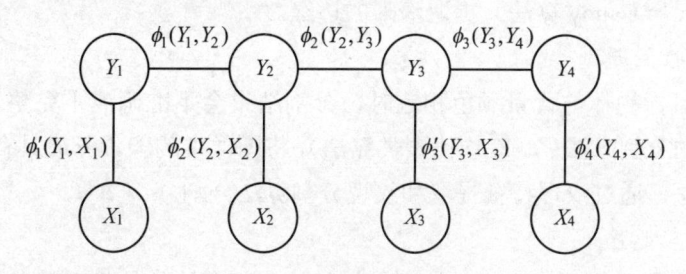

图 4-22 条件随机场优化

DeepLab-v3 及更高版本采用了编码器—解码器结构。编码器部分负责提取图像的高级特征；解码器部分负责将这些特征上采样到原始图像尺寸，并进行像素级别的分类，如图 4-23 所示。

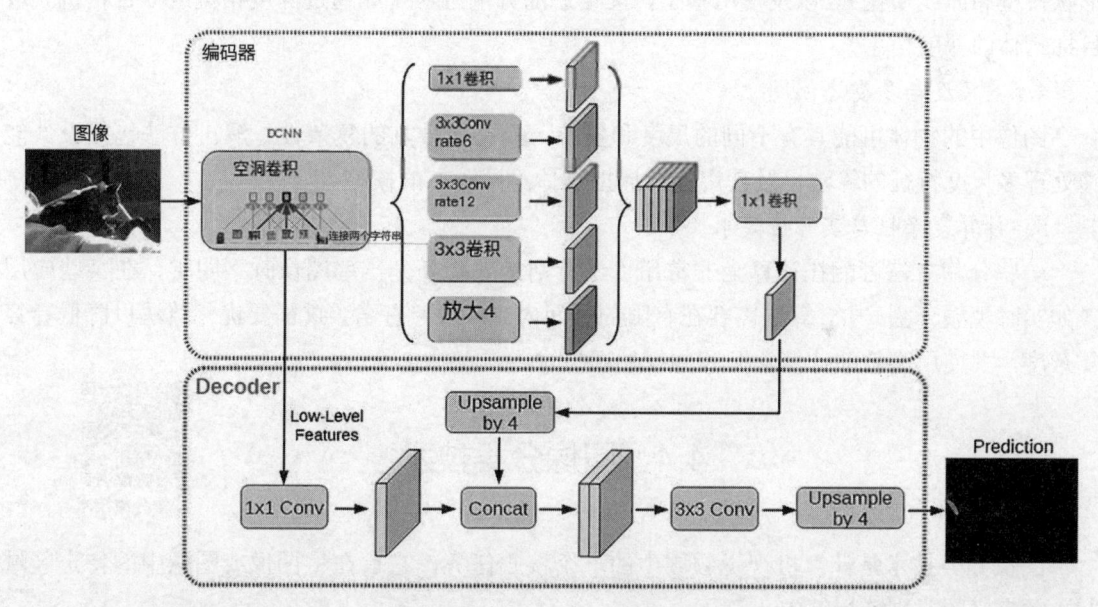

图 4-23 DeepLab-v3+采用空洞卷积空间金字塔池模块和编码器—解码器结构

编码器—解码器结构有助于保留更多细节信息，并提高分割的准确性。

DeepLab 系列模型是图像语义分割领域的重要成果之一。通过引入空洞卷积、空间金字塔池化、条件随机场优化以及编码器—解码器结构等创新技术，DeepLab 模型在分割准确性和效率方面取得了显著提升。随着深度学习技术的不断发展，DeepLab 模型有望在更多领域得到应用和推广，为人工智能技术的发展作出更大贡献。

4.3.3 挑战与发展

图形分割技术，特别是图像分割技术在计算机视觉和图像处理领域中扮演着至关重要的角色。然而，尽管近年来取得了显著进展，图像分割技术仍面临一系列问题和挑战。

1. 边缘模糊与噪声

图像中的边缘常受到噪声、模糊和低对比度等因素的影响，导致难以准确提取边缘信息。解决方案包括使用滤波器对图像进行预处理，去除噪声和模糊，以及结合图像的梯度信息，通过边缘检测算法（如 Canny 算法）提取清晰的边缘。

2. 颜色一致性问题

当图像中的目标物体与背景颜色相近时，分割结果会不准确或不完整。解决方法包括使用基于颜色特征的分割方法（如 K 均值聚类算法），将图像中的像素分成具有相似颜色的聚类，以及结合纹理信息，通过纹理特征提取和纹理分割算法分割。

3. 复杂形状与遮挡

目标物体可能具有复杂的形状或纹理，传统的分割方法往往难以精确地将其分割出来。遮挡问题也是一个常见挑战，目标物体常被其他物体或者自身部分遮挡，导致分割结果不完整或混杂。解决方案包括使用基于边缘的分割方法（如边缘连接算法），结合形状先验知识（如形状模型和曲线演化），以及使用基于深度信息的分割方法（如通过深度相机或双目相机获取目标物体的深度信息）。

4. 多尺度与多姿态问题

图像中的物体可能具有不同的尺度和姿态，提高了分割的复杂性。解决方法包括设计能够处理多尺度特征的算法以及使用能够捕捉物体不同姿态的模型。

5. 计算复杂性与实时性要求

一些分割方法可能在计算上非常昂贵，特别是分割高分辨率图像时。同时，在某些应用（如实时视频分割）中，算法需要在有限的时间内完成分割任务，这需要优化算法以降低计算复杂度，并使用高效的计算资源和并行处理技术。

4.4 图像分类技术

图像分类技术

图像分类技术是计算机视觉领域中的一个核心任务，它旨在将图像或图像中的特定区域归入预定义的类别或标签中。

4.4.1 定义与概述

1. 定义

图像分类的基本原理是通过提取图像特征，并将这些特征与预先训练好的模型比较，从而判断图像所属的类别。常用的特征提取方法包括传统的手工设计特征和深度学习方法。传统的手工设计特征通常包括颜色特征、纹理特征和形状特征等，但这些方法在处理复杂的图像时往往效果不佳。深度学习方法通过构建深度神经网络，可以自动地从图像中学习到更具有判别性的特征。图 4-24 为图像分割的过程。

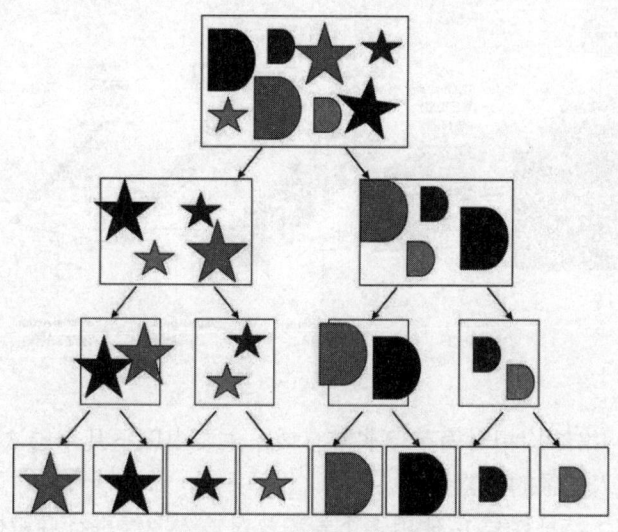

图 4-24　图像分割的过程

2．概述

图像分类的主要方法包括传统的机器学习方法和现代的深度学习方法。传统的机器学习方法主要依赖手工提取的特征和线性分类器，如支持向量机、决策树等。这些方法在早期图像分类任务中取得了一定的效果，但手工特征提取具有局限性。深度学习方法，特别是卷积神经网络的应用，彻底改变了图像分类的领域。卷积神经网络通过卷积层、池化层和全连接层对图像进行特征提取和分类，具有强大的特征学习能力和分类性能。经典的卷积神经网络架构（如 AlexNet、VGG、ResNet 等）在图像分类任务中取得了显著的成果。

图像分类技术在多个行业和领域得到了广泛应用，其强大的识别和分类能力帮助解决了许多实际问题。以下是一些主要的应用领域及其具体应用案例。

（1）工业制造：用于质量检测，如自动检测生产线上的产品是否存在瑕疵或缺陷以及装配验证等。

（2）医学影像分析：利用图像分类技术分析 X 射线片、CT 扫描、MRI 等医学影像，自动检测病变区域（如肿瘤、结节等）。

（3）安防监控：用于人员识别、行为分析以及异常检测等，可有效提升公共安全。

（4）自动驾驶：识别道路、行人、车辆等，确保行驶安全。

（5）电商：自动识别和分类商品图片，帮助用户快速找到想要的商品，提高购物体验。

（6）智能家居：用于识别家庭成员、宠物或家具等，以实现更加智能化的家居控制。

（7）教育辅助：自动识别和整理教学资料中的图片内容，辅助教学活动。

4.4.2　主流算法

1．LetNet 模型

LetNet 模型（图 4-25）是一种经典的卷积神经网络架构，由 Yann LeCun 等人在 1998 年提出。它在深度学习的发展历程中占据重要地位，被誉为卷积神经网络的"鼻祖"，同时被称为卷积神经网络的"Hello World"。

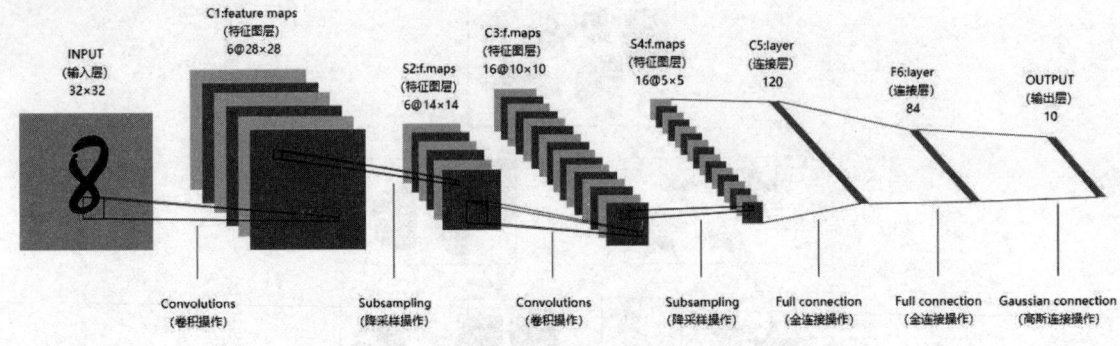

图 4-25　LetNet 模型

LeNet-5 模型的网络结构相对简单但非常有效，主要由以下几个层次组成。

输入层：接收输入图像的像素值。

第一层卷积层（C1 特征图层）：使用多个卷积核对输入图像进行卷积操作，提取局部特征。它通常采用 Sigmoid 或 Tanh 作为激活函数。

第一层池化层（S2 特征图层）：对卷积层的输出进行下采样操作，减小特征图的尺寸，并保持重要特征的不变性。通常使用平均池化或最大池化。

第二层卷积层（C3 特征图层）：类似于第一层卷积层，进一步提取更高级的特征。

第二层池化层（S4 特征图层）：类似于第一层池化层，进一步减小特征图的尺寸。

卷积层（C5 连接层）：S4 层的全部 16 个单元特征 map（与 S4 全相连）。

全连接层（F6 连接层）：将池化层的输出展平为向量，并连接到一个或多个全连接层，用于分类。

输出层：最后一层全连接层用于将特征映射到目标类别的概率分布上，通常使用 Softmax 激活函数。

综上所述，LetNet（特别是 LeNet-5）模型是一种经典的卷积神经网络架构，它在深度学习的发展历程中占据重要地位。通过定义 CNN 的基本部件、应用于手写数字识别任务以及为后续 CNN 的发展提供启示和参考，LeNet-5 模型为计算机视觉领域的发展做作了重要贡献。

2. AlexNet

在 LeNet 模型提出后的近 20 年里，神经网络一度被其他机器学习方法（如支持向量机）超越。虽然 LeNet 模型可以在早期的小数据集上取得好的成绩，但是在更大的真实数据集上的表现并不尽如人意。一方面，神经网络计算复杂，虽然 20 世纪 90 年代有一些针对神经网络的加速硬件，但没有像之后 GPU 一样大量普及。因此，训练一个多通道、多层和有大量参数的卷积神经网络在当年很难完成。另一方面，当年研究者还没有大量深入研究参数初始化和非凸优化算法等领域，导致复杂神经网络的训练通常较困难。

2012 年，AlexNet 模型横空出世，其名字源于论文第一作者的姓名亚历克斯·克里热夫斯基（Alex Krizhevsky）。如图 4-26 所示，AlexNet 模型使用了 8 层卷积神经网络，并以很大的优势赢得了 ImageNet 2012 图像识别挑战赛。它首次证明了学习到的特征可以超越手工设计的特征，从而一举打破计算机视觉研究的前状。

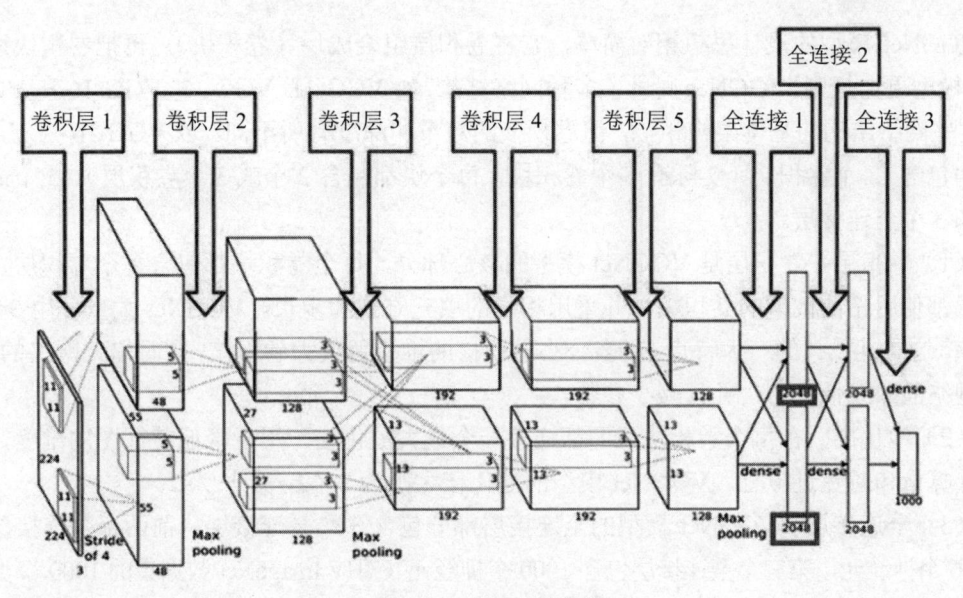

图 4-26　AlexNet 模型

AlexNet 模型的成功证明了深度学习在图像分类领域的重要性，并为计算机视觉领域的其他应用提供了新的思路和方法。它被广泛应用于图像分类、目标检测、物体识别和人脸识别等任务。此外，AlexNet 模型的设计理念和技术创新为后续的深度学习模型提供了重要的参考和启示。

3. VGGNet 模型

VGGNet（Visual Geometry Group Network）模型是一种深度卷积神经网络，由牛津大学计算机视觉组（Visual Geometry Group）的研究团队于 2014 年提出。VGG-16 模型如图 4-27 所示，它在 ImageNet 图像识别挑战中取得了优异的成绩，成为深度学习和计算机视觉领域中的经典模型。

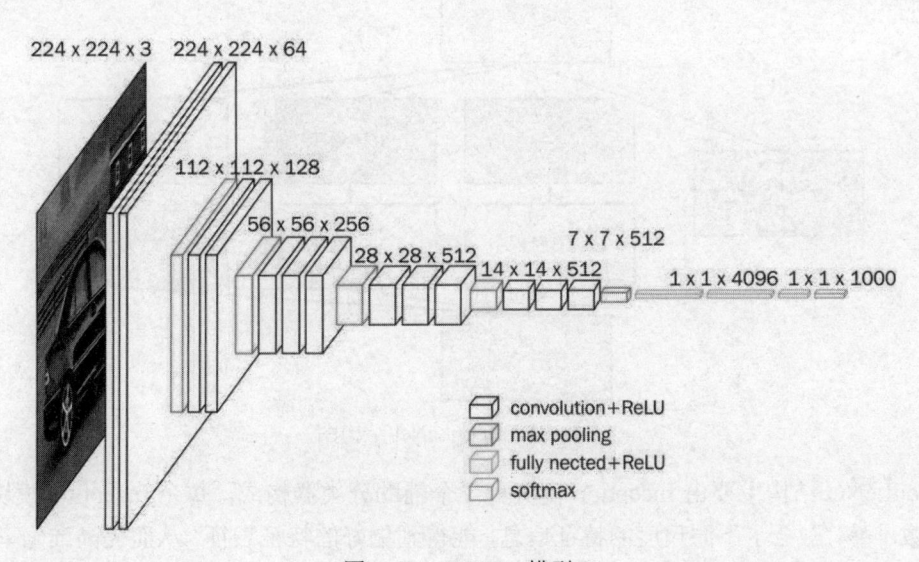

图 4-27　VGG-16 模型

VGGNet 模型的设计思想相对简单，它将卷积层组合成块（卷积块），再把卷积块进行拼接，使模型更加规则。VGGNet 提供了多种网络结构，如 VGG-11、VGG-13、VGG-16 和 VGG-19 等，这些网络结构的基本架构相似，但卷积核的数量和深度有所不同。以 VGG-16 为例，其网络结构包含 13 个卷积层（实际有 5 个卷积块，每个块都包含 2 个或 3 个卷积层）、5 个最大池化层和 3 个全连接层。

（1）卷积层。卷积层是 VGGNet 模型的核心部分，每个卷积块都包含多个卷积层，每个卷积层都使用相同数量的卷积核，并采用相同的填充方式和步长。VGGNet 大量使用 3×3 的卷积核，这是其设计的一大特点。用多个小卷积核的堆叠替代大卷积核，同时增大网络的深度、增强网络的非线性能力，并且减少参数。

（2）池化层。在每个卷积块后面都连接一个最大池化层，用于降低特征图的维度，从而减少计算量和避免过拟合。VGGNet 模型的池化核大小为 2×2，步长为 2。

（3）全连接层。VGGNet 模型的全连接层部分包含 3 个全连接层，前两个全连接层各包含 4096 个神经元，第三个全连接层包含 1000 个神经元（对应 ImageNet 数据集的 1000 个类别）。每个全连接层后面都连接一个 ReLU 激活函数和一个 Dropout 层，用于防止过拟合。

VGGNet 在图像分类、目标检测、图像分割等方面都有广泛应用。它可以作为一种强大的特征提取器，为后续任务提供丰富的特征信息。此外，VGGNet 模型还可以与其他深度学习模型结合，形成更加强大的混合模型，以应对更加复杂的任务。

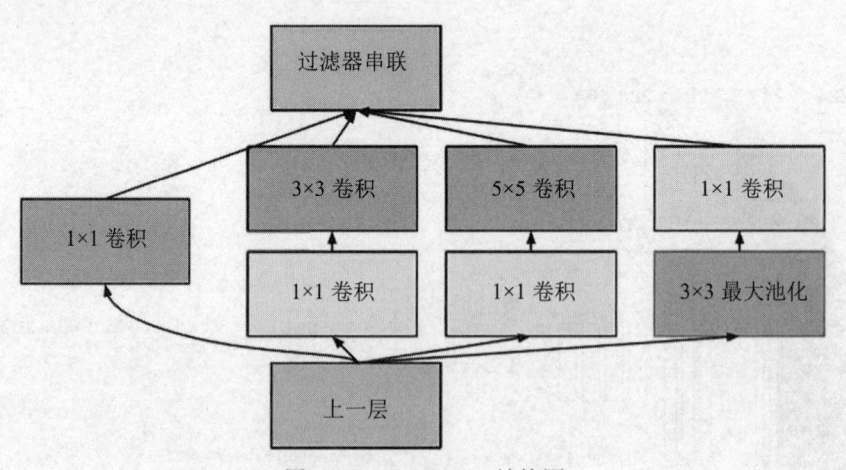

4. GoogLeNet

GoogLeNet（也称 Inception-v1）是 Google 公司的研究人员设计的一种深度卷积神经网络，并在 2014 年的 ImageNet 大规模视觉识别挑战赛（ILSVRC 2014）中获得了第一名。GoogLeNet 结构图如图 4-28 所示，GoogLeNet 的主要设计目标是在不显著增加计算成本的前提下提高网络的深度和宽度，从而提高模型的准确率。

图 4-28 GoogLeNet 结构图

GoogLeNet 结构主要由 Inception 模块和 3 个辅助分类器构成。每个 Inception 模块都采用不同层数堆叠，融合了不同尺度的特征信息，能得到更好的特征表征，从而提高准确率。同时，在每个 Inception 模型衔接处都有下采样，模型的复杂程度适中。

Inception 模块是 GoogLeNet 的核心，它包含 4 个基本组成部分：1×1 卷积、3×3 卷积、5×5 卷积和 3×3 最大池化。这 4 个部分分别对输入数据进行处理，然后将处理结果在通道上组合。为了降低计算量和参数量，通常在 3×3 卷积和 5×5 卷积前添加 1×1 卷积进行降维。

GoogLeNet 有 2 个辅助的 softmax 分支，这些分支位于网络的一些中间层，用于增强低层网络的分类能力，并防止梯度消失。这些辅助分类器在训练过程中起到正则化的作用，有助于防止过拟合。然而，实际测试时会去掉这 2 个辅助 softmax 分支。

GoogLeNet 在 ImageNet 图像识别挑战赛中取得了优异的成绩，展示了其强大的图像识别能力。由于 GoogLeNet 具有高效的网络结构和较低的参数量，因此在计算机视觉领域得到了广泛应用，如图像分类、物体检测、图像分割等。

5. MoblieNetV3

MobileNetV3 是 Google 公司在 2019 年推出的一种高效、轻量级的卷积神经网络模型，专为移动设备和嵌入式系统设计。MobileNetV3 是 MobileNet 系列的第三代产品，其架构如图 4-29 所示。该系列模型一直致力于在减少计算量和内存占用的同时保持高性能，以优化在资源受限环境下的计算机视觉任务。MobileNetV3 通过引入 AutoML 技术，特别是神经架构搜索（Neural Architecture Search，NAS），来自动发现最优的网络架构，从而实现更高的效率和性能。

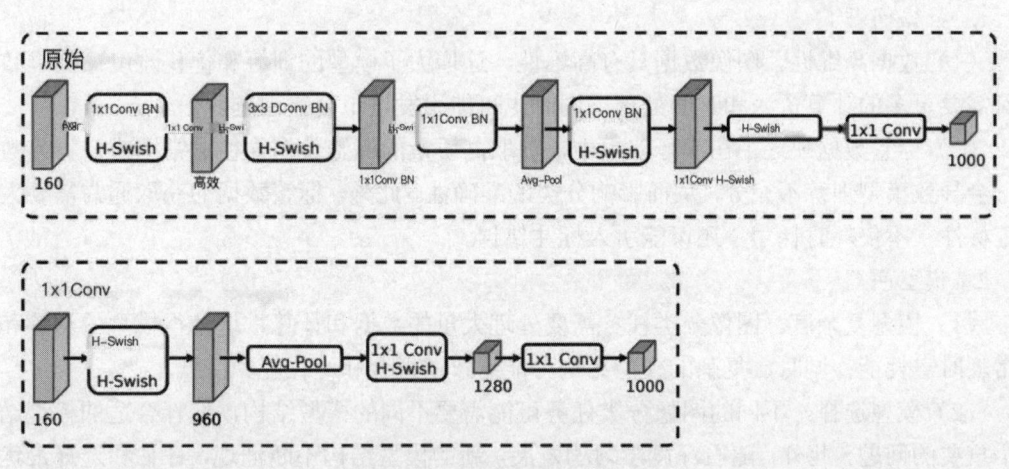

图 4-29　MobileNetV3 的架构

MobileNetV3 的架构可以分为三个部分：起始部分、中间部分和最后部分。

起始部分：包括一个 3×3 的卷积层，用于提取输入图像的特征。该部分在 Large 和 Small 版本中均相同，且包含卷积层、BN（Batch Normalization）层和 H-Swish 激活层。

中间部分：包含多个 MobileBlock（也称 bneck），每个 Block 都由 1×1 卷积、深度卷积（Depthwise Convolution）和 1×1 卷积组成。部分 Block 还引入了 Squeeze-and-Excitation（SE）模块，用于增强模型的表示能力。Large 和 Small 版本的中间部分的层数和参数有所不同，以适应不同的计算资源和性能需求。

最后部分：通过两个 1×1 的卷积层代替全连接层，输出最终的类别预测。在 Large 版本中，第一个 1×1 卷积层位于全局平均池化层后面，用于减少特征图的通道。第二个 1×1 卷积层用于输出最终的类别预测。

由于 MobileNetV3 具有高效、轻量级的特性，因此非常适合部署在移动设备、物联网设备等资源有限的平台上。它广泛应用于实时图像识别、视频分析、增强现实、移动应用中的图像处理等领域。此外，MobileNetV3 还可以作为其他计算机视觉任务（如目标检测和语义分割）的骨干网络，以实现更高的性能和效率。

在 ImageNet 分类数据集上，MobileNetV3-Large 相对于 MobileNetV2 在准确率上有所提高，延迟降低。在 COCO 数据集上，MobileNetV3 在精确度相等的情况下比 MobileNetV2 更快。在 Cityscapes 分割模型上，MobileNetV3 表现出更快的速度和更高的精度。这些结果表明，MobileNetV3 在保持高性能的同时，显著降低了计算复杂度和内存占用。

综上所述，MobileNetV3 是一种高效、轻量级的卷积神经网络模型，它通过引入 AutoML 技术、重新设计耗时层、选择合适的激活函数和使用 SE 模块等优化措施，实现了更高的效率和性能。同时，MobileNetV3 具有广泛的应用场景和性能优势，为计算机视觉领域的发展作出了重要贡献。

4.4.3 挑战与发展

图像分类技术在计算机视觉领域占据重要地位，但同样面临一系列问题与挑战。

1. 数据问题

（1）数据高维性。图像数据具有高维性，这增大了模型的训练和优化难度。高维数据意味着需要更多的计算资源和时间处理，同时也可能引发过拟合等问题。

（2）标签数据缺乏。在实际应用中，获取高质量的标签数据往往非常困难。标签数据的缺乏会导致模型训练不充分，从而影响分类的准确性。此外，标签数据的获取通常需要大量的人工标注，不仅耗时耗力，还可能引入标注错误。

2. 模型问题

（1）模型复杂度。图像分类任务需要处理大量的数据和计算，这使得模型的训练和优化非常耗时、耗能；同时，复杂的模型结构可能导致过拟合和泛化能力降低。

（2）模型选择。不同的图像分类任务可能需要不同的模型结构，选择合适的模型结构是一个重要的问题。此外，随着深度学习的发展，新的模型结构不断涌现，评估和选择最优模型也是一个挑战。

3. 算法问题

（1）算法优化。图像分类算法的优化是一个持续的过程。随着数据集和模型结构的不断变化，算法需要不断地更新和优化，包括优化损失函数、正则化方法、优化算法等。

（2）算法泛化能力。算法的泛化能力是指模型在未见过的数据上表现良好的能力。在图像分类任务中，由于数据具有多样性和复杂性，因此算法的泛化能力往往受到限制。如何提高算法的泛化能力是一个重要问题。

4. 计算资源问题

（1）计算需求。图像分类任务需要大量的计算资源，包括 CPU、GPU 和内存等，这增加了模型的部署成本，特别是在资源受限的环境中（如移动设备或嵌入式系统）。

（2）计算效率。高效的计算效率是图像分类任务的重要目标。然而，由于模型具有复杂性、数据具有高维性，因此计算效率往往受到限制。如何提高计算效率是一个持续的研究方向。

5. 实际应用问题

（1）实时性要求。在实时图像分类任务中，模型需要在有限的时间内作出正确的分类决策，从而要求模型具有高效的计算速度和准确的分类能力。

（2）鲁棒性要求。在实际应用中，模型需要面对复杂、多变的环境条件。提高模型的鲁棒性，使其在不同环境下保持稳定的分类效果是一个重要问题。

综上所述，图像分类技术面临着数据、模型、算法、计算资源和实际应用等方面的问题与挑战。为了应对这些挑战，研究者需要不断探索新的方法和技术，以提高图像分类的准确性、效率和鲁棒性。

4.5 人脸识别技术

人脸识别技术是一种基于人的脸部特征信息识别身份的生物识别技术，如图 4-30 所示。

图 4-30 人脸识别技术

4.5.1 定义与概述

1. 定义

人脸识别技术包含人脸检测、人脸定位、人脸识别预处理、身份确认、身份查找等一系列相关技术。其核心原理是通过计算机捕捉和分析人脸部的多个特征点，如眼睛、鼻子、嘴巴等，然后将这些特征点与预先存储的人脸数据进行比对，从而实现身份识别。在比对过程中，系统会考虑多种因素，如光照条件、角度变化等，以提高识别的准确性和稳定性。

2. 概述

具体来说，人脸识别技术的工作流程包括以下几个步骤。

（1）图像获取。通过摄像头或其他图像采集设备获取人脸图像。为了提高识别准确率，在多数情况下需要获取多角度、多表情的人脸图像。

（2）预处理。对获取的人脸图像进行预处理，包括人脸检测、人脸对齐、人脸归一化等操作，以保证图像质量。

（3）特征提取。对预处理后的人脸图像进行特征提取，将图像转化为高维特征向量。常用的特征提取方法有深度学习方法、特征脸方法等。

（4）特征匹配。将提取的人脸特征向量与数据库中的特征向量匹配，依据相似度判断是否为同一个人。

（5）识别结果输出。依据匹配结果输出识别结果，如姓名、身份信息等。

人脸识别技术因其高效、便捷的特点，在以下领域得到广泛应用。

（1）社交媒体。用于帮助客户实现换脸功能，满足个性化需求；同时，通过识别客户面部表情实现智能推荐功能，提升客户体验。

（2）安全监控。在公共安全领域有广泛应用。通过实时监控迅速识别可疑人员，提升公共安全水平。

（3）支付领域。人脸识别技术已经应用到刷脸支付领域，为客户带来更便捷的支付体验。与传统支付方法相比，刷脸支付具有更高的安全性和准确性。

（4）会员系统。在会员系统中通过人脸识别技术实现快速身份认证，提升会员体验。

（5）门禁系统。采用先进的三维立体成像技术，精准识别人脸特征，实现高效、安全的门禁管理。

（6）智能手机。人脸识别技术广泛应用于智能手机解锁，为客户带来便捷、安全的解锁体验。

（7）智能家居。人脸识别技术能够用于家庭成员身份识别，实现个性化家居体验。

4.5.2 主流算法

1. FaceNet

FaceNet 是一个由 Google 公司的研究团队开发的人脸识别系统。它基于深度学习技术，可以实现高精度的人脸识别、验证和聚类任务。FaceNet 通过学习直接从图像像素到人脸嵌入的映射，在各种人脸识别任务中表现出色。

FaceNet 的核心思想是将人脸图像映射到一个欧几里得空间（也称特征空间或 Face Space），使得在这个空间中，相同个体的人脸图像较近，而不同个体的人脸图像之间的距离较远。由于这种映射关系是通过训练大量的人脸图像数据得到的，因此 FaceNet 可以在没有先验知识的情况下自动学习并提取人脸图像的特征。图 4-31 为不同参数下的图片变化。

FaceNet 系统通过直接训练一个深度卷积神经网络，将人脸图像映射到 128 维欧几里得空间，不同人脸图像在欧几里得空间中的距离与图像相似度相关，两幅人脸图像特征向量间的欧几里得距离越小，表示两幅图像是同一个人的可能性越大。

一旦有人脸图像到欧几里得空间的特征提取模型，人脸验证就变成了两幅图像相似度和指定阈值比较的问题；人脸识别就变成了特征向量集的 K 近邻（K-Nearest Neighbor，KNN）分类问题；人脸聚类可以通过对人脸特征集进行 K 均值聚类（K-Means）完成。

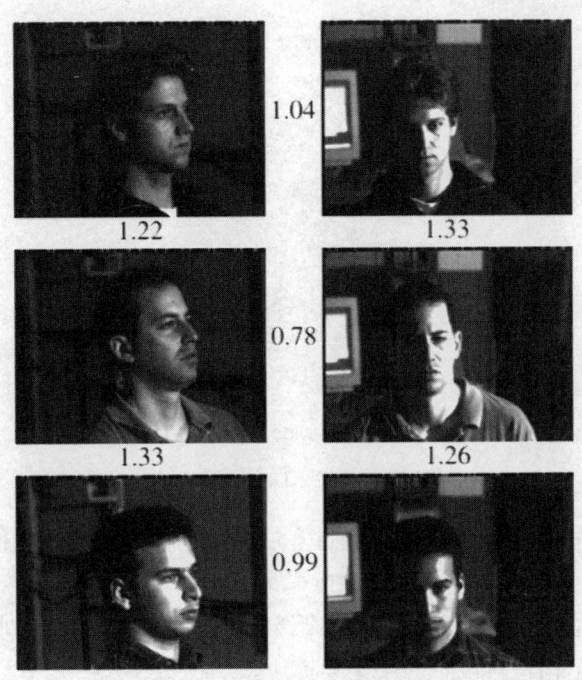

图 4-31　不同参数下的图片变化

FaceNet 的训练与推理应用过程有较大区别，在训练过程中，模型优化的目标是"让与张三本人最不相像的两幅人脸图像的特征向量之间的欧几里得距离，小于张三与世界上和他最像的李四的人脸图像的特征向量之间的欧几里得距离"，因此需要基于三元组数据（2 幅张三图像、1 幅李四图像）进行模型训练，训练过程依旧包括前向传播、损失计算、梯度回传等步骤。

对推断过程而言，数据准备、损失计算等步骤都可舍去，只需保留模型"特征提取"的能力即可。获得"特征提取"能力后，只要将需要处理的人脸数据集全部输入这个特征提取器，将每一幅人脸图像都转存为特征向量，就可根据业务需求进一步处理，即人脸验证使用特征间的距离比较、人脸识别使用 K 近邻分类、人脸聚类使用 K 均值聚类。

FaceNet 的模型架构基于深度卷积神经网络，常用的网络架构包括 Inception ResNet v1 和 Inception ResNet v2。以下是一个典型的 FaceNet 模型架构。

（1）输入层。处理输入图像，一般大小为 $160\times160\times3$（RGB）。

（2）卷积层。多个卷积层用于提取图像特征。

（3）池化层。在卷积层之间使用池化层减小特征图像的尺寸。

（4）全连接层。将卷积层输出的特征图展平成一个向量。

（5）L2 正则化。对输出的特征向量进行 L2 正则化，得到最终的嵌入向量。

2. DeepFace

DeepFace（图 4-32）是 Facebook（现为 Meta）公司于 2014 年推出的深度学习人脸识别系统，它在人脸识别领域取得了显著成果。

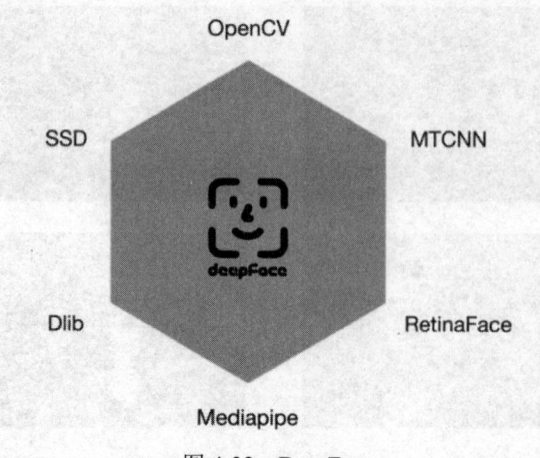

图 4-32　DeepFace

DeepFace 基于卷积神经网络技术，通过多层网络结构处理输入图像，并学习到高级特征表示，从而实现高效、准确的人脸识别。深度学习是机器学习领域的一个子领域，它利用神经网络的层次化特征表达能力，自动学习抽取高级特征并进行分类、识别等任务。

DeepFace 的网络结构包含以下四个主要模块。

（1）输入层。输入层接收一张 RGB 彩色图像并作为输入，图像经过预处理后被送入下一层。

（2）卷积层。DeepFace 的核心组成部分，通过堆叠多个卷积层和池化层实现对输入图像进行特征提取和降维。每个卷积层都由多个卷积核组成，每个卷积核都在输入图像上滑动，计算局部区域的特征。通过卷积操作，卷积层可以学习到图像的低级特征，如边缘、纹理等。

（3）全连接层。全连接层负责对卷积层学习到的特征分类，通过将每个神经元与前一层的所有神经元连接起来，将高级特征表示映射到类别概率上。

（4）输出层。输出分类结果，即判断输入图像属于哪个人脸类别的概率。

在理想情况下，人脸分类器能够准确识别人脸，并且无论图像质量、姿势、表情或照明如何，它都能够返回高精度。此外，理想的人脸识别框架只需很少的修改或无需修改即可应用于各种应用。尽管 DeepFace 是目前最先进、最高效的人脸识别框架之一，但它并不完美，在某些情况下可能无法提供准确的结果。但是 DeepFace 框架是人脸识别行业的一个重要里程碑，它通过利用强大的度量学习技术缩小了性能差距，并且随着时间的推移，将变得更加高效。

3. DeepID

DeepID 是孙祎、汤晓鸥团队研发的一种基于深度神经网络的面部识别系统，它主要用于提取人脸特征并进行高效、准确地识别身份。

DeepID 采用卷积神经网络技术，通过构建多层次的神经网络结构，逐步学习到人脸图像的高级特征表示。这些特征表示具有高度紧凑性和判别度，能够有效区分不同个体的人脸。DeepID 的学习过程包括无监督预训练和有监督微调两个阶段，无监督预训练利用大规模未标注数据提升模型的泛化能力；有监督微调针对特定任务进行优化，提高识别准确率。DeepID 架构如图 4-33 所示。

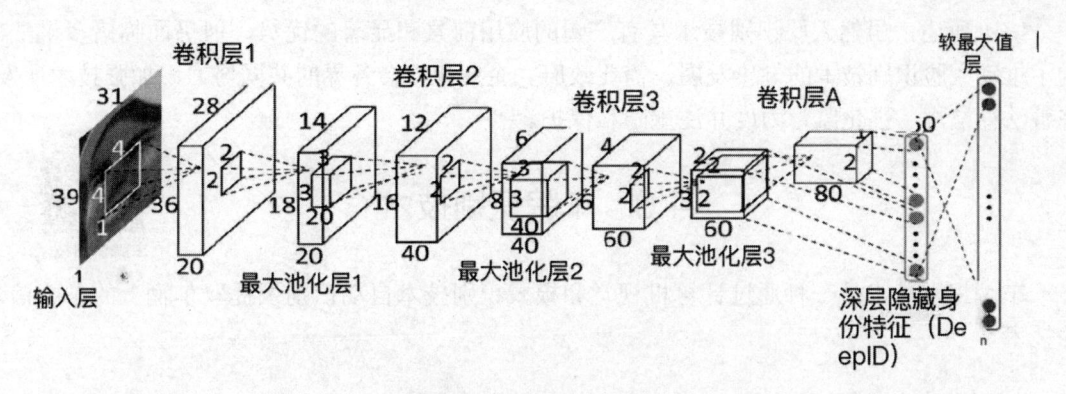

图 4-33 DeepID 架构

DeepID 架构包含多个卷积层、池化层和全连接层。具体来说，它通常包含 4 个卷积层（3 个最大池化层）以分层提取特征，然后是全连接的 DeepID 层和指示身份类别的 softmax 输出层。DeepID 层的尺寸固定为 160 维，远低于预测的身份类别数，这是学习高度紧凑和可辨识特征的关键。特征数目沿着特征提取层次结构继续减少，直到形成高度紧凑和预测特征的最后一个隐藏层（DeepID 层）。

DeepID 通过深度学习技术学习人脸图像的高级特征表示，从而实现高精度的人脸识别。DeepID 对人脸图像的角度、光照、表情、年龄、遮挡等因素具有较强的鲁棒性，能够在不同条件下保持稳定的识别性能。

DeepID 的源代码公开，允许开发者根据需求调整网络结构和超参数，以满足不同应用场景的需求。DeepID 不仅限于人脸识别，其核心思想还可以扩展至物体识别、图像分类、行为识别等领域。

4.5.3 挑战与发展

人脸识别技术作为生物识别技术的重要组成部分，近年来取得了显著进步，并在多个领域展现出广阔的应用前景。然而，在其不断发展和应用的过程中仍然面临以下挑战。

1. 技术层面的问题

（1）照片质量和光照条件。低质量的照片、弱光照环境、背光和阴影等都会对识别准确性产生负面影响。

（2）视角和姿态变化。人脸在不同的视角和姿态下会表现出不同的特征，如侧脸、俯视和仰视等，在这些情况下人脸特征的可见性和相对位置会发生变化，从而增大识别难度。

（3）亲属相似度。在某些情况下，亲属之间的面部相似度可能非常高，可能导致人脸识别系统误识别。

2. 社会与伦理层面的问题

（1）隐私和伦理问题。随着人脸识别技术的广泛应用，涉及个人隐私和伦理的问题开始浮现，例如未经许可的人脸数据采集、滥用个人信息等问题引发了公众的关注。

（2）偏见和不公平性。人脸识别系统的性能可能会受到种族、性别和年龄等的影响，从而导致系统性的偏见和不公平性，可能会对某些群体造成不公平的对待，进一步引发公众的担忧。

综上所述，虽然人脸识别技术具有广阔的应用前景和显著的优势，但仍面临诸多挑战。为了推动人脸识别技术的健康发展，需要政府、企业和社会各界的共同努力，加强技术研发、完善法律法规、强化监管力度并注重隐私保护。

4.6 车牌识别技术

车牌识别技术是一种通过计算机视觉和模式识别技术自动识别及提取车辆上的车牌信息的技术。

4.6.1 定义与概述

1. 定义

如图 4-34 所示，车牌识别流程主要包括以下步骤。

（1）图像采集。通过高清摄像头捕捉车辆图像，确保车牌信息清晰、可辨。

（2）预处理。对采集的图像进行去噪、增强等处理，以提高车牌识别的准确性。

（3）车牌定位。利用边缘检测、颜色分割等技术定位图像中的车牌位置。

（4）字符分割。逐一分割车牌中的字符，为后续的字符识别做准备。

（5）字符识别。通过光学字符识别（Optical Character Recognition，OCR）技术或深度学习算法识别车牌号码和车牌颜色。

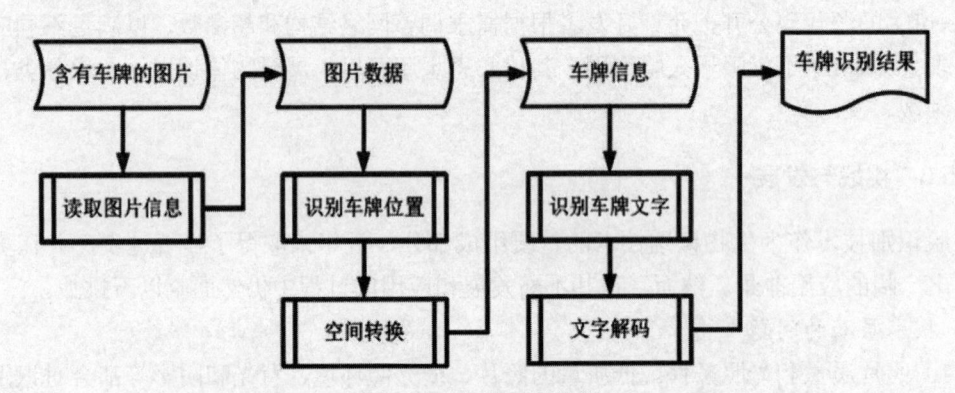

图 4-34 车牌识别流程

2. 概述

车牌识别技术的发展经历了多个阶段，从最初的手动识别到现在的全自动识别，技术不断进步，具体发展阶段如下。

（1）手动识别阶段。工作人员通过肉眼观察和记忆车牌号码来管理，效率低，容易受到人为因素的影响，且无法应对大规模的数据处理需求。

（2）半自动识别阶段。出现了基于光学字符识别技术的半自动车牌识别系统，能够自动捕捉车牌图像。并使用图像处理软件识别字符，但仍需人工干预，且在复杂环境下的识别效果不佳。

（3）全自动识别阶段。车牌识别技术取得了显著突破，发展出完全自动化的识别系统，结合了高速照相机、先进的图像处理算法和人工智能技术,能够在各种天气和光线条件下快速、准确地识别车牌。

(4) 人工智能与机器学习阶段。深度学习算法使得系统能够从大量数据中学习和优化识别模型,极大地提高了在复杂场景下的识别准确性。

(5) 多模态识别技术阶段。为了应对更加复杂的识别环境,如夜间、恶劣天气等,现代车牌识别系统开始采用多模态识别技术,结合可见光、红外线、微波等传感器数据,实现鲁棒性更强的识别效果。

(6) 物联网与云计算阶段。随着物联网和云计算技术的发展,车牌识别系统开始实现与其他智能交通系统的互联互通,系统数据可以实时上传到云端,为城市交通管理提供大数据支持,同时为用户提供更加便捷的服务,如在线支付、预约停车等。

4.6.2 主流算法

1. 卷积神经网络

卷积神经网络是一种专门用于处理图像数据的神经网络,其基本结构由卷积层、池化层和全连接层组成。

基于卷积神经网络的车牌识别系统整体业务流程设计,具体包括以下几个方面。

(1) 数据集准备。需要收集一定量的车牌图像数据并进行标注,形成用于训练和测试的数据集。

(2) 数据预处理。识别车牌时,需要对含有车牌的图像做前置处理,将干扰的图像元素从图像中剥离,进行图像归一化等操作,以便于卷积神经网络进行识别。

(3) 特征提取。基于卷积神经网络的车牌识别系统可以通过卷积层、池化层等操作提取车牌的特征,避免了传统方法需要手工设计特征的问题。

(4) 模型训练。通过使用标注数据集进行模型训练,采用交叉熵损失函数和梯度下降算法优化,得到车牌识别模型。

(5) 模型评估。通过使用测试数据集对训练得到的车牌识别模型评估,计算模型的准确率和召回率等指标。

(6) 模型优化。根据模型评估结果优化模型,包括增加数据集、调整模型结构、采用正则化等操作,以提高模型的准确率和鲁棒性。

(7) 系统实现。将训练好的车牌识别模型应用于实际场景,实现车牌识别系统。

由于卷积神经网络在识别过程中对图像的大小有一定要求,且受车牌图像质量、光照、天气、摄像头分辨率等影响,因此在实际应用中会受到一定程度的限制。另外,卷积神经网络只识别车牌图像中的字符,不处理车辆牌照外的部分。

综上所述,卷积神经网络在车牌识别中具有高精度、鲁棒性强、适应性强和可定制性等优点,但同时也存在训练数据要求高、计算资源消耗大、对特殊字符样式识别困难和过拟合风险等缺点。在实际应用中,需要根据具体场景和需求权衡这些优缺点,以选择合适的车牌识别方法。

2. Faster R-CNN

Faster R-CNN 网络流程图如图 4-35 所示。Faster R-CNN 网络由两部分组成,第一部分是区域建议网络（Region Proposal Network，RPN），该网络是一个全卷积神经网络，用来生成候选区域；第二部分是 Fast R-CNN 检测网络，将第一部分区域建议网络生成的候选区域送入 Fast R-CNN 检测网络，对候选区域进行分类和边界回归。两个网络连接后成为一个统一的网络。其中，两个网络在训练时可以共享基础卷积特征，分别用于各自的任务。

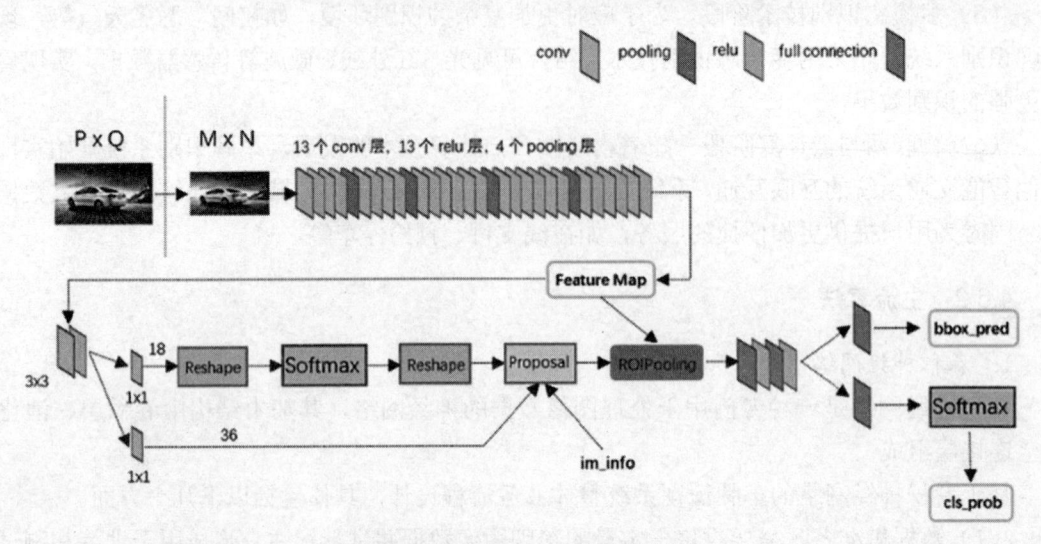

图 4-35　Faster R-CNN 网络流程图

Faster R-CNN 算法流程如下。

（1）将图像输入卷积神经网络得到相应的特征图。

（2）使用区域建设网络生成候选框，将区域建设生成的候选框投影到特征图上获得 ROI 区域的特征矩阵。

（3）将每个 ROI 区域的特征矩阵通过 ROI 池化层缩放到 7×7 大小的特征图，接着将特征图展平为 vector，之后通过一系列全连接层得到预测结果。

Faster R-CNN 把提取候选区域的任务交给卷积神经网络，区域建设网络是一种全卷积神经网络，它负责生产高质量的待检测物体候选框。它可以与后面的检测网络（Fast R-CNN）在训练时共享卷积特征，节省计算资源，使得区域建议几乎不花时间。从输入图像到输出检测结果，Faster R-CNN 真正做到了绝对意义上的 end-to-end（端到端）。

3. MobileNet

随着移动设备的普及，用于轻量级终端设备的应用的 MobileNet 于 2017 年诞生。MobileNet 是一种轻量级的卷积神经网络，旨在保持模型准确性的同时，尽可能地减小模型的尺寸和计算复杂度。

MobileNet 的主要设计思想是使用深度可分离卷积层替代传统的卷积层。深度可分离卷积层由深度卷积层和逐点卷积层组成。深度卷积层只考虑每个通道内的空间关系，逐点卷积层只考虑每个位置的通道关系。这种分离的方式使得 MobileNet 可以用更少的参数和计算量学习空间及通道的特征，从而减小了模型的尺寸和计算复杂度。MobileNet V1 架构如图 4-36 所示。

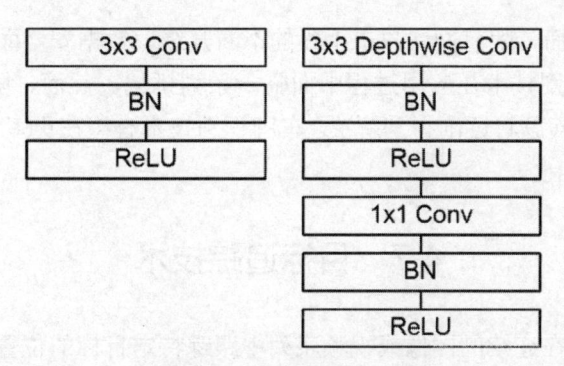

图 4-36 MobileNet V1 架构

MobileNet 的网络结构建立在深度可分离卷积的基础上。在深度卷积和逐点卷积之后，通常会加入归一化和激活层（如 BN 和 ReLU），使得 MobileNet 有效地在延迟和准确性之间权衡。

MobileNet 引入了两个全局超参数：宽度倍增器（Width Multiplier）和分辨率倍增器（Resolution Multiplier），它们允许用户根据具体需求调整模型的尺寸和计算量。

由于 MobileNet 具有轻量级、高效和准确的特点，因此被广泛应用于移动和嵌入式视觉应用，如目标检测、人脸属性识别、图像分类等。在车牌识别方面，MobileNet 能够实现高精度和快速的识别效果。

尽管 MobileNet 具有许多优点，但在某些特定场景下可能仍然存在一些挑战。例如，对于某些特殊字符样式或复杂背景的车牌图像，MobileNet 的识别效果可能会受到一定影响。此外，由于 MobileNet 采用深度可分离卷积等复杂结构，因此在训练过程中可能需要更多的计算资源和时间。

综上所述，MobileNet 作为一种轻量级的卷积神经网络，在移动和嵌入式视觉应用中具有广泛的应用前景及重要的研究价值。

4.6.3 挑战与发展

车牌识别技术在交通管理、停车场管理等领域发挥着重要作用，然而在实际应用中，它仍然面临以下挑战。

1. 技术层面的问题

车牌识别系统在不同光照条件下的准确性存在显著差异。强光、弱光、逆光等情况都会对图像质量和特征提取产生影响，进而影响车牌识别的准确性。恶劣的天气条件（如雨雪、大雾、沙尘暴等）会严重影响摄像机的图像采集质量，导致车牌图像模糊或失真，从而影响识别的准确性。不同国家和地区的车牌样式存在差异，如颜色、字体、字符间距等。准确识别不同样式的车牌是车牌识别面临的重要挑战。车辆高速行驶时，图像模糊和运动模糊等因素会导致车牌图像的失真及信息丢失，从而影响识别的准确性。

2. 社会与伦理层面的问题

车牌识别系统涉及大量个人信息，如车主的姓名、住址等。如果这些信息被滥用或泄露将对个人隐私造成严重威胁。

数据安全挑战存储和处理车牌识别数据的服务器需要严格的安全防护，以防止数据被非法盗取和非法使用。然而，随着网络攻击手段的不断升级，数据安全面临越来越大的挑战。

综上所述，车牌识别技术在应用过程中面临一系列挑战。然而，随着技术的不断进步和相关政策的完善，这些问题将逐渐得到解决。车牌识别技术有望在更多领域发挥重要作用，为人们的生活带来更多便利。

4.7 目标追踪技术

目标追踪技术是指在连续的图像或视频序列中跟踪特定目标的位置、运动和状态的过程。它是计算机视觉和机器学习领域的重要研究方向，具有广阔的应用前景。

4.7.1 定义与概述

1. 定义

目标追踪的基本思想是区分目标与背景，并使用特征（如目标的颜色、纹理、形状等）描述目标，然后根据目标的特征和运动模式，在连续的图像或视频帧中找到目标的位置和运动轨迹。目标追踪流程如图 4-37 所示。

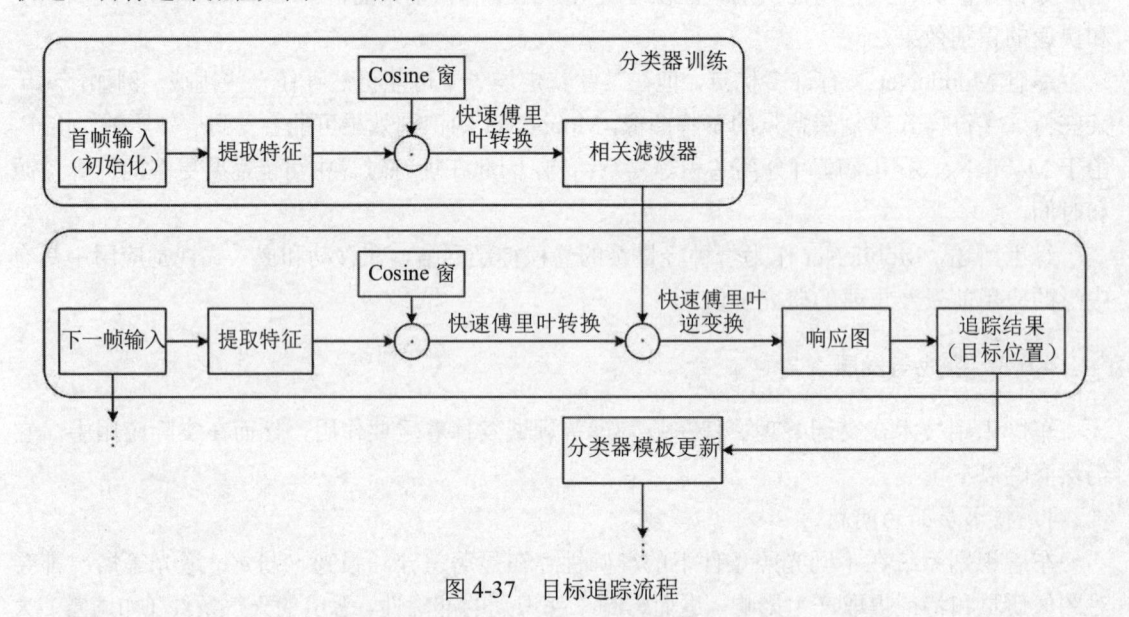

图 4-37 目标追踪流程

2. 概述

基于特征的目标追踪：利用目标的颜色、纹理、形状等特征追踪目标。常用的特征描述方法有直方图、Haar 特征、HOG 特征等。

基于模型的目标追踪：通过建立目标的运动模型或外观模型追踪目标。常用的模型包括卡尔曼滤波器、粒子滤波器等。这些方法可以预测目标的可能位置，并在连续帧中更新和修正预测结果。

基于深度学习的目标追踪：利用深度神经网络模型提取和学习目标的特征，并进行目标追踪。常见的深度学习模型有卷积神经网络、循环神经网络等。这些方法可以自动学习目标的复杂特征,并在连续帧中准确地跟踪目标。

目标追踪技术在以下领域有广阔的应用前景。

(1) 视频监控。在公共安全领域,目标追踪技术可以用于监控视频中的人员、车辆等目标的实时跟踪和定位,为安全防范提供有力支持。

(2) 自动驾驶。在自动驾驶领域,目标追踪技术可以用于识别、跟踪车辆、行人等道路参与者,为自动驾驶系统提供精准的决策依据。

(3) 人机交互。在人机交互领域,目标追踪技术可以用于识别用户的手势、姿态等动作,实现更加自然、智能的人机交互方式。

(4) 虚拟现实。在虚拟现实领域,目标追踪技术可以用于实现虚拟场景中物体的实时跟踪和交互,提高虚拟现实的沉浸感和真实感。

4.7.2 主流算法

1. 卷积神经网络

基于卷积神经网络的目标跟踪算法通常包括两个关键步骤:目标检测和目标跟踪。首先,通过卷积神经网络对视频帧检测目标,确定目标的位置和尺寸;接着,在后续的视频帧中利用卷积神经网络追踪目标,通过对目标特征的提取和匹配实现连续追踪。

CNN 用于目标追踪的其流程如下。

(1) 卷积神经网络。卷积神经网络是一种深度学习模型,其核心思想是通过卷积层、池化层、全连接层实现图像特征的提取和抽象。卷积神经网络能够自动学习图像中的层次特征,从而实现对目标的准确识别。

(2) 对象关键点(Keypoint)匹配。这是一种基于特征的目标追踪方法,通过比较目标的关键点特征实现目标的匹配和追踪。关键点通常是目标物体上的一些显著点或特征点,如角点、边缘点等。计算关键点之间的欧几里得距离或其他相似度度量,可以实现目标的跟踪。

(3) 卡尔曼滤波。卡尔曼滤波是一种基于概率的目标追踪方法,它利用目标的运动信息和观测信息预测目标的位置及速度。卡尔曼滤波能够处理噪声和不确定性,从而提高目标追踪的鲁棒性。

2. Siamese 网络

目标追踪是在视频流中追踪目标物体的过程。卷积神经网络可以通过提取和匹配目标特征实现目标的连续追踪。在目标追踪阶段,常用的方法包括 Siamese 网络和多帧追踪器。Siamese 网络通过比较目标模板和当前帧中的候选区域来追踪目标,多帧追踪器利用连续视频帧中的目标信息提高追踪的准确性和稳定性。

Siamese 网络,因其结构类似于"孪生"或"连体"的神经网络(又称孪生神经网络),是一种特殊的神经网络架构,主要用于解决小样本分类问题,特别是在人脸识别、相似性判断等任务中表现出色。

Siamese 网络是采用共享权重的双网络结构,即多个相同的子网络,每个子网络都由一个神经网络层和一个节点组成,如图 4-38 所示,两个子网络分别接收一对输入样本(如两幅图像或两个句子），并提取它们的特征向量。然后计算这两个特征向量之间的距离（如欧几里得距离或余弦相似度）来评估它们的相似度。

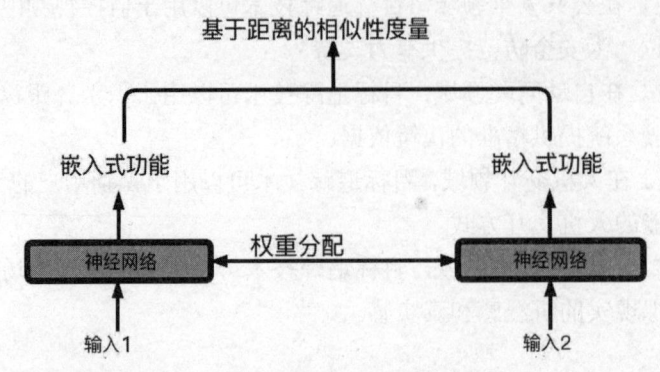

图 4-38　Siamese 网络

Siamese 网络是一种强大的工具，特别适用于处理小样本分类问题和相似性判断任务。随着技术的不断发展，Siamese 网络将在人工智能领域发挥更加重要的作用。

3. GOTURN

GOTURN（Generic Object Tracking Using Regression Networks）是一种基于深度学习的追踪算法，如图 4-39 所示。

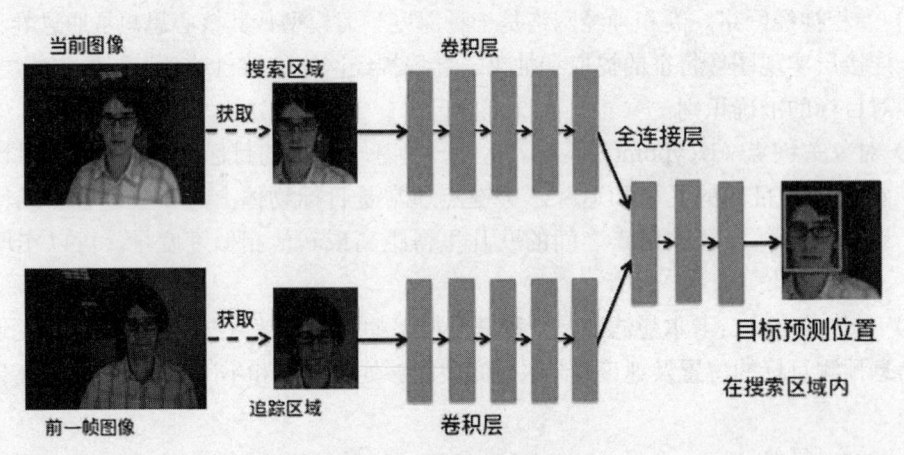

图 4-39　GOTURN 算法

将之前帧与当前帧送入已训练好的神经网络，最终获得当前帧的追踪输出。

大多数追踪算法都是在线训练的。换句话说，追踪算法在运行时学习它所追踪的对象的外观。

因此，许多实时追踪器依赖通常比基于深度学习的解决方案快得多的在线学习算法。

GOTURN 通过离线学习对象的运动改变了将深度学习应用于追踪问题的方式。GOTURN 模型在数千个视频序列上训练，不需要在运行时执行任何学习。GOTURN 将两个裁剪的帧作为输入，并在第二帧中输出对象周围的边界框。GOTURN 是使用从数千个视频中剪切的一对帧训练的。

GOTURN算法在多种应用场景中表现出色，包括但不限于以下场景。

（1）视频监控。实时追踪特定个体或物体，如行人、车辆等。

（2）自动驾驶。帮助车辆或其他自动化设备识别并追踪道路中的目标，提高自动驾驶的安全性和可靠性。

（3）运动分析。在体育赛事中追踪运动员或运动物体，用于动作识别和性能评估。

（4）安全防护。在家庭或商业环境中监控潜在的入侵者或异常行为，提高安全防护水平。

同时，GOTURN算法面临一些挑战，如处理复杂场景下的目标遮挡、运动模糊等问题。这些挑战需要研究者不断探索和创新，以推动目标追踪技术的持续发展。

综上所述，GOTURN算法作为一种基于深度学习的目标追踪算法，具有高效率、通用性和准确性等优点。在多种应用场景中表现出色，并有望得到更广泛的应用和发展。

4.7.3 挑战与发展

目标追踪技术是计算机视觉领域的一个重要问题，其在实际应用中面临以下挑战。

1. 技术挑战

（1）目标遮挡。当目标在运动过程中被其他物体遮挡时，追踪算法可能会将遮挡物误认为是目标，导致追踪失败或漂移到遮挡物上。解决方案是采用复杂的数据关联和融合算法，以及深度学习技术提高算法的鲁棒性，使其在目标被遮挡时仍能准确追踪。

（2）光照变化。光照强度的变化会影响目标的图像特征，使得追踪算法难以准确识别目标。解决方案是研究光照不变性特征或采用自适应的光照补偿算法来降低光照变化对追踪的影响。

（3）目标姿态变化。运动目标的姿态变化会导致其特征和外观模型发生改变，从而增大追踪难度。解决方案是设计能够自适应目标姿态变化的追踪算法，如采用深度学习技术提取鲁棒性更强的特征。

（4）运动模型不准确。如果运动模型不能准确地描述目标的运动状态，就会导致追踪算法的性能下降。解决方案是研究更加准确的运动模型，如采用基于学习的运动模型或结合多种运动模型的方法。

2. 实际问题

（1）实时性问题。在实际应用中，目标追踪算法需要满足实时性的要求，即能够在有限时间内完成目标的检测和追踪。解决方案是优化算法的计算效率，采用高效的特征提取和匹配方法，以及利用并行计算和硬件加速技术提高算法的实时性。

（2）多目标追踪。在复杂场景中，可能存在多个需要同时追踪的目标，增大了算法的复杂性和计算量。解决方案是研究多目标追踪算法，如采用基于数据关联的方法或深度学习技术实现准确追踪多个目标。

（3）传感器噪声和干扰。在实际应用中，传感器可能会受到噪声和干扰的影响，导致采集的数据不准确或存在误差。解决方案是采用滤波和去噪算法处理传感器数据，以提高数据的准确性和可靠性。

（4）算法鲁棒性和稳定性。目标追踪算法需要能够在复杂场景下保持鲁棒性和稳定性，以应对突发情况和挑战。解决方案是通过大量的实验和测试验证算法的性能，不断优化算法的设计和实现方法。

综上所述，目标追踪技术面临诸多挑战与问题。为了克服这些挑战和解决问题，需要不断研究新的算法和技术，提高算法的准确性和鲁棒性，以满足实际应用的需求。

单 元 测 试

一、单项选择题

1. 提出残差结构，能训练超深百层网络的模型是（   ）。
   A．AlexNet　　　　B．VGGNet　　　　C．Inception　　　　D．ResNet
2. YOLO 网络的主要优点是（   ）。
   A．模型结构简单　　　　　　　　　B．训练时间短
   C．检测精度高　　　　　　　　　　D．实时检测
3. Faster R-CNN 的主要贡献是（   ）。
   A．轻量级模型　　　　　　　　　　B．高精度定位
   C．端到端框架　　　　　　　　　　D．快速检测
4. CNN 模型在车牌识别中主要用于（   ）。
   A．定位车牌　　　　　　　　　　　B．判断车牌颜色
   C．提取图像特征　　　　　　　　　D．输出车牌字符
5. 首次在 LFW 数据集上超过人眼识别准确率的模型是（   ）。
   A．DeepFace　　　B．FaceNet　　　C．DeepID　　　D．SphereFace
6. MobileNet 的主要特点是（   ）。
   A．计算量小　　　　　　　　　　　B．解释性强
   C．环境适应性强　　　　　　　　　D．鲁棒性强
7. Fast R-CNN 相比 R-CNN 的改进主要是（   ）。
   A．候选框生成自动化　　　　　　　B．卷积网络加深
   C．区域池化提速　　　　　　　　　D．无人驾驶应用
8. FCN 的主要创新点是（   ）。
   A．编码器—解码器结构　　　　　　B．全卷积网络
   C．多尺度特征　　　　　　　　　　D．空洞卷积
9. EfficientDet 网络的主要特点是（   ）。
   A．计算量小　　B．检测范围广　　C．易部署　　D．鲁棒性强
10. U-Net 最初是为（   ）领域设计的分割模型。
    A．遥感影像　　B．医学图像　　C．场景分割　　D．视频处理
11. R-CNN 的主要创新点是（   ）。
    A．候选框生成　　B．卷积网络　　C．目标追踪　　D．图像分割

12. （　　）模型被认为是第一种成功应用于图像分类的卷积神经网络。
    A．AlexNet　　　　B．VGGNet　　　　C．LeNet　　　　D．ResNet
13. PoseNet 的应用场景是（　　）。
    A．工业质检　　　　B．医学影像　　　　C．移动设备　　　　D．自动驾驶
14. 在 ImageNet 大赛中取得历史性突破的模型是（　　）。
    A．LeNet　　　　B．AlexNet　　　　C．VGGNet　　　　D．ResNet

二、多项选择题

1. CNN 在目标追踪中面临的挑战包括（　　）。
    A．无法处理遮挡情况　　　　　　B．对运动模糊敏感
    C．需手动设计目标特征　　　　　D．对复杂场景的适应性差
2. Faster R-CNN 的优点有（　　）。
    A．计算量小　　　　　　　　　　B．检测精度高
    C．实现端到端目标检测　　　　　D．易模型压缩
3. AlexNet 的创新和贡献有（　　）。
    A．提出深度卷积网络
    B．证明大数据集与强大算力的重要性
    C．在 ImageNet 大赛上取得历史最佳成绩
    D．开创了图像分类的新纪元
4. GOTURN 的特点包括（　　）。
    A．使用注意力机制　　　　　　　B．实现实时追踪
    C．采用端到端框架　　　　　　　D．无需 Offline 训练
5. Faster R-CNN 的创新点包括（　　）。
    A．特征金字塔　　　　　　　　　B．区域池化层
    C．候选框自动生成　　　　　　　D．目标追踪
6. DeepLab 引入了（　　）新思想。
    A．批量归一化　　　　　　　　　B．空洞卷积
    C．多尺度分割策略　　　　　　　D．Residual 连接
7. 当前人脸识别技术面临的主要挑战包括（　　）。
    A．光照变化　　　　　　　　　　B．伪装识别
    C．模型解析度　　　　　　　　　D．种族偏见
8. EfficientDet 的特点包括（　　）。
    A．轻量级　　　　　　　　　　　B．高效
    C．易部署　　　　　　　　　　　D．鲁棒性强
9. 目标追踪技术的主要应用领域包括（　　）。
    A．图像处理　　　　　　　　　　B．视频监控
    C．自动驾驶　　　　　　　　　　D．机器人

10. YOLO 网络的优点包括（　　）。
    A．检测精度高　　　　　　　　B．实时检测
    C．结构简单　　　　　　　　　D．训练时间短
11. Faster R-CNN 相比 Fast R-CNN 有（　　）创新。
    A．区域池化层　　　　　　　　B．特征金字塔结构
    C．候选框自动生成　　　　　　D．更深的卷积网络
12. DeepID 系列模型的主要贡献有（　　）。
    A．提出多任务学习框架　　　　B．使用大规模标注训练集
    C．提出 triplet loss　　　　　　D．持续优化网络结构
13. Mask R-CNN 的功能包括（　　）。
    A．图像分类　　　　　　　　　B．目标检测
    C．实例分割　　　　　　　　　D．姿态估计
14. 当前图像分类研究的热点方向有（　　）。
    A．模型压缩　　　　　　　　　B．小样本学习
    C．自动机器学习　　　　　　　D．计算机图形学

三、判断题

1. MobileNet 是轻量级卷积神经网络。　　　　　　　　　　　　　（　　）
2. YOLO 网络可以检测小目标。　　　　　　　　　　　　　　　　（　　）
3. Hourglass 网络能够在不同的尺度下检测关键点和姿势。　　　　（　　）
4. ResNet 解决了卷积网络训练过程中的梯度消失问题。　　　　　（　　）
5. Siamese 网络依靠 Negative 样本提高性能。　　　　　　　　　　（　　）
6. Hourglass 网络适合在移动设备上部署使用。　　　　　　　　　（　　）
7. LeNet 包含多达百层的网络结构。　　　　　　　　　　　　　　（　　）
8. R-CNN 是一种单阶段目标检测模型。　　　　　　　　　　　　（　　）
9. EfficientDet 主要用于服务器端部署。　　　　　　　　　　　　（　　）

第 5 章　深度学习智能视觉模型

本章导读

本章深入探讨了深度学习在智能视觉领域的三个重要模型：FSRCNN 图像超分辨率重建模型、MobileNet 图像分类模型和 YOLO 目标检测模型。首先详细介绍了 FSRCNN 模型的架构、实现方法、训练环境要求以及边缘设备部署过程，包括特征提取层、收缩层、非线性映射层、扩展层和反卷积层五个关键组成部分，并提供了完整的模型实现代码，涵盖数据集处理、模型参数设置和训练过程。接着重点阐述了 MobileNet 图像分类模型，深入解析了其创新的网络结构，如 Block 更新、激活函数重设计、耗时层优化等，同时给出了详细的训练环境配置和代码实现。最后全面剖析了 YOLO 目标检测模型，从算法原理到版本演进（v1～v8），再到实际应用中的数据标注、数据集扩展、模型训练和推理等内容。YOLO 部分不仅深入讲解了算法原理，还提供了实用的数据标注指南和数据集扩展方法。本章在理论与实践并重的同时，特别关注了模型在边缘设备上的部署问题，每个模型部分都包含模型保存、推理代码说明和部署效果测试的内容，为读者在实际应用中提供有力指导。通过系统学习本章内容，读者能够全面掌握这三个重要视觉模型的原理、实现和应用，提升在图像超分辨率重建、图像分类和目标检测等关键视觉任务上的技术能力。本章为读者提供了一个全面、深入的学习资源，帮助其在智能视觉领域的核心技术上建立扎实的理论基础和实践能力。同时，本章旨在培养读者的创新精神和责任意识，鼓励他们将所学知识应用于解决实际问题，为推动我国人工智能技术的发展和应用作出贡献，以科技创新助力国家发展战略，实现技术自立自强。

5.1　FSRCNN 图像超分辨率重建模型

FSRCNN（Fast Super-Resolution Convolutional Neural Network）是一种高效的图像超分辨率重建模型。该模型通过卷积神经网络结构，能够将低分辨率图像转换为高分辨率图像。FSRCNN 与传统的超分辨率方法不同，它直接在低分辨率空间进行特征提取和非线性映射，然后通过反卷积操作放大图像。与其他方法相比，FSRCNN 在保持高性能的同时显著提高了计算效率。其主要优点包括较高的处理速度、较小的模型尺寸以及在图像细节重建上的优越表现，因此被广泛应用于图像处理领域。

5.1.1　FSRCNN 模型架构详解

FSRCNN 模型架构如图 5-1 所示。

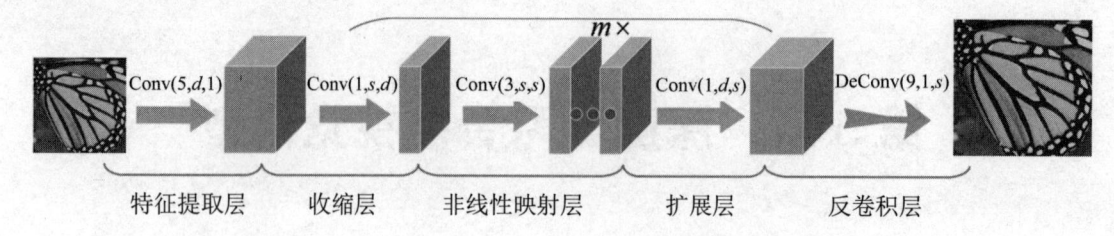

图 5-1 FSRCNN 模型架构

FSRCNN 模型在保证高效计算的同时，能够有效重建高分辨率图像。

1. 特征提取层

特征提取层由若干个卷积层组成，负责从低分辨率图像中提取特征。通过使用小卷积核（如 3×3），可以高效地捕捉图像中的局部特征。

2. 收缩层

收缩层通过使用 1×1 卷积核减小特征图像的维度，从而减少计算量和模型参数。这一步使得模型更加高效，同时保留了重要的特征信息。

3. 非线性映射层

非线性映射层包含若干个卷积层和激活函数，负责将低分辨率特征映射到高分辨率特征空间。该层通过多个卷积操作和非线性激活函数的组合，增强了模型的表达能力。

4. 扩展层

扩展层使用 1×1 卷积核将特征图像的维度恢复到原始尺寸，确保模型在保持高效性的同时生成高质量的图像特征。

5. 反卷积层

反卷积层，通过反卷积（或上采样）操作将处理后的特征图像从低分辨率放大到高分辨率。这是 FSRCNN 与传统超分辨率方法的主要区别，它直接在低分辨率空间处理，然后通过反卷积放大图像。

5.1.2 FSRCNN 模型实现

1. 数据集参数设置

定义数据存放路径、裁剪尺寸、放大比例和 CPU 核心数。

2. 模型参数设置

配置第一层和最后一层卷积的核尺寸、中间层卷积的核尺寸、中间层通道数量以及残差模块数量。

3. 学习参数设置

设置预训练模型路径、批大小、轮数起始位置、迭代轮数、工作线程数和学习率。

4. 设备参数设置

检测是否支持 GPU，设置训练设备，并配置 CUDA 加速。

5. 初始化

初始化 FSRCNN 模型和优化器，将模型迁移到设备上，并定义损失函数。

6. 加载预训练模型（如果有）

加载预训练模型的权重和优化器状态。

7. 数据加载

使用定制化的 DataLoader 加载训练数据集，进行裁剪和归一化处理。

8. 训练过程

（1）逐轮训练模型。

（2）每轮训练包括设置模型为训练模式；初始化损失统计器；按批处理数据，将低分辨率和高分辨率图像移至设备；前向传播计算生成的高分辨率图像；计算损失并进行后向传播；更新模型参数；记录和监控损失值以及图像变化。

9. 保存和监控

（1）每轮训练结束后，保存模型的权重和优化器状态。

（2）监控损失值变化和生成图像，通过 TensorBoard 进行可视化。

（3）训练结束后，关闭监控。

10. 训练代码实现

```python
import torch.backends.cudnn as cudnn
import torch
from torch import nn
from torchvision.utils import make_grid
#from torch.utils.tensorboard import SummaryWriter
from tensorboardX import SummaryWriter
from models import FSRCNN
from datasets import SRDataset
from utils import *
#数据集参数
data_folder = './data/'        #数据存放路径
crop_size = 96                 #高分辨率图像裁剪尺寸
scaling_factor = 4             #放大比例
num_workers=6                  #CPU 核心数
#模型参数
large_kernel_size = 9          #第一层卷积和最后一层卷积核的大小
small_kernel_size = 3          #中间层卷积核的大小
n_channels = 16                #中间层通道数量
n_blocks = 4                   #残差模块数量
#学习参数
checkpoint = None              #预训练模型路径，若不存在则为 None
batch_size = 16                #批大小
start_epoch = 1                #轮数起始位置
epochs = 390                   #迭代轮数
workers = 4                    #工作线程数
lr = 1e-4                      #学习率
#设备参数
device = torch.device("cuda" if torch.cuda.is_available() else "cpu") #创建训练设备，检测是否支持显卡 GPU
ngpu = 1                       #用来运行的 GPU 数量
```

```python
        cudnn.benchmark = True              #对卷积进行加速
        writer = SummaryWriter()             #实时监控，使用命令 tensorboard --logdir runs 查看
        def main():
            """
            训练.
            """
            global checkpoint, start_epoch, writer
            #初始化
            model = FSRCNN(scaling_factor, num_channels=3, d=56, s=12, m=4)   #从 model.py 文件调用 FSRCNN 模型
            #初始化优化器
            optimizer = torch.optim.Adam(params=filter(lambda p: p.requires_grad, model.parameters()), lr=lr)
            #迁移至默认设备训练
            model = model.to(device)
            criterion = nn.MSELoss().to(device)   #计算训练产生的损失，MSELoss 估计量的均方误差，是反应估计量与被估计量差异程度的一种度量
            #加载预训练模型
            if checkpoint is not None:   #预训练模型路径，若不存在则为 None
                checkpoint = torch.load(checkpoint)   #加载路径
                start_epoch = checkpoint['epoch'] + 1
                model.load_state_dict(checkpoint['model'])
                optimizer.load_state_dict(checkpoint['optimizer'])
            if torch.cuda.is_available() and ngpu > 1:
                model = nn.DataParallel(model, device_ids=list(range(ngpu)))   #DataParallel 是多 GPU 训练函数
            #定制化的 DataLoader，用于训练
            train_dataset = SRDataset(data_folder, split='train',
                                      crop_size=crop_size,
                                      scaling_factor=scaling_factor,
                                      lr_img_type='imagenet-norm',
                                      hr_img_type='[-1, 1]')
            train_loader = torch.utils.data.DataLoader(train_dataset,
                batch_size=batch_size,
                shuffle=True,
                num_workers=workers,
                pin_memory=True)   #torch.utils.data.DataLoader 用于将自定义的数据读取接口的输出按照 batch size 封装成 Tensor
            #开始逐轮训练
            for epoch in range(start_epoch, epochs+1):        #range()函数可创建一个整数列表，一般用在 for 循环中
                model.train()                          #训练模式：允许使用批样本归一化
                loss_epoch = AverageMeter()            #统计损失函数
                n_iter = len(train_loader)
                #按批处理
                for i, (lr_imgs, hr_imgs) in enumerate(train_loader):
                    #数据移至默认设备训练
                    lr_imgs = lr_imgs.to(device)     #(batch_size (N), 3, 24, 24)，imagenet-normed 格式
                    hr_imgs = hr_imgs.to(device)     #(batch_size (N), 3, 96, 96)，[-1, 1]格式
```

```
            #前向传播
            sr_imgs = model(lr_imgs)
            #计算损失
            loss = criterion(sr_imgs, hr_imgs)
            #后向传播
            optimizer.zero_grad()
            loss.backward()
            #更新模型
            optimizer.step()
            #记录损失值
            loss_epoch.update(loss.item(), lr_imgs.size(0))
            #监控图像变化
            if i == (n_iter 2):
                writer.add_image('FSRCNN/epoch_'+str(epoch)+'_1', make_grid(lr_imgs[:4, :3, :, :].cpu(), nrow=4, normalize=True), epoch)
                writer.add_image('FSRCNN/epoch_'+str(epoch)+'_2', make_grid(sr_imgs[:4, :3, :, :].cpu(), nrow=4, normalize=True), epoch)
                writer.add_image('FSRCNN/epoch_'+str(epoch)+'_3', make_grid(hr_imgs[:4, :3, :, :].cpu(), nrow=4, normalize=True), epoch)
            #打印结果
            print("第 "+str(i)+" 个 batch 训练结束"+str(loss))
        #手动释放内存
        del lr_imgs, hr_imgs, sr_imgs
        #监控损失值变化
        writer.add_scalar('FSRCNN/MSE_Loss', loss_epoch.val, epoch)
        #保存预训练模型
        torch.save({
            'epoch': epoch,
            'model': model.state_dict(),
            'optimizer': optimizer.state_dict()
        }, 'results/checkpoint_FSRCNN.pth')

    #训练结束关闭监控
    writer.close()
if __name__ == '__main__':
    main()
```

5.1.3 FSRCNN 模型训练环境要求

1. Ubuntu 操作系统

推荐使用 Ubuntu 18.04 LTS 或更高版本。Ubuntu 是一个稳定、广泛支持的 Linux 发行版，非常适合深度学习任务。

2. Python 环境

安装 Python 3.6 或更高版本。可以使用 Ubuntu 的包管理器 apt 安装，或者使用 Anaconda 管理 Python 环境，更推荐后者，因为它可以更好地处理依赖关系。

3. 深度学习框架

安装 PyTorch 或 TensorFlow。推荐使用 PyTorch，因为它在研究社区中更受欢迎。可以通过 pip 或 conda 安装，注意选择与 CUDA 版本兼容的版本。

4. 其他 Python 库

使用 pip 或 conda 安装必要的 Python 库，包括 NumPy、Scipy、Pillow、h5py 和 matplotlib。这些库提供了数据处理、图像操作和可视化的功能。安装命令如下：

```
pip install numpy scipy pillow h5py matplotlib
```

5. 开发工具

使用 PyCharm 作为集成开发环境。PyCharm 是一个功能强大的 Python IDE，特别适合深度学习项目开发。确保在 PyCharm 中正确配置 Python 环境和项目依赖，以便顺利对 FSRCNN 进行开发和实验。

5.1.4 FSRCNN 模型训练

1. 创建新项目

打开 PyCharm，单击菜单栏 File→New Project 命令。

选择项目位置，确保选择使用现有的 Conda 环境，单击 Create 按钮，如图 5-2 所示。

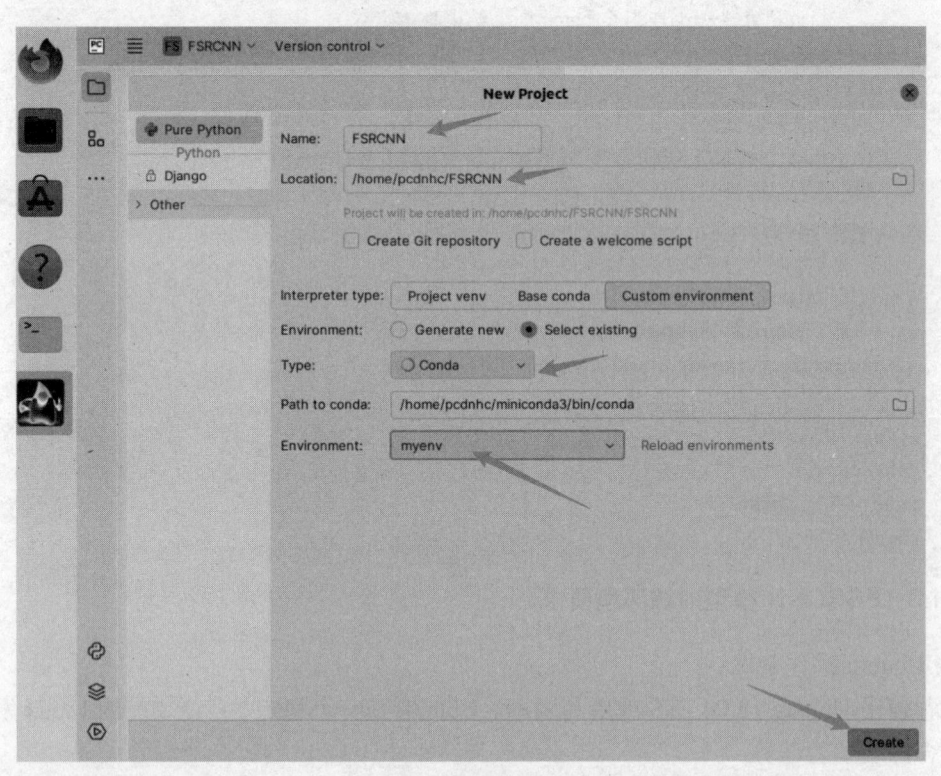

图 5-2 新建项目

如果没有自动识别就可以手动添加。单击菜单栏 File→Settings→Project：→Your Project Name→Python Interpreter 命令，选择使用现有的 Conda 环境。

2. 导入项目文件

将 FSRCNN 模型的相关代码文件（如 models.py、datasets.py、utils.py）复制到项目文件中，项目结构如图 5-3 所示。

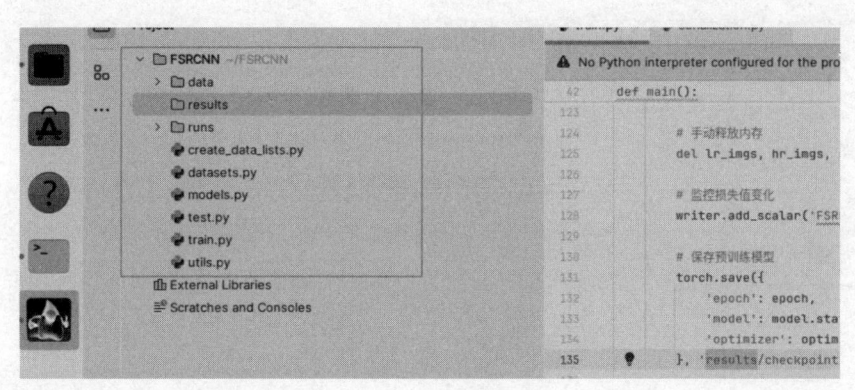

图 5-3　项目结构

3. 运行数据集生成和训练代码

打开 create_data_lists.py，在代码处右击，在弹出的菜单中选择 RUN 命令，打开"环境配置"窗口，设置如图 5-4 所示。

图 5-4　设置环境

单击 Run 按钮，运行完成后，继续运行 train.py。

4. 安装必要的库

确保在终端（PyCharm 集成终端或系统终端）激活项目的虚拟环境，若运行过程弹出如下错误：

ModuleNotFoundError: No module named 'tensorboardX'

则先激活环境，指令如下：

source activate myenv

安装所需 Python 库，安装指令如下：
pip install tensorboardX -i https://pypi.mirrors.ustc.edu.cn/simple/
安装结果如图 5-5 所示。

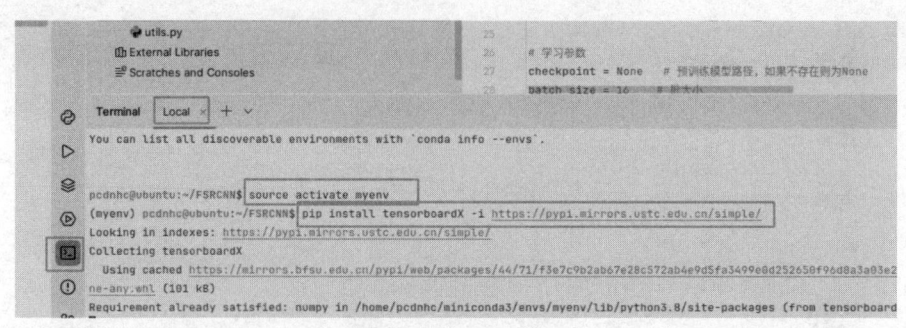

图 5-5　安装结果

5. 编辑训练脚本

在 train.py 文件中，根据实际情况编辑数据集路径、模型参数等。调试正确后，模型训练情况如图 5-6 所示。

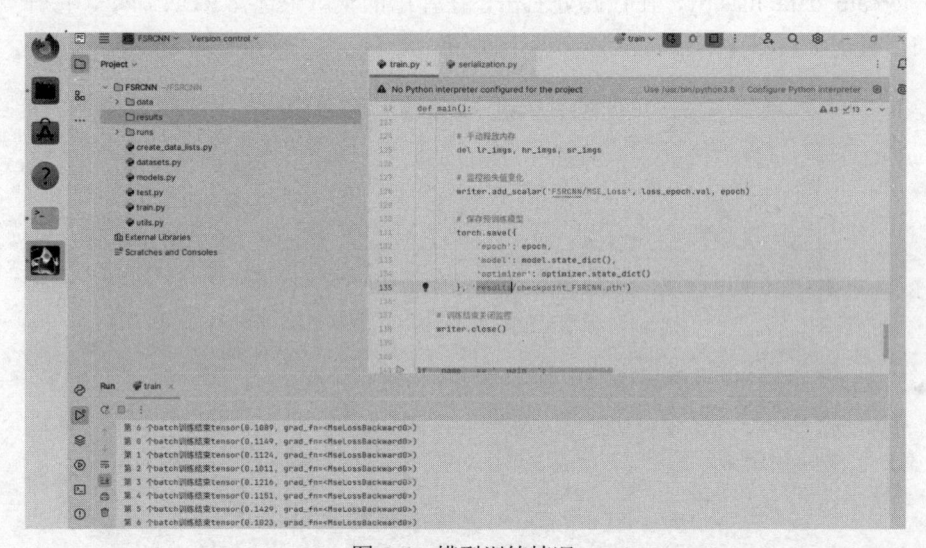

图 5-6　模型训练情况

5.1.5　模型在边缘设备上的部署

1. 保存训练好的模型

确保在训练过程中保存的模型权重（checkpoint_FSRCNN.pth）可以在边缘设备上部署时使用。模型保存代码在 train.py 的 torch.save 部分已经包含。

2. 推理代码说明

打开推理脚本 test.py，加载保存的模型并在边缘设备上进行图像超分辨率处理。

```
from utils import *
from torch import nn
```

```python
from models import FSRCNN
import time
from PIL import Image
from torch.autograd import Variable
from torchvision.transforms import ToTensor   #将导入图片（一般图片的类型都是 numpy.ndarray）转换成 tensor 类型
import torchvision.transforms as transforms
#测试图像
imgPath = './results/test.jpg'
#模型参数
large_kernel_size = 9        #第一层卷积和最后一层卷积核的大小
small_kernel_size = 3        #中间层卷积核的大小
n_channels = 64              #中间层通道数量
n_blocks = 16                #残差模块数量
scaling_factor = 4           #放大比例
device = torch.device("cuda" if torch.cuda.is_available() else "cpu")

if __name__ == '__main__':
    #预训练模型
    #srgan_checkpoint = "./results/checkpoint_srgan.pth"
    FSRCNN_checkpoint = "./results/checkpoint_FSRCNN.pth"
    #加载模型 SRResNet 或 SRGAN
    checkpoint = torch.load(FSRCNN_checkpoint,map_location='cpu') #若有显卡，则删除第 2 个参数 map_location='cpu'
    generator = FSRCNN(scaling_factor, num_channels=3, d=56, s=12, m=4)   #从 model.py 文件调用 FSRCNN 模型
    generator = generator.to(device)
    generator.eval()
    model = generator
    #加载图像
    img = Image.open(imgPath, mode='r')
    img = img.convert('RGB')
    #双线性上采样
    Bicubic_img = img.resize((int(img.width * scaling_factor),int(img.height * scaling_factor)), Image.BICUBIC)
    Bicubic_img.save('./results/test_bicubic.jpg')
    #图像预处理
    lr_img = convert_image(img, source='pil',   target='imagenet-norm')
    lr_img.unsqueeze_(0)
    #记录时间
    start = time.time()
    #转移数据至设备
    lr_img = lr_img.to(device)    #(1, 3, w, h)，imagenet-normed 格式
    #模型推理
    with torch.no_grad():
        sr_img = model(lr_img).clamp(-1, 1).squeeze(0).cpu().detach()   #(1, 3, w*scale, h*scale)，[-1, 1]格式
        print(sr_img)
```

```
        sr_img = convert_image(sr_img, source='[-1, 1]', target='pil')
        print(sr_img)
        sr_img.save('./results/test-lin.jpg')
    print('用时    {:.3f} 秒'.format(time.time()-start))
```

3. 测试部署效果

运行 test.py，在 results 文件夹下生成两个图像文件，test_bicubic 是普通插值放大 4 倍的图片，test-lin 是超分辨率放大 4 倍的图片。打开两张图，分别对比放大效果。

通过以上步骤，可在边缘设备上配置、编辑、测试和部署 FSRCNN 模型。使用 PyCharm 开发，可以充分利用其强大的代码编辑和调试功能，加快开发和部署过程。

5.2 MobileNet 图像分类模型

5.2.1 MobileNetV3 模型架构解析

MobileNetV3 是由 Google 公司的研发团队在 2019 年提出的一种高效的深度神经网络架构，特别适用于移动设备。相比于 MobileNetV2，MobileNetV3 在性能和效率方面都显著提升。它的设计主要依赖三个核心改进：Block（bneck）的更新、激活函数的重新设计，以及耗时层结构的优化。此外，它还结合了神经架构搜索优化网络结构。MobileNetV3-Small 网络模型如图 5-7 所示。

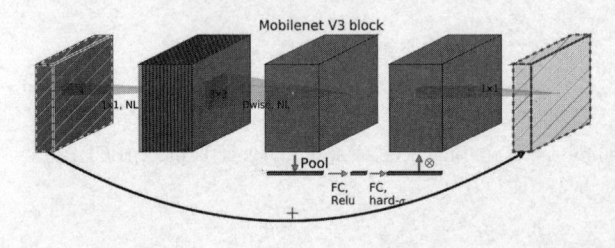

Input	Operator	exp size	#out	SE	NL	s
$224^2 \times 3$	conv2d, 3×3	-	16	-	HS	2
$112^2 \times 16$	bneck, 3×3	16	16	√	RE	2
$56^2 \times 16$	bneck, 3×3	72	24	-	RE	2
$28^2 \times 21$	bneck, 3×3	88	24	-	RE	1
$28^2 \times 24$	bneck, 5×5	96	40	√	HS	2
$14^2 \times 40$	bneck, 5×5	240	40	√	HS	1
$14^2 \times 40$	bneck, 5×5	240	40	√	HS	1
$14^2 \times 40$	bneck, 5×5	120	48	√	HS	1
$14^2 \times 48$	bneck, 5×5	144	48	√	HS	1
$14^2 \times 48$	bneck, 5×5	288	96	√	HS	2
$7^2 \times 96$	bneck, 5×5	576	96	√	HS	1
$7^2 \times 96$	bneck, 5×5	576	96	√	HS	1
$7^2 \times 96$	conv2d, 1×1	-	576	√	HS	1
$7^2 \times 576$	pool, 7×7	-	-	-	-	1
$1^2 \times 576$	conv2d 1×1, NBN	-	1024	-	HS	1
$1^2 \times 1024$	conv2d 1×1, NBN	-	k	-	-	1

图 5-7 MobileNetV3-Small 网络模型

1. Block（bneck）的更新

MobileNetV3 引入了注意力机制（SE 模块）和新的激活函数，更新了原有的 Block（bneck）结构。SE 模块通过对每个通道进行池化处理，计算出每个通道的重要性权重。在具体实现上，首先对每个通道进行平均池化；然后通过两个全连接层计算出权重向量，使用 Hard-Sigmoid 激活函数得到最终的通道权重，并将其与原始特征矩阵相乘，从而调整通道的重要性。

2. 激活函数的重新设计

在激活函数方面，MobileNetV3 放弃了 MobileNetV2 使用的 ReLU6，改用了更加复杂的

swish 激活函数。然而，由于 swish 激活函数在计算和求导方面较复杂，且对量化过程不友好，因此 MobileNetV3 引入了 h-swish 激活函数。h-swish 是一种更简化的激活函数，公式为 ReLU6(x+3)/6×x，它在保持 Swish 准确率提升的同时，显著减小了计算复杂度，尤其适合移动端设备。

3. 耗时层结构的优化

MobileNetV3 对耗时层结构进行了重新设计，特别是优化了针对第一层和最后一层的卷积操作。首先，将第一层卷积核的数量从 32 减小到 16，以减少计算量，同时保持模型的准确率；其次，精简了网络的最后几层，将原有的复杂结构替换为平均池化和两个卷积层的组合。通过这些调整，MobileNetV3 的推理速度得到显著提升，同时保持了较高的准确率。

4. 网络结构配置

MobileNetV3 提供了两种网络结构：MobileNetV3-large 和 MobileNetV3-small，分别适用于不同的计算资源和应用场景。其网络配置表展示每层的输入形状、输出通道大小、扩展尺寸（exp size）、是否使用 SE 模块、激活函数类型、卷积核的大小和步幅（stride）。只有当 stride = 1 且 input channel = output channel 时，才会有 shortcut 连接。

5. 神经架构搜索

MobileNetV3 的设计过程结合了神经架构搜索算法，首先使用神经架构搜索出初步的网络结构；然后使用 NetAdapt 确定每个滤波器的通道数量；通过反复地搜索和优化，最终确定适合移动设备的网络架构。这种方法确保了 MobileNetV3 在准确率和推理速度之间达到了良好的平衡。

总之，MobileNetV3 的架构设计在继承前代 MobileNet 优势的基础上优化了网络的计算效率和准确率，在移动设备上的表现尤为突出。

5.2.2 MobileNet 模型实现

MobileNet 模型可以通过多种深度学习框架实现，如 TensorFlow、PyTorch 等。以下是基于 PyTorch 的实现示例。

```
import torch
import torch.nn as nn
import torch.nn.functional as F
class DepthwiseSeparableConv(nn.Module):
    def __init__(self, in_channels, out_channels, stride=1):
        super(DepthwiseSeparableConv, self).__init__()
        self.depthwise = nn.Conv2d(in_channels, in_channels, kernel_size=3, stride=stride, padding=1, groups=in_channels, bias=False)
        self.pointwise = nn.Conv2d(in_channels, out_channels, kernel_size=1, stride=1, padding=0, bias=False)
        self.bn = nn.BatchNorm2d(out_channels)
        self.relu = nn.ReLU(inplace=True)
    def forward(self, x):
        x = self.depthwise(x)
        x = self.pointwise(x)
        x = self.bn(x)
```

```python
            return self.relu(x)
class MobileNet(nn.Module):
    def __init__(self, num_classes=1000, width_multiplier=1.0):
        super(MobileNet, self).__init__()
        def conv_bn_relu(in_channels, out_channels, stride):
            return nn.Sequential(
                nn.Conv2d(in_channels, out_channels, kernel_size=3, stride=stride, padding=1, bias=False),
                nn.BatchNorm2d(out_channels),
                nn.ReLU(inplace=True)
            )
        self.model = nn.Sequential(
            conv_bn_relu(3, int(32 * width_multiplier), stride=2),
            DepthwiseSeparableConv(int(32 * width_multiplier), int(64 * width_multiplier)),
            DepthwiseSeparableConv(int(64 * width_multiplier), int(128 * width_multiplier), stride=2),
            DepthwiseSeparableConv(int(128 * width_multiplier), int(128 * width_multiplier)),
            DepthwiseSeparableConv(int(128 * width_multiplier), int(256 * width_multiplier), stride=2),
            DepthwiseSeparableConv(int(256 * width_multiplier), int(256 * width_multiplier)),
            DepthwiseSeparableConv(int(256 * width_multiplier), int(512 * width_multiplier), stride=2),
            *[DepthwiseSeparableConv(int(512 * width_multiplier), int(512 * width_multiplier)) for _ in range(5)],
            DepthwiseSeparableConv(int(512 * width_multiplier), int(1024 * width_multiplier), stride=2),
            DepthwiseSeparableConv(int(1024 * width_multiplier), int(1024 * width_multiplier)),
            nn.AdaptiveAvgPool2d(1)
        )
        self.fc = nn.Linear(int(1024 * width_multiplier), num_classes)
    def forward(self, x):
        x = self.model(x)
        x = x.view(x.size(0), -1)
        return self.fc(x)
#实例化模型
model = MobileNet(num_classes=1000, width_multiplier=1.0)
```

5.2.3 MobileNet 模型训练环境要求

在训练 MobileNetV3 模型之前,需要确保训练环境的硬件和软件配置满足要求,以确保训练过程顺利和模型的最佳性能。MobileNetV3 模型训练所需的环境要求如下。

1. GPU

MobileNetV3 的训练过程计算量较大,建议使用支持 CUDA 的 NVIDIA GPU 加速。推荐使用至少 8GB 显存的 GPU,如 NVIDIA GeForce RTX 2080 或更高型号。若使用多个 GPU,则需确保硬件支持多卡并行训练。

2. CPU

使用多核 CPU(如 Inteli7 或更高型号)支持数据加载和预处理。虽然 GPU 用于大部分的计算工作,但 CPU 的多线程能力对高效的数据加载和增强是必要的。

3. 内存

使用至少 16GB 内存，建议 32GB 或更大内存，以处理大批量数据。如果在训练过程中加载大量数据集，足够的内存可以防止内存不足导致的训练中断。

4. 存储

SSD 硬盘用于存储数据集和模型参数，能够显著提高数据加载速度。预留至少 100GB 的存储空间，具体需求取决于数据集的大小。

5. 依赖库

NumPy 用于数值计算的基础库；Pillow 用于图像加载和预处理，Matplotlib（可选）用于训练过程中的可视化。可以通过以下命令安装这些依赖库。

```
pip install numpy pillow matplotlib
```

6. 数据集结构

训练 MobileNetV3 模型时，数据集需要按照特定格式组织，尤其是针对自定义数据集。在通常情况下，自定义数据集应按照图 5-8 所示的文件夹结构组织。

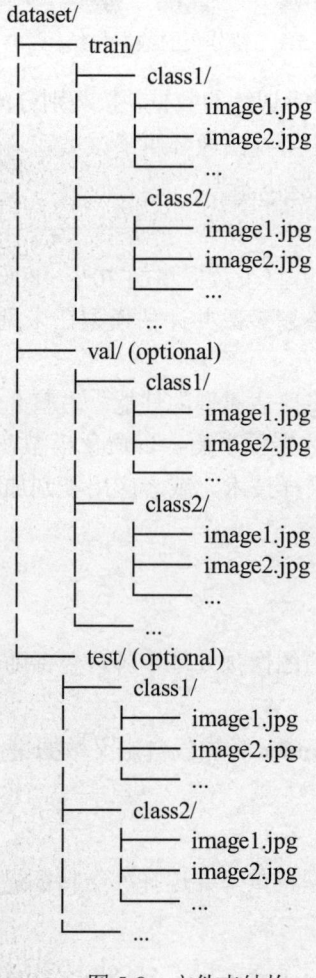

```
dataset/
├── train/
│   ├── class1/
│   │   ├── image1.jpg
│   │   ├── image2.jpg
│   │   └── ...
│   ├── class2/
│   │   ├── image1.jpg
│   │   ├── image2.jpg
│   │   └── ...
│   └── ...
├── val/ (optional)
│   ├── class1/
│   │   ├── image1.jpg
│   │   ├── image2.jpg
│   │   └── ...
│   ├── class2/
│   │   ├── image1.jpg
│   │   ├── image2.jpg
│   │   └── ...
│   └── ...
└── test/ (optional)
    ├── class1/
    │   ├── image1.jpg
    │   ├── image2.jpg
    │   └── ...
    ├── class2/
    │   ├── image1.jpg
    │   ├── image2.jpg
    │   └── ...
    └── ...
```

图 5-8　文件夹结构

花分类的数据集结构如图 5-9 所示。

图 5-9 花分类的数据集结构

在图 5-9 中，train 文件夹包含用于训练的数据，按类别分为不同的子文件夹。每个子文件夹名称都对应一个类别，文件夹中的所有图像都属于该类别，val 文件夹（可选）用于验证，test 文件夹（可选）用于测试模型的泛化能力。

7. 数据集划分

（1）训练集：用于训练模型，占整个数据集的 70%～80%。

（2）验证集（可选）：用于调整超参数并评估模型在未见过的数据上的性能，占整个数据集的 10%～15%。

（3）测试集（可选）：用于最终评估模型的性能，占整个数据集的 10%～15%。

准备数据集时，确保各类别的数据量平衡，以避免模型在训练时产生偏差。如果数据不均衡，就可以考虑采用过采样或欠采样技术，或者应用类别加权交叉熵损失函数。

5.2.4 MobileNet 模型训练

1. 数据预处理

数据预处理定义了训练和验证的图像预处理步骤，包括随机裁剪、水平翻转、标准化等。

2. 数据加载

使用 torchvision.datasets.ImageFolder 类加载自定义数据集，并根据图像的文件夹名称自动分配类别标签。

3. 模型初始化

加载 MobileNetV3 的预训练模型权重，并选择冻结特征提取层的权重，适用于迁移学习。

4. 训练与验证

训练与验证定义了训练和验证的流程，每个 epoch 结束后，验证集的准确率都会被评估，并在准确率提升时保存模型。

5. 训练代码

以下代码展示了在自定义数据集上训练 MobileNetV3 模型的方法。代码包括数据预处理、模型初始化、加载预训练权重、定义损失函数和优化器，以及训练和验证模型的逻辑。

```
import torch
import torch.nn as nn
from torchvision import transforms, datasets
import json
import os
import torch.optim as optim
from model import MobileNetV3_Large, MobileNetV3_Small

def main():
    #判断是否有可用的 GPU
    device = torch.device("cuda:0" if torch.cuda.is_available() else "cpu")
    print("Using {} device.".format(device))
    #定义数据预处理方式
    data_transform = {
        "train": transforms.Compose([transforms.RandomResizedCrop(224),
                    forms.RandomHorizontalFlip(),
                    forms.ToTensor(),
                    forms.Normalize([0.485, 0.456, 0.406], [0.229, 0.224, 0.225])]),
        "val": transforms.Compose([transforms.Resize(256),
                    forms.CenterCrop(224),
                    forms.ToTensor(),
                    forms.Normalize([0.485, 0.456, 0.406], [0.229, 0.224, 0.225])])
    }
    #获取数据集路径
    data_root = os.path.abspath(os.path.join(os.getcwd(), ""))   #get data root path
    image_path = os.path.join(data_root, "data", "flower")   #flower data set path
    assert os.path.exists(image_path), "{} path does not exist.".format(image_path)
    #加载训练集
    train_dataset = datasets.ImageFolder(root=os.path.join(image_path, "train"),
                        form=data_transform["train"])
    train_num = len(train_dataset)
    #获取类别对应字典，并保存为 JSON 文件
    class_list = train_dataset.class_to_idx
    cla_dict = dict((val, key) for key, val in class_list.items())
    json_str = json.dumps(cla_dict, indent=4)
    with open('class_indices.json', 'w') as json_file:
        json_file.write(json_str)
    #设置 batch size 和数据加载器
    batch_size = 16
    nw = min([os.cpu_count(), batch_size if batch_size > 1 else 0, 8])
    print('Using {} dataloader workers every process'.format(nw))
    train_loader = torch.utils.data.DataLoader(train_dataset,batch_size=batch_size, shuffle=True,num_workers=nw)
    #加载验证集
```

```python
validate_dataset = datasets.ImageFolder(root=os.path.join(image_path, "val"),
                            form=data_transform["val"])
val_num = len(validate_dataset)
validate_loader = torch.utils.data.DataLoader(validate_dataset,batch_size=batch_size, shuffle=False, num_workers=nw)
print("Using {} images for training, {} images for validation.".format(train_num, val_num))
#初始化 MobileNetV3 模型（Large 或 Small）
net = MobileNetV3_Small(num_classes=10)   #可替换为 MobileNetV3_Large
#加载预训练权重（如果有）
#model_weight_path = "mobilenet_v3_small.pth"
#assert os.path.exists(model_weight_path), "File {} does not exist.".format(model_weight_path)
#pre_weights = torch.load(model_weight_path)
#pre_dict = {k: v for k, v in pre_weights.items() if "classifier" not in k}
#missing_keys, unexpected_keys = net.load_state_dict(pre_dict, strict=False)
#冻结特征提取层的权重
#for param in net.features.parameters():
#    param.requires_grad = False
net.to(device)
#定义损失函数和优化器
loss_function = nn.CrossEntropyLoss()
optimizer = optim.Adam(net.parameters(), lr=0.0001)
best_acc = 0.0
save_path = './MobileNetV3.pth'
for epoch in range(60):
    #训练阶段
    net.train()
    running_loss = 0.0
    for step, data in enumerate(train_loader, start=0):
        images, labels = data
        optimizer.zero_grad()
        logits = net(images.to(device))
        loss = loss_function(logits, labels.to(device))
        loss.backward()
        optimizer.step()
        running_loss += loss.item()
        rate = (step + 1) / len(train_loader)
        a = "*" * int(rate * 50)
        b = "." * int((1 rate) * 50)
        print("\rtrain loss: {:^3.0f}%[{}->{}]{:.4f}".format(int(rate * 100), a, b, loss), end="")
    print()
    #验证阶段
    net.eval()
    acc = 0.0
    with torch.no_grad():
        for val_data in validate_loader:
            val_images, val_labels = val_data
```

```
                outputs = net(val_images.to(device))
                predict_y = torch.max(outputs, dim=1)[1]
                acc += (predict_y == val_labels.to(device)).sum().item()
            val_accurate = acc / val_num
            if val_accurate > best_acc:
                best_acc = val_accurate
                torch.save(net.state_dict(), save_path)
            print('[epoch %d] train_loss: %.3f  test_accuracy: %.3f' %
                  (epoch + 1, running_loss / step, val_accurate))
    print('Finished Training')
if __name__ == '__main__':
    main()
```

6. 模型训练过程

模型训练过程如图 5-10 所示。

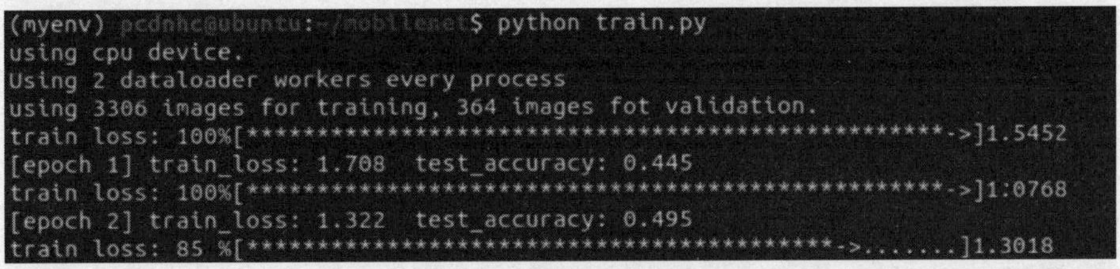

图 5-10 模型训练过程

5.2.5 模型在边缘设备上的部署

1. 保存训练好的模型

训练完成后，需要将模型的权重保存为一个文件，以便后续部署使用。常用的方法是使用 torch.save()函数将模型的 state_dict 保存为.pth 文件，例如：

```
torch.save(net.state_dict(), 'MobileNetV3.pth')
```

这样就可以将训练好的模型保存下来，以便在边缘设备上加载和使用。

2. 推理代码说明

下面是推理过程的代码，在部署到边缘设备时，使用该代码进行图像分类任务。

```
import torch
from model import MobileNetV3_Small    #导入定义好的 MobileNetV3 模型
from PIL import Image
from torchvision import transforms
import json
device = torch.device("cuda:0" if torch.cuda.is_available() else "cpu")    #选择设备
#定义数据预处理操作，包括调整尺寸、中心裁剪、转化为张量及归一化
data_transform = transforms.Compose(
    [transforms.Resize(256),
     transforms.CenterCrop(224),
     transforms.ToTensor(),
     transforms.Normalize([0.485, 0.456, 0.406], [0.229, 0.224, 0.225])])
```

```
#打开并预处理输入图片
img = Image.open("1.jpg")
img = data_transform(img)
img = torch.unsqueeze(img, dim=0)   #增加一个批量维度
#加载类别索引字典，用于将预测结果转换为对应的类别名称
try:
    json_file = open('./class_indices.json', 'r')
    class_indict = json.load(json_file)
except Exception as e:
    print(e)
    exit(-1)
#创建模型实例并加载训练好的权重
model = MobileNetV3_Small(num_classes=3)   #设置类别数为 3
model_weight_path = "MobileNetV3.pth"
model.load_state_dict(torch.load(model_weight_path, map_location=device))   #加载模型权重
model.eval()   #设置模型为评估模式
with torch.no_grad():   #关闭梯度计算
    output = torch.squeeze(model(img))   #前向传播，得到输出结果
    predict = torch.softmax(output, dim=0)   #对输出结果应用 softmax 函数
    predict_cla = torch.argmax(predict).numpy()   #获取概率最大的类别
#输出预测结果以及对应的概率
print(class_indict[str(predict_cla)], predict[predict_cla].numpy())
```

3. 测试部署效果

将上述推理代码部署到边缘设备后，通过执行推理代码，可以测试模型在实际环境中的表现。比较输出的预测结果与真实标签，可以评估模型的准确性。测试结果如图 5-11 所示。

```
(py39) oem@ht:~/lin/mobilenet$ python predict.py
roses 0.9999995
```

图 5-11 测试结果

5.3 YOLO 目标检测模型

5.3.1 YOLO 算法原理介绍

YOLO 是一种创新的目标检测算法，其改变了传统目标检测的范式。传统目标检测方法通常先生成候选区域，再对这些区域分类后检测物体。这种方法计算量大且速度较慢，而 YOLO 通过一次前向传播即可完成整个检测过程，因此在速度上具有明显优势。YOLO 的核心思想是将目标检测问题转化为一个回归问题，通过一次前向传播直接预测目标边界框和类别概率。

1. 图像分割

YOLO 算法的第一个步骤是将输入图像划分为一个 $S \times S$ 的网格。例如，对于一张 448×448 像素的图像，如果选择 S=7，那么图像会被划分为 7×7=49 个网格，每个网格的大小都为

64像素×64像素。每个网格都被赋予了预测目标的责任,具体来说,每个网格都负责预测其中心点落在该网格中的目标。

2. 边界框预测

每个网格预测 B 个边界框(bounding boxes),每个边界框由 5 个参数表示:中心坐标(x, y)、宽度 w、高度 h、置信度分数 c。置信度分数表示的是该边界框内包含物体的可能性以及该边界框的准确程度。置信度分数的计算公式为

$$c = P(object) \times IoU_{pred}^{truth}$$

式中,$P(object)$ 为该网格内存在物体的概率;IoU_{pred}^{truth} 为预测框与真实框的交并比(Intersection over Union)。

每个网格预测的边界框数量 B 通常为 2 或更大,这样可以捕捉到不同形状和尺寸的目标。

3. 类别预测

除了预测边界框,每个网格还会预测 C 个类别的概率分布,即目标属于每个类别的概率。通常,C 代表所有可能的目标类别数。例如,在 COCO 数据集中 C=80,表示 80 种目标类别。每个网格的类别预测都与其对应的边界框无关,它仅代表该网格内可能包含某种类别目标的概率分布。

4. 非极大值抑制

预测出所有边界框及其对应的类别概率后,YOLO 通过非极大值抑制(Non-Maximum Suppression,NMS)过滤冗余的边界框。非极大抑制的基本思想如下:对于每个类别,首先选择置信度分数最高的边界框,然后移除与其重叠度较高的其他边界框,仅保留得分最高的边界框,可以有效减少重复检测,并最终输出最优的检测结果。

通过以上步骤,YOLO 可以实现高效、准确的目标检测。其创新性在于将检测过程简化为一个统一的神经网络模型,不再依赖复杂的候选区域生成和后续处理步骤。这种端到端的训练方式不仅提高了检测速度,还简化了模型架构,适合在实时应用中使用。

5.3.2　YOLO 模型版本演进(v1~v8)

1. YOLOv1

作为 YOLO 系列的初代版本,YOLOv1 创新性地将目标检测问题转化为回归问题,通过一个单一的神经网络模型在图像上直接预测目标的边界框和类别标签。虽然其检测速度非常快,但在小目标检测和定位精度方面表现欠佳,尤其是在复杂场景中容易漏检和错检。

2. YOLOv2

YOLOv2 在 YOLOv1 的基础上引入多项关键技术,如 Batch Normalization(批归一化)可以提高模型的稳定性,Anchor Boxes(锚框)可以更好地捕捉不同尺度的目标,多尺度训练可以增强模型的泛化能力。通过这些改进,YOLOv2 显著提升了检测精度,尤其是在小目标检测方面得到了加强,同时仍然保持了较快的检测速度。

3. YOLOv3

YOLOv3 进一步深化了模型架构,采用更复杂的 Darknet-53 网络结构。这是一种深度卷积神经网络,能够更好地提取图像特征。YOLOv3 还引入了多尺度预测,即在不同的特征层

上检测，从而提高了对小目标和大目标的检测能力。此外，它采用了独立的逻辑回归器用于类别预测，使得在多标签分类任务中表现更优。

4. YOLOv4

YOLOv4 通过多种技术优化进一步提升了模型性能，包括 Mosaic 数据增强技术（通过将多张图像拼接来增强数据多样性）、自适应锚框（根据数据集自动调整锚框尺寸）以及 CIoU 损失函数（提高边界框的预测准确性）。这些改进使 YOLOv4 在保持较高推理速度的同时，显著提升了检测精度，适用于更复杂的检测任务。

5. YOLOv5

YOLOv5 由社区开发并广泛应用，其主要贡献在于提供了多种轻量化模型版本（如 YOLOv5s、YOLOv5m 等），以适应不同的计算资源需求。YOLOv5 基于 PyTorch 框架，增强了训练和推理的灵活性，并支持自动混合精度训练，进一步加快了模型的训练过程，适合在资源受限的设备上部署。

6. YOLOv6

YOLOv6 专注于轻量化设计和推理速度优化，使其特别适用于边缘计算和嵌入式系统等资源受限环境。YOLOv6 保留了高检测精度，同时通过优化模型结构和推理引擎，进一步提升了在低算力设备上的实时检测能力。

7. YOLOv7

YOLOv7 在 YOLOv6 的基础上，进一步优化了模型的精度和训练过程。通过改进正则化技术和平衡训练流程，YOLOv7 在各种数据集上都展示了更出色的性能，特别是在精度和速度之间达到了更好的平衡。

8. YOLOv8

YOLOv8 是 YOLO 系列的最新版本，结合了多种前沿技术（如深度可分离卷积和特征融合），进一步提升了模型的推理效率和检测精度。YOLOv8 不仅适用于图像目标检测，还支持视频目标检测和对象跟踪等任务，拓展了应用场景，能够在不同硬件平台上保持卓越的性能。

5.3.3 YOLO 模型训练数据标注

在 YOLO 模型的训练过程中，数据标注至关重要，直接影响模型的检测精度与泛化能力。YOLO 模型要求每个目标都有明确的边界框及其对应的类别标签，这些信息需要通过手动标注从图像中提取。需要收集并整理用于模型训练的图像数据，确保图像多样化，图像应涵盖各种场景和角度，以提高模型的泛化能力。LabelImg 是一个常用的开源图像标注工具，支持生成 YOLO 所需的标注文件，并用于完成这些标注任务。使用 LabelImg 标注数据的具体步骤如下。

1. 安装 LabelImg

下载并安装 LabelImg 工具，可以从官方网站上获取最新版本；也可以将第 5 章配套软件下的 labelimg 文件夹复制到 D 盘（注意不可以是中文文件夹），复制完成后，启动 LabelImg。LabelImg 界面如图 5-12 所示。

图 5-12　LabelImg 界面

注意：当标注完成一个项目后，做下一个标注项目时，如果分类名称已经不同就需要打开界面，选择 File→Reset All 命令进行一次复位，软件会关闭，需要重新打开，这样上一个项目的分类名称就会被清空。

2. 加载图像

在 LabelImg 界面单击 Open Dir 按钮，选择包含待标注图像的文件夹：配套素材\标注图片，图像将按顺序加载，如图 5-13 所示。

图 5-13　加载图像文件夹

3. 选择 YOLO 格式

在 LabelImg 工具栏中单击 PascalVOC 按钮会转换为 Yolo，切换到 YOLO 格式，确保生成的标注文件符合 YOLO 模型的格式要求。

4. 开始标注

按 W 键，使用鼠标在图像上绘制矩形框来标注目标对象。每个框都应该准确包围目标的边缘，以确保模型训练时正确识别目标。绘制边界框后，弹出 LabelImg 对话框（图 5-14），输入该目标的类别标签，单击 OK 按钮。

图 5-14　LabelImg 对话框

5. 保存标注文件

标注全部物体后，按"空格"键保存，弹出"保存路径"对话框，按 Enter 键保存，生成与图像同名的.txt 文件。此文件将保存在与图像相同的文件夹中，包含目标类别、边界框的中心坐标、宽度和高度。按 D 键，切换到下一张图片继续标注，如果想返回上一张就按 A 键。

6. 标注文件格式

YOLO 的标注文件格式要求每个图像都对应一个.txt 文件，文件内容如下。

（1）目标类别：一个整数，表示目标的类别索引。

（2）边界框的左上角坐标(x, y)：相对于图像宽度和高度的比例，值域为 0～1。

（3）边界框的宽度和高度：相对于图像宽度和高度的比例，值域为 0～1。

一个典型的标注文件可能包含以下内容：

0 0.5 0.5 0.4 0.3

1 0.3 0.7 0.2 0.2

其中，每行代表一个目标。第一列为目标类别，第二、第三列为边界框的左上角坐标，第四、第五列分别为边界框的宽度和高度。

通过 LabelImg 手动标注后，生成的标注文件与图像文件共同构成了 YOLO 模型训练的基础数据。下面可以利用这些标注数据训练模型，优化目标检测的性能。

7. 数据集文件夹的结构

在 YOLO 模型的训练中，数据集的文件夹结构通常需要按照以下标准组织，以确保训练过程能够顺利进行。

（1）images/train：用于存放训练集的图像文件。这里的图像是经过标注的，并将用于训练模型。

（2）images/val：用于存放验证集的图像文件。验证集用于评估模型在训练过程中的表现，以防止模型过拟合。

（3）labels/train：用于存放训练集的标注文件。每个图像文件都对应一个标注文件，标注文件记录了图像中所有目标的类别和边界框信息。

（4）labels/val：用于存放验证集的标注文件。与训练集类似，每个验证集图像都需要对应一个标注文件。

这种目录结构有助于保持数据的有序管理，并方便模型训练过程中对数据集的正确加载和使用。

5.3.4 数据集扩展

在 YOLO 模型的训练过程中，数据集的多样性和规模直接影响模型的泛化能力及检测效果。为了扩展数据集，可以通过复制和扩展现有的图像和标注文件增大训练数据量。将"/配套源码/data"文件夹下的所有文件通过 SSH 复制到边缘计算平台，执行 bclstxkk.py 程序，将指定文件夹中的图像和标注文件复制到指定的数据集目录，并通过添加前缀来避免文件名冲突。data 文件夹结构如图 5-15 所示。

当前 train 文件夹下的文件如图 5-16 所示。

图 5-15　data 文件夹结构　　　　图 5-16　当前 train 文件夹下的文件

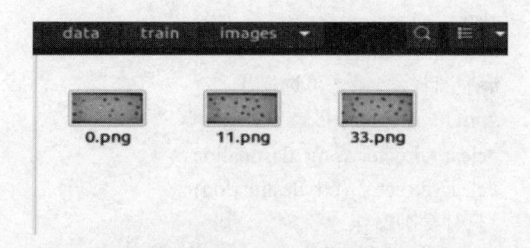

bclstxkk 程序代码如下。

```
import os
import shutil
#清空指定目录中的所有文件和子目录
def clear_directory(directory):
    if not os.path.exists(directory):
        os.makedirs(directory)
    for item in os.listdir(directory):
        item_path = os.path.join(directory, item)
        if os.path.isfile(item_path):
            os.unlink(item_path)    #删除文件
        elif os.path.isdir(item_path):
            shutil.rmtree(item_path)    #删除子目录
```

```python
#复制源目录中的 PNG 图像和 TXT 标注文件到目标目录，并添加前缀
def copy_files(source_dir, png_dest, txt_dest, prefix):
    condd = 0
    for root, dirs, files in os.walk(source_dir):
        for file in files:
            file_path = os.path.join(root, file)
            if file.lower().endswith('.png'):    #如果文件是 PNG 图像
                new_file_name = f"{prefix}_{file}"    #添加前缀
                shutil.copy2(file_path, os.path.join(png_dest, new_file_name))    #复制文件到目标目录
                condd += 1
            elif file.lower().endswith('.txt'):   #如果文件是 TXT，标注文件
                new_file_name = f"{prefix}_{file}"    #添加前缀
                shutil.copy2(file_path, os.path.join(txt_dest, new_file_name))    #复制文件到目标目录
    return condd
#定义目录路径
source_directory = "/home/pcdnhc/data/tg"
png_destination = "/home/pcdnhc/data/train/images"
txt_destination = "/home/pcdnhc/data/train/labels"
conu_file = os.path.join(source_directory, "conu.txt")
connc = 3    #复制次数
#读取或创建 conu.txt 文件，记录复制进度
if os.path.exists(conu_file):
    with open(conu_file, 'r') as f:
        content = f.read().strip()
        start_number = int(content) if content else 0
else:
    start_number = 0
#清空目标目录（可选操作）
#print("清空目标目录...")
#clear_directory(png_destination)
#clear_directory(txt_destination)
#执行复制操作
print("开始复制文件...")
for i in range(connc):
    current_number = start_number + i
    prefix = f"{current_number:03d}"    #生成三位数字前缀
    condd = copy_files(source_directory, png_destination, txt_destination, prefix)
    print(f"完成第 {i+1} 次复制，前缀为 {prefix}，此次复制 {condd} 个文件")
print("一共复制了文件", condd * connc)
#更新 conu.txt 文件，保存当前复制进度
with open(conu_file, 'w') as f:
    f.write(str(start_number + connc))
print("操作完成。")
#统计目标目录中的文件数量
png_count = len([name for name in os.listdir(png_destination) if name.lower().endswith('.png')])
txt_count = len([name for name in os.listdir(txt_destination) if name.lower().endswith('.txt')])
print(f"目标文件夹目前有 {png_count} 个 PNG 文件, {png_destination}")
```

代码说明如下。

1. 清空目标目录（clear_directory 函数）

clear_directory 函数用于清空目标目录中的所有文件和子目录。它首先检查目录是否存在，若不存在，则创建新目录；接着，逐一删除目录中的文件和子目录，以确保复制新文件时不会出现旧文件干扰的情况。根据实际情况决定，若需要保留旧文件，则注释相关代码。

2. 复制文件（copy_files 函数）

copy_files 函数从源目录中找到所有的.png 图像文件和.txt 标注文件，并将它们复制到指定的目标目录。为了避免文件名冲突，每个文件都会添加一个特定的前缀（由三位数字构成）。函数返回成功复制的文件数量。执行两次代码后的 train 文件夹下的文件如图 5-17 所示。

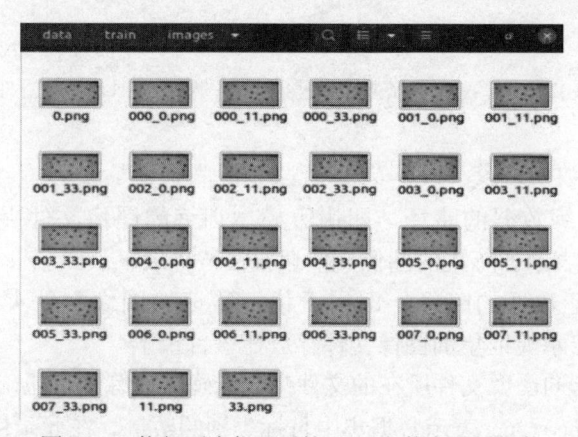

图 5-17　执行两次代码后的 train 文件夹下的文件

3. 定义目录路径

source_directory 是源数据的存储路径，png_destination 和 txt_destination 分别是图像和标注文件的目标存储路径。

4. 复制次数控制

程序通过 conu.txt 文件记录复制进度，每次运行程序时都从该文件读取上次复制的起始编号，并从该编号继续执行下一次复制，以在多次执行复制操作时保持一致性。

5. 文件统计

完成复制操作后，程序会统计目标目录中图像和标注文件的数量，并输出结果以便检查复制是否正确完成。执行两次代码后的屏幕打印结果如图 5-18 所示。

图 5-18　执行两次代码后的屏幕打印结果

通过这个程序，可以有效扩展 YOLO 模型的训练数据集，增加更多的训练样本，从而提高模型的性能和检测精度。

6. 数据集配置文件

在 YOLOv8 模型训练中，数据集配置文件是至关重要的一环，它定义了模型训练和验证所需的数据路径、类别数量、类别名称等信息。下面是一个典型的 YOLOv8 数据集配置文件示例。

```
#train and val data
train: ./data/train/images/
val: ./data/val/images/
#number of classes
nc: 16
#class names
names: ["lx1","lx2","lx3","lx4","lx5","lx6","lx7","lx8","lx9","lx10","lx11","lx12","lx13","lx14","lx15","lx16"]
```

详细说明如下。

（1）训练和验证数据路径。

1）train：指定训练数据的路径，即用于模型训练的图像文件夹。在此示例中，路径为./data/train/images/，表示训练集的图像文件存放在该目录下。

2）val：指定验证数据的路径，即用于模型验证的图像文件夹。在此示例中，路径为./data/val/images/，表示验证集的图像文件存放在该目录下。

这些路径应准确指向图像文件所在的文件夹，以确保训练过程正确加载数据。

（2）类别数量（nc）。nc 表示数据集中目标类别的数量。在此示例中，nc: 16 表示有 16 个不同的类别。类别数量必须与实际标注数据中的类别数目一致，否则会导致训练错误。

（3）类别名称（names）。names 是一个包含所有类别名称的列表，每个名称都对应一个类别编号。编号从 0 开始，依次对应列表中的每个名称。

在此示例中，names 列表中定义了 16 个类别名称（"lx1"～"lx16"）。这些名称应与标注文件中的类别标签匹配。模型会根据这个文件中的信息加载相应的数据集、确定类别数，并对图像中的目标分类。确保配置文件中的路径、类别数量和类别名称正确是顺利完成模型训练的关键。

5.3.5 YOLO 模型训练

YOLOv8 模型训练是目标检测系统开发中的关键步骤。通过选择合适的模型、配置训练参数并加载数据集，可以有效提升模型的精度和泛化能力。下面是基于 YOLOv8 的一段训练代码。

```python
from ultralytics import YOLO
#初始化一个模型，加载预训练模型权重（推荐用于训练）
model = YOLO(r'./yolov8n.pt')
if __name__ == '__main__':
    #训练模型
    model.train(
        data=r"/home/oem/lin/yolov8train/garbage.yaml",    #数据集配置文件路径
```

```
        epochs=300,              #训练周期数
        patience=50,             #无明显改善时进行早期停止的等待周期数
        batch=32,                #每批次处理的图像数量
        imgsz=640,               #输入图像尺寸
        save=True,               #是否保存训练检查点和预测结果
        workers=8,               #数据加载的工作线程数
        device='',               #运行训练的设备
        optimizer='SGD',         #选择的优化器
        lr0=0.01,                #初始学习率
        lrf=0.01,                #最终学习率,作为初始学习率的倍数
        momentum=0.937,          #动量参数
        weight_decay=0.0005,     #权重衰减系数
        cos_lr=False,            #是否使用余弦退火学习率调度器
        single_cls=False,        #是否将多类数据训练为单类
        rect=False,              #是否进行矩形训练
        amp=True,                #是否使用自动混合精度训练
        overlap_mask=True,       #训练期间是否应重叠掩码(适用于分割训练)
        dropout=0.0,             #使用的丢弃正则化(适用于分类训练)
        warmup_epochs=3.0,       #预热周期数
        hsv_h=0.015,             #图像 HSV-Hue 增强系数
        hsv_s=0.7,               #图像 HSV-Saturation 增强系数
        hsv_v=0.4,               #图像 HSV-Value 增强系数
        mosaic=1.0,              #马赛克数据增强的概率
        fliplr=0.5,              #图像左右翻转的概率
        mixup=0.0,               #图像混合的概率
)
```

详细说明如下。

1. 模型初始化

模型初始化使用 model = YOLO(r'./yolov8n.pt'),使用预训练的 YOLOv8n 模型权重进行初始化。预训练模型已经在大型数据集上训练,可以加速收敛并提高精度。

2. 模型训练

(1) data。指定数据集配置文件的路径,定义了训练集和验证集的图像及标签路径、类别数量等信息。

(2) epochs。设置训练的周期数,表示模型将在整个数据集上训练的次数。

(3) patience。当验证集的性能在指定周期内无明显提升时,触发早期停止。

(4) batch。每次迭代中处理的图像数量。较大的批次可以提高训练效率,但需要更多显存。

(5) imgsz。输入图像的尺寸。YOLOv8 可以接受多种分辨率,但较大的图像通常能提供更好的检测效果。

(6) workers。数据加载的工作线程数,更多线程可以提高数据预处理速度。

(7) optimizer。选择的优化器,这里使用的是随机梯度下降(Stochastic Gradient Descent,SGD),常用于深度学习模型训练。

(8) lr0, lrf。学习率的初始值和最终值。初始学习率决定了训练开始时的步长,最终学

习率决定了训练结束时的步长。

（9）momentum, weight_decay。SGD 优化器的动量和权重衰减参数，用于控制模型更新的速度和防止过拟合。

（10）cos_lr。是否使用余弦退火学习率调度器，用于控制学习率随训练周期的变化。

（11）single_cls。是否将所有类别视为一个单一类别进行训练，通常用于单类目标检测。

（12）amp。启用自动混合精度训练，可在保持精度的同时减少使用显存。

3. 数据增强

（1）hsv_h, hsv_s, hsv_v。HSV 颜色空间下的色调、饱和度和亮度增强参数，用于增强训练图像的多样性。

（2）mosaic。是否启用马赛克数据增强，用于融合多张图像以生成新的训练样本。

（3）fliplr。左右翻转图像的概率，用于提高训练样本的多样性。

（4）mixup。图像混合的概率，主要用于对抗过拟合。

通过详细的参数配置，YOLOv8 的训练可以根据具体的任务需求进行优化，从而得到更好的检测效果。合理的参数设置不仅能够提高模型的精度，还能有效缩短训练时间。模型训练如图 5-19 所示。

图 5-19　模型训练

训练结果如图 5-20 所示。

图 5-20　训练结果

5.3.6 YOLO 模型在边缘设备上的推理

YOLO 模型在边缘设备上的推理是目标检测模型在实际应用中的关键。在推理阶段，训练好的模型用于处理新图像或视频，生成检测结果并输出。以下代码展示了使用 YOLOv8 模型推理的方法。

```python
from ultralytics import YOLO
if __name__ == '__main__':
    #加载预训练模型
    model = YOLO(r'/home/oem/lin/yolov8train/runs/detect/train10/weights/best.pt')   #加载 YOLOv8n 模型的最佳权重
    #进行推理
    model.predict(
        source=r'abhh1.jpg',      #输入图像的路径
        save=True,                #保存预测结果
        imgsz=640,                #输入图像尺寸，可以是整数或宽高元组(w, h)
        conf=0.25,                #设置信度阈值，低于此值的检测被忽略
        iou=0.45,                 #非极大值抑制的交并比阈值，控制多个检测框的合并
        show=False,               #是否在屏幕上显示预测结果
        project='runs/predict',   #项目目录名称，用于保存推理结果
        name='exp',               #实验名称，推理结果保存在/project/name 目录下
        save_txt=False,           #是否将预测结果保存为.txt 文件
        save_conf=True,           #是否在保存的结果中包含置信度分数
        save_crop=False,          #是否保存裁剪后的目标图像
        show_labels=True,         #是否在图像中显示检测到的目标标签
        show_conf=True,           #是否在图像中显示检测到的目标置信度分数
        vid_stride=1,             #视频推理时的帧率步长
        line_width=3,             #边界框的线条粗细（以像素为单位）
        visualize=False,          #是否可视化模型特征
        augment=False,            #是否在推理过程中应用图像增强
        agnostic_nms=False,       #是否使用类别无关的非极大抑制
        retina_masks=False,       #是否使用高分辨率的分割掩码
        boxes=True,               #是否在分割预测中显示边界框
    )
```

详细说明如下。

1. 模型加载

model = YOLO(r'/home/oem/lin/yolov8train/runs/detect/train10/weights/best.pt')。加载训练好的 YOLOv8 模型的最佳权重文件。该模型已经过充分训练，具备较高的检测准确率。

2. 推理配置

（1）source。指定待检测图像的路径。若输入视频或多个图像路径，则可以进行批量推理。

（2）save。设置为 True 表示将预测结果保存到指定目录中。

（3）imgsz。输入图像的尺寸。较大的尺寸可能会提高检测精度，但会增加计算量。

（4）conf。设置置信度阈值，低于此阈值的检测将被忽略。一般情况下，0.25 是一个较好的默认值。

（5）iou。设置非极大抑制的交并比阈值，用于控制多个检测框的合并程度。阈值越高，保留的框越多。

（6）show。控制是否在屏幕上显示检测结果图像。在实验或测试阶段可以设置为 True，以便实时查看检测效果。

（7）project 和 name。用于定义保存预测结果的路径，预测结果将被保存到/runs/predict/exp/目录。

（8）save_txt。是否将预测结果保存为 .txt 文件，包括边界框坐标和类别信息。该选项对后续分析和处理非常有用。

（9）save_conf。设置为 True 表示将在保存的预测结果中包含置信度分数。

（10）save_crop。是否保存裁剪后的检测目标图像，这对进一步处理（如分类）非常有用。

（11）show_labels 和 show_conf。控制是否在图像中显示目标标签和置信度分数，便于直观分析检测结果。

（12）vid_stride。在视频推理中，设定为 1 表示每帧都会进行推理，较大的步长可以跳过一些帧以提高处理速度。

（13）line_width。控制绘制检测框的线条粗细，可以根据图像分辨率进行调整。

（14）visualize。设置为 True 时，将可视化模型的特征图，帮助理解模型的检测过程。

（15）augment。是否在推理过程中应用数据增强，这可能会提高检测精度。

（16）agnostic_nms。设置为 True 时，类别无关的非极大抑制就在所有类别之间应用，有助于处理多类别之间的重叠检测。

（17）retina_masks。设置为 True 时，使用高分辨率的分割掩码，适用于分割任务。

（18）boxes。设置为 True 时，在分割任务中仍然显示边界框，在分析分割结果时非常有用。

推理结果如图 5-21 所示。

```
image 1/1 /home/oem/lin/yolov8train/abhh1.jpg: 480x640 1 lx9, 1 lx10, 1 lx16, 11.8ms
Speed: 2.4ms preprocess, 11.8ms inference, 1.2ms postprocess per image at shape (1, 3, 480, 640)
Results saved to runs/predict/exp2
```

图 5-21 推理结果

YOLO 模型的推理阶段将训练好的模型应用于实际图像或视频，并生成目标检测结果。合理配置推理参数，可以在性能和准确性之间取得良好的平衡，并根据应用场景保存、显示和进一步处理检测结果。

单 元 测 试

一、单项选择题

1. 在 FSRCNN 模型中，特征提取层使用的卷积核大小通常是（　　）。
   A. 1×1　　　　　B. 3×3　　　　　C. 5×5　　　　　D. 7×7

2. FSRCNN 模型的（　　）负责将低分辨率特征映射到高分辨率特征空间。
   A．特征提取层　　　　　　　　　B．收缩层
   C．非线性映射层　　　　　　　　D．扩展层
3. 在 FSRCNN 模型中，（　　）使用 1×1 卷积核减小特征图的维度。
   A．特征提取层　　　　　　　　　B．收缩层
   C．非线性映射层　　　　　　　　D．扩展层
4. 在 FSRCNN 模型中，（　　）通过反卷积操作将特征图从低分辨率放大到高分辨率。
   A．特征提取层　　　　　　　　　B．收缩层
   C．扩展层　　　　　　　　　　　D．反卷积层
5. 在 MobileNetV3 模型中，（　　）激活函数取代了 MobileNetV2 中使用的 ReLU6。
   A．Sigmoid　　B．Tanh　　C．Swish　　D．LeakyReLU
6. MobileNetV3 模型引入的注意力机制是指（　　）。
   A．CBAM 模块　　　　　　　　　B．SE 模块
   C．Non-local 模块　　　　　　　D．Transformer 模块
7. 在 MobileNetV3 模型中，第一层卷积核的数量从 32 减少到（　　）。
   A．8　　B．12　　C．16　　D．24
8. 在 MobileNetV3 的训练环境中，推荐使用至少（　　）显存的 GPU。
   A．4GB　　B．6GB　　C．8GB　　D．12GB
9. YOLO 算法的核心思想是将目标检测问题转化为（　　）。
   A．分类问题　　　　　　　　　　B．回归问题
   C．聚类问题　　　　　　　　　　D．优化问题
10. 在 YOLO 模型中，每个网格预测的边界框数量 B 通常为（　　）。
    A．1　　B．2 或更大　　C．5　　D．10
11. YOLOv3 相比 YOLOv2 引入了（　　）网络结构。
    A．ResNet　　B．VGGNet　　C．Darknet-53　　D．Inception
12. 在 YOLOv8 模型训练中，（　　）参数用于控制训练的周期数。
    A．batch　　B．epochs　　C．patience　　D．workers

二、多项选择题

1. FSRCNN 模型的主要优点包括（　　）。
   A．较高处理速度　　　　　　　　B．较小的模型尺寸
   C．优越的图像细节重建能力　　　D．可以处理任意尺寸的图像
2. 在 FSRCNN 模型训练过程中需要设置（　　）参数。
   A．学习率　　B．批大小　　C．迭代轮数　　D．图像裁剪尺寸
3. FSRCNN 模型训练环境要求包括（　　）。
   A．Ubuntu 操作系统　　　　　　　B．Python 环境
   C．深度学习框架（如 PyTorch）　　D．集成开发环境（如 PyCharm）

4. MobileNetV3 模型的核心改进包括（　　）。
   A．Block（bneck）的更新　　　　B．激活函数的重新设计
   C．耗时层结构的优化　　　　　　D．网络深度的增大
5. MobileNetV3 模型训练环境的软件要求包括（　　）。
   A．Python　　　　　　　　　　　B．PyTorch 或 TensorFlow
   C．CUDA 和 cuDNN　　　　　　　D．MATLAB
6. 在准备 MobileNetV3 模型的训练数据集时，需要注意（　　）。
   A．数据集按类别分类存储　　　　B．训练集、验证集、测试集的划分
   C．各类别数据量的平衡　　　　　D．图像分辨率的统一
7. YOLO 模型的优点包括（　　）。
   A．检测速度高　　　　　　　　　B．可以实时处理视频流
   C．对小目标检测效果好　　　　　D．模型结构简单
8. YOLOv4 相比之前版本引入了（　　）改进。
   A．Mosaic 数据增强　　　　　　　B．自适应锚框
   C．CIoU 损失函数　　　　　　　　D．多尺度训练
9. YOLO 模型训练数据标注时，需要包含的信息有（　　）。
   A．目标类别　　　　　　　　　　B．边界框坐标
   C．图像分辨率　　　　　　　　　D．目标置信度

三、判断题

1. FSRCNN 模型直接在高分辨率空间进行特征提取和非线性映射。（　　）
2. 在 FSRCNN 模型训练过程中，使用 MSE（均方误差）作为损失函数。（　　）
3. FSRCNN 模型可以在边缘设备上部署和运行。（　　）
4. MobileNetV3 模型中使用的 H-Swish 激活函数比 Swish 激活函数计算复杂度更高。
   （　　）
5. MobileNetV3 模型的设计过程结合了神经架构搜索算法。（　　）
6. 在 MobileNetV3 模型训练时，使用 SSD 硬盘存储数据集和模型参数可以显著提高数据加载速度。（　　）
7. YOLO 算法通过一次前向传播即可完成整个检测过程。（　　）
8. YOLOv5 是由官方团队开发并发布的版本。（　　）
9. 在 YOLO 模型训练中，较大的 batch size 通常可以提高训练效率，但需要更大内存。
   （　　）

第 6 章　边缘计算模型的加速技术

本章导读

本章深入探讨了边缘计算模型的加速技术，重点介绍了 NVIDIA 公司开发的 TensorRT 优化库。本章首先概述了 TensorRT 的核心功能和优势，包括模型优化与转换、多种精度支持、高效内存管理等；然后详细阐述了 TensorRT 的工作原理，从模型解析到推理引擎的构建与执行；接着转向实践，指导读者在 Jetson TX2 平台上安装 YOLOv8 的方法，包括 Jetpack 的检查与升级、创建 Conda 环境、安装 PyTorch 以及配置 TensorRT Pybind。本章还深入讲解了 TensorRT Engine 的构建过程，以及在实际应用中部署 TensorRT 的方法，包括 Engine 的加载、推理及相关代码的详细解析。本章通过理论与实践结合的方式，帮助读者全面掌握边缘计算中的模型加速技术，特别是 TensorRT 在提升深度学习模型推理效率方面的应用。这些知识和技能不仅对提高边缘设备的计算能力至关重要，还体现了我国在人工智能和边缘计算领域的技术进步。通过学习和应用这些先进技术，读者不仅能推动科技创新，还能为国家的智能化发展作出贡献，彰显了科技工作者的责任与担当。

6.1　TensorRT 简 介

TensorRT 概述

6.1.1　TensorRT 概述

TensorRT 是 NVIDIA 公司开发的一款专为高性能深度学习推理设计的优化库，旨在最大限度地发挥 NVIDIA GPU 的计算能力。其主要功能是对训练好的深度学习模型进行优化转换，从而在推理阶段显著提升性能、降低延迟，满足边缘计算和实时应用的需求。TensorRT 的核心功能与优势如下。

1. 模型优化与转换

TensorRT 能够将深度学习框架（如 TensorFlow、PyTorch、ONNX 等）训练好的模型转换为优化的 TensorRT 引擎。这种引擎是一种高度优化的二进制文件，适合在 NVIDIA GPU 上高效推理。TensorRT 的优化包括层融合、精度校准、内核自动调优等技术。

2. 多种精度支持

TensorRT 支持多种数据精度模式，包括 FP32（单精度浮点）、FP16（半精度浮点）和 INT8（8 位整数）等。采用较低精度（如 INT8）推理，TensorRT 能够显著降低计算负担和内存需求，从而提高推理速度，同时尽可能保持模型精度。

3. 高效内存管理

在边缘设备或资源有限的环境中，高效的内存使用至关重要。TensorRT 提供了动态内存管理功能，能够根据输入数据的实际需求动态分配内存资源，减少内存浪费，从而提高 GPU 的利用率，并降低设备的内存占用。

4. 网络层融合与内核自动调优

网络层融合是 TensorRT 的一项重要优化技术，它将多个计算层合并为一个，减少了数据传输的开销和计算负担。内核自动调优功能通过分析硬件架构和数据特征，选择最优计算内核配置，使推理过程更加高效。

5. 灵活地部署支持

TensorRT 被广泛应用于深度学习推理任务，特别是自动驾驶、智能安防、机器人、边缘计算等领域。它支持从数据中心到边缘设备的广泛部署，并且能够在不同的 NVIDIA GPU 上运行，如数据中心的 A100、边缘设备的 JetSon 系列等。

6. 丰富的 API 和工具支持

TensorRT 提供了丰富的 API 以支持不同的编程语言（如 C++和 Python），开发者可以通过这些 API 灵活地将 TensorRT 集成到自己的应用中。此外，NVIDIA 还提供了许多相关工具，如 TensorRT Inference Server，用于管理和部署大规模推理服务。

在边缘计算环境中，设备通常具有有限的计算资源和严格的延迟要求。TensorRT 的优化技术能够在这些受限的环境中实现高效的模型推理，使其成为边缘计算的关键组件。它被广泛应用于实时性要求极高的场景，如自动驾驶汽车的物体检测与分类、智能摄像头的实时视频分析、无人机的导航与识别等。通过使用 TensorRT，开发者可以将复杂的深度学习模型部署到边缘设备上，同时保持高效的推理性能和低延迟的响应速度，从而实现更智能、更实时的边缘计算应用。

6.1.2 TensorRT 的工作原理

TensorRT 通过一系列优化技术，将训练好的深度学习模型转换为高效的推理引擎，以加速推理过程并降低延迟。TensorRT 的工作原理包括以下几个方面。

1. 模型解析与优化

TensorRT 首先解析输入的模型（如 TensorFlow、PyTorch、ONNX 等框架的模型），解析后的模型以计算图的形式表示。然后对该计算图进行一系列优化操作，如网络层融合、精度校准等，以减少计算负担、提高内存利用率和提升 GPU 的计算效率。

2. 网络层融合

网络层融合是 TensorRT 进行模型优化的关键步骤。将多个连续的网络层合并为一个计算单元，TensorRT 减少了数据传输的开销和计算节点，从而提高了推理速度。网络层融合有效减少了中间数据的生成和处理次数，使得 GPU 资源得到更高效的利用。

3. 精度校准与量化

TensorRT 支持多种精度（如 FP32、FP16、INT8）的推理模式。为了在加速推理的同时保持模型精度，TensorRT 提供了精度校准功能。通过精度校准，TensorRT 能够将模型从较高精度（如 FP32）转换为较低精度（如 FP16 或 INT8），显著提高推理速度并减少内存占用，同时尽可能保持原模型的预测精度。

4. 动态内存管理与内核自动调优

为了适应不同输入数据的需求，TensorRT 实现了动态内存管理技术。该技术能够根据实际输入数据的大小和形状，动态调整内存分配，避免资源浪费。此外，TensorRT 还具备内核自动调优功能，根据硬件配置和数据特点，选择最优内核配置，以进一步优化推理性能。

5. 推理引擎的构建与执行

经过解析和优化，TensorRT 生成一个高度优化的推理引擎（TensorRT Engine）。该引擎是一个独立的二进制文件，包含优化后的计算图和运行时需要的配置。推理引擎被加载后，可以直接在 NVIDIA GPU 上运行，以实现快速、高效的推理计算。

6. 实时推理与边缘部署

TensorRT 的优化技术特别适用于实时推理任务，如自动驾驶、智能监控、机器人控制等应用场景。它能够在有限的硬件资源下，提供低延迟、高吞吐量的推理性能。因此，TensorRT 是边缘计算中不可或缺的工具，为深度学习应用提供了高效、可靠的解决方案。

6.2 Jetson TX2 安装 YOLOv8

在 Jetson TX2 上安装 YOLOv8 是一个复杂的过程，涉及多个步骤，包括 Jetpack 的检查与升级、创建 Conda 环境、安装 PyTorch、配置 TensorRT Pybind。

6.2.1 Jetpack 的检查与升级

Jetpack 是 NVIDIA 公司为 JetSon 系列开发套件提供的集成软件包，包含了 CUDA、cuDNN、TensorRT 及其他关键组件。在安装 YOLOv8 之前，需要确保 Jetpack 已正确安装且是最新版本，以避免与硬件或软件出现兼容性问题。

1. 检查 Jetpack 版本

检查版本，执行以下指令：

```
sudo apt-cache show nvidia-jetpack
```

或者

```
jtop
```

本实验在 JETSON TX2 jetpack4.6 版本下通过测试。输入相关命令将显示当前安装的 Jetpack 版本号——Jetpack 4.6，如图 6-1 所示。确认当前安装的 Jetpack 版本，如果是 4.6 版本以上就不用更新。

2. 备份重要数据

在升级之前，确保备份所有重要的数据和配置文件。

3. 更新软件源

更新 apt 软件源，执行以下指令：

```
sudo apt update
```

```
jetson@jetson-YAHBOOM:/usr/src/tensorrt/bin$ sudo apt-cache show nvidia-jetpack
Package: nvidia-jetpack
Version: 4.6-b199
Architecture: arm64
Maintainer: NVIDIA Corporation
Installed-Size: 194
Depends: nvidia-cuda (= 4.6-b199), nvidia-opencv (= 4.6-b199), nvidia-cudnn8 (= 4.6-b199), nvidia-tensorrt (= 4.6-b199),
nvidia-visionworks (= 4.6-b199), nvidia-container (= 4.6-b199), nvidia-vpi (= 4.6-b199), nvidia-l4t-jetson-multimedia-api
 (>> 32.6-0), nvidia-l4t-jetson-multimedia-api (<< 32.7-0)
Homepage: http://developer.nvidia.com/jetson
Priority: standard
Section: metapackages
Filename: pool/main/n/nvidia-jetpack/nvidia-jetpack_4.6-b199_arm64.deb
Size: 29370
SHA256: 4eaefaa615187785d1dabaf63cdab231473b774e91026b4403d767587b190eb1
SHA1: 1cb79168d8d01cd61b4da7d96ad67000e0a097b0
MD5sum: 7d9a90c14c62c42d6d9a0b0e3339f8a8
Description: NVIDIA Jetpack Meta Package
Description-md5: ad1462289bdbc54909ae109d1d32c0a8

Package: nvidia-jetpack
Version: 4.6-b197
Architecture: arm64
Maintainer: NVIDIA Corporation
Installed-Size: 194
Depends: nvidia-cuda (= 4.6-b197), nvidia-opencv (= 4.6-b197), nvidia-cudnn8 (= 4.6-b197), nvidia-tensorrt (= 4.6-b197),
nvidia-visionworks (= 4.6-b197), nvidia-container (= 4.6-b197), nvidia-vpi (= 4.6-b197), nvidia-l4t-jetson-multimedia-api
 (>> 32.6-0), nvidia-l4t-jetson-multimedia-api (<< 32.7-0)
Homepage: http://developer.nvidia.com/jetson
Priority: standard
Section: metapackages
Filename: pool/main/n/nvidia-jetpack/nvidia-jetpack_4.6-b197_arm64.deb
Size: 29364
SHA256: 8b82a325a3ac36caf77312e53a7182aebd9c3e4745d4bc7956681b47ac4a14d8
SHA1: 1b564fe8feaf6682afcfb195ceb832f7aa73d61d
MD5sum: e8e3941bd6229f2e17adaefce31ee73c
Description: NVIDIA Jetpack Meta Package
Description-md5: ad1462289bdbc54909ae109d1d32c0a8
```

图 6-1　Jetpack 版本 4.6

4. 升级系统包

升级所有已安装的系统包，执行以下指令：

```
sudo apt full-upgrade
```

5. 安装 NVIDIA 软件源

如果尚未安装就添加 NVIDIA 软件源，执行以下指令：

```
sudo apt-add-repository https://repo.download.nvidia.com/jetson/common
sudo apt-add-repository https://repo.download.nvidia.com/jetson/t194
```

注意：t194 可能需要根据 Jetson 型号调整。

6. 更新 Jetpack

更新 Jetpack 组件，执行以下指令：

```
sudo apt update
sudo apt install nvidia-jetpack
```

7. 重启设备

完成安装后重启 Jetson 设备，执行以下指令：

```
sudo reboot
```

8. 验证升级

重启后，验证新版本，执行以下指令：

```
sudo apt-cache show nvidia-jetpack
```

9. 更新 CUDA 工具包（可选）

如果需要就更新 CUDA 工具包，执行以下指令：

```
sudo apt install cuda-toolkit-10-2
```

10. 清理旧文件（可选）

升级完成后，可以清理不再需要的旧文件，执行以下指令：

```
sudo apt autoremove
```

注意：升级过程可能需要较长时间，请确保设备有稳定的电源供应。某些自定义设置可能会在升级过程中被覆盖，请记录重要的自定义配置。若升级过程中遇到问题，则可以查阅 NVIDIA 官方文档或论坛寻求帮助。对于一些关键的生产环境，建议先在测试环境中进行升级测试。

6.2.2 创建 Conda 环境

在 Jetson TX2 上使用 YOLOv8 时需要安装 Ultralytics 库，该库要求 Python 版本高于 3.8。然而，Jetson TX2 自带的 Python 版本（2.7 版本和 3.6.9 版本）不满足要求。直接安装 Python 3.8 可能会导致 pip 和 Python 的绑定关系混乱，难以管理和调试环境。因此，推荐使用 Conda 进行库管理。对于 ARM 架构的 Jetson TX2，可以使用 conda-forge。

将第 6 章安装包文件夹下的 conda-forge 安装文件 mcond.sh 通过 SSH 发送到 Jetson 边缘计算平台的 down 文件夹下，执行以下指令：

```
./mcond.sh
```

若提示有错，则将 mcond.sh 文件的安全属性改为 777，并在安装过程中两次选择 yes 以完成安装。这种方法不仅能满足 YOLOv8 的版本要求，还能保持环境的清晰和可管理性。重新登录或重启系统，进入终端如果能看到以（base）开头的命令提示行，表示安装成功。执行以下指令：

```
conda
```

将会提示 Conda 的相关信息，如图 6-2 所示。

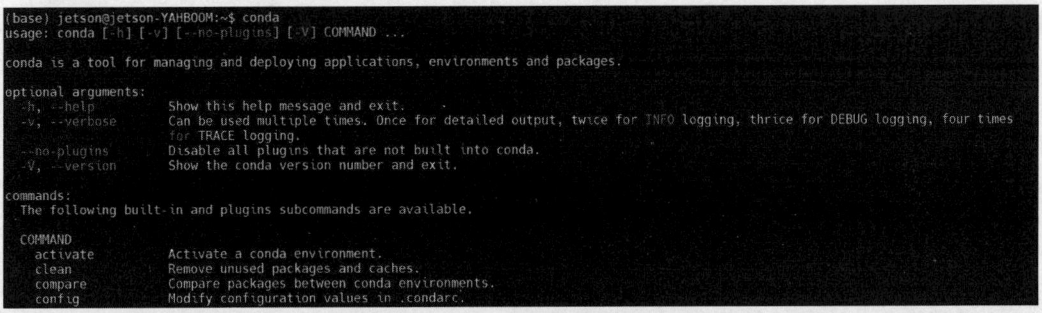

图 6-2　Conda 的相关信息

执行以下指令创建虚拟环境。

```
conda create -n yolo python=3.8
```

虚拟环境名为 yolo，切换至 YOLO 环境，执行以下指令：

```
conda activate yolo
```

安装 Ultralytics、onnx、lapx 以及调整 numpy 为 1.23.1，执行以下指令：

```
pip install ultralytics onnx lapx numpy==1.23.1 -i https://pypi.tuna.tsinghua.edu.cn/simple
```

6.2.3 安装 PyTorch

在 Jetson TX2 上使用 YOLOv8 进行 GPU 加速推理时面临一个挑战：Ultralytics 自带的 PyTorch 版本不支持 GPU。虽然 NVIDIA 官方为 Jetson 设备提供了支持 GPU 的 PyTorch 版本，但这些版本针对 Jetpack 4.6 的只支持 Python 3.6。考虑本实验使用的是 Python 3.8 环境，出现了版本不兼容问题。为了解决这个问题，需要采取一个更复杂但有效的方法：手动构建适合 Python 3.8 和 Jetpack 4.6.4 环境的 PyTorch wheel 文件。

将第 6 章安装包文件夹下 PyTorch 安装文件 torch-1.11.0a0+gitbc2c6ed-cp38-cp38-linux_aarch64.whl，torchvision-0.12.0a0+9b5a3fe-cp38-cp38-linux_aarch64.whl，通过 SSH 发送到 Jetson 边缘计算平台的 down 文件夹下，执行以下指令：

```
pip install torch-*.whl torchvision-*.whl
```

安装完成后如图 6-3 所示。

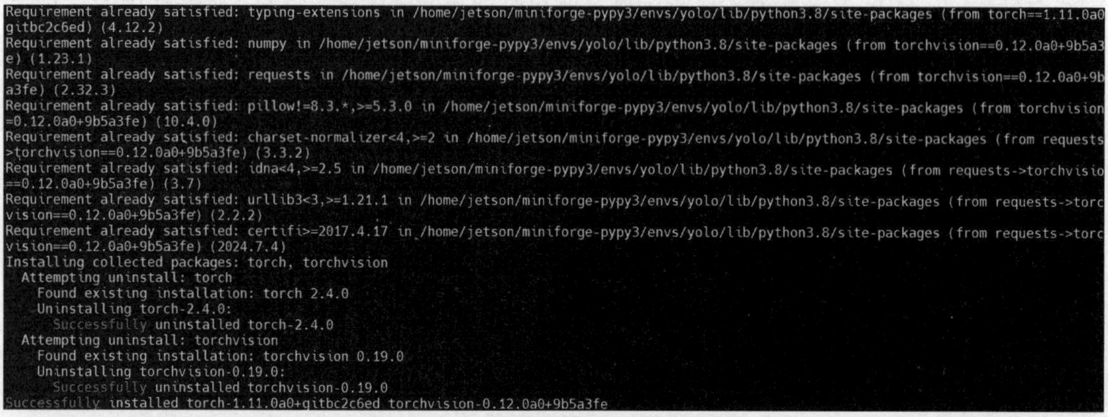

图 6-3　PyTorch 和 Torchvision 的安装

虽然这个过程较烦琐，但能确保获得一个完全兼容的、支持 GPU 的 PyTorch 版本。通过这种方式，可以充分利用 Jetson TX2 的 GPU 能力，显著提升 YOLOv8 模型的推理速度。

6.2.4　配置 TensorRT Pybind

Jetpack 中的 TensorRT 与 Python 3.8 环境存在兼容性问题，无法直接使用。为了解决该问题，需要采用更高级的方法：利用 Pybind11 对 TensorRT 进行 Python 绑定。Pybind11 是一个强大的工具，能够为 C++代码创建 Python 接口，使不同版本间的交互成为可能。采用这种方法，可以将 TensorRT 的功能无缝集成到 Python 3.8 环境中，从而在保持环境现代化的同时，充分发挥 Jetson TX2 的硬件加速能力。

将第 6 章安装包文件夹下的安装文件 tensorrt-8.2.3.0-cp38-none-linux_aarch64.whl，通过 ssh 发送到 Jetson 边缘计算平台的 down 文件夹下，执行以下指令：

```
python -m pip install build/dist/tensorrt-*.whl
```

完成 Pybind11 对 TensorRT 进行 Python 绑定，虽然这个过程需要一定的技术，但能够显著提升模型的推理性能，为在 Jetson TX2 上进行高效深度学习推理铺平道路。

6.3　TensorRT Engine 构 建

TensorRT Engine 的构建是一个复杂、强大的过程，它将深度学习模型优化为高效率的推理引擎。在这个过程中，TensorRT 首先分析输入模型的结构，然后应用一系列优化技术，如层融合、精度校准、内核自动调优和内存优化等。它还会根据目标硬件的特性进行特定优化，如利用 Tensor Cores 加速。构建完成后，TensorRT Engine 能够显著提高推理速度，减少内存占用，并在保持模型精度的同时实现低延迟的实时性能。优化后的引擎可以序列化保存，以便在后续的部署中快速加载和使用，从而在边缘设备和数据中心等环境中实现高效的深度学习推理。

将训练好的 yolov8n.pt 模型上传到 Jetson 上，再利用 TensorRT 将转换为 engine 模型。将第 6 章配套素材里的 engtrr.py 通过 SSH 上传到 Jetson 平台，在 YOLO 环境中执行以下指令：

```
python engtrr.py
```

将.pt 模型转换为.engine 模型。engtrr.py 的具体代码如下：

```python
from ultralytics import YOLO
#导入一个模型
model = YOLO('yolov8n.pt')   #load a custom trained
#输出该模型
model.export(format='engine',half=True,simplify=True)
```

其中，yolov8n.pt 为训练好的权重文件。生成 Engine 引擎的时间有点长（约为 5 分钟）。完成后如图 6-4 所示。

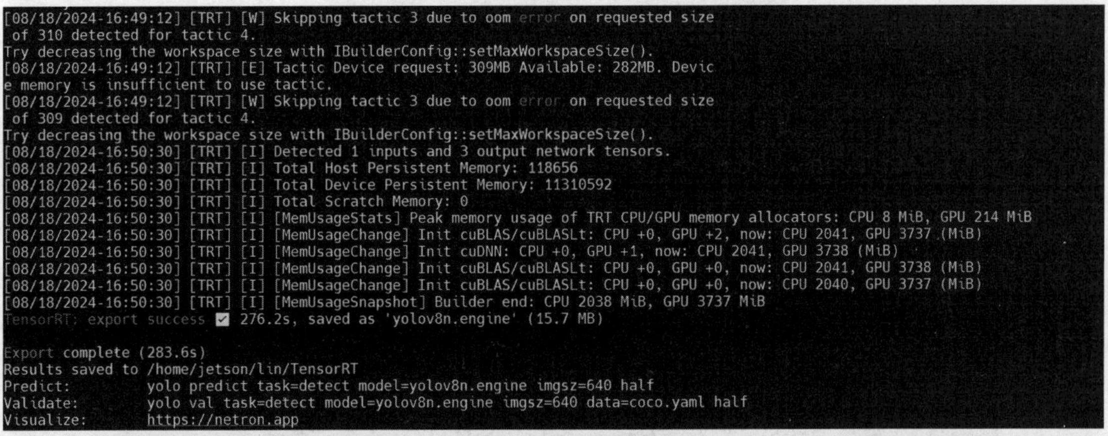

图 6-4 生成 Engine 引擎

6.4 TensorRT 部署

TensorRT 部署是一个综合性过程，旨在将优化后的深度学习模型高效地应用于实际生产环境。这个过程包括将原始模型转换为 TensorRT 格式，构建并优化推理引擎，序列化保存引擎以便快速加载，然后将其集成到目标应用程序中。在部署过程中，需要考虑内存管理、资源分配、批处理优化、错误处理和性能监控等关键因素。成功的 TensorRT 部署能够显著提高推理速度、降低延迟、优化资源利用，从而在各种硬件平台上，特别是在边缘设备和数据中心实现高效的深度学习推理，使复杂的 AI 模型在实时应用场景中发挥强大作用，为用户提供快速、准确的结果。

6.4.1 TensorRT Engine 加载及推理

将第 6 章配套素材的 deteng.py、bus.jpg 通过 SSH 上传到 Jetson 平台，执行以下指令：

python engdel.py

图像推理结果如图 6-5 所示。

图 6-5 图像推理结果

检测框相关信息如图 6-6 所示。

图 6-6 检测框相关信息

6.4.2 TensorRT 推理代码

下面讲解使用 TensorRT 加速 YOLOv8 模型推理的方法，并在 GPU 上进行目标检测。通过实例代码逐步讲解推理过程，并展示获取并可视化推理结果的方法。代码如下。

```
from ultralytics import YOLO
import cv2
import torch
import time
#选择推理设备
```

```
device = torch.device("cuda" if torch.cuda.is_available() else "cpu")
print(f"Using device: {device}")
#加载预训练的 YOLOv8 模型
model = YOLO('yolov8n.engine', task='detect')
#读取待检测的图片
image_path = "data/bus.jpg"   #将此路径替换为图片路径
frame = cv2.imread(image_path)
#检查图片是否成功加载
if frame is not None:
    #记录开始时间以计算推理速度
    start_time = time.time()
    #运行 YOLOv8 模型进行目标检测
    results = model(frame, device=device)   #使用指定设备（GPU 或 CPU）推理
    #计算每秒帧数
    end_time = time.time()
    fps = 1 / (end_time - start_time)
    #初始化检测到的目标数量
    count = 0
    #处理检测结果
    for result in results:
        print(result.boxes)
        if result.boxes.id is not None:
            count = len(result.boxes.id)   #统计检测到的目标数量
    #可视化检测结果
    annotated_frame = results[0].plot()
    #在图像上添加检测到的目标数量和 FPS 信息
    cv2.putText(annotated_frame, f"total {count}", (40, 40), cv2.FONT_HERSHEY_SIMPLEX, 1, (255, 255, 0), 2)
    cv2.putText(annotated_frame, f"fps {int(fps)}", (40, 80), cv2.FONT_HERSHEY_SIMPLEX, 1, (255, 255, 0), 2)
    #  显示结果
    cv2.imshow("YOLOv8 Detection", annotated_frame)
    cv2.waitKey(0)   #等待用户按下任意键关闭窗口
    cv2.destroyAllWindows()
else:
    print("无法读取图片")   #如果图片加载失败就输出提示信息
```

详细说明如下。

1. 选择推理设备

在执行推理之前需要选择推理设备。若系统中存在可用的 GPU（即 CUDA 可用），则使用 GPU 加速，否则使用 CPU。通过 torch.device() 选择设备，并通过 print 语句输出设备类型，以便确认。

2. 加载模型

使用 TensorRT 推理引擎加载 YOLOv8 模型。.engine 文件是经过优化的推理引擎文件，可实现快速推理。task='detect' 参数指定这是一个目标检测任务。

3. 读取图片

通过 OpenCV 的 cv2.imread 函数加载待检测的图片。需确保提供的图片路径正确，否则

可能无法成功读取图片。

4. 图片检查

在继续推理之前，检查图片是否已成功加载。如果图片加载失败就输出错误提示信息，并终止后续操作。

5. 运行推理

使用加载的 YOLOv8 模型对输入图片推理。模型会根据输入图片返回检测结果，其中包括检测到的目标及其边界框信息。

6. 处理检测结果

遍历模型的检测结果，并打印每个目标的边界框信息。代码还会统计检测到的目标数量，并将其存储在 count 变量中。

7. 可视化结果

使用 YOLOv8 的内置绘图功能在原始图片上绘制检测结果，包括检测的目标、边界框和标签。然后使用 OpenCV 的 cv2.putText 函数在图像上添加检测到的目标数量和推理速度的信息。

8. 显示结果

使用 OpenCV 的 cv2.imshow 函数显示处理后的图片，并通过 cv2.waitKey(0) 等待用户关闭显示窗口。显示窗口标题为 YOLOv8 Detection。

以上提供了一个完整的 TensorRT 推理示例，通过使用经过 TensorRT 优化的 YOLOv8 模型，能够在 GPU 上快速执行目标检测。读者可以尝试替换不同的图片路径或调整代码中的参数观察推理速度的变化。理解这些步骤有助于掌握使用 TensorRT 在实际项目中实现高效的推理部署的方法。

单 元 测 试

一、单项选择题

1. TensorRT 是由（　　）公司开发的深度学习推理优化库。
   A．Google　　　　　B．NVIDIA　　　　　C．AMD　　　　　D．Intel

2. TensorRT 支持最低的数据精度模式的是（　　）。
   A．FP64　　　　　B．FP32　　　　　C．FP16　　　　　D．INT8

3. 在 Jetson TX2 上安装 YOLOv8 时，推荐使用（　　）工具进行库管理。
   A．pip　　　　　B．apt　　　　　C．conda　　　　　D．yarn

4. 为了解决 TensorRT 与 Python 3.8 环境的兼容性问题，使用（　　）工具。
   A．Cython　　　　　B．Pybind11　　　　　C．SWIG　　　　　D．Boost.Python

5. 在 TensorRT Engine 构建过程中，不包括的优化技术是（　　）。
   A．层融合　　　　　B．精度校准　　　　　C．内核自动调优　　　　　D．模型训练

6. 在 Jetson 平台上，使用（　　）文件将.pt 模型转换为.engine 模型。
   A．convert.py　　　　　B．engtrr.py　　　　　C．engine.py　　　　　D．transform.py

7. 在 TensorRT 部署过程中，不需要考虑的关键因素是（　　）。
   A. 内存管理　　　　B. 资源分配　　　　C. 模型训练　　　　D. 错误处理
8. 在代码中，使用（　　）函数选择推理设备。
   A. torch.cuda()　　　　　　　　　　B. torch.device()
   C. torch.select_device()　　　　　D. torch.get_device()

二、多项选择题

1. TensorRT 的核心功能包括（　　）。
   A. 模型优化与转换　　　　　　　　B. 多种精度支持
   C. 网络层融合　　　　　　　　　　D. 内核自动调优
2. TensorRT 的工作原理包括（　　）。
   A. 模型解析与优化　　　　　　　　B. 网络层融合
   C. 精度校准与量化　　　　　　　　D. 动态内存管理
3. 在 Jetson TX2 上安装 YOLOv8 的过程中，需要（　　）。
   A. 检查并升级 Jetpack　　　　　　B. 创建 Conda 环境
   C. 安装 PyTorch　　　　　　　　　D. 配置 TensorRT Pybind
4. TensorRT Engine 构建过程包括（　　）。
   A. 分析输入模型结构　　　　　　　B. 应用优化技术
   C. 根据目标硬件特性优化　　　　　D. 序列化保存引擎
5. 在使用 TensorRT 进行 YOLOv8 模型推理时，代码中包括（　　）操作。
   A. 加载预训练模型　　　　　　　　B. 读取待检测图片
   C. 运行模型进行目标检测　　　　　D. 可视化检测结果
6. 在代码中，使用 OpenCV 进行（　　）。
   A. 读取图片　　　　　　　　　　　B. 在图像上添加文字
   C. 显示处理后的图片　　　　　　　D. 等待用户关闭窗口

三、判断题

1. TensorRT 只能用于 NVIDIA 的 GPU 设备。　　　　　　　　　　　　（　　）
2. 在 Jetson TX2 上，可以直接使用 Ultralytics 自带的 PyTorch 版本进行 GPU 加速推理。
　　　　　　　　　　　　　　　　　　　　　　　　　　　　　　　　（　　）
3. Pybind11 可以为 C++代码创建 Python 接口，使不同版本间的交互成为可能。（　　）
4. TensorRT Engine 只能用于 NVIDIA 的 GPU 设备进行推理加速。　　　（　　）
5. 在代码中，如果系统中不存在可用的 GPU，程序将自动使用 CPU 进行推理。（　　）
6. 在 TensorRT 部署过程中，不需要考虑批处理优化和性能监控。　　　（　　）

第 7 章　AiCam 智能视觉应用技术

本章导读

本章深入探讨了基于 AiCam 框架的 OpenCV 智能视觉技术应用,首先介绍了 OpenCV 和环境配置,接着介绍了 OpenCV 图像基础算法,最后展开图像的基础应用,内容从简单到复杂,循序渐进。本章每节都先简要介绍基本概念和原理,再介绍实验操作流程和结果验证,让读者清晰了解案例实施的整个过程,理解各模块的逻辑关系,体现了理实一体化教学理论。本章展示了当前引领新一轮的信息化潮流——智能制造。通过学习本章内容,读者不仅能够掌握基于边缘计算平台的智能视觉应用,还能够在学习过程中进一步提高自身的算法素养、信息素养以及职业素养,为未来的创新发展奠定基础。

7.1　OpenCV 计算机视觉基础

基于 AiCam 平台的智能视觉技术属于计算机视觉技术,研究如何让计算机代替人眼实现对目标的分类、识别和场景理解等内容,主要利用成像设备(如摄像头、监控等)从不同角度采集目标物体的图像信息,并通过计算设备提取图像信息,进而处理、分析和理解,再应用于实际检测、测量和控制场景。本节主要介绍 OpenCV 计算机视觉库,在 Linux、Windows 环境下的安装方法和简单的 OpenCV 库应用案例等内容。

7.1.1　OpenCV 简介

OpenCV(Open Source Computer Vision Library,开源计算机视觉库)是一个开源计算机视觉和机器学习软件库,由一系列 C 函数和少量 C++类构成,是一个跨平台的开源计算机视觉库,包含 2500 多种优化算法。1999 年 Intel 公司的加里·布拉德斯基(Gary Bradski)创建了 OpenCV,2000 年 OpenCV 以开源的方式发布,此后 OpenCV 不断发展壮大,增加大量的新功能,成为全球最流行的计算机视觉库之一。作为一个全面且强大的计算机视觉库,OpenCV 不仅提供了大量图像处理和计算机视觉算法,还适用于多种编程语言,如 Python、C++和 Java。此外,OpenCV 还支持 Windows 系统、Linux 系统、Mac OS 系统、Android 系统等不同系统,可以从 OpenCV 官网下载对应系统的软件下载包,如图 7-1 所示。OpenCV 在官网上中还提供了各种格式的帮助文档,如图 7-2 所示。在 OpenCV modules 网页上单击 OpenCV-Python Tutorials 项即可查看 OpenCV-Python 相关教程。单击 Example 选项卡列出示例代码,如图 7-3 所示。

图 7-1　OpenCV 官网

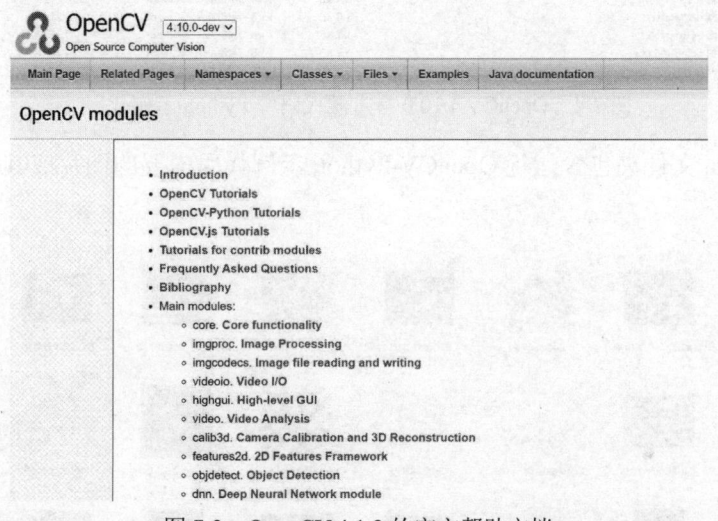

图 7-2　OpenCV 4.1.2 的官方帮助文档

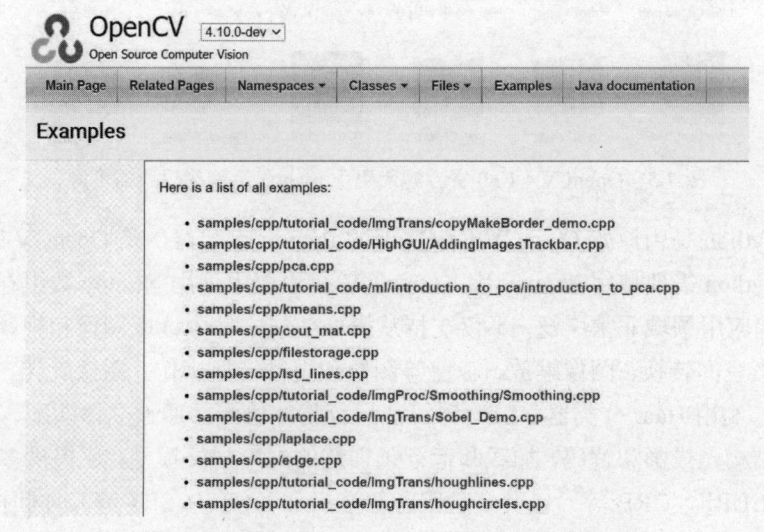

图 7-3　OpenCV 4.10.0 官方在线文档的示例代码

这里大部分都是 C++代码示例，要想下载 Python 相关案例，可以下载 OpenCV 的源代码，在源代码的/samples/python 文件夹中找到相关 OpenCV-Python 的示例代码，如图 7-4 所示。

图 7-4　OpenCV 4.10.0 官方源代码中 Python 示例代码

/samples/data 文件夹包含运行 OpenCV-Python 示例代码需要的图片或其他资源，如图 7-5 所示。

图 7-5　OpenCV 4.10.0 官方源代码中 python 示例代码所需资源

OpenCV-Python 是由原始 OpenCV C++实现的 Python 包装器，是 OpenCV 库的 Python 接口。OpenCV-Python 需要使用 Numpy 库，OpenCV 在程序中使用 Numpy 数组存储图像数据。

OpenCV 的应用领域非常广泛，不仅支持从摄像头或文件中读取图像和视频，进行图像和视频捕获，色彩空间转换、图像缩放、裁剪等图像和视频转换操作，图像旋转、平移、缩放等几何变换操作，利用 Haar 分类器、LBP 等算法进行物体检测，通过立体匹配、三维重建等立体视觉功能，结构光投影和解码，加载和运行预训练的深度学习模型，还提供多种特征检测算法（如 SIFT、SURF、ORB 等）以及多种跟踪算法（如 KCF、CSRT 等），同时内置了支持向量机、决策树、K 聚类分析等机器学习算法。

7.1.2 OpenCV 安装

在 Linux 环境下安装 OpenCV-Python 有三种方式：使用 pip 安装、使用预编译包安装和源码编译安装。

1. 使用 pip 安装

PyPI 提供了非官方的 OpenCV-Python 包，在系统命令提示符窗口中执行 pip insall 命令即可安装。

```
pip install opencv-python
```

在安装过程中，pip 会检查是否安装了 Numpy 数组计算软件包，若未安装则自动安装该包，该命令只安装 OpenCV 的主模块，若执行 pip install opencv-contrib-python 则同时安装 OpenCV 的主模块和贡献模块。

安装完成后，在 Python 交互环境导入 cv2 包，代码如下。

```
~$ python
Python 2.7.12 (default, Nov 12 2018, 14:36:49)
[GCC 5.4.0 20160609] on linux2
Type "help", "copyright", "credits" or "license" for more information.
>>> import cv2
```

可以通过 cv2.__version__ 查看版本信息，代码如下。

```
>>> cv2.__version__
'3.4.5'
```

还可以导入 numpy 包和查看版本信息，代码如下。

```
>>> import numpy
>>> numpy.__version__
'1.16.6'
```

2. 使用预编译包安装

如果只需要使用 OpenCV 而不需要编译它，就可以使用 APT 包管理器安装预编译的版本，这种方式简单、快捷，但具有一定的局限性。由于它的预编译包是针对特定操作系统和架构构建，因此不适用于所有系统，其安装首先更新包列表。

```
sudo apt update
```

接着安装 OpenCV。

```
sudo apt install libopencv-dev python3-opencv
```

同样，通过 cv2.__version__ 和 numpy.__version__ 查看版本信息。

```
>>> cv2.__version__
'3.4.5'
>>> import numpy
>>> numpy.__version__
'1.16.6'
```

3. 源码编译安装

源码编译安装是从项目的官方仓库获取源代码，并在本地环境中编译和安装。这种方式提供了更高的灵活性和控制力；但技术门槛高，需要用户自己解决所有依赖关系，要确保系统中已安装必需的依赖库。

```
sudo apt install -y cmake g++ wget git unzip pkg-config
sudo apt install -y    libjpeg-dev libtiff5-dev libpng-dev
sudo apt install -y libavcodec-dev libavformat-dev libsescale-dev libv4l-dev libxvidcore-dev libx264-dev
sudo apt install    -y    libgtk-3-dev
sudo apt install    -y    libatlas-base-dev gfortran
sudo apt install    -y    python3-dev python3-numpy
```

然后下载源码或克隆 OpenCV 源码库并配置 CMake。

```
git clone https://github.com/opencv/opencv.git
cd opencv
mkdir build
cd build
sudo cmake -D CMAKE_BUILD_TYPE=Release -D CMAKE_INSTALL_PREFIX=/usr/local/include/opencv2..
```

使用 cmake 命令配置构建过程。CMAKE_BUILD_TYPE=Release 设置了构建类型为 Release，-D CMAKE_INSTALL_PREFIX=/usr/local/生成的文件安装到/usr/local/include/目录下，..表示在当前目录的父目录中寻找 CMakeLists.txt 文件。

编译 OpenCV。使用 make 命令编译，-j8 参数表示使用 8 个线程进行编译，可以根据系统性能调整。

```
sudo make -j8
```

最后安装 OpenCV。使用 make install 命令将编译生成的文件安装到系统，通过 cv2.__version__ 和 numpy.__version__ 查看版本信息。

```
sudo make install
>>> cv2.__version__
'3.4.5'
>>> import numpy
>>> numpy.__version__
'1.16.6'
```

在 Windows 系统环境下，可以使用 pip install 命令安装 OpenCV。按 Win+R 组合键进入 cmd 命令提示符窗口，并执行 pip install 命令。

```
C:\Users\admin>pin install opencv-python
Collecting opencv-python
    Downloading   opencv_python-4.10.0.46-cp39-cp39- win_amd64 (24.2 MB)
         |                             | 81 kB   9.1 kB/s   eta   0:44:00
...
Requirement  already  satisfied:  NumPy>=1.17.3  in  d:\python38\lib\site-packages  (from  opencv-python==4.10.0.46)(1.19.4)
Installing collected packages:opencv-python
Successfully installed opencv-python-4.10.0.46
```

然后输入以下代码查看 OpenCV 版本，若能够查看则表示安装成功。

```
C:\Users\admin>python
>>> import cv2
>>> print(cv2.__version__)
4.10.0
>>>
```

最后配置 OpenCV 环境变量，右击"我的电脑"图标，在弹出的快捷菜单中单击"属性"命令，弹出"系统>系统信息"界面，单击"高级系统设置"选项卡，弹出"系统属性"对话框（图 7-6），单击"高级"选项卡，即可看到"环境变量"按钮。

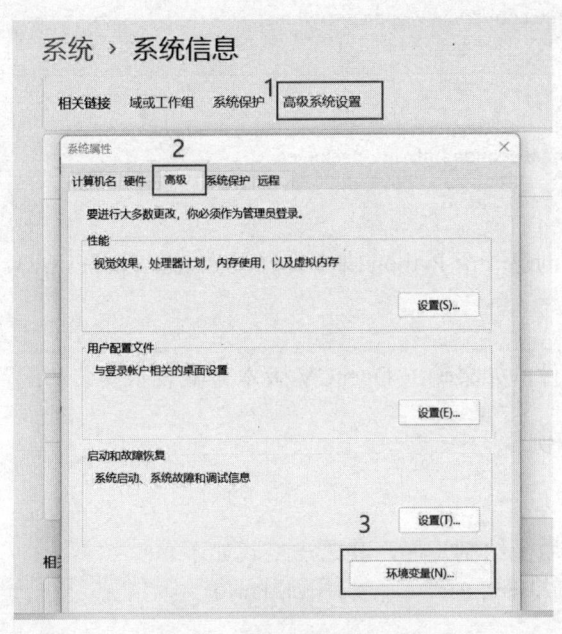

图 7-6　"系统属性"对话框

单击"环境变量"按钮，弹出"环境变量"对话框，在"用户变量"或"系统变量"列表框中找到名为 Path 的变量，单击"编辑"按钮，在弹出的"编辑环境变量"对话框中单击"新建"按钮，输入 OpenCV 库的安装路径，如图 7-7 所示。

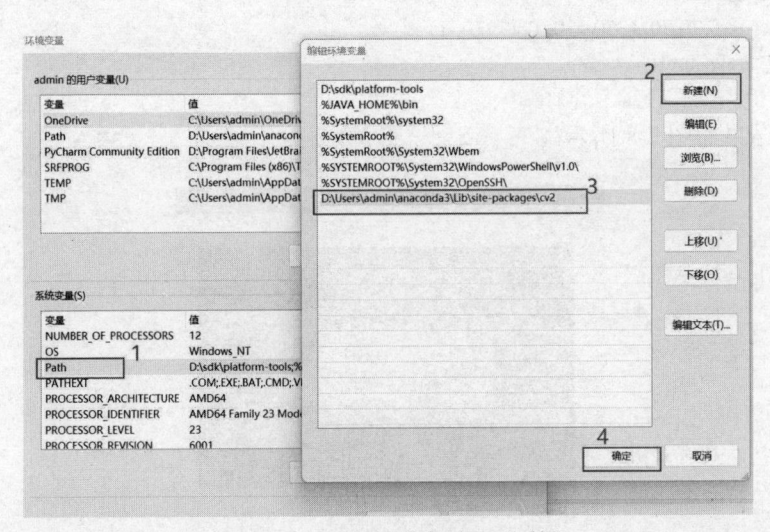

图 7-7　"编辑环境变量"对话框

单击"确定"按钮，完成 OpenCV 环境变量设置，如果不知道安装路径就可通过在 cmd 命令提示符窗口中输入如下命令查看，Path 路径系统变量路径一定要和查看的路径一致。

```
C:\Users\admin>pip show opencv-python
Name: opencv-python
Version: 4.10.0.84
Summary: Wrapper package for OpenCV python bindings.
Home-page: https://github.com/opencv/opencv-python
Author: None
Author-email: None
License: Apache 2.0
Location: d:\users\admin\anaconda3\lib\site-packages
Requires: numpy, numpy
Required-by:
```

此时，在任意位置创建一个 Python 脚本文件（如 test_opencv.py），在脚本输入如下代码

```
import cv2
print(cv2.__version__)
```

保存并运行脚本文件，如果输出 OpenCV 版本号就表示安装和配置都已经成功完成。

7.1.3 OpenCV 示例

1. 绘制矩形

cv2.rectangle()函数用于绘制矩形，其语法格式如下。

```
cv2.rectangle(img,pt1,pt2,color[,thickness[,lineType[,shift]]])
```

示例代码如下。

```
#test 7-1.py 绘制矩形
import numpy as np
import cv2
img = np.zeros((200,320,3),np.uint8)
cv2.rectangle(img,(20,20),(300,180),(255,0,0),5)
cv2.rectangle(img,(70,70),(250,130),(0,255,0),-1)
cv2.imshow('draw',img)
cv2.waitKey(0)
```

绘制矩形结果如图 7-8 所示。

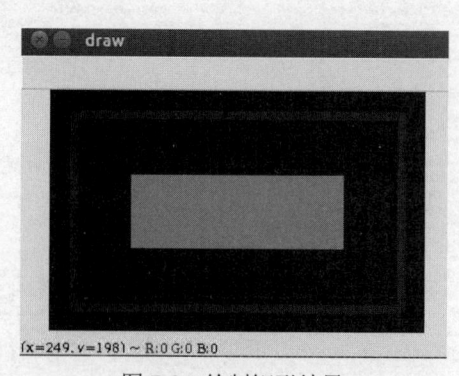

图 7-8　绘制矩形结果

2. 绘制圆

cv2.circle()函数用于绘制圆，其语法格式如下。

cv2.circle(img,center,radius,color[,thickness[,lineType[,shift]]])

示例代码如下。

```
import numpy as np
import cv2
img=np.zeros((200,320,3),np.uint8)
cv2.circle(img,(160,100),80,(255,0,0),5)
cv2.circle(img,(160,100),40,(0,255,0),-1)
cv2.imshow('draw',img)
cv2.waitKey(0)
```

绘制圆结果如图 7-9 所示。

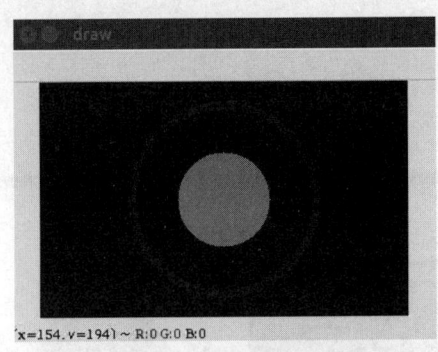

图 7-9 绘制圆结果

3. 绘制文本

cv2.putText()函数用于绘制文本，其语法格式如下。

cv2.putText(img,text,org,fontFace,fontScale,color[,thickness[,lineType[,bottomLeftOrigin]]])

示例代码如下。

```
import numpy as np
import cv2
img=np.zeros((200,320,3),np.uint8)+255
font=cv2.FONT_HERSHEY_SCRIPT_SIMPLEX
cv2.putText(img,'edge',(50,100),font,2,(255,0,0),2,cv2.LINE_AA)
cv2.imshow('draw',img)
cv2.waitKey(0)
```

绘制文本结果如图 7-10 所示。

图 7-10 绘制文本结果

4.角检测

cv2.cornerHarris()函数根据哈里斯角检测器算法检测图像中的角,其基本格式如下。

dst=cv2.cornerHarris(src,blockSize,ksize,k)

示例代码如下。

```
import cv2
import numpy as np
img=cv2.imread('image01.jpg')
gray=cv2.cvtColor(img,cv2.COLOR_BGR2GRAY)
grap=np.float32(gray)
dst=cv2.cornerHarris(gray,8,7,0.01)
img[dst>0.02*dst.max()]=[0,0,255]
cv2.imshow('dst',img)
cv2.waitKey(0)
```

角检测结果如图 7-11 所示。

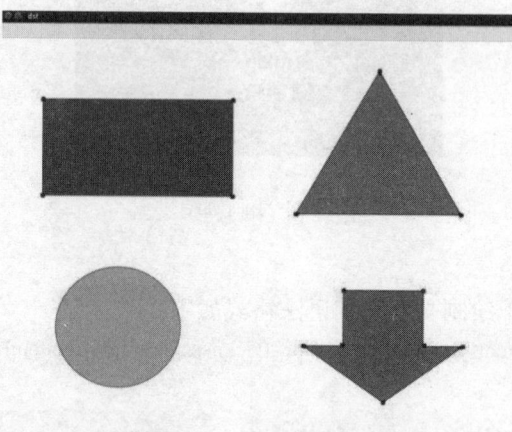

图 7-11　角检测结果

5. Canny 边缘检测

cv2.Canny()函数用于实现 Canny 边缘检测,使用高斯滤波去除图像噪声,使用 Sobel 核进行滤波,在边缘使用非最大抑制,对检测的边缘使用双阈值以去除假阳性,保留真正的边缘,消除不明显的边缘,其基本格式如下。

dst=cv2.Canny(src,threshold1,threshold2[,apertureSize[,L2gradient]])

示例代码如下。

```
import cv2
import numpy as np
img=cv2.imread('butterfly.jpg')
cv2.imshow('img',img)
img2=cv2.Canny(img,100,150)
cv2.imshow('Canny',img2)
cv2.waitKey(0)
cv2.destoryAllWindows()
```

Canny 边缘检测结果如图 7-12 所示。

图 7-12　Canny 边缘检测结果

安装 OpenCV 环境后，可以进行 OpenCV 机器视觉开发。首先导入 OpenCV 库，通常情况使用 cv2 这个别名，"import cv2"表示导入 OpenCV 包，"import numpy as np"表示导入 numpy 库。导入 OpenCV 库后可以使用 cv2.imread()函数读取项目所需要读取的图像文件 img=cv2.imread('path/to/image.jpg')。然后使用 OpenCV 提供的函数处理图像，如调整亮度、对比度、尺寸变换等，根据需要使用特征检测算法（如 SIFT、SURF 或 ORB）检测和描述图像中的关键点，或者使用 Haar 分类器或其他物体检测算法来识别特定物体，抑或使用目标跟踪算法（如 KCF 或 CSRT）追踪视频中的物体，抑或使用内置的机器学习算法（如支持向量机、K 聚类分析）进行机器学习。最后使用 cv2.imshow()函数显示图像，使用 cv2.waitKey()函数等待用户按键，使用 cv2.imwrite()函数保存处理后的图像。

7.2　图像基础算法

图像基础算法主要包括图像采集与图像标记、图像转换与图像变换、图像边缘检测。下面主要介绍这些算法的基本原理、OpenCV 实现这些算法的方法以及基于 AiCam 框架的实现过程。

7.2.1　图像采集与图像标记

1. 基本原理

图像采集是将物理世界中的可见光或其他电磁波转化为数字信号的技术过程。首先基于 AiCam 智能视觉的图像采集是利用边缘网关的摄像头实现图像数据采集，然后再通过 OpenCV 视觉框架图像和视频，最后使用 Flask Web 框架将采集的图片推流到前端展示，如图 7-13 所示。

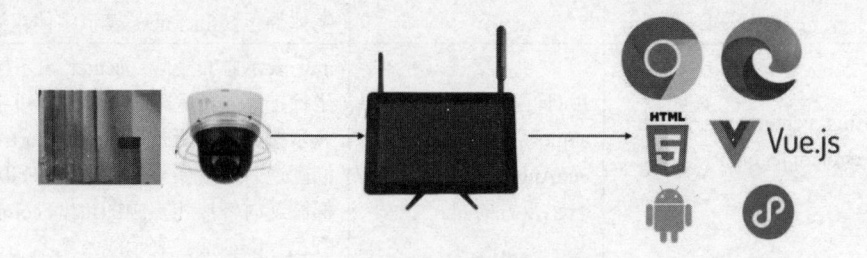

图 7-13　基于 AiCam 智能视觉采集过程

图像标记是指在图像数据上添加额外信息的过程,这些信息可以帮助计算机更好地理解和处理图像。图像标记的具体方式取决于应用场景和目标,常见的标记类型有边界框、分割掩码、关键点、多边形、属性标签、全景分割和图像分类标签。基于 AiCam 智能视觉的图像标记是在物体检测、目标分类的基础,推理算法检测识别到目标物体在图片上的坐标后,使用 OpenCV 图像标记的相关接口画出图片中物体的识别框和分类标签。

2. 实现方法

OpenCV 可以实现对图像、视频的读取、写入,以及在画布上画矩形、圆、多边形、文字等图像标记内容的方法,具体方法见表 7-1。

表 7-1 OpenCV 实现图形标记的常用方法

方法	方法含义	参数含义
cv2.VideoCapture('file')	创建视频流或视频文件对象	file 表示文件对象
cv2.VideoCapture.release('file')	释放视频流或视频文件对象	file 表示文件对象
cv2.VideoCapture.read('file')	从摄像头或视频文件中捕获帧信息	file 表示文件对象
cv2.imread('test.jpg')	读取图像文件	test.jpg 表示图像文件
cv2.imwrite(filename, image)	写入图像文件	filename 表示文件名;image 表示图像
cv2.imshow(window_name, image)	显示图像文件	window_name 表示窗;image 表示图像
cv2.line(img,pt1,pt2,color,thickness)	用于画直线	img 表示画布矩阵;pt1 表示线条起始位置坐标;pt2 表示线条终止位置坐标;color 表示线条颜色;thickness 表示线条宽度
cv2.polylines(img, pts, isClosed, color, thickness)	用于画多边形	img 表示画布矩阵;pts 表示多边形上点的数组;isClosed 表示多边形是否闭合,值为 ture 或 false;color 表示线条颜色;thickness 表示线条宽度
cv2.rectangle(img, pt1, pt2, color, thickness)	用于画矩形	img 表示画布矩阵;pt1 表示线条起始位置坐标;pt2 表示线条终止位置坐标;color 表示线条颜色;thickness 表示线条宽度
cv2.putText(img, text, org, fontFace, fontScale, color, thickness)	用于显示文字	img 表示画布矩阵;text 表示文本内容;org 表示文本起始位置坐标;fontFace 表示字体类型;fontScale 表示字体大小;color 表示字体颜色;thickness 表示字体粗细
cv2.ellipse(img, center, axes, angle, startAngle, endAngle, color, thickness)	用于画椭圆,其中 angle、startAngle、endAngle 若加上符号表示反方向	img 表示画布矩阵;center 表示椭圆中心点坐标;axes 表示椭圆长半径和短半径;angle 表示椭圆逆时针旋转角度;startAngle 表示椭圆逆时针起始点画图角度;endAngle 表示椭圆逆时针终止点画图角度;color 表示线条颜色;thickness 表示线条宽度

3. 实现过程

AiCam 人工智能轻量化应用框架是一款面向人工智能边缘应用的开发框架，采用统一模型调用、统一硬件接口、统一算法封装和统一应用模板的设计模式，实现了嵌入式边缘计算环境下快速的应用开发和项目实施。AiCam 为模型算法的调用提供 RESTful 接口，实时返回分析的视频结果和数据，同时通过物联网云平台的应用接口实现与硬件的连接和互动，最终形成智联网产业应用。

（1）基于 Aicam 框架的图像采集流程。

首先，在 AiCam 工程的配置文件添加摄像头（/config/app.json）。

接着，在 AiCam 工程添加算法文件/algorithm/image_capture/image_capture.py，在实验前端应用添加/static/image_capture。

最后，前端应用中算法接口的调用采用 RESTful 接口获取处理后的视频流，数据返回为 base64 编码的图片和结果数据。访问 URL 地址（IP 地址为边缘计算网关的地址）格式如下。

```
http://192.168.100.200:4001/stream/[algorithm_name]?camera_id=0
```

前端应用 JS（/js/index.js）处理示例如下。

```
let linkData = [
  '/stream/image_capture?camera_id=0'
]
//请求图片流资源
let imgData = new EventSource(linkData[0])
//对图片流返回的数据进行处理
imgData.onmessage = function (res) {
  let {result_image} = JSON.parse(res.data)
  $('.camera>img').attr('src', `data:image/jpeg;base64,${result_image}`)
}
```

（2）基于 Aicam 框架的图像标注流程。

首先，在 AiCam 工程的配置文件添加摄像头（/config/app.json）。

```
{
  "max_load_algorithm_num":16,
  "cameras": {
    #摄像头 0：网关自带的 USB 摄像头/dev/video0
    "0": "wc://0",
    #摄像头 1：海康威视录像机通道 1 子码流（从 33 开始）
    "1": "hk://admin:zonesion123@192.168.20.5/33/1",
    #摄像头 2：海康威视录像机 RTSP 通道 1 子码流（从 1 开始）
    "2": "rtsp://admin:zonesion123@192.168.20.5/Streaming/Channels/102"
    #摄像头 3：海康威视摄像头子码流
    "3": "hk://admin:zonesion123@192.168.20.14/1/1"
    #摄像头 4：海康威视摄像头 RTSP 子码流
    "4": "rtsp://admin:zonesion123@192.168.20.14/h264/ch1/sub/av_stream"
  }
}
```

接着，在 AiCam 工程添加绘制直线和矩形 image_lines_and_rectangles.py、绘制圆和椭圆 image_circle_and_ellipse.py、绘制多边形 image_polygon.py、显示文字 image_display_text.py 算

法文件，在算法实验前端应用添加/static/image_marking。

最后，前端应用中算法接口的调用采用 RESTFul 接口获取处理后的视频流，数据返回为 base64 编码的图片和结果数据。访问 URL 地址（IP 地址为边缘计算网关的地址）格式如下。

http://192.168.100.200:4001/stream/[algorithm_name]?camera_id=0

前端应用 JS（/js/index.js）处理示例如下。

```javascript
let linkData = [
    '/stream/index?camera_id=0',
    '/stream/image_lines_and_rectangles?camera_id=0',
    '/stream/image_circle_and_ellipse?camera_id=0',
    '/stream/image_polygon?camera_id=0',
    '/stream/image_display_text?camera_id=0'
]
//请求图片流资源
let imgData = new EventSource(linkData[0])
//对图片流返回的数据进行处理
imgData.onmessage = function (res) {
    let {result_image} = JSON.parse(res.data)
    $('.camera>img').attr('src', `data:image/jpeg;base64,${result_image}`)
}
$('.list-group').on('click', 'a', function () {
    $(this).addClass('active').siblings().removeClass('active')
    let index = $(this).index()
    //切换图片流资源路径
    imgData.close()
    imgData = new EventSource(linkData[index])
    //对图片流返回的数据进行处理
    imgData.onmessage = function (res) {
        let {result_image} = JSON.parse(res.data)
        $('.camera>img').attr('src', `data:image/jpeg;base64,${result_image}`)
        let {result_data} = JSON.parse(res.data)
        //每秒处理一次文字结果
        if(result_data && throttle){
            throttle = false
            let html = `<div>${new Date().toLocaleTimeString()}————${JSON.stringify(result_data)}</div>`
            $('#text-list').prepend(html);
            setTimeout(() => {
                throttle = true
            }, 1000);
        }
    }
}
```

4. 实验验证

（1）工程部署。首先给边缘计算网关正确连接 Wi-Fi、摄像头、电源，启动边缘计算网关 Ubuntu 操作系统。系统启动后，记录边缘计算网关的 IP 地址，比如 192.168.100.200。通过 MobaXterm 工具的 SSH 服务登录边缘计算网关，将实验工程代码上传到 aicam-exp 目录下，输入 tar 命令解压实验工程。

（2）算法测试。在 SSH 终端输入以下命令运行算法进行单元测试，本实验将会打开摄像头并显示实时图像。

```
$ cd ~/aicam-exp/image_capture/algorithm/image_capture
$ python3 image_capture.py
```

运行结果如图 7-14 所示。

图 7-14　运行结果

（3）工程运行。在 SSH 终端输入以下命令运行图像采集实验工程。

```
$ cd ~/aicam-exp/image_capture
$ chmod 755 start_aicam.sh
$ ./start_aicam.sh
 * Serving Flask app "start_camera" (lazy loading)
 * Environment: production
   WARNING: Do not use the development server in a production environment.
   Use a production WSGI server instead.
 * Debug mode: off
 * Running on http://0.0.0.0:4001/ (Press Ctrl+C or Ctrl+Z to quit)
```

接着，在计算机端或者边缘计算网关端打开 Chrome 浏览器，输入实验页面地址（http://192.168.100.200:4001/static/image_capture/index.html）并访问，查看实验内容。实验结果如图 7-15 所示。

图 7-15　实验结果

在 SSH 终端输入以下命令运行图形标记实验工程。

```
$ cd ~/aicam-exp/image_marking
$ chmod 755 start_aicam.sh
$ ./start_aicam.sh
* Serving Flask app "start_camera" (lazy loading)
 * Environment: production
    WARNING: Do not use the development server in a production environment.
    Use a production WSGI server instead.
 * Debug mode: off
 * Running on http://0.0.0.0:4001/ (Press Ctrl+C or Ctrl+Z to quit)
```

然后，在计算机端或者边缘计算网关端打开 Chrome 浏览器，输入实验页面地址（http://192.168.100.200:4001/static/image_marking/index.html），即可查看实验内容，单击"绘制直线和矩形"选项，在返回的视频流画面中绘制一条直线和一个矩形框，如图 7-16 所示。

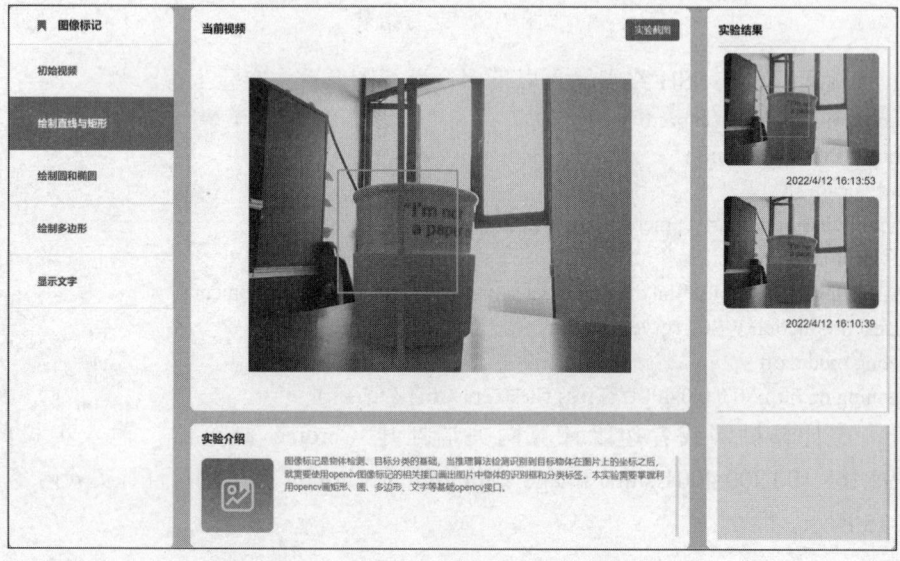

图 7-16 绘制一条直线和一个矩形框

修改算法文件/algorithm/image_lines_and_rectangles/image_lines_and_rectangles.py 的参数，绘制自己喜欢的图形，示例如下。

```
def inference(self, image, param_data):
    cv.line(image, (320, 400), (320, 140), (0, 0, 255), 2)
    cv.rectangle(image, (220, 280), (420, 200), (0, 0, 255), 2)
    return_result["result_image"] = self.image_to_base64(image)
    return return_result
```

修改文件后，通过 MobaXterm 工具创建的 SSH 连接，将修改好的文件上传到边缘计算网关，在 SSH 终端按 Ctrl+C 或 Ctrl+Z 组合键退出程序，然后输入命令重新运行工程。正常启动工程后，再次打开浏览器，输入实验地址查看实验结果，如图 7-17 所示。

单击"绘制圆和椭圆"选项，在返回的视频流画面中绘制一个圆和一个椭圆，如图 7-18 所示。

图 7-17 实验结果

图 7-18 绘制一个圆和一个椭圆

修改算法文件 image_circle_and_ellipse.py 的参数,绘制自己喜欢的图形。单击"绘制多边形"选项,在返回的视频流画面中绘制一个五角星多边形,如图 7-19 所示。

图 7-19 绘制一个五角星多边形

修改算法文件 image_polygon.py 的参数，绘制自己喜欢的图形。单击"显示文字"选项，在返回的视频流画面中输入文字，如图 7-20 所示。

图 7-20　输入文字

7.2.2　图像转换与图像变换

1. 基本原理

21 世纪是一个视频流量的时代，而图像作为人类感知世界的视觉基础，是人类获取信息、表达信息和传递信息的重要手段。数字图像指的是用工业相机、摄像机、扫描仪等设备经过拍摄得到的一个大的二维数组，该数组的元素称为像素，其值称为灰度值。像素是画面中最小的点，分辨率即画面水平方向的像素值×画面垂直方向的像素值，比如屏幕分辨率是 1024 像素×768 像素，就是设备屏幕的水平方向上有 1024 个像素点，垂直方向上有 768 个像素点，像素是没有固定长度的，不同设备上一个单位像素色块的尺寸是不同的，分辨率高的屏幕像素点（色块）就多，可以展示的画面更细致，单个色块面积更小；分辨率低的屏幕像素点更少，单个像素面积大，显示的画面粗糙。

（1）图像像素点。在图像处理中，用 RGB 三个分量（R：Red，G：Green，B：Blue）表示真彩色，R 分量、G 分量、B 分量的取值范围均为 0～255。

（2）灰度化。灰度化就是让像素点矩阵中的每个像素点都满足 R=G=B（红色变量的值=绿色变量的值=蓝色变量的值）关系，此时的值称为灰度值。灰度图像矩阵元素的取值范围通常为[0,255]，其数据类型一般为 8 位无符号整数的 int8，"0"表示纯黑色，"255"表示纯白色，中间的数字从小到大表示由黑色到白色的过渡色，如图 7-21 所示。

（3）二值化。二值化就是让图像的像素点矩阵中的每个像素点的灰度值都为 0（黑色）或者 255（白色），也就是让整个图像呈现只有黑色和白色的效果。灰度化的图像中灰度值的范围为 0～255，二值化后的图像的灰度值是 0 或者 255。二值图像通常用于文字、线条图的扫描识别和掩膜图像的存储，如图 7-22 所示。

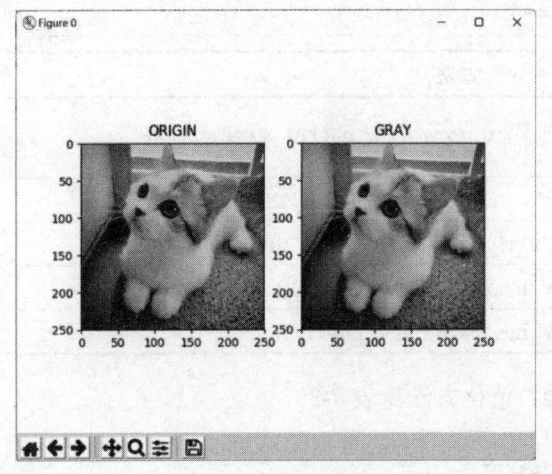

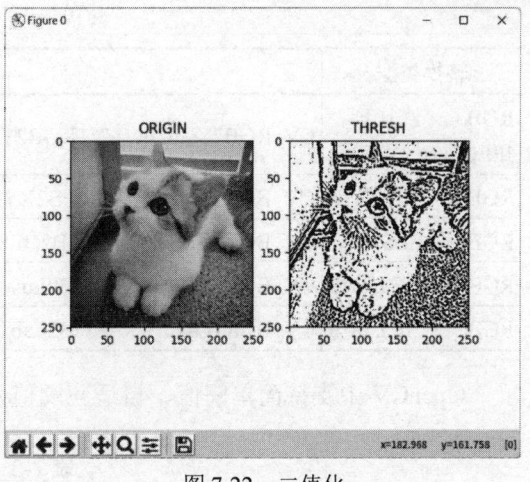

图 7-21　灰度化　　　　　　　　　　　　图 7-22　二值化

（4）彩色图像（RGB 图像）。一般彩色图像是由 RGB 三通道构成的，每个通道都相当于一个二维矩阵，三个矩阵叠加后就是日常较常见的色彩缤纷的图像。RGB 图像中每个像素的颜色值都由 RGB 三原色表示并且直接存放在图像矩阵中，由于每一像素的颜色都需由 R、G、B 三个分量表示，加上图像的行列数 M、N，三个 $M×N$ 的二维矩阵分别表示各像素的 R、G、B 三个颜色分量，但是处理三个二维矩阵很不方便、计算量很大且 RGB 彩色图像色彩受光照影响较大，反而会干扰算法。

通过图片的灰度化、二值化操作，使 R=G=B，三个矩阵变成一个矩阵，或者在 R=G=B 的基础上要求其值为 0 或 255，降低了计算量，这种操作就是图像灰度化和二值化处理。通过图像的灰度化和二值化处理，图像中的数据量减小，从而能更好突显出目标的轮廓特征。

图像变换是指通过对图像数据进行一定的数字处理，实现图像的某种特定变换，这些变换可以用来增强图像的某些特征、简化图像结构、提高图像质量或当满足特定的应用需求。图像变换是很多数据预处理的关键步骤，主要包括图像的旋转、镜像、缩放、透视等操作。在某些应用中数据集比较少的情况下，运用图像变换等数据增强手段可以实现数据集数据的扩充，例如随机镜像、随机垂直镜像、90°旋转等操作。通过合适的变换，图像更易于分析，或者适用不同的处理需求。在实际应用中，通常需要根据具体的问题选择适当的图像变换方法。

2．实现方法

OpenCV 中有八种色彩空间——RGB、HSI、HSL、HSV、HSB、YCrCb、CIE XYZ、CIE Lab。经常遇到色彩空间的转化，可以使用 cv2.cvtColor() 函数改变图像的颜色空间，如 cv2.cvtColor(frame,cv2.COLOR_BGR2RGB)。OpenCV 常用的色彩转换类型和方法见表 7-2。

表 7-2　OpenCV 常用的色彩转换类型和方法

转换类型	方法
RGB⟷BGR	CV_BGR2BGRA、CV_RGB2BGRA、CV_BGRA2RGBA、CV_BGR2BGRA、CV_BGRA2BGR
RGB⟷GRAY	CV_RGB2GRAY、CV_GRAY2RGB、CV_RGBA2GRAY、CV_GRAY2GRBA
RGB⟷HSV	CV_BGR2HSV、CV_RGB2HSV、CV_HSV2BGR、CV_HSV2RGB

续表

转换类型	方法
RGB⟷YCrCb JPEG（或 YCC）	CV_RGB2YCrCb、CV_RGB2YCrCb、CV_YCrCb2BGR、CV_YCrCb2RGB
RGB⟷CIE XYZ	CV_BGR2XYZ、CV_RGB2XYZ、CV_XYZ2BGR、CV_XYZ2RGB
RGB⟷HLS	CV_BGR2HLS、CV_RGB2HLS、CV_HLS2BGR、CV_XYZ2RGB
RGB⟷CIE L*a*b	CV_BGR2Luv、CV_RGB2Luv、CV_lab2BGR、CV_Lab2RGB
RGB⟷CIE L*a*b	CV_BGR2Luv、CV_RGB2Lab、CV_Luv2BGR、CV_Luv2BGR

OpenCV 中支持简单阈值、自适应阈值两种二值化方法见表 7-3。

表 7-3 二值化方法

二值化方法	参数	含义
简单阈值 ret, dst=threshold(src, thresh, maxval, type)	ret	返回值
	dst	目标图像
	src	原始图像，只能输入单通道图像，通常为灰度图
	thresh	阈值
	maxval	当像素超过阈值（或者小于阈值，根据 type 决定）时赋予的值
	type	二进制阈值化 cv2.THRESH_BINARY，大于阈值时取 maxval，小于阈值时时取 0
		反二进制阈值化 cv2.THRESH_BINARY_INV，大于阈值时取 0，小于阈值时取 maxval
		截断阈值化 cv2.THRESH_TRUNC，大于阈值时取阈值大小，小于阈值时不变
		阈值化 0，cv2.THRESH_TOZERO，大于阈值时取原值，小于阈值取 0
		反阈值化 0，cv2.THRESH_TOZERO_INV，大于阈值时取 0，小于阈值时取原值
自适应阈值 cv2.adaptiveThreshold(src, maxVal, adaptiveMethod, thresholdType, blockSize, C, dst)	src	原始图像，只能输入单通道图像，通常为灰度图
	maxval	当像素值超过阈值（或者小于阈值，根据 type 决定）时赋予的值
	adaptiveMethod	阈值的计算方法
	thresholdType	二值化操作类型（与简单阈值类型一样，包含 5 种类型）
	blockSize	图片中分块的尺寸
	C	阈值计算方法中的常数项
	dst	目标图像
图像旋转 M=cv.getRotationMatrix2D ((cols/2, rows/2), 45, 1)	(cols/2,rows/2)	旋转中心
	45	旋转度数，旋转 45°
	1	缩放比例为 1

续表

二值化方法	参数	含义		
图像旋转 rotation_image=cv.wrapAffine(image, M, (cols, rows))	image	原始图像		
^^	M	旋转矩阵		
^^	(cols,rows)	原始图像的宽和高		
图像翻转 dst=cv2.flip(src, flipCode)	src	原始图像		
^^	flipCode	flipCode=0 时水平镜像		
^^	^^	flipCode>0 时垂直镜像		
^^	^^	flipCode<0 时同时翻转		
图像缩放 cv.resize(src, dsize, fx, fy, interpolation)	src	原始图像，即待改变尺寸的图像		
^^	dsize	输出图像的尺寸 （元组方式）	不为 0，代表将原始图像缩放到 Size 指定的尺寸	
^^	^^	^^	为 0，dsize=Size(round(fx*src.cols), round(fy*src.rows))	
^^	fx	沿水平轴缩放的比例因子		
^^	fy	沿垂直轴缩放的比例因子		
^^	interpolation	插值方法	INTER_NEAREST 表示最邻近插值	
^^	^^	^^	INTER_LINEAR 表示双线性插值	
^^	^^	^^	INTER_AREA 表示使用像素区域关系进行重采样	
^^	^^	^^	INTER_CUBIC 表示 4 像素×4 像素领域内的双立方插值	
^^	^^	^^	INTER_LANCZOS4 表示 8 像素×8 像素领域内的 Lanczos 插值	
透视变换 cv2.warpPerspective(src, M, (cols, rows))	src	原始图像		
^^	M	构造矩阵 M=cv2.getPerspectiveTransform(pos1, pos2)	pos1，变换前面两个点对应的位置	
^^	^^	^^	pos2，变换后面两个点对应的位置	
^^	（cols,rows）	表示变换后的图像尺寸，rows 表示行数，cols 表示列数		

3. 实现过程

基于 AiCam 框架的图像转换与变换是在 AiCam 平台，采用统一模型调用、统一硬件接口、统一算法封装和统一应用模板的设计模式，实现嵌入式边缘计算环境下进行基于 OpenCv 库的图像转换与变换的应用开发和项目实施，其中 AiCam 为模型算法的调用提供 RESTful 接口，实时返回分析的视频结果和数据，同时通过物联网云平台的应用接口，实现与硬件的连接和互动，最终实现图像转换与变化，具体步骤如下。

首先，在 AiCam 工程的配置文件添加摄像头（/config/app.json）。

接着，在 AiCam 工程添加灰度化、简单二值化、自适应二值化、图像旋转、图像镜像、图像缩放和图像透视算法文件，在实验前端应用添加图像转换/static/image_conversion 和图像变换/static/image_transformation 算法文件。

最后，前端应用中算法接口的调用采用 RESTFul 接口获取处理后的视频流，数据返回为 base64 编码的图片和结果数据。访问 URL 地址（IP 地址为边缘计算网关的地址）格式如下。

http://192.168.100.200:4001/stream/[algorithm_name]?camera_id=0

4. 实验验证

（1）工程部署。首先给边缘计算网关正确连接 Wi-Fi、摄像头、电源，启动边缘计算网关 Ubuntu 操作系统。系统启动后，记录边缘计算网关的 IP 地址，比如 192.168.100.200。接着，通过 MobaXterm 工具的 SSH 服务登录边缘计算网关，将本实验工程代码上传到 aicam-exp 目录下，输入 tar 命令解压实验工程。

（2）工程运行。在 SSH 终端输入以下命令运行图像转换和变换实验工程。

```
$ cd ~/aicam-exp/image_conversion    #图像转换工程，若进入图像变换工程则进入 image_transformation 目录 cd ~/aicam-exp/image_transformation
$ chmod 755 start_aicam.sh
$ ./start_aicam.sh
 * Serving Flask app "start_camera" (lazy loading)
  * Environment: production
    WARNING: Do not use the development server in a production environment.
    Use a production WSGI server instead.
 * Debug mode: off
 * Running on http://0.0.0.0:4001/ (Press Ctrl+C or Ctrl+Z to quit)
```

（3）实验结果验证。输入http://192.168.100.200:4001/static/image_conversion/index.html进入图像转换验证，单击"灰度""二值化""自适应二值化"选项，返回相应算法的实时视频图像。修改 image_gray.py 算法文件的 cv2.cvtColor()函数，改变图像实现其他颜色空间的转换，如图 7-23 所示。

图 7-23 灰度实验交互结果

修改 image_simple_binary.py 和 mage_adaptive_binary.py 算法文件阈值的计算方法和阈值类型，查看不同的二值化效果，如图 7-24 和图 7-25 所示。

图 7-24 二值化实验交互结果 1

图 7-25 二值化实验交互结果 2

输入http://192.168.100.200:4001/static/image_transformation/index.html进入图像变换验证，单击"图像旋转""图像镜像""图像缩放""图像透视"选项，返回相应算法的实时视频图像。修改 image_rotation.py 算法文件的旋转参数，实现不同的旋转效果，如图 7-26 所示。

图 7-26 图像旋转效果

7.2.3 图像边缘检测

1. 基本原理

图像边缘是指图像种灰度值发生急剧变化的位置。边缘检测是图像处理和计算机视觉中的基本问题，也是数字图像处理的一个重要步骤，目的是标识数字图像中亮度变化明显的点，绘制边缘线条。边缘检测结果通常为黑白图像，图像中的白色线条表示边缘。常见的边缘检测算法有 Canny 边缘检测、Sobel 边缘检测和 Laplacian 边缘检测等，其中 Sobel 边缘检测使用一对 3×3 的卷积核来近似计算图像的水平和垂直方向上的梯度，Laplacian 算法基于二阶导数，通常用于检测零交叉点，即灰度值从增加到减少的过度点，Canny 边缘检测是一种多阶段的方法，旨在找到最佳的边缘表示。

Canny 边缘检测器由约翰·F·坎尼（John F. Canny）于 1986 年开发，因它的强大和灵活，是流行的边缘检测方法，该算法的主要处理过程如下。

（1）降噪。由于原始图像像素通常会导致噪声边缘，因此在计算边缘之前减少噪声，在 Canny 边缘检测中，采用高斯滤波去除图像中的噪声。高斯模糊过滤器用于从本质上去除或最小化可能导致不良边缘的不必要细节。

（2）计算图像的强度梯度。平滑（模糊）图像后，使用 Sobel 算子或类似的算子进行水平过滤和垂直过滤。然后使用这些过滤操作的结果计算每个像素的强度梯度。

（3）抑制假边。降低噪声和计算强度梯度后，这一步的算法使用一种称为边缘非最大抑制的技术过滤不需要的像素（实际上可能并不构成边缘）。为此，在正负梯度方向上比较每个像素与其相邻的像素，如果当前像素的梯度幅度大于其相邻像素就保持不变；否则，将当前像素的大小设置为零。

（4）双阈值检测和连接边缘。在 Canny 边缘检测的最后一步中，比较梯度幅度与两个阈值，确定真实的边缘，并连接这些边缘形成连续的线条，如图 7-27 所示。

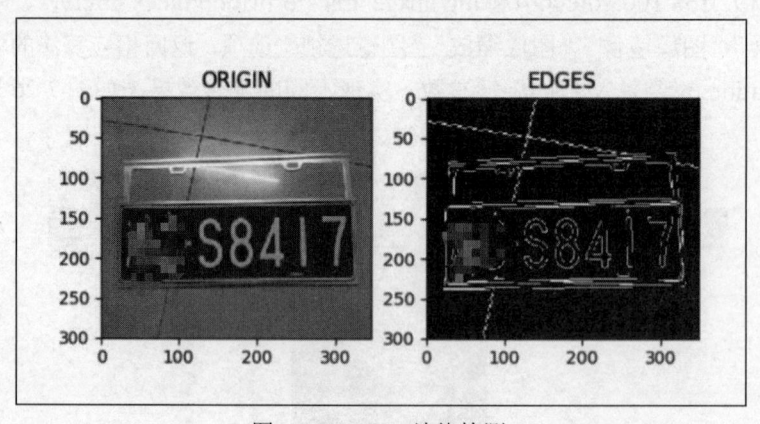

图 7-27 Canny 边缘检测

2. 实现方法

OpenCV 实现图像边缘检测方法有 Canny 图像边缘检测方法、Laplacian 边缘检测和 Sobel 边缘检测，具体方法见表 7-4。

表 7-4 实现 Canny 图像边缘检测方法

检测方法	参数	参数含义
cv2.Canny(src,threshold1,threshold2 [,apertureSize[,L2gradient]])	dst	边缘检测结果图像
	src	原始图像，只能输入单通道图像，通常为灰度图像
	threshold1	第一个阈值
	threshold2	第二个阈值
	apertureSize	计算梯度时使用的 sobel 核大小
	L2gradient	标志
cv2.Laplacian(src,ddepth[,ksize [,scale[,delta[,borderType]]]])	dst	边缘检测结果图像
	src	
	ddepth	目标图像的深度
	ksize	用于计算二阶导数滤波器的系数，必须是正数且为奇数
	scale	可选比例因子
	delta	添加到边缘检测结果中的可选增量值
	borderType	边界值类型
cv2.Sobel(src,depth,dx,dy[,ksize [,scale[,delta[,borderType]]]])	dst	边缘检测结果图像
	src	原始图像，只能输入单通道图像，通常为灰度图像
	depth	目标图像的深度
	dx	导数 x 的阶数
	dy	导数 y 的阶数
	ksize	拓展 sobel 内核的大小，必须是 1、3、5 或 7
	scale	计算导数的可选比例因子
	delta	添加到边缘检测结果中的可选增量值
	borderType	边界值类型

3. 实现过程

基于 AiCam 框架的图像边缘检测是在 AiCam 平台，采用统一模型调用、统一硬件接口、统一算法封装和统一应用模板的设计模式，实现嵌入式边缘计算环境下进行基于 OpenCV 库的图像边缘检测的应用开发和项目实施。其中 AiCam 为模型算法的调用提供 RESTful 接口，实时返回分析的视频结果和数据，同时通过物联网云平台的应用接口，实现与硬件的连接和互动，最终实现图像转换与变化，具体步骤如下。

首先，在 AiCam 工程的配置文件添加摄像头（/config/app.json）。

接着，在工程添加/algorithm/image_edge_detection/image_edge_detection.py 算法文件和实验前端应用/static/image_edge_detection 算法文件。

最后，前端应用中算法接口的调用采用 RESTful 接口获取处理后的视频流，数据返回为 base64 编码的图片和结果数据。访问 URL 地址（IP 地址为边缘计算网关的地址）格式如下。

http://192.168.100.200:4001/stream/[algorithm_name]?camera_id=0

4. 实验验证

（1）工程部署。首先给边缘计算网关正确连接 Wi-Fi、摄像头、电源，启动边缘计算网关 Ubuntu 操作系统。系统启动后，记录边缘计算网关的 IP 地址。通过 MobaXterm 工具的 SSH 服务登录边缘计算网关，将实验工程代码上传到 aicam-exp 目录并解压。

（2）工程运行。在 SSH 终端输入以下命令运行图像转换和变换实验工程：

```
$ cd ~/aicam-exp/image_conversion    #图像转换工程，若进入图像变换工程则进入 image_transformation 目录 cd ~/aicam-exp/image_transformation
$ chmod 755 start_aicam.sh
$ ./start_aicam.sh
 * Serving Flask app "start_camera" (lazy loading)
 * Environment: production
   WARNING: Do not use the development server in a production environment.
   Use a production WSGI server instead.
 * Debug mode: off
 * Running on http://0.0.0.0:4001/ (Press Ctrl+C or Ctrl+Z to quit)
```

（3）结果验证。输入 http://192.168.100.200:4001/static/image_edge_detection/index.html，单击"图像边缘检测"选项，返回图像边缘的实时视频图像，如图 7-28 所示。

图 7-28　实验结果

7.3　图像基础应用

图像基础应用是在图像基础算法基础上展开的应用，主要包括颜色与形状识别、数字与二维码识别、人脸检测与人脸关键点、人脸识别与目标追踪。本节主要介绍这些算法的基本原理、OpenCV 实现这些算法的方法及基于 AiCam 框架的实现过程。

7.3.1 颜色与形状识别

颜色与形状识别是计算机视觉中图像基础应用的两个重要方面，在很多情况下单独使用颜色或形状信息可能不足以准确地识别物体，因此，常结合颜色与形状识别物体，以提高识别的准确性。下面从颜色和形状两个维度进行基于 AiCam 平台的图像识别。

1. 基本原理

颜色识别主要涉及从图像中提取并区分不同的颜色特征，通常包括颜色空间转换、颜色筛选、颜色特征提取以及颜色的匹配四个步骤。颜色空间转换是将图像从 RGB 颜色空间转换到更适合颜色分析的颜色空间，本节主要使用 HSV，即色相（Hue）、饱和度（Saturation）、亮度（Value）。HSV 是一种将 RGB 色彩空间中的点在倒圆锥体中的表示方法。

（1）色调（H）：用角度度量，取值范围为 0°～360°，从红色开始按逆时针方向计算，红色为 0°，绿色为 120°，蓝色为 240°。它们的补色是：黄色为 60°，青色为 180°，品红为 300°。

（2）饱和度（S）：表示颜色接近光谱色的程度。一种颜色可以看成某种光谱色与白色混合的结果。其中光谱色占比越大，颜色接近光谱色的程度越高，颜色的饱和度越高。若饱和度高，则颜色深且艳。光谱色的白光成分为 0，饱和度达到最高。通常取值范围为 0%～100%，值越大，颜色越饱和。

（3）亮度（V）：表示颜色明亮的程度。对于光源色，明度值与发光体的光亮度有关；对于物体色，此值与物体的透射比或反射比有关。通常，亮度的取值范围为 0%（黑）～100%（白）。

HSV 模型的三维表示从 RGB 立方体演化而来。设想从 RGB 沿立方体对角线的白色顶点向黑色顶点观察，可以看到立方体的六边形外形。六边形边界表示色彩，水平轴表示纯度，明度沿垂直轴测量。HSV 颜色空间可以用一个圆锥空间模型来描述。圆锥的顶点处，V=0，H 和 S 无定义，代表黑色。圆锥的顶面中心处 V=max，S=0，H 无定义，代表白色。HSV 模型如图 7-29 所示。

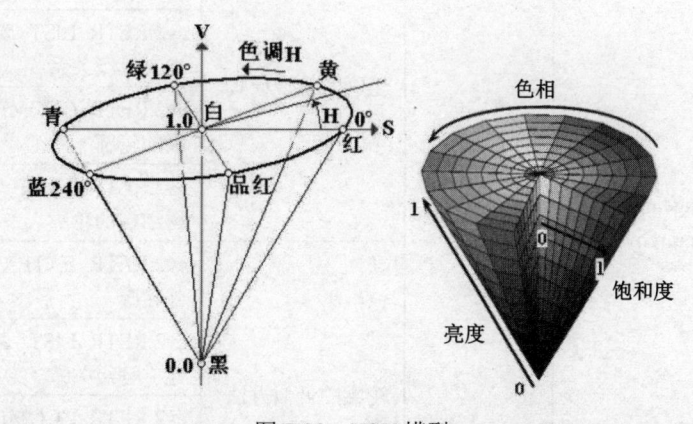

图 7-29　HSV 模型

一般在 HSV 空间处理颜色空间的图像，然后为基本色中对应的 HSV 分量给定一个严格的范围，模糊范围见表 7-5。

表 7-5 模糊范围

分量	黑色	灰色	白色	红色		橙色	黄色	绿色	青色	蓝色	紫色
hmin	0	0	0	0	156	11	26	35	78	100	125
smin	0	0	0	43		43	43	43	43	43	43
vmin	0	46	221	46		46	46	46	46	46	46
hmax	180	180	180	10	180	25	34	77	99	124	155
smax	255	43	30	255		255	255	255	255	255	255
vmax	46	220	255	255		255	255	255	255	255	255

2. 实现方法

颜色识别的原理是通过将图片转换到 HSV 颜色空间，然后筛选目标颜色，获得图像中的目标，并对目标进行中值滤波后查找轮廓，对目标进行画框标注。实现方法见表 7-6。

表 7-6 实现方法

实现方法	参数	含义	
HSV 色彩转换 cv.cvtColor(image,cv.COLOR_BGR2HSV)	image	图像	
	cv.COLOR_BGR2HSV	将 BGR 色彩空间转换为 HSV 色彩空间	
颜色筛选 cv2.inRange(src,lower,upper)	src	输入图像，转换前的原始图像	
	lower	颜色范围的下界	
	upper	颜色范围的上界	
中值滤波 cv2.medianBlur(src,ksize)	src	原始图像，只能输入单通道图像，通常为灰度图	
	ksize	表示卷积核大小，必须是大于 1 的奇数	
检测图像轮廓 cv2.findContours(image,mode, method[,contours[,hierarchy [,offset]]])	image	寻找轮廓的图像	
	mode	轮廓的检索模式	cv2.RETR_EXTERNAL 表示只检测外轮廓
			cv2.RETR_LIST 表示检测的轮廓不建立等级关系
			cv2.RETR_CCOMP 表示建立两个等级的轮廓
			cv2.RETR_TREE 表示建立一个等级树结构的轮廓
		轮廓的近似办法	cv2.RETR_EXTERNAL 表示只检测外轮廓
			cv2.RETR_LIST 表示检测的轮廓不建立等级关系
			cv2.RETR_CCOMP 表示建立两个等级的轮廓
			cv2.RETR_TREE 表示建立一个等级树结构的轮廓

续表

实现方法	参数	含义	
获取矩形边框坐标 (x,y,w,h)=cv2.boundingRect(array)	(x,y,w,h)	表示返回矩形边界左上角顶点坐标值及矩形边界的宽度和高度	
	array	灰度图像或轮廓	
高斯平滑 cv.GaussianBlur(src,ksize,sigmaX[,sigmaY[,borderType]])	src	原始图像	
	ksize	卷积核大小,表示为(width,height),通常设置为相同值且为奇数	
	sigmaX	水平方向上的权重值	
	sigmaY	垂直方向上的权重值	
	self.getContours(imgCanny)获取轮廓特征点,imgCanny 为边缘检测后的图像		
	cv.contourArea(contour[,oriented])获取轮廓面积		
	contour	轮廓	
	oriented	可选项	为 True 时,返回值的正与负分别表示轮廓是顺时针与逆时针
			为 Flase(默认值)时,函数返回绝对值
绘制所有轮廓 cv.drawContours(image,contours,contourIdx,color[,thickness[,lineType[,hierarchy[,maxLevel[,offset]]]]])	image	绘制轮廓的图像	
	contours	要绘制的轮廓	
	contourIdx	要绘制轮廓的索引,大于或等于 0 时绘制对应轮廓,小于时 0 绘制所有轮廓	
	color	轮廓颜色,颜色为 BGR 格式	
	thickness	可选参数,表示绘制轮廓时画笔的粗细	
	lineType	可选参数,绘制轮廓时使用的线型	
	hierarchy	可选参数,对应 cv2.findContours()函数返回的轮廓层次	
	maxLevel	可选参数,表示可绘制的最大轮廓层次深度	
	offset	可选参数,表示绘制轮廓的偏移位置	

3. 实现过程

基于 AiCam 框架的颜色与形状识别是在 AiCam 平台,采用统一模型调用、统一硬件接口、统一算法封装和统一应用模板的设计模式,实现嵌入式边缘计算环境下进行基于 OpenCv 库的颜色和形状识别算法的应用开发及项目实施。其中 AiCam 为模型算法的调用提供 RESTful 接口,实时返回分析的视频结果和数据,同时通过物联网云平台的应用接口,实现与硬件的连接和互动,最终实现图像的颜色和形状识别,具体步骤如下。

首先,在 AiCam 工程的配置文件添加摄像头(/config/app.json)。

接着,在工程添加/algorithm/image_color_recognition/image_color_recognition.py 算法文件和/algorithm/image_shape_recognition\image_shape_recognition.py 算法文件,添加实验前端应用/image_color_recognition 和 image_shape_recognition 算法文件。

最后，前端应用中算法接口的调用采用 RESTFul 接口获取处理后的视频流，数据返回为 base64 编码的图片和结果数据。访问 URL 地址（IP 地址为边缘计算网关的地址）格式如下。

http://192.168.100.200:4001/stream/[algorithm_name]?camera_id=0

4. 实验验证

（1）工程部署。首先给边缘计算网关正确连接 Wi-Fi、摄像头、电源，启动边缘计算网关 Ubuntu 操作系统。系统启动后，记录边缘计算网关的 IP 地址，比如 192.168.100.200。通过 MobaXterm 工具的 SSH 服务登录边缘计算网关，将实验工程代码上传到 aicam-exp 目录下，输入 tar 命令解压实验工程。

（2）工程运行。在 SSH 终端输入以下命令运行图像转换和变换实验工程。

```
$ cd ~/aicam-exp/image_conversion    #颜色识别工程，若进入形状识别工程则进入 image_shape_recognition 目录 cd ~/aicam-exp/image_shape_recognition
$ chmod 755 start_aicam.sh
$ ./start_aicam.sh
* Serving Flask app "start_camera" (lazy loading)
 * Environment: production
   WARNING: Do not use the development server in a production environment.
   Use a production WSGI server instead.
 * Debug mode: off
 * Running on http://0.0.0.0:4001/ (Press Ctrl+C or Ctrl+Z to quit)
```

（3）实验验证。输入 http://192.168.100.200:4001/static/image_color_recognition/index.html 进入图像颜色识别验证，单击"颜色识别"选项，出现实时视频识别画面，将实验提供的样图放置在摄像头视窗内，即可对识别到的目标进行颜色识别并标注（受光线和算法精度的影响，识别准确度不是太高），如图 7-30 所示。

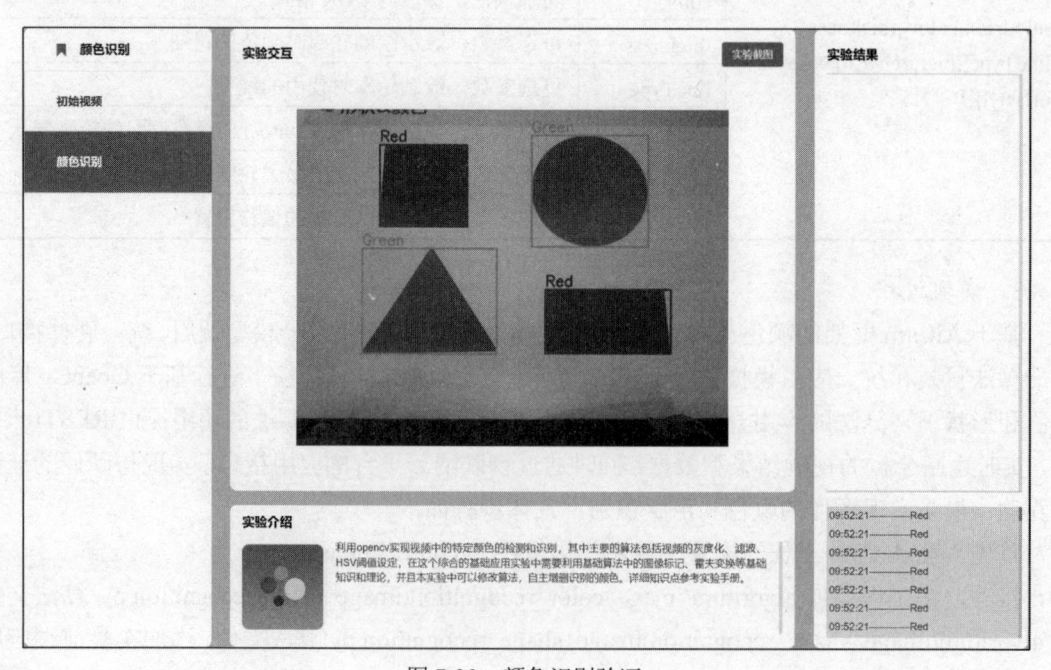

图 7-30　颜色识别验证

输入 http://192.168.100.200:4001/static/image_shape_recognition/index.html 进入图像形状识别验证，单击"形状识别"选项，出现实时视频识别画面，将实验提供的样图放置在摄像头视窗内，即可对识别到的目标进行形状识别并标注。在实验结果窗会显示识别的形状结果，如图 7-31 所示。

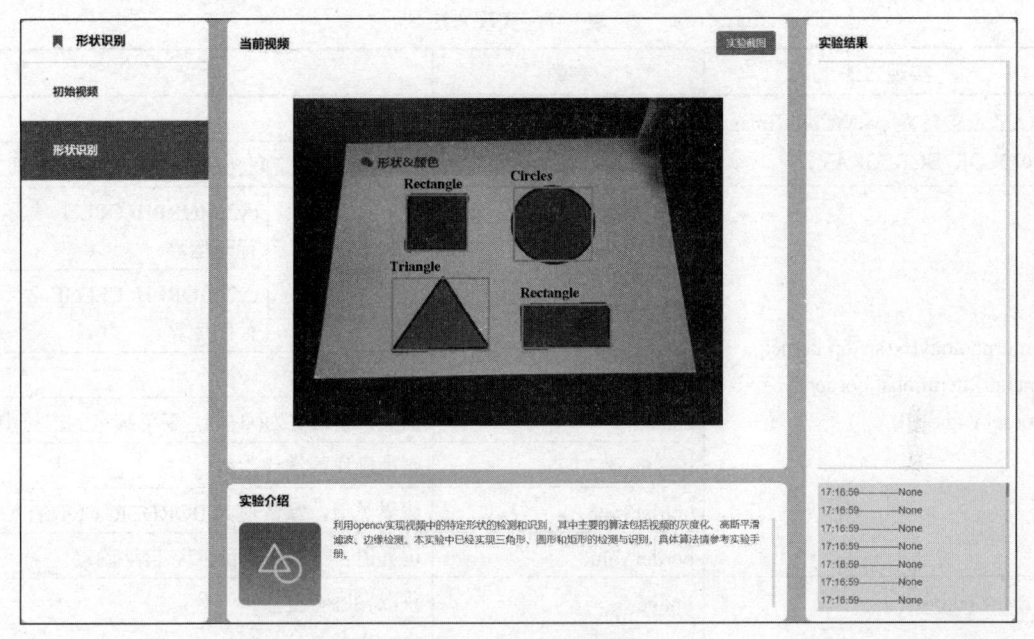

图 7-31　形状识别验证

7.3.2　数字与二维码识别

数字与二维码识别是计算机视觉中图像基础应用的两个重要方面，很多应用场景通过二维码存储信息，本小节从数字识别和二维码识别两个维度进行基于 AiCam 平台的图像识别。

1. 基本原理

数字识别是计算机视觉和模式识别领域的一个重要分支，旨在通过算法和模型从图像中识别和提取数字信息，并将其正确地分类为 0~9 的一个数字。数字识别流程一般包括图像预处理、特征提取、分类和后处理四个步骤。预处理主要包括图像获取、灰度化、二值化等；特征提取包括获取轮廓特征点、循环轮廓特征点、提取特征；分类可以基于传统机器学习分类器或者深度学习模型，本节实验主要采用传统机器学习分类器 KNN，后处理主要是画分类标签和画识别框。

二维码是一种矩阵式条码，具有存储信息量大、可靠性高、保密防伪性强等优点，二维码识别主要从二维码中读取信息，主要包括图像获取、图像预处理、定位与分割、解码与纠错、信息展示五个步骤。本节实验图像预处理主要对图像进行灰度化处理，以便更好地提取二维码信息，定位与分割主要是识别出二维码的位置，并将其从图像中分割，借助 pyzbar.decode 库定位二维码的位置，使用 cv.rectangle 将位置信息的识别框标注到图像中，实现二维码的检测，根据 pyzbar 中提供的 data.decode 方法将二维码结果转换字符，然后显示识别内容。

2. 实现方法

手写数字识别是深度学习入门的一个非常基础的实验，利用 OpenCV 方法调用手写数字识别模型，实现详细模型的推理过程，其中涉及数学形态学运算、图像灰度处理等基础算法。本实验将讲解构建训练集和有关深度学习的 KNN 算法的方法，实现方法见表 7-7。

表 7-7　实现方法

实现方法	参数	含义	
GRAY 色彩转换 cv.cvtColor(image, cv.COLOR_BGR2GRAY)	image	输入图像	
	cv.COLOR_BGR2GRAY	将 BGR 色彩空间转换为 GRAY 色彩空间	
cv.morphologyEx(src,op,kernel [,anchor[,iterations[,borderType [,borderValue]]]])	op	形态操作类型	cv2.MORPH_OPEN 表示执行开运算
			cv2.MORPH_CLOSE 表示执行闭运算
	kernel	内核	
	anchor	锚点，默认值为(-1,-1)，表示锚点为内核中心	
	iterations	腐蚀操作的迭代次数	
	borderType	边界类型，默认值为 BORDER_CONSTANT	
	borderValue	边界值，一般由 OpenCV 自动确定	
self.getContours( )	image	获取轮廓特征点	
self.get_feature( )	—	提取特征	
pyzbar.decode( )	image	调用处理库	
(x,y,w,h) = barcode.rect	(x,y,w,h)	提取二维码位置	
barcode.data.decode( )	—	字符串转换	

3. 实现过程

基于 AiCam 框架的数字与二维码识别是在 AiCam 平台，进行基于 OpenCV 库的数字识别和二维码识别算法的应用开发及项目实施，其中 AiCam 为模型算法的调用提供 RESTful 接口，实时返回分析的视频结果和数据，同时通过物联网云平台的应用接口，实现与硬件的连接和互动，最终实现图像的颜色和形状识别，具体如下。

首先，在 AiCam 工程的配置文件添加摄像头（/config/app.json）。

接着，在 AiCam 工程添加/algorithm/image_mnist_recognition/image_mnist_recognition.py 算法文件和/algorithm/image_qrcode_recognition/image_qrcode_recognition.py。在 AiCam 工程添加算法实验前端数字识别应用/static/image_mnist_recognition.py 和二维码识别应用/static/image_qrcode_recognition/image_qrcode_recognition.py。

最后，前端应用中算法接口的调用采用 RESTful 接口获取处理后的视频流，数据返回为 base64 编码的图片和结果数据。访问 URL 地址（IP 地址为边缘计算网关的地址）格式如下。

http://192.168.100.200:4001/stream/[algorithm_name]?camera_id=0

4. 实验验证

（1）工程部署。首先给边缘计算网关正确连接 Wi-Fi、摄像头、电源，启动边缘计算网关 Ubuntu 操作系统，系统启动后，记录边缘计算网关的 IP 地址，比如 192.168.100.200。通过 MobaXterm 工具的 SSH 服务登录边缘计算网关，将实验工程代码上传到 aicam-exp 目录下，输入 tar 命令解压实验工程。

（2）工程运行。在 SSH 终端输入以下命令运行图像转换和变换实验工程。

```
$ cd ~/aicam-exp/image_mnist_recognition    #数字识别工程,若进入二维码识别工程则进入 image_qrcode_recognition 目录 cd ~/aicam-exp/image_qrcode_recognition
$ chmod 755 start_aicam.sh
$ ./start_aicam.sh
 * Serving Flask app "start_camera" (lazy loading)
 * Environment: production
   WARNING: Do not use the development server in a production environment.
   Use a production WSGI server instead.
 * Debug mode: off
 * Running on http://0.0.0.0:4001/ (Press Ctrl+C or Ctrl+Z to quit)
```

（3）验证。输入 http://192.168.100.200:4001/static/image_mnist_recognition/index.html，单击"数字识别"选项，出现实时视频识别画面，将实验提供的样图放置在摄像头视窗内，即可识别样图中的数字并标注，如图 7-32 所示。

图 7-32　数字识别

输入 http://192.168.100.200:4001/static/image_qrcode_recognition/index.html，单击"二维码识别"选项，出现实时视频识别画面，将一张二维码图片（比如个人的微信二维码图片）放置在摄像头视窗内，即可识别图中的二维码信息并标注，如图 7-33 所示。

图 7-33 二维码识别

7.3.3 人脸检测与人脸关键点

人脸检测与人脸关键点是日常生活场景中计算机视觉中图像基础应用的两个重要方面，比如门禁系统、安防系统、无人超市、信息安全系统等。本小节从人脸检测和人脸关键点两个维度进行基于 AiCam 平台的图像识别。

1. 基本原理

人脸检测的原理是从图像或视频流中自动识别和定位人脸，并用一个边界框将其圈出来，通常包括图像预处理、候选区域生成、特征提取、分类器应用和后处理五个步骤。下面主要利用 dlib 库快速实现人脸检测算法的搭建，利用 dlib 库准确定位到人脸的位置。使用 cv.rectangle 将位置信息的识别框标注到图像上，再利用图像标注的算法实现人脸识别框的标注，以实现人脸检测。其中，最核心的是调用 dlib 库获取人脸位置信息和返回人脸位置信息。人脸检测流程如图 7-34 所示。

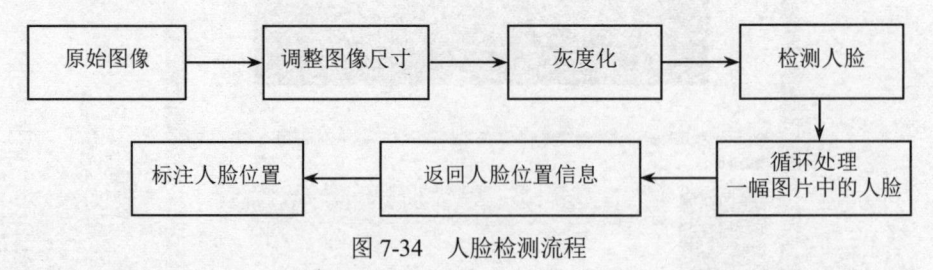

图 7-34 人脸检测流程

人脸关键点检测对面部情感和面部识别至关重要。人脸有几个可以识别的特征，比如眼睛、嘴巴、鼻子、脸部轮廓、眉毛等。当使用 DLib 算法检测这些特征时，实际上得到了每个特征点的映射，利用 dlib 库可以实现人脸关键点的检测和标注，人脸关键点检测可以应用在面部表情分析、虚拟试装、AR 眼镜、医疗美容、身份验证等场景。

人脸关键点检测是依据 dlib 库进行实现，利用 dlib 库可以准确定位到人脸的位置并构建人脸关键点检测对象。使用 cv.rectangle 将位置信息的识别框标注到图像上,以实现人脸的检测,再根据人脸检测对象构建人脸 68 个关键点矩阵。其中,最核心的是调用 dlib 库获取人脸位置信息、返回人脸位置信息和构建人脸 68 个关键点矩阵。人脸关键点检测流程如图 7-35 所示。

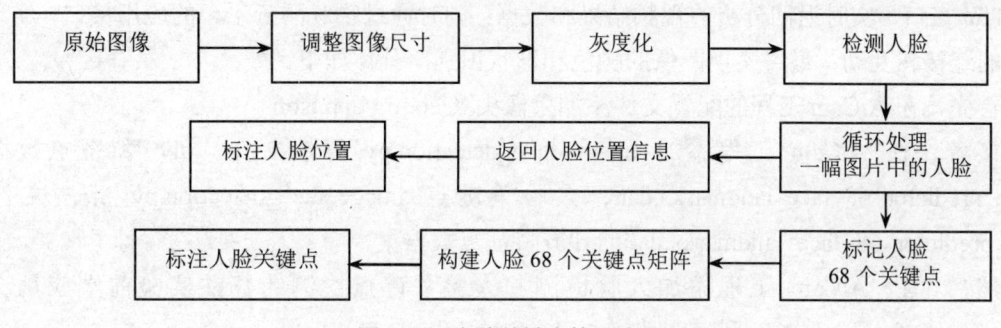

图 7-35 人脸关键点检测流程

2. 实现方法

OpenCV 实现人脸检测和人脸关键点检测,主要用到 dlib 库实现,具体调用函数见表 7-8 所示。

表 7-8 实现方法

函数	参数	含义
灰度化 gray=cv.cvtColor(image,cv.COLOR_BGR2GRAY)	image	输入图像
	cv.COLOR_BGR2GRAY	将 BGR 色彩空间转换为 GRAY 色彩空间
人脸框检测器 rects=detector(gray,1)	gray	使用灰度图进行检测
	1	重采样数量为 1
enumerater(rects)	rects	用于将一个可遍历的数据对象(列表、元组、字典)组合
shape=self.predictor(gray,rect)	—	标记人脸中的 68 个 landmark 点
(x,y,w,h)=face_utils.rect_to_bb(rect)	(x,y,w,h)	返回人脸框的左上角坐标和矩形框尺寸
cv.rectangle(image,(x,y),(x+w,y+h),(0,255,0),2)	—	标注人脸位置信息
face_utils.shape_to_np(shape)	shape	转换成 68 个坐标点矩阵
标注人脸关键点 cv.circle(image,center,radius,color[,thickness=1,lineType=LINE_8,shift=0)	image	输入图像,允许单通道灰度图像或多通道彩色图像
	center	圆心点的坐标,(x,y)格式的元组
	radius	圆的半径,为整数
	color	绘制直线的颜色,(b,g,r)格式的元组,或者表示灰度值的标量
	thickness	表示绘制直线的粗细,默认值为 1px,-1 表示内部填充
	lineType	表示绘制直线的线型,默认值为 LINE_8
	shift	表示点坐标的小数位数,默认值为 0

3. 实现过程

基于 AiCam 框架的人脸检测与人脸关键点识别是在 AiCam 平台，进行基于 OpenCV 库的人脸检测和人脸关键点检测算法的应用开发及项目实施。其中 AiCam 为模型算法的调用提供 RESTful 接口，实时返回分析的视频结果和数据；同时通过物联网云平台的应用接口，实现与硬件的连接和互动，最终实现图像的颜色和形状识别，具体如下。

首先，在 AiCam 工程的配置文件添加摄像头（/config/app.json）。

接着，在 AiCam 工程添加 image_face_detection.py 算法文件、dlib 特征点数据集 shape_predictor_68_face_landmarks.dat、人脸关键点 image_face_detection.py 算法文件、hape_predictor_68_face_landmarks.dat 的 dlib 特征点数据集。

然后，在 AiCam 工程添加人脸检测和人脸关键点检测的算法实验前端应用文件 /static/image_face_detection 和 /static/image_key_detection。

最后，在前端应用中算法接口的调用采用 RESTful 接口获取处理后的视频流，数据返回为 base64 编码的图片和结果数据。访问 URL 地址（IP 地址为边缘计算网关的地址）格式如下。

http://192.168.100.200:4001/stream/[algorithm_name]?camera_id=0

4. 实验验证

（1）工程部署。首先给边缘计算网关正确连接 Wi-Fi、摄像头、电源，启动边缘计算网关 Ubuntu 操作系统。系统启动后，记录边缘计算网关的 IP 地址，比如 192.168.100.200。通过 MobaXterm 工具的 SSH 服务登录边缘计算网关，将实验工程代码上传到 aicam-exp 目录下，输入 tar 命令解压实验工程。

（2）工程运行。在 SSH 终端输入以下命令运行人脸检测和人脸关键点实验工程。

```
$ cd ~/aicam-exp/image_face_recognition    #人脸检测工程，若进入人脸关键点检测工程则进入 image_qrcode_recognition 目录 cd ~/aicam-exp/image_qrcode_recognition
$ chmod 755 start_aicam.sh
$ ./start_aicam.sh
* Serving Flask app "start_camera" (lazy loading)
* Environment: production
    WARNING: Do not use the development server in a production environment.
    Use a production WSGI server instead.
* Debug mode: off
* Running on http://0.0.0.0:4001/ (Press Ctrl+C or Ctrl+Z to quit)
```

（3）验证。输入 http://192.168.100.200:4001/static/image_face_recognition/index.html，单击"人脸检测"选项，出现实时视频识别画面，当摄像头视窗内出现人脸时检测人脸并标注，在实验结果窗显示人脸坐标，如图 7-36 所示。

输入 http://192.168.100.200:4001/static/image_key_recognition/index.html，单击"人脸关键点"选项，出现实时视频识别画面，在摄像头视窗内出现人脸时将检测人脸并标注关键点信息，如图 7-37 所示。

图 7-36　人脸检测验证

图 7-37　人脸关键点验证

7.3.4　人脸识别与目标追踪

人脸识别与目标追踪是计算机视觉技术在视频监控领域的重要应用，比如智能交通管理、机动车检测、停车场管理等场合的车牌识别等。下面从人脸识别与目标追踪两个维度进行基于AiCam平台的识别。

1. 基本原理

人脸识别是基于人的脸部特征信息进行身份识别的一种生物识别技术。它是用摄像机或摄像头采集含有人脸的图像或视频流，并自动在图像中检测和跟踪人脸，进而对检测到的人脸进行脸部识别的一系列相关技术，通常也称人像识别、面部识别。简单的人脸识别可以通过 OpenCV 和 face_recognition 插件来实现，face_recognition 的人脸识别是基于业内领先的 C++开源库 dlib 中的深度学习模型，用 Labeled Faces in the Wild 人脸数据集测试，准确率达 99.38%。

人脸识别中包含人脸注册和人脸比对，主要利用 OpenCV 自带的 face_recognition 人脸识别库。人脸注册流程如图 7-38 所示。人脸对比流程如图 7-39 所示。

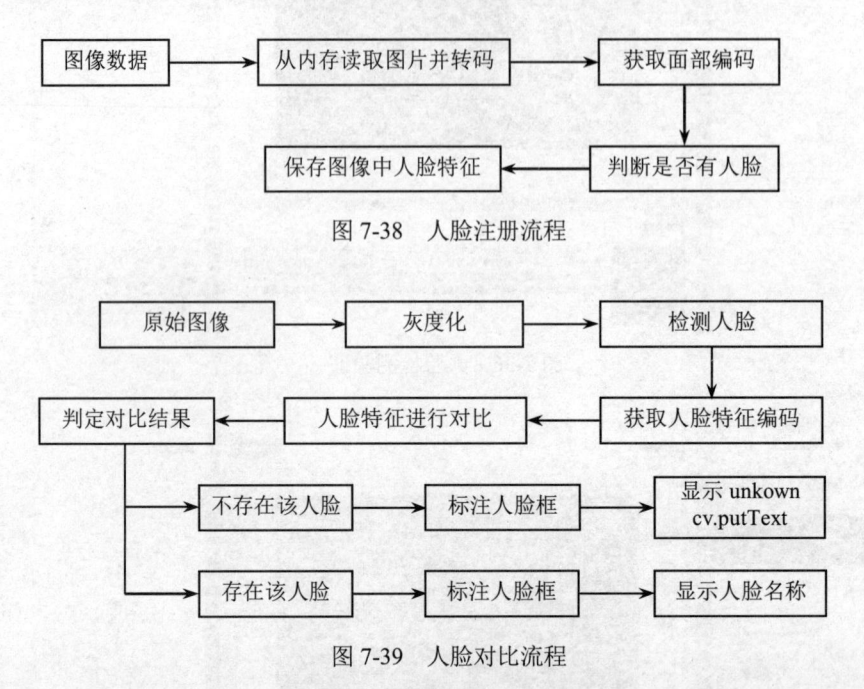

图 7-38 人脸注册流程

图 7-39 人脸对比流程

目标追踪的原理是对移动目标或者指定目标进行跟踪标注，涉及的算法主要是背景减除法。背景减除法的基本原理是首先构建一个背景的参数模型来近似背景图像的像素值；然后将当前帧与背景图像进行差分比较获得差分图；接着对差分图像中的像素进行阈值分割，最后经过形态学处理后，通过轮廓检验获取运动区域，以实现运动物体跟踪。其中，最核心的是图像腐蚀、膨胀、轮廓获取和 KNN 背景分割处理。目标追踪流程如图 7-40 所示。

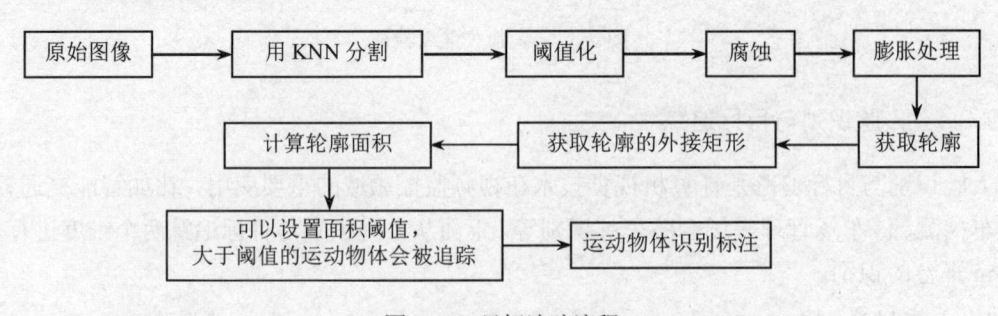

图 7-40 目标追踪流程

2. 实现方法

人脸识别和目标追踪主要用到 opencv 自带的人脸识别库，具体实现方法见表 7-9。

表 7-9　实现方法

函数	参数	含义
cv.imdecode(img, cv.IMREAD_COLOR)	—	从内存读取图片并解码
gray=cv.cvtColor(image, cv.COLOR_BGR2GRAY)	image	输入图像
	cv.COLOR_BGR2GRAY	将 BGR 色彩空间转换为 GRAY 色彩空间
检测人脸 classifier.detectMultiScale(image[,scaleFactor[,minNeighbors[,minSize[,maxSize]]]])	image	输入图像，通常使用灰度图像进行检测
	scaleFactor	图像缩放比例
	minNeighbors	构成目标矩形的最少相邻矩形个数
	minSize	目标矩形的最小尺寸
	maxSize	目标矩形的最大尺寸
face_recognition.face_encodings	—	获取人脸特征编码
face_recognition.compare_faces	—	人脸特征对比
self.bs=cv.createBackgroundSubtractorKNN(detectShadows=True)	—	用 KNN 进行分割
腐蚀 cv.erode(src,kernel,[,anchor[,iterations[,borderType[,borderValue]]]])	src	原始图像
	kernel	内核
	anchor	锚点，默认值为(-1,-1)，表示锚点为内核中心
	iterations	腐蚀操作的迭代次数
	borderType	边界类型，默认值为 BORDER_CONSTANT
	borderValue	边界值，一般由 OpenCV 自动确定
膨胀 cv.dilate(src,kernel,[,anchor[,iterations[,borderType[,borderValue]]]])	src	原始图像
	kernel	内核
	anchor	锚点，默认值为(-1,-1)，表示锚点为内核中心
	iterations	腐蚀操作的迭代次数
	borderType	边界类型，默认值为 BORDER_CONSTANT
	borderValue	边界值，一般由 OpenCV 自动确定
x,y,w,h=cv.boundingRect(cont)	cont	获取轮廓外接矩形
area=cv.contourArea(cont)	cont	计算轮廓面积

3. 实现过程

基于 AiCam 框架的人脸识别与目标追踪是在 AiCam 平台，进行基于 OpenCV 库的人脸识别和目标追踪算法的应用开发及项目实施。其中 AiCam 为模型算法的调用提供 RESTful 接口，实时返回分析的视频结果和数据；同时通过物联网云平台的应用接口，实现与硬件的连接和互动，最终实现图像的颜色和形状识别，具体如下。

首先，在 AiCam 工程的配置文件添加摄像头（/config/app.json）。

接着，在 AiCam 工程添加/algorithm/image_face_recognition/image_face_recognition.py 算

法文件、/algorithm/image_face_recognition/haarcascade_frontalface_alt.xml 人脸检测级联分类器、/algorithm/image_motion_tracking/image_motion_tracking.py 目标追踪算法文件。

然后，在 AiCam 工程添加算法/static/image_face_recognition 和 image_motion_tracking 实验前端应用。

接着，视频流实时推理。前端应用中算法接口的调用采用 RESTFul 接口获取处理后的视频流，数据返回以 base64 编码的图片和结果数据。访问 URL 地址（IP 地址为边缘计算网关的地址）格式如下。

http://192.168.100.200:4001/stream/[algorithm_name]?camera_id=0

最后，人脸注册请求。前端应用中截取拟注册的人脸图片和人脸名称，通过 AJAX 调用将图片和数据传递给算法进行人脸注册。人脸注册参数见表 7-10。

表 7-10　人脸注册参数

参数	参数说明
url	"/file/image_face_recognition?camera_id=0"
method	'POST'
processData	false
contentType	false
dataType	'json'

data	let img = $('#face').attr('src');
	let id = $('#userName').val();
	let blob = dataURItoBlob(img);
	let formData = new FormData();
	formData.append('file_name',blob,'image.png');
	formData.append('param_data',JSON.stringify({"reg_name":id,"type":0}));

success	function(res){}内容： return_result = {'code': 200, 'msg': None, 'origin_image': None, 'result_image': None, 'result_data': None} 示例： code/msg：200/success、404/No face origin_image/result_image：原始图像/结果图像

4. 实验验证

（1）工程部署。首先给边缘计算网关正确连接 Wi-Fi、摄像头、电源，启动边缘计算网关 Ubuntu 操作系统。系统启动后，记录边缘计算网关的 IP 地址，比如 192.168.100.200。通过 MobaXterm 工具的 SSH 服务登录边缘计算网关，将实验工程代码上传到 aicam-exp 目录下，输入 tar 命令解压实验工程。

（2）工程运行，在 SSH 终端输入以下命令运行人脸检测和人脸关键点实验工程。

```
$ cd ~/aicam-exp/image_face_recognition    #人脸识别工程，若进入目标追踪程则进入 image_motion_tracking 目录 cd ~/aicam-exp/image_motion_tracking
$ chmod 755 start_aicam.sh
$ ./start_aicam.sh
```

```
 * Serving Flask app "start_camera" (lazy loading)
 * Environment: production
   WARNING: Do not use the development server in a production environment.
   Use a production WSGI server instead.
 * Debug mode: off
 * Running on http://0.0.0.0:4001/ (Press Ctrl+C or Ctrl+Z to quit)
```

（3）验证。输入 http://192.168.100.200:4001/static/image_face_recognition/index.html 单击"初始视频"选项，当摄像头视窗内出现单一人脸时单击右上角的"人脸注册"按钮，弹出"人脸注册"对话框（图 7-41），输入英文格式的用户名称，单击"注册"按钮，等待注册成功的提示窗，并自动返回初始视频页面。

图 7-41　"人脸注册"对话框

单击"人脸识别"选项，出现实时视频识别画面，当摄像头视窗内出现人脸时识别人脸并标注人脸信息，如图 7-42 所示。

图 7-42　人脸识别

输入 http://192.168.100.200:4001/static/image_motion_tracking/index.html，单击"目标追踪"选项，出现实时视频识别画面，拿着一个物品在视窗内移动，即可跟踪动态的目标并标注，在实验结果窗口可以看到动态目标的坐标，如图 7-43 所示。

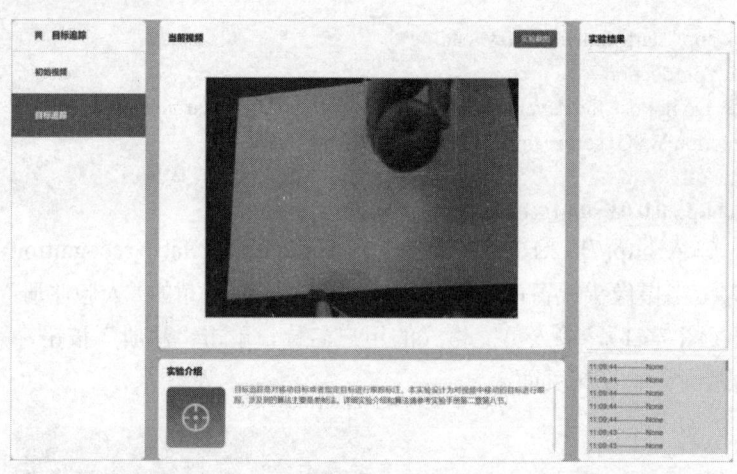

图 7-43 目标追踪结果

7.4 深度学习应用

深度学习通过使用深层神经网络学习数据的表示，计算机视觉可以利用这些技术解决图像和视频中的视觉任务，比如特征的学习、端到端学习、大规模数据处理等。本节主要通过基于深度学习的人脸检测、手势识别、车牌和交通标志识别的案例，掌握 AiCam 框架下的智能视觉工程部署和使用。

7.4.1 人脸检测

1. 基本原理

人脸检测为目标检测的特例，是商业化最早的目标检测算法，也是很多公司的"必争之地"，非受控场景中的小脸、模糊和遮挡的人脸检测是该方向最有挑战的问题。随着深度学习的兴起，工业界和学术界越来越多地使用基于深度学习的方法，而不是传统的基于模板匹配、纹理提取或者像素积分图等方法。因为人脸检测本身不属于特别复杂的任务，因此轻量级的深度学习模型即可满足该任务，如图 7-44 所示。

图 7-44 人脸检测

Retinaface 人脸检测模型是 Insightface 团队在 2019 年提出的新人脸检测模型。源代码开源于 insightface，原模型使用 mxnet 框架进行搭建，目前社区也有其他框架复现的版本，最让人熟知的莫过于 PyTorch 版的 Retinaface。Retinaface 是基于检测网络 RetinaNet 的改进版，添加了 SSH 网络的三层级联检测模块，以提升检测精度。

Retinaface 通过联合外监督（extra-supervised）和自监督（self-supervised）的多任务学习，对各种尺寸的人脸进行像素级别的定位，主要贡献如下。

（1）在 WIDER FACE 数据集上手动标注五个面部关键点，在外监督信号的辅助下人脸检测效果显著提升。

（2）添加了一个自监督网格编码分支，用于预测一个逐像素的三维人脸信息，并使该分支与已存在的监督分支并行。

（3）在 WIDER FACE 硬测试集上，RetianFace 的平均精度（AP）达到了 91.45，比当时最先进的两个阶段人脸检测方法 ISRN 提升了 1.1%。

（4）在 IJB-C 测试集上，RetinaFace 使当时最好的人脸特征提取模型 ArcFace 的人脸认证（face verification）性能进一步提升。

（5）采用轻量级的骨干网络，RetinaFace 可以在单个 CPU 上实时运行。

通过 RetianFace 模型的深度学习得出每个脸的位置、尺寸和主要面部器官的位置信息，并根据得到的信息提取每个人脸包含的身份特征，并将其与已知的人脸对比，从而输出人脸检测结果，如图 7-45 所示。

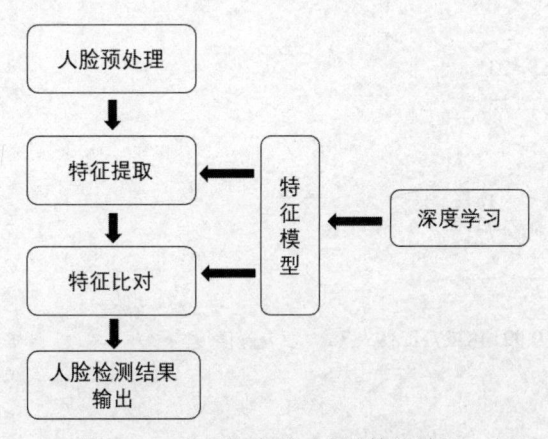

图 7-45 基于深度学习人脸检测过程

模型文件通过 NCNN 推理框架在边缘计算平台运行，AiCam 人工智能轻量化应用框架为模型编写了 C++接口库 facedet.so 给 Python 算法调用。

调用接口及返回示例如下。

```
函数：FaceDetector.detect(image)
参数：image：图片数据
结果：json 字符串
     code:   200    #执行成功
             301    #授权失败
{
```

```
        "code" : 200,                      //返回码
        "msg" : "SUCCESS",                 //返回消息
        "result" : {                       //返回结果
            "obj_list" : [                 //返回内容
                {
                    "location" : {         //目标坐标
                        "height" : 58,
                        "left" : 215,
                        "top" : 137,
                        "width" : 45
                    },
                    "mark" : [             //目标关键点
                        {
                            "x" : 227,
                            "y" : 160
                        },
                        {
                            "x" : 247,
                            "y" : 157
                        },
                        {
                            "x" : 239,
                            "y" : 169
                        },
                        {
                            "x" : 231,
                            "y" : 180
                        },
                        {
                            "x" : 249,
                            "y" : 177
                        }
                    ],
                    "score" : 0.99148327112197876       //置信度
                }
            ],
            "obj_num" : 1                  //目标数量
        },
        "time" : 17.5849609375             //推理时间（ms）
}
```

2. 实现过程

基于 AiCam 框架的人脸识别与目标追踪是在 AiCam 平台，采用统一模型调用、统一硬件接口、统一算法封装和统一应用模板的设计模式，实现嵌入式边缘计算环境下进行基于深度学习的人脸检测算法的应用开发和项目实施。其中 AiCam 为模型算法的调用提供 RESTful 接口，实时返回分析的视频结果和数据；同时通过物联网云平台的应用接口，实现与硬件的连接和互动，最终实现人脸的检测，具体如下。

首先，在 AiCam 工程的配置文件添加摄像头（/config/app.json）。

其次，在工程添加模型文件/models/face_detection 和 retinaface.bin/retinaface.param 人脸检测。

然后，在 AiCam 工程添加/algorithm/face_detection/face_detection.py 算法文件和模型接口文件/algorithm/face_detection/facedet.so。

接着，在 AiCam 工程添加算法实验/static/face_detection 前端应用。

最后，前端应用中算法接口的调用采用 RESTFul 接口获取处理后的视频流，数据返回为 base64 编码的图片和结果数据。访问 URL 地址（IP 地址为边缘计算网关的地址）格式如下：

http://192.168.100.200:4001/stream/[algorithm_name]?camera_id=0

3. 实验验证

（1）工程部署。首先给边缘计算网关正确连接 Wi-Fi、摄像头、电源，启动边缘计算网关 Ubuntu 操作系统。系统启动后，记录边缘计算网关的 IP 地址，比如 192.168.100.200。通过 MobaXterm 工具的 SSH 服务登录边缘计算网关，将实验工程代码上传到 aicam-exp 目录下，输入 tar 命令解压实验工程。

（2）工程运行。在 SSH 终端输入以下命令运行人脸检测和人脸关键点实验工程。

```
$ cd ~/aicam-exp/face_detection
$ chmod 755 start_aicam.sh
$ ./start_aicam.sh
 * Serving Flask app "start_camera" (lazy loading)
 * Environment: production
   WARNING: Do not use the development server in a production environment.
   Use a production WSGI server instead.
 * Debug mode: off
 * Running on http://0.0.0.0:4001/ (Press Ctrl+C or Ctrl+Z to quit)
```

（3）结果验证。输入 http://192.168.100.200:4001/static/face_detection/index.html，单击"人脸检测"选项，在返回的视频流画面中检测是否有人脸。当摄像头视窗中出现人脸时，在实时视频流上面将人脸框出来，并且标记五个脸部关键点，在实验结果处显示人脸的坐标及关键点的坐标信息，如图 7-46 所示。

图 7-46　人脸坐标及关键点坐标信息

7.4.2 人脸识别

1. 基本原理

人脸识别是基于人的脸部特征信息进行身份识别的一种生物识别技术。具体而言，人脸识别就是计算机通过视频采集设备获取识别对象的面部图像，再利用核心算法对其脸部的五官位置、脸型和角度等特征信息计算分析，进而与自身数据库里已有的范本对比，最后判断用户的真实身份。人脸识别主要分为图像采集、人脸定位、特征提取和特征对比四个步骤，如图 7-47 所示。

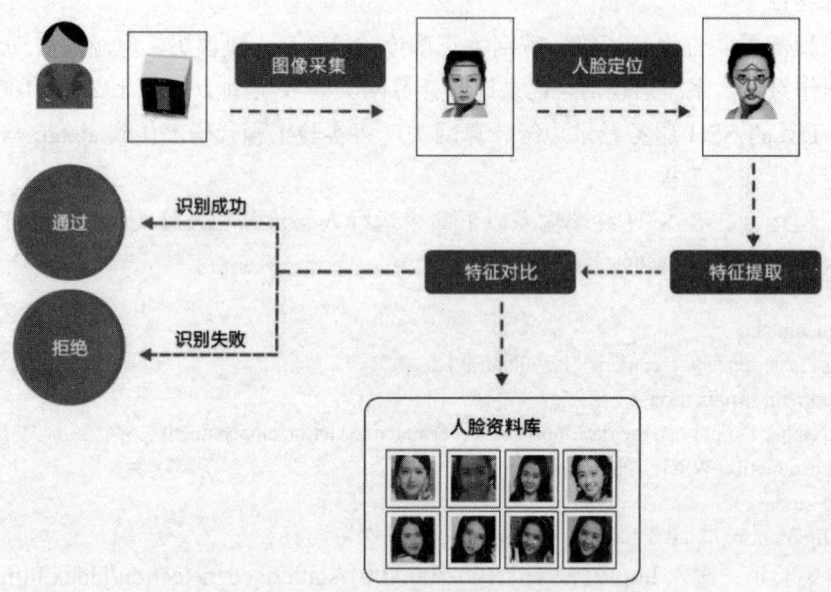

图 7-47 人脸识别的步骤

本节采用 MTCNN+FaceNet 模型实现人脸检测。MTCNN 是一个深度卷积多任务的框架，该框架利用了检测与对准的固有关系来增强性能。使用 MTCNN 进行人脸检测，一方面是因为其检测精度较高；另一方面 FaceNet 工程提供了用于人脸检测的 MTCNN 接口。MTCNN 是多任务级联 CNN 的人脸检测深度学习模型，其综合考虑了人脸边框回归和面部关键点检测。特别是，在预测人脸及脸部标记点的时候，通过三个 CNN 级联的方式对任务进行从粗到精的处理。

采用 MobileFaceNet 模型实现人脸识别。MobileFaceNet 模型是北京交通大学陈晓峰等人提出的一种专门针对人脸识别的轻量级网络。它在 MobileNetv2 的基础上，使用可分离卷积代替平均池化层，即使用一个 7×7×512（512 表示输入特征图通道数目）的可分离卷积层代替全局平均池化，使网络能够为不同位置的特征分配不同的权重。

模型文件通过 NCNN 推理框架在边缘计算平台运行，AiCam 人工智能轻量化应用框架为模型编写了 C++接口库 facerec.so 给 Python 算法调用。

2. 实验过程

基于 AiCam 框架的人脸识别与目标追踪是在 AiCam 平台，采用统一模型调用、统一硬件接口、统一算法封装和统一应用模板的设计模式,实现嵌入式边缘计算环境下进行基于 OpenCV 库的人脸识别和目标追踪算法的应用开发及项目实施。其中 AiCam 为模型算法的调用提供 RESTful 接口,实时返回分析的视频结果和数据;同时通过物联网云平台的应用接口,实现与硬件的连接和互动,最终实现图像的颜色和形状识别,具体如下。

首先,在 AiCam 工程的配置文件添加摄像头(/config/app.json)。

其次,在 AiCam 工程添加/models/face_recognition 模型文件、/face_det.bin/face_det.param 人脸检测、/face_rec.bin/face_rec.param 人脸识别。

然后,在 AiCam 工程添加/algorithm/face_recognition/face_recognition.py 算法文件和模型接口文件/algorithm/face_recognition/facerec.so。

接着,在 AiCam 工程添加/static/face_recognition 算法实验前端应用,视频流实时推理在前端应用中算法接口的调用采用 RESTFul 接口获取处理后的视频流,数据返回为 base64 编码的图片和结果数据。访问 URL 地址(IP 地址为边缘计算网关的地址)格式如下。

http://192.168.100.200:4001/stream/[algorithm_name]?camera_id=0

最后,人脸注册请求。在前端应用中截取拟注册的人脸图片和人脸名称,通过 AJAX 调用将图片和数据传递给算法进行人脸注册。

3. 实验验证

(1)工程部署。首先给边缘计算网关正确连接 Wi-Fi、摄像头、电源,启动边缘计算网关 Ubuntu 操作系统。系统启动后,记录边缘计算网关的 IP 地址,比如 192.168.100.200。通过 MobaXterm 工具的 SSH 服务登录边缘计算网关,将实验工程代码上传到 aicam-exp 目录下,输入 tar 命令解压实验工程。

(2)工程运行。在 SSH 终端输入以下命令运行人脸检测和人脸关键点实验工程。

```
$ cd ~/aicam-exp/face_recognition
$ chmod 755 start_aicam.sh
$ conda activate py36_tfl14_torch15_cpu_cv345    #PC ubuntu20.04 环境下需要切换环境
$ ./start_aicam.sh
 * Serving Flask app "start_camera" (lazy loading)
  * Environment: production
     WARNING: Do not use the development server in a production environment.
     Use a production WSGI server instead.
  * Debug mode: off
  * Running on http://0.0.0.0:4001/ (Press Ctrl+C or Ctrl+Z to quit)
```

(3)结果验证。在计算机端或者边缘计算网关端打开 Chrome 浏览器,输入实验页面地址(http://192.168.100.200:4001/static/face_recognition/index.html)并访问,单击"初始视频"选项,当摄像头视窗内出现单一人脸时单击"人脸注册"按钮,弹出"人脸注册"对话框,输入英文格式的用户名称,单击"注册"按钮,等待注册成功的提示窗,并自动返回初始视频页面,如图 7-48 所示。

单击"人脸识别"选项,出现实时视频识别画面,当摄像头视窗内出现人脸时识别人脸并标注人脸信息,如图 7-49 所示。

图 7-48 人脸注册

图 7-49 人脸识别

7.4.3 手势识别

1. 基本原理

手势识别在实际应用中的需求非常广泛，比如聋哑人沟通用的手语、游戏中用的手势识别动作、智能家居、智能驾驶等，用户可以使用简单的手势控制或与设备交互，让计算机理解人类的行为，手势识别包括人手检测和手势识别两部分内容，如图 7-50 所示。

人手检测基于 NanoDet 网络实现。NanoDet 是一种 FCOS 式的单阶段 anchor-free 目标检测模型，它使用 ATSS 进行目标采样，使用 Generalized Focal Loss 损失函数执行分类和边框回归（box regression），NanoDet 使用了 Generalized Focal Loss 损失函数，该函数能够去掉 FCOS 的 Centerness 分支，省去这一分支上的大量卷积，从而减少检测头的计算开销，非常适合移动端的轻量化部署。FCOS 系列使用共享权重的检测头，即对 FPN 出来的多尺度特征图使用同一组卷积预测检测框，然后每层都使用一个可学习的 Scale 值作为系数，对预测出来的框进行缩放。

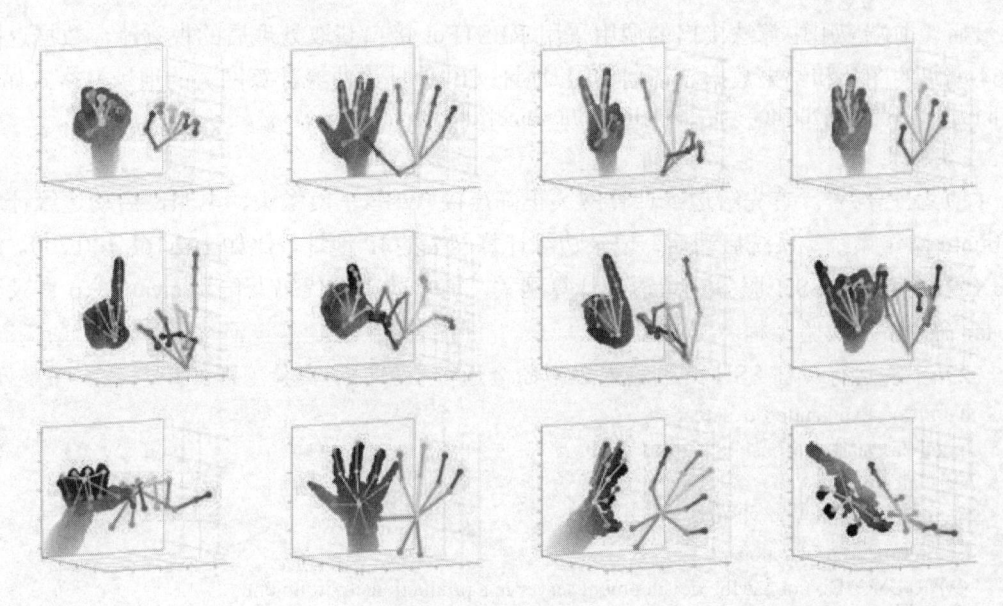

图 7-50　手势识别 1

手势检测的原理是检测人手的骨骼点并将其连成线，绘制整个手的结构，手势姿态估计是计算机视觉中一个很基础的问题。从名字的角度来看，可以理解为对"人手"的姿态（关键点，如大拇指、中指、食指等）的位置估计。HandPose 模型检测图片中所有的人手关键点，然后将这些关键点对应到不同的人手个体上。HandPose 基于 OpenPose 肢体姿态模型的原理，通过 Part Affinity Fields（PAFs）实现人手姿态的估计。PAFs 用来描述像素点在骨架中的走向，用 L(p) 表示；关键点的响应用 S(p) 表示。先看主体网络结构，网络以 VGG pre-train network 为骨架，有两个分支分别回归 L(p) 和 S(p)。每个 stage 算一次 loss，之后把 L、S 以及原始输入 concatenate，继续训练下一个 stage。随着迭代次数的增加，S 能够一定程度上区分结构的左右。

模型文件通过 NCNN 推理框架在边缘计算平台运行，AiCam 人工智能轻量化应用框架为模型编写了 C++接口库 handpose.so 给 Python 算法调用。

2. 实现过程

基于 AiCam 框架的人脸识别与目标追踪是在 AiCam 平台，采用统一模型调用、统一硬件接口、统一算法封装和统一应用模板的设计模式，实现嵌入式边缘计算环境下进行基于 OpenCV 库的人脸识别和目标追踪算法的应用开发及项目实施，其中 AiCam 为模型算法的调用提供 RESTful 接口，实时返回分析的视频结果和数据，同时通过物联网云平台的应用接口，实现与硬件的连接和互动，最终实现图像的颜色和形状识别，具体如下。

首先，在 AiCam 工程的配置文件添加摄像头（/config/app.json）。

接着，在工程添加/models/handpose_detection 模型文件、/handdet.bin/handdet.param 人手检测和/handpose.bin/handpose.param 手势识别；添加算法文件和模型接口文件/algorithm/handpose_detection/handpose_detection.py、/algorithm/handpose_detection/handpose.so 以及算法/static/handpose_detection 实验前端应用。

最后，前端应用中算法接口的调用采用 RESTFul 接口获取处理后的视频流，数据返回为 base64 编码的图片和结果数据。访问 URL 地址（IP 地址为边缘计算网关的地址）格式如下。

http://192.168.100.200:4001/stream/[algorithm_name]?camera_id=0

3. 实验验证

（1）工程部署。首先给边缘计算网关正确连接 Wi-Fi、摄像头、电源，启动边缘计算网关 Ubuntu 操作系统。系统启动后，记录边缘计算网关的 IP 地址，比如 192.168.100.200。通过 MobaXterm 工具的 SSH 服务登录边缘计算网关，将实验工程代码上传到 aicam-exp 目录下，输入 tar 命令解压实验工程。

（2）工程运行。在 SSH 终端输入以下命令运行手势识别实验工程。

```
$ cd ~/aicam-exp/handpose_detection
$ chmod 755 start_aicam.sh
$ ./start_aicam.sh
 * Serving Flask app "start_camera" (lazy loading)
 * Environment: production
   WARNING: Do not use the development server in a production environment.
   Use a production WSGI server instead.
 * Debug mode: off
 * Running on http://0.0.0.0:4001/ (Press Ctrl+C or Ctrl+Z to quit)
```

（3）结果验证。输入 http://192.168.100.200:4001/static/handpose_detection/index.html，单击"手势识别"选项，在返回的视频流画面中检测并识别手势。当摄像头视窗中出现人手时，在实时视频流上面标记出人手位置，并绘制人手骨骼关键点，计算手势表示的内容，在实验结果处显示手势信息，如图 7-51 所示。

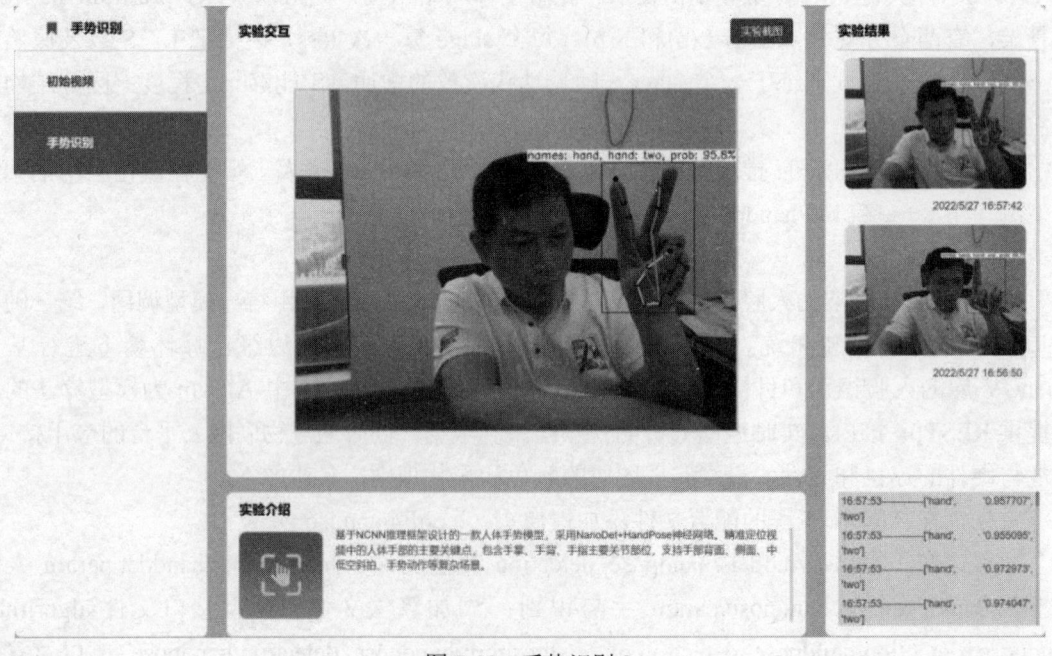

图 7-51　手势识别 2

单 元 测 试

一、单项选择题

1. OpenCV（Open Source Computer Vision Library）是一个跨平台的开源（　　）。
   A．计算机视觉库　　　　　　　　　B．机器视觉库
   C．深度学习库　　　　　　　　　　D．模式识别库

2. 基于 AiCam 的图像采集通过使用（　　）框架将采集的图片推流到前端展示。
   A．OpenCV　　　B．Flash Web　　　C．NCNN　　　D．Yolo3

3. cv2.rectangle(img,p1,pt2,color,thickness)函数中 p1 参数的含义是（　　）。
   A．画布矩阵　　　　　　　　　　　B．矩形左上角位置坐标
   C．矩形右下角的位置坐标　　　　　D．线条的宽度

4. 图像处理中经常说的图像灰度化，灰度化的含义是（　　）。
   A．图像像素点矩阵中的每个像素点都满足 R=0，G=0，B=255
   B．图像像素点矩阵中的每个像素点都满足 R=255，G=255，B=255
   C．图像像素点矩阵中的每个像素点都满足 R=0，G=255，B=255
   D．图像像素点矩阵中的每个像素点都满足 R=G=B 的关系

5. cv2.cvtColor（src,code[,dstCn])函数表示色彩空间转换，下列常见色彩空间类型转换码说法不正确的是（　　）。
   A．cv2.COLOR_BGR2RGB 指的是将 BGR 色彩空间转换为 RGB 色彩空间
   B．cv2.COLOR_RGB2BGR 指的是将 RGB 色彩转换为 BGR 色彩空间
   C．cv2.COLOR_RGB2GRAY 指的是将 RGB 色彩转换为 GRAY 色彩空间
   D．cv2.COLOR_BGR2HSV 指的是将 RGB 色彩转换为 HSV 色彩空间

6. OpenCV 库中包含各种图形处理方法，下列函数中代表图像形态变换的腐蚀方法的是（　　）。
   A．cv2.dilate()　　　　　　　　　　B．cv2.erode()
   C．cv2.imdecode()　　　　　　　　D．cv2.imencode()

7. 边缘检测结果通常为黑白照片，图像中的白色线条表示边缘，下列不是边缘检测算法的是（　　）。
   A．Canny　　　　　　　　　　　　B．Sobel
   C．Haarcascades　　　　　　　　　D．Laplacian

8. HSV 是一种将 RGB 色彩空间中点倒圆锥体中的表示方法，下列说法不正确的是（　　）。
   A．H 代表 High，表示高度　　　　　B．S 代表 Saturation，表示饱和度
   C．V 代表 Value，表示亮度　　　　 D．H 代表 Hue，表示色相

9. 日常使用的二维码是（　　）二维码。
   A．Date Matrix　　B．Code One　　C．QR Code　　D．以上都对

10. 下列函数表示提取二维码的位置的是（　　）。
    A. pyzbar.decode   B. barcode.rect
    C. puteText   D. barcode.data.decode
11. 基于 AiCam 框架开发中，一般算法前端应用放在（　　）文件下面。
    A. config   B. algorithm   C. static   D. 以上都对
12. dlib 库可以实现人脸检测和人脸关键点检测，下列说法不正确的是（　　）。
    A. detector 表示检测人脸
    B. face_utils.rect_to_bb 表示返回人脸位置信息
    C. face_utils.shape_to_np 构建人脸 68 个关键点矩阵
    D. barocde.rect 提取人脸检测位置
13. Retinaface 通过联合（　　）和（　　）的多任务学习，对各种尺寸人脸进行像素级别定位。
    A. 外监督，自监督   B. 外监督，内监督
    C. 在不同操作系统间共享资源   D. 以上都对
14. 下列关于深度学习应用说法错误的是（　　）。
    A. 百度云边是在网络边缘直接进行数据处理
    B. 深度学习主要提供先进的计算能力和强大的训练能力
    C. 深度学习应用适用于处理复杂的任务
    D. 深度学习应用更适合大型图像集应用
15. 下列说法不正确的是（　　）。
    A. 深度学习属于边缘学习技术
    B. 边缘学习主要解决了大量标记图像和计算的问题
    C. 边缘学习将训练过程变得轻松、快捷
    D. 深度学习是一种新的学习方法，不属于机器学习

二、多项选择题

1. OpenCV 在 Linux 环境下的安装方式是（　　）。
    A. pip 安装   B. 官方预编译包安装方式
    C. 源代码包安装方式   D. 以上答案都不对
2. OpenCV 是一种开源的计算机视觉库，下列属于 OpenCV 主要功能的是（　　）。
    A. 图像处理   B. 视频分析
    C. 人脸识别   D. 语音合成
3. 下列属于计算机视觉应用领域的是（　　）。
    A. 目标检测   B. 图像生成
    C. 机器学习   D. 语音识别
4. 下列（　　）是 OpenCV 中的核心模块。
    A. cv2   B. highgui   C. imgproc   D. videoio

5. 在 OpenCV 中，下列不可用于读取图像的函数是（　　）。
   A. cv2.imread()　　　　　　　　　B. cv2.imshow()
   C. cv2.write()　　　　　　　　　　D. cv2.imencode()

6. 以下（　　）是 OpenCV 中常见的图像处理操作。
   A. 图像模糊　　　　　　　　　　　B. 图像锐化
   C. 图像二值化　　　　　　　　　　D. 图像阈值化

7. 在 OpenCV 中，以下不是颜色空间转换函数的是（　　）。
   A. cv2.cvtColor()　　　　　　　　　B. cv2.colorConversion()
   C. cv2.inRange()　　　　　　　　　D. cv2.mathcTemplate()

8. 以下（　　）是 OpenCV 中的 tape 函数，用于视频处理。
   A. cv2.VideoCapture()　　　　　　B. cv2.VideoWriter()
   C. cv2.CascadeClassifier()　　　　D. cv2.BackgroundSubtractor()

9. OpenCV 支持（　　）操作系统。
   A. DOS　　　B. macOS　　　C. Windows　　　D. Linux

10. 下列不是边缘智能的主要目的的是（　　）。
    A. 减少网络延迟　　　　　　　　B. 提高数据中心的处理能力
    C. 提高数据隐私和安全性　　　　D. 降低硬件成本

11. 下列属于 OpenCV 库中图像基础操作处理函数是（　　）。
    A. cv2.imread()　　　　　　　　　B. cv2.imwrite()
    C. cv2.rectangle()　　　　　　　　D. cv2.threshold()

12. 下列关于目标检测的说法中，正确的说法是（　　）。
    A. 目标检测的原理是从图像中提取目标
    B. 目标检测算法主要是卷积算法
    C. 滑动窗口区域选择策略时间复杂度高，窗口冗余太多
    D. 目标检测对准确率要求更高，但是对检测耗时要求较低

13. 下列关于深度学习模型训练说法正确的是（　　）。
    A. 网中网结构用全连接的多层感知机去代替传统的卷积，提升了模型的计算性能，但计算量显著增大
    B. VGG 只要很少的迭代次数就会收敛，因为小的过滤尺寸起到了隐式的正则化作用
    C. Bgging 中每个训练集互不相关，而 Boosting 中训练集要在上一轮的结果上调整，所以不能并行计算
    D. 网络层数越多，学习率可设置越大，否则容易引起梯度消失

14. 在智能视觉应用中，常用的技术是（　　）技术是常用的。
    A. 深度学习　　　B. 机器学习　　　C. 神经网络　　　D. 自然语言

15. 下列属于机器视觉功能的是（　　）。
    A. 图像分类　　　B. 计算机视觉　　　C. 目标检测　　　D. 人体步态识别

三、判断题

1. 在 OpenCV 中，cv2.imread()函数用于加载图像。（   ）
2. 在 OpenCV 中，cv2.GaussianBlur()函数用于将图像转换为灰度图像。（   ）
3. 在目标检测中，非最大抑制主要用于提高模型检测的效率。（   ）
4. 视频演示中读入的模型文件是 XML 和 H5 格式的文件。（   ）
5. 边缘智能的主要目的是提高数据中心的处理能力。（   ）
6. 训练图像分类模型时，对于图像的预处理经常要用到图像增强。（   ）
7. 图像的三原色指的是红色、蓝色、白色。（   ）
8. 计算机处理和图像处理是完全不同的两个领域。（   ）
9. 计算机视觉只能应用于静态的图像，而无法处理视频流。（   ）
10. 深度学习在计算机视觉领域取得了很大的成功。（   ）

第 8 章　AiCam 边缘计算应用技术

本章导读

本章主要结合门禁、安防、停车的应用场景展开基于 AiCam 边缘计算应用项目开发，每节都先介绍项目的应用背景、模块功能，从项目系统分析与功能设计到项目开发流程与算法的交互，再到最终应用验证，循序渐进。本章所有项目的实施既可以在虚拟仿真平台搭建硬件原型，又可以结合实际硬件进行项目部署，虚实一体化的实践教学模式不仅帮助读者拓展了混合式的学习路径，还提高了实践能力和技能水平。

8.1　智慧门禁系统应用开发

智慧门禁系统是新型现代化安全管理系统，它集微机自动识别技术和现代安全管理措施为一体，涉及电子、机械、光学、计算机技术、通信技术、生物技术等，是解决重要部门出入口实现安全防范管理的有效措施。门禁系统又称出入管理控制系统，是一种管理人员进出的智能化管理系统。近几年门禁系统发展很快，广泛应用于管理控制系统中。本项目智慧门禁系统的主要功能如下。

（1）人脸识别开锁。先注册人脸，再利用人脸验证通过（如温湿度、光照度、空气质量、大气压力等），并可基于相关数据联动电器设备实现智能化的环境调节。

（2）刷卡开锁。添加用户时绑定卡号，输入卡号即可开锁。系统感应员工的个人识别卡，确认其身份和使用时段后方能开门。可以设置感应卡的使用权限和年限、每周的使用天数、每日的使用时段，可以禁用、挂失一张个人识别卡或一批识别卡。

（3）密码开锁。通过检验输入密码的正确性识别进出权限。这类产品分为两类：一类是普通型产品，另一类是乱序键盘型产品（键盘上的数字不固定，不定期自动变化）。

门禁系统、监控系统和报警系统是安防系统的重要的三个组成部分。其中，监控系统和报警系统都是被动的安防系统；门禁系统是主动防御的安防系统，将所有不安全因素都拒之门外，从根本上解决安全的问题。

8.1.1　系统分析与功能设计

1. 系统架构分析

智慧门禁系统是典型的边缘应用场景，包含硬件层、边缘层、应用层。

（1）硬件层。无线节点和 Sensor-A 采集类传感器、Sensor-C 安防类传感器、Sensor-EL

识别类传感器组成一套完整的智慧门禁系统的硬件部分,通过安防类传感器监测人体红外提醒开门,通过识别类传感器的 K1 继电器模拟门锁。

(2) 边缘层。边缘计算网关内置 IoT 网关服务和 AiCam 计算引擎。IoT 网关服务负责接收/下发无线节点的数据,并发送给应用端或者将数据发给云端的物联网智云平台。AiCam 计算引擎内置算法、模型、视频推流等服务,支持应用层的边缘计算推理任务。

(3) 应用层。应用层通过智云接口与 IoT 硬件层交互(默认与云端的物联网智云平台接口交互),通过 AiCam 的 RESTful 接口与算法层交互。

2. 功能设计

本实验智慧门禁系统主要完成智慧物联、人脸识别交互、密码开锁交互、刷卡识别交互等功能,如图 8-1 所示。

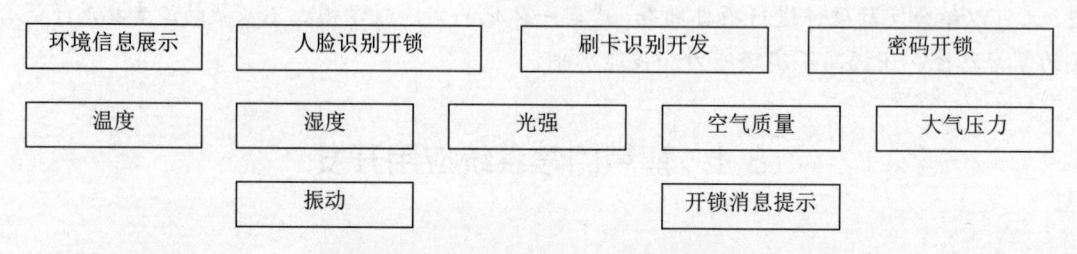

环境信息展示	人脸识别开锁	刷卡识别开发	密码开锁
温度	湿度	光强	空气质量	大气压力
振动		开锁消息提示	

图 8-1 智慧门禁系统的主要功能框架

(1) 智慧物联。展示当前环境的温度、湿度、光强、TVOC、气压。

(2) 人脸识别交互。在首页单击"人脸"选项卡进行人脸识别,若识别通过则显示当前用户名称,并打开门锁。

(3) 密码开锁交互。在首页单击"密码"选项卡,在弹出的输入框输入密码,若密码输入正确则开锁。

(4) 刷卡识别交互。在首页单击"刷卡"选项卡,界面显示注册卡号,如果已注册,直接刷卡即可开锁;否则必须先注册卡号。

(5) 应用设置。设置项目的智云账号、节点地址,同时注册门禁系统的合法用户信息。

3. 硬件接口

本实验采用 LiteB 无线节点、Sensor-A 采集类传感器、Sensor-C 安防类传感器、Sensor-EL 识别类传感器完成一套智慧门禁系统硬件的搭建,也可以通过虚拟仿真软件来创建一个智慧门禁系统项目,并添加对应的传感器。

(1) Sensor-A 采集类传感器。该传感器采集温度湿度、光强、空气质量、大气压力、跌倒状态信息,如图 8-2 所示,虚拟仿真平台如图 8-3 所示。

(2) Sensor-C 安防类传感器。该传感器感应燃气、火焰、光栅、门磁(霍尔)、人体红外,如图 8-4 所示,虚拟仿真平台如图 8-5 所示。

(3) Sensor-EL 识别类传感器。该传感器识别卡号,如图 8-6 所示,虚拟仿真平台如图 8-7 所示。

图 8-2　Sensor-A 采集类传感器

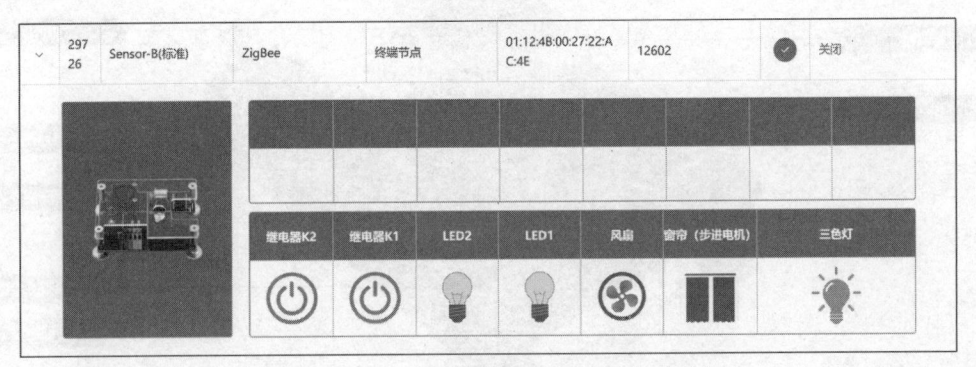

图 8-3　Sensor-A 采集类传感器虚拟仿真平台

图 8-4　Sensor-C 安防类传感器

图 8-5 Sensor-C 安防类传感器虚拟仿真平台

图 8-6 Sensor-EL 识别类传感器

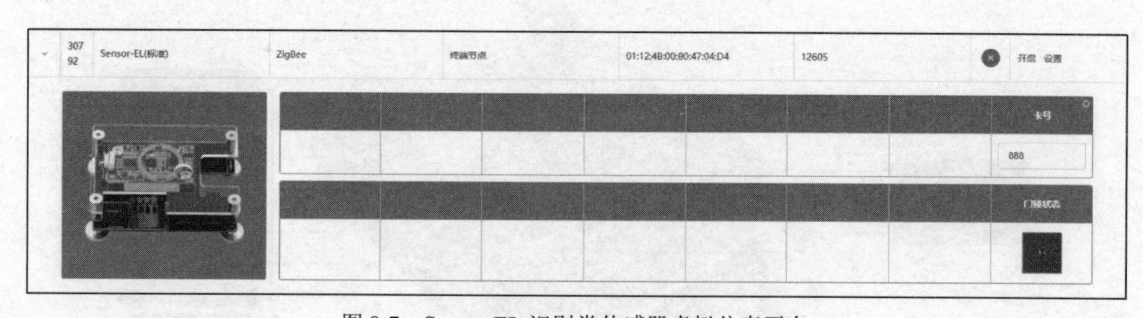

图 8-7 Sensor-EL 识别类传感器虚拟仿真平台

4. 传感器数据协议

前端应用中硬件控制部分采用智云 ZCloud API 接口连接到硬件系统实现硬件交互,智慧门禁系统的传感器数据协议见表 8-1。

表 8-1 智慧门禁系统的传感器数据协议

节点名称	型号	参数	含义	读写权限	说明
Sensor-A 采集类传感器	601	A0	温度	R	温度值，浮点型：0.1 精度，-40.0～105.0，单位为℃
		A1	湿度	R	湿度值，浮点型：0.1 精度，0～100，单位为%Rh
		A2	光强	R	光强值，浮点型：0.1 精度，0～65535，单位为 lx
		A3	空气质量	R	空气质量值，表征空气污染程度，整型，0～20000，单位为 ppm
		A4	大气压力	R	大气压力值，浮点型：0.1 精度，800.0～1200.0，单位为 hPa
		A5	跌倒状态	R	通过三轴传感器计算出跌倒状态，0 表示未跌倒，1 表示跌倒
		A6	距离	R	距离值，浮点型：0.1 精度，10.0～80.0，单位为 cm
		D0(OD0/CD0)	上报状态	RW	D0 的 Bit0～Bit7 分别代表 A0～A7 的上报状态，1 表示主动上报，0 表示不上报
		D1(OD1/CD1)	继电器	RW	D1 的 Bit6～Bit7 分别代表继电器 K1、K2 的开关状态，0 表示断开，1 表示吸合
		V0	上报时间间隔	RW	A0～A7、D1 主动上报时间间隔，默认 30，单位为 s
Sensor-C 安防类传感器	603	A0	人体/触摸	R	人体红外/触摸传感器状态，值为 0 或 1，1 表示人体活动/触摸动作
		A1	震动	R	震动状态，值为 0 或 1，1 表示检测到震动
		A2	霍尔	R	霍尔状态，值为 0 或 1，1 表示检测到磁场
		A3	火焰	R	火焰状态，值为 0 或 1，1 表示检测到明火
		A4	燃气	R	燃气泄漏状态，值为 0 或 1，1 表示检测到燃气泄漏
		A5	光栅	R	光栅（红外对射）状态值，0 或 1 变化，1 表示检测到阻挡
		D0(OD0/CD0)	上报状态	RW	D0 的 Bit0～Bit7 分别代表 A0～A7 的上报状态，1 表示主动上报，0 表示不上报
		D1(OD1/CD1)	继电器	RW	D1 的 Bit6～Bit7 分别代表继电器 K1、K2 的开关状态，0 表示断开，1 表示吸合
		V0	上报间隔	RW	A0～A7、D1 值循环上报时间间隔
Sensor-EL 识别类传感器	605	A0	卡号	—	字符串（主动上报，不可查询）
		A1	卡类型	R	整型，0 表示 125K，1 表示 13.56M
		A2	卡余额	R	整型，范围为 0～8000.00，手动查询

续表

节点名称	型号	参数	含义	读写权限	说明
Sensor-EL 识别类传感器	605	A3	设备余额	R	浮点型，设备金额
		A4	设备单次消费金额	R	浮点型，设备本次消费扣款金额
		A5	设备累计消费金额	R	浮点型，设备累计扣款金额
		D1(OD1/CD1)	上报状态	RW	D1 的 Bit0 表示门锁的开关状态，0 表示关闭，1 表示打开
		V1	充值金额	RW	返回充值状态，值为 0 或 1，1 表示操作成功
		V2	扣款金额	RW	返回扣款状态，值为 0 或 1，1 表示操作成功

8.1.2 开发流程与算法交互

AiCam 人工智能轻量化应用框架是一款面向于人工智能边缘应用的开发框架，采用统一模型调用、统一硬件接口、统一算法封装和统一应用模板的设计模式，实现了嵌入式边缘计算环境下进行智慧门禁系统快速的应用开发和项目实施，其开发框架如图 8-8 所示。

图 8-8 基于 AiCam 的智慧门禁系统开发框架

AiCam 为模型算法的调用提供 RESTful 接口，实时返回分析的智慧门禁系统视频结果和数据，同时通过物联网云平台的应用接口 ZCloud API，实现与智慧门禁系统硬件的连接和互动，最终显示在应用层，并与用户交互。

1. 开发流程

本实验的应用基于 AiCam 框架开发，开发流程如下。

（1）项目配置。在 AiCam 工程的配置文件添加摄像头（/config/app.json）。

（2）添加模型。在 AiCam 工程添加模型文件/models/face_recognition、人脸检测模型/face_det.bin/face_det.param、人脸识别模型/face_rec.bin/face_rec.param。

（3）添加算法。在工程添加/face_recognition/face_recognition.py 人脸识别算法文件。

（4）添加应用。在工程添加/static/edge_access 算法实验前端应用。

2. 算法交互

（1）人脸识别开锁。人脸识别基于实时推理接口调用，采用 EventSource 接口获取处理后的视频流，数据返回为 base64 编码的图片和结果数据。前端应用 JS（/js/index.js）处理示例如下。

```
if(val == 1){
    this.page.face/Show = true
    console.log('${this.config.user.edge_addr}/stream/face_recognition?camera_id=0');
    let throttle = true
    let state = false
    //请求图片流资源
    imgData = newEventSource('${this.config.user.edge_addr}/stream/face_recognition?camera_id=0')
    //处理图片流返回的数据
    imgData.onmessage = res => {
        let {result_image} = JSON.parse(res.data)
        this.page.faceImg = 'data:image/jpeg;base64,${result_image}'
        let {result_data} = JSON.parse(res.data)
        if(result_data.obj_num > 0 && throttle){
            throttle = false
            try{
                this.userData.forEach(item =>{
                    if(item.name == result_data.obj_list[0].name){
                        rtc.sendMessage(this.config.macList.mac_605,'{OD1=1,D1=?}')
swal('识别到用户${result_data.obj_list[0].name}',"门锁开启中，请稍等...","success",{button: false,timer: 2000});
                        throw Error();
                    }
                })
            }catch(e){
                state = true
            }
            if(!state){
                setTimeout(() => {
                    throttle = true
                }, 1000);
            }
        }
    }
}else{
    this.page.faceShow = false
    imgData ? imgData.close() : ''
}
```

（2）刷卡识别开锁。刷卡识别基于实时推理接口进行调用，采用智云的 rtc 接口库中的 sendMessage 接口向硬件发送控制指令，控制门锁。前端应用 JS（/js/index.js）处理示例如下。

```javascript
//判断当前是否在刷卡界面
if(this.page.cardShow){
    let state = this.userData.filter(item => {
        return item.card ==  t[1]
    })
    if(state.length > 0 && t[1] != '0'){
        swal('用户${state[0].name}',"门锁开启中，请稍等...","success",{button: false,timer: 2000});
        rtc.sendMessage(mac,'{OD1=1,D1=?}')
    }else{
        swal("识别失败!","请重新刷卡...","error",{button: false,timer: 2000});
    }
}else{
    if(t[1] != '0'){
        swal("请进入刷卡界面进行刷卡操作！ ","","error",{button: false,timer: 2000});
    }
}
```

（3）密码开锁。

```javascript
/*************************************************************
 * 名称：inputPassword(val,type)
 * 功能：密码输入、删除，密码解锁
 * val：判断对当前密码的操作
 * type：判断是密码解锁功能是开门还是进入管理员页面
 * 返回：无
 *************************************************************/
inputPassword(val,type){
    //开启门锁
    if(type == 'password'){
        if(val == '删除'){
            this.page.password = this.page.password.slice(0,-1)
        }else if(val == '确定'){
            let user =  this.userData.filter(item => {
                return  item.password == this.page.password
            });
            if(user.length > 0){
                swal('用户${user[0].name}',"门锁开启中，请稍等...","success",{button: false,timer: 2000});
                rtc.sendMessage(this.config.macList.mac_605,'{OD1=1,D1=?}')
            }else{
                swal( "密码验证失败!","请输入 6 位数数字密码...","error",{button: false,timer: 2000,});
            }
        }else{
            this.page.password += val
        }
        console.log(this.page.password);
    }
```

```
    //管理员中心密码验证
    if(type == 'admin'){
        if(val == '删除'){
            this.page.admin = this.page.admin.slice(0,-1)
        }else if(val == '确定'){
            if(/^\d{4}$/.test(this.page.admin)){
swal("密码验证成功!","进入管理中心，请稍等...","success",{button: false,timer: 2000});
                setTimeout(() => {
                    this.page.setShow = true
                }, 2000);
            }else{
swal("密码验证失败!","请输入 4 位数数字密码...","error",{button: false,timer: 2000,});
            }
        }else{
            this.page.admin += val
        }
        console.log(this.page.admin);
    }
}
```

8.1.3　结果与应用验证

1. 硬件部署

准备人工智能边缘应用平台，给边缘计算网关正确连接 Wi-Fi、摄像头、电源，按下电源开关，启动边缘计算网关，启动 Ubuntu 操作系统。系统启动后，连接局域网内的 Wi-Fi 网络，记录边缘计算网关的 IP 地址，如 192.168.100.200。可选择以下两种方式创建产业硬件设备。

（1）利用虚拟仿真进行硬件原型搭建，具体参考第 3 章节内容创建传感器设备的项目。

（2）利用人工智能边缘应用平台的实际硬件进行项目部署，并与边缘计算网关构建成功一个物联网传感网络，如图 8-9 所示。

图 8-9　边缘硬件部署

2. 工程部署

(1) 运行 MobaXterm 工具，通过 SSH 登录边缘计算网关。

(2) 在 SSH 终端创建实验工作目录。

```
$ mkdir -p ~/aiedge-exp
```

(3) 通过 SSH 将本实验工程代码和 AiCam 工程包上传到/aiedge-exp 目录下。

(4) 在 SSH 终端输入以下命令解压缩实验工程。

```
$ cd ~/aiedge-exp
$ unzip edge_access.zip
$ unzip aicam.zip -d edge_access
```

(5) 修改工程配置文件/static/edge_access/js/config.js 内的智云账号、硬件地址、边缘服务地址等信息，示例如下。

```
user: {
    id: '12345678',                              //智云账号
    key: '12345678',                             //智云密钥
    addr: 'ws://api.zhiyun360.com:28080',        //智云服务地址
    edge_addr: 'http://192.168.100.200:4001',    //边缘服务地址
},
//定义本地存储参数（mac 地址）
macList: {
    mac_601: '01:12:4B:00:E3:7D:D6:64',          //Sensor-A 采集类
    mac_603: '01:12:4B:00:E5:24:1F:F1',          //Sensor-C 安防类
    mac_605: '01:12:4B:00:80:47:04:D4',          //Sensor-EL 识别类
},
```

(6) 修改文件后，通过 MobaXterm 工具创建的 SSH 连接，将修改后的文件上传到边缘计算网关。

3. 工程运行

(1) 在 SSH 终端输入以下命令，运行实验工程。

```
$ cd ~/aiedge-exp/edge_access
$ chmod 755 start_aicam.sh
$ conda activate py36_tf114_torch15_cpu_cv345    //PC ubuntu20.04 环境下需要切换环境
$ ./start_aicam.sh
 * Serving Flask app "start_aicam" (lazy loading)
 * Environment: production
   WARNING: Do not use the development server in a production environment.
   Use a production WSGI server instead.
 * Debug mode: off
 * Running on http://0.0.0.0:4001/ (Press Ctrl+C to quit)
```

(2) 在计算机端或者边缘计算网关端打开 Chrome 浏览器，输入实验页面地址（http://192.168.100.200:4001/static/edge_access/index.html）并访问，即可查看实验内容。

4. 应用验证

(1) 单击"设置"按钮，设置应用参数（默认读取/static/edge_access/js/config.js 内的初

始配置),包括智云账号、节点地址、用户管理等。配置完成后,单击"连接"按钮,连接项目,如图8-10所示。

图8-10 智慧门禁系统应用参数

(2)第一次进入应用,单击"用户管理"选项卡,单击"添加用户"按钮,弹出"请输入用户名"提示框(图8-11)。输入用户名后,单击OK按钮即可看到用户名已经录入。

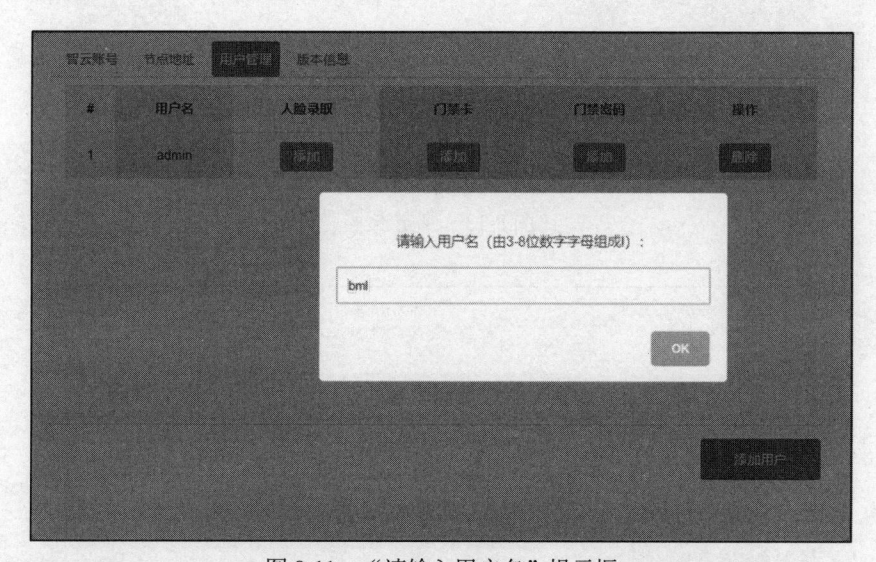

图8-11 "请输入用户名"提示框

(3)在"人脸录取"选项卡下单击"添加"按钮,弹出"人脸注册"提示框,单击"注册"按钮,若注册成功则显示已注册,如图8-12所示。

图 8-12 用户注册成功

（4）在"门禁卡"选项卡下单击"添加"按钮，提示"请在弹窗期间刷卡录入卡号！"，如图 8-13 所示，将 RFID 卡放置在 Sensor-EL 识别类传感器上，读取卡号并绑定。如果是虚拟硬件就在项目页面的卡号位置输入一个虚拟的卡号即可成功绑定，如图 8-14 所示。

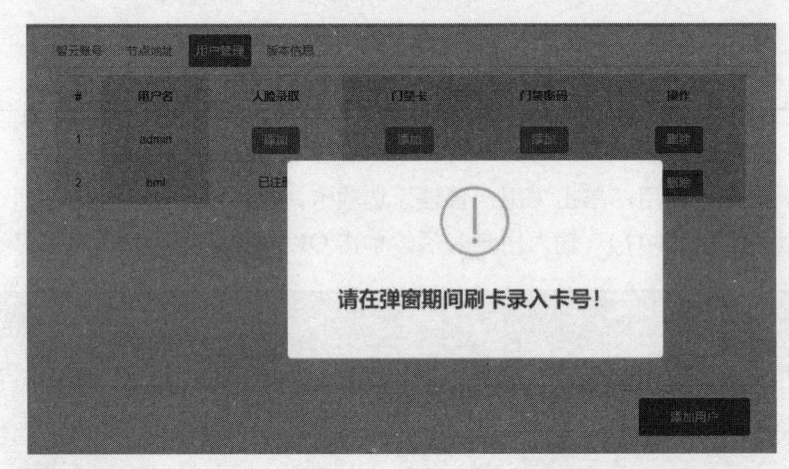

图 8-13 绑定卡号

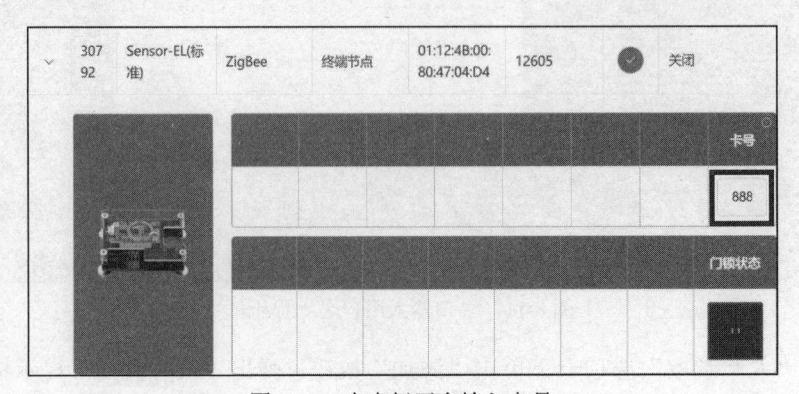

图 8-14 在虚拟平台输入卡号

(5) 在"门禁密码"选项卡下单击"添加"按钮,弹出"请输入密码"提示框,输入密码后,单击 OK 按钮即可,如图 8-15 所示。

图 8-15 设置门禁密码

(6) 应用交互。在应用首页可以看到智慧门禁周边环境的数据,包括温度、湿度、光强、TVOC、大气压力、振动。当人体红外传感器检测到人时,提示可通过人脸、刷卡、密码等方式开锁,如图 8-16 所示。

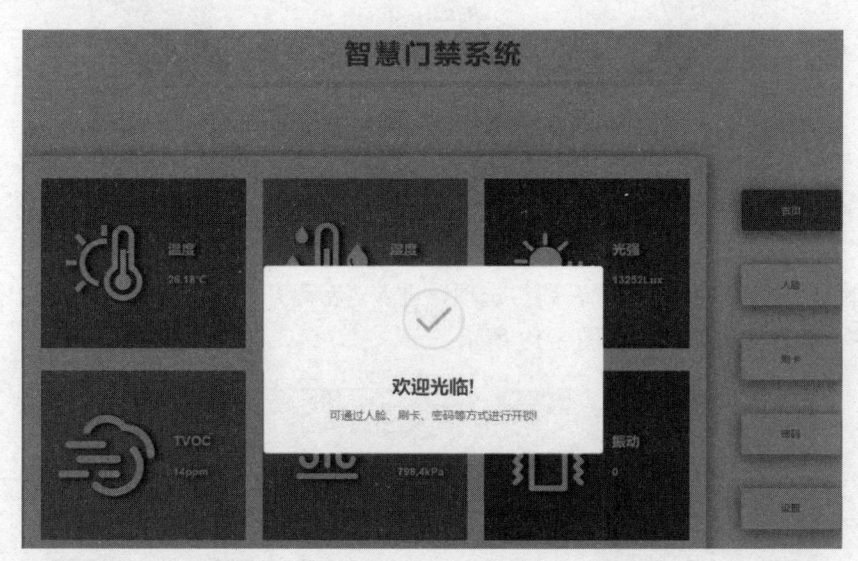

图 8-16 门禁系统应用首页

(7) 人脸识别交互。单击"人脸"选项,进入"人脸识别开锁"界面,识别为合法注册的用户即可打开门锁,然后返回首页,如图 8-17 所示。

(8) 刷卡识别交互。单击"刷卡"选项,进入"刷卡开锁"界面,将 RFID 卡放置在 Sensor-EL 识别类传感器上,读取卡号并识别是否为合法注册的用户,若是则进行开锁动作(如果是虚拟硬件,则在项目页面的卡号位置输入合法注册的虚拟卡号即可成功开锁),如图 8-18 所示。

图 8-17　人脸识别交互

图 8-18　刷卡识别交互

（9）密码开锁交互。单击"密码"选项，进入"密码开锁"界面，单击界面中的数字输入密码，密码正确即可开锁，如图 8-19 所示。

图 8-19　密码开锁交互

8.2 智慧安防系统应用开发

智慧安防系统集成了如物联网、人工智能、大数据分析等先进技术构建立体化的社会治安防控体系，可以应用在智能家居安全、社区安全管理、商业场所保护、城市综合管理、工业安全生产、校园安全等场景。本节应用场景选设博物馆珍贵文物的安防，主要包括视频监控系统和入侵报警系统。

（1）视频监控系统。通过矩阵控制主机，从而监控系统；自动/手动切换、自动启动巡视；一个指令多个操作、密码分级保护、监视器及分控器分区控制；具有电子地图功能，可任意设定摄像机的位置与方向；显示报警信息，记录报警事件，报警后联动继电器启动相关设备；实时视频图像显示卡显示实时图像。

（2）入侵报警系统。在地库二层库房内墙体上设置振动探测器；在监控室设置防盗报警主机对防盗报警系统进行统一控制；根据博物馆的开放时间对系统进行布防、撤防、报警监测和报警处理；当探测器报警时，控制开启摄像机监视报警地点，联动开启硬盘录像机记录现场画面。

8.2.1 系统分析与功能设计

1. 系统架构分析

智慧安防系统是一套典型的边缘应用场景，包含了硬件层、边缘层、应用层。

（1）硬件层。无线节点和 Sensor-A 采集类传感器、Sensor-B 控制类传感器、Sensor-C 安防类传感器组成一套完整的智慧安防系统硬件部分。采集类传感器用来采集环境的温湿度、压强、空气质量等数据并返回给应用端展示；控制类传感器用来报警；安防类传感器的火焰传感器如果感应到火焰就进入火焰检测，检测到后及时报警；人体红外感应器用来感应人体；振动感应器用来感应振动，若感应到振动则调用人体检测算法检测人体，并及时报警；光栅传感器感应到被遮挡时检测人体，若检测到人则及时警报。

（2）边缘层。边缘计算网关内置物联网网关服务和 AiCam 计算引擎。物联网网关服务负责接收/下发无线节点的数据，发送给应用端或者将数据发给云端的物联网智云平台。AiCam 计算引擎内置算法、模型、视频推流等服务，支持应用层的边缘计算推理任务。

（3）应用层。应用层通过智云接口与物联网硬件层交互（默认与云端的物联网智云平台接口交互），通过 AiCam 的 RESTful 接口与算法层交互。

2. 功能设计

本实验的智慧安防系统主要具备智慧物联、文物监测、破坏监测、火焰监测、入侵监测、应用设置等功能。智慧安防系统主要功能框如图 8-20 所示。

（1）智慧物联。展示实时的安防环境、设施、安防的数据信息。

（2）文物监测。文物监测模式，如实时识别是否存在越王勾践剑，若未检测到则警报。

（3）破坏监测。若振动传感器监测到振动，则进入人体检测模式并警报。

（4）火焰监测。当火焰传感器感应到火焰时，调用火焰检测模型检测人体并报警。

（5）入侵监测。若光栅传感器被遮挡，则调用人体检测模型检测人体并报警。

（6）应用设置。设置项目的智云账号、设备地址、百度账号。

文物监测	破坏监测	火焰监测	入侵监测
温度	湿度	光强	空气质量	大气压力
人体	风扇	火焰	震动	光栅

图 8-20　智慧安防系统主要功能框

3. 硬件接口

智慧安防系统采用 LiteB 无线节点、Sensor-A 采集类传感器、Sensor-B 控制类传感器、Sensor-C 安防类传感器完成一套智慧安防系统硬件的搭建，也可以通过虚拟仿真软件创建一个智慧安防系统项目，并添加对应的传感器。

（1）Sensor-A 采集类传感器。该传感器采集温度、湿度、光强、空气质量、大气压力，硬件设备如图 8-2 所示，虚拟仿真平台如图 8-3 所示。

（2）Sensor-B 控制类传感器。该传感器控制蜂鸣器，硬件设备如图 8-21 所示，虚拟仿真平台如图 8-22 所示。

图 8-21　Sensor-B 控制类传感器

图 8-22　Sensor-B 控制类传感器虚拟仿真平台

（3）Sensor-C 安防类传感器。该传感器感应火焰、光栅、人体红外，如图 8-5 所示。

4. 传感器数据协议

前端应用中硬件控制部分采用智云 ZCloud API 接口连接到硬件系统实现硬件交互，智慧安防系统的传感器数据协议见表 8-2。

表 8-2 智慧安防系统的传感器数据协议

节点名称	型号	参数	含义	读写权限	说明
采集类 Sensor-A	601	A0	温度	R	温度值，浮点型：0.1 精度，-40.0～105.0，单位为℃
		A1	湿度	R	湿度值，浮点型：0.1 精度，0～100，单位为%Rh
		A2	光强	R	光强值，浮点型：0.1 精度，0～65535，单位为 lx
		A3	空气质量	R	空气质量值，表征空气污染程度，整型，0～20000，单位为 ppm
		A4	大气压力	R	大气压力值，浮点型：0.1 精度，800.0～1200.0，单位为 hPa
		A5	跌倒状态	R	通过三轴传感器计算出跌倒状态，0 表示未跌倒，1 表示跌倒
		A6	距离	R	距离值，浮点型：0.1 精度，10.0～80.0，单位为 cm
		D0(OD0/CD0)	上报状态	RW	D0 的 Bit0～Bit7 分别代表 A0～A7 的上报状态，1 表示主动上报，0 表示不上报
		D1(OD1/CD1)	继电器	RW	D1 的 Bit6～Bit7 分别代表继电器 K1、K2 的开关状态，0 表示断开，1 表示吸合
		V0	上报时间间隔	RW	A0～A7、D1 主动上报时间间隔，默认 30，单位为 s
控制类 Sensor-B	602	D1(OD1/CD1)	RGB	RW	D1 的 Bit0～Bit1 代表 RGB 三色灯的颜色状态 RGB：00（关），01（R），10（G），11（B）
		D1(OD1/CD1)	步进电机	RW	D1 的 Bit2 分别代表电机的正反转动状态，0 表示正转（5s 后停止），1 表示反转（5s 后反转）
		D1(OD1/CD1)	风扇/蜂鸣器	RW	D1 的 Bit3 代表风扇/蜂鸣器的开关状态，0 表示关闭，1 表示打开
		D1(OD1/CD1)	LED	RW	D1 的 Bit4、Bit5 代表 LED1/LED2 的开关状态，0 表示关闭，1 表示打开
		D1(OD1/CD1)	继电器	RW	D1 的 Bit6、Bit7 分别代表继电器 K1、K2 的开关状态，0 表示断开，1 表示吸合
		V0	上报间隔	RW	A0～A7、D1 值的循环上报时间间隔

续表

节点名称	TYPE	参数	含义	读写权限	说明
安防类 Sensor-C	603	A0	人体/触摸	R	人体红外/触摸传感器状态，值为 0 或 1，1 表示人体活动/触摸动作
		A1	震动	R	震动状态，值为 0 或 1，1 表示检测到震动
		A2	霍尔	R	霍尔状态，值为 0 或 1，1 表示检测到磁场
		A3	火焰	R	火焰状态，值为 0 或 1，1 表示检测到明火
		A4	燃气	R	燃气泄漏状态，值为 0 或 1，1 表示检测到燃气泄漏
		A5	光栅	R	光栅（红外对射）状态值，值为 0 或 1，1 表示检测到阻挡
		D0(OD0/CD0)	上报状态	RW	D0 的 Bit0~Bit7 分别代表 A0~A7 的上报状态，1 表示主动上报，0 表示不上报
		D1(OD1/CD1)	继电器	RW	D1 的 Bit6~Bit7 分别代表继电器 K1、K2 的开关状态，0 表示断开，1 表示吸合
		V0	上报间隔	RW	A0~A7、D1 值的循环上报时间间隔

8.2.2 开发流程与算法交互

AiCam 人工智能轻量化应用框架是一款面向于人工智能边缘应用的开发框架，采用统一模型调用、统一硬件接口、统一算法封装和统一应用模板的设计模式，实现了嵌入式边缘计算环境下进行智慧安防系统快速地应用开发和项目实施，其框架如图 8-23 所示。

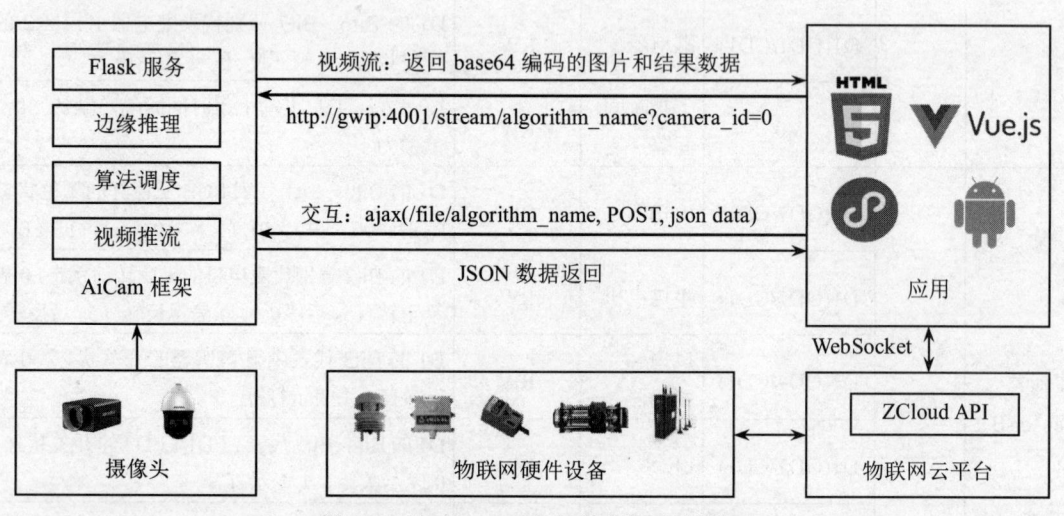

图 8-23 基于 AiCam 的智慧安防系统框架

AiCam 为模型算法的调用提供 RESTful 接口，实时返回分析的智慧安防系统视频结果和数据；同时通过物联网云平台的应用接口 ZCloud API，实现与智慧安防系统硬件的连接和互动,最终显示在应用层,并与用户交互。

1. 开发流程

本实验的应用基于 AiCam 框架开发,开发流程如下。

(1)项目配置。在 AiCam 工程的配置文件添加摄像头(/config/app.json)。

(2)添加模型。智慧安防项目中用到了火焰检测、人体检测、文物检测深度学习模型,需要在工程添加对应的模型文件:火焰监测模型/models/fire_detection/yolov3-tiny-fire-opt.bin、yolov3-tiny-fire-opt.param;文物识别模型/models/sword_detection/yolov3-tiny-sword-opt.bin、yolov3-tiny-sword-opt.param;人体检测模型/models/person_detection/person_detector.bin、person_detector.param。

(3)添加算法。在智慧安防项目中用到文物检测、人体检测、百度语音合成算法,需要在工程中添加火焰检测算法文件/algorithm/fire_detection/fire_detection.py、文物检测算法文件/algorithm/sword_detection/sword_detection.py、语音合成算法文件/algorithm/baidu_speech_synthesis/baidu_speech_synthesis.py、人体检测算法文件/algorithm/person_detection/person_detection.py。

(4)添加应用。在 AiCam 工程添加/static/edge_security 算法实验前端应用。

2. 算法交互

(1)文物识别控制设备。文物识别基于实时推理接口进行调用,采用 EventSource 接口获取处理后的视频流。数据返回为 base64 编码的图片和结果数据。前端应用 JS(/js/index.js)处理示例如下。

```
//请求图片流资源
imgData = new EventSource(this.config.user.edge_addr + this.linkList[index])
//设置节流变量
let throttle = true
//处理图片流返回的数据
imgData.onmessage = res => {
    let {result_image} = JSON.parse(res.data)
    this.img = 'data:image/jpeg;base64,${result_image}'
    let {result_data} = JSON.parse(res.data)
    if(result_data.obj_num > 0 && throttle){
        //throttle 节流,设置每次识别成功触发蜂鸣器后暂停文字识别结果处理,5s 后重新处理
        //文物监测窗口:若识别到文物则触发蜂鸣器、文物报警
        if(index == 0 && result_data.obj_list[0].score > 0.5){
            console.log(result_data);
            this.security[index].value = true
            rtc.sendMessage(this.config.macList.mac_602,'{OD1=8,D1=?}')
            throttle = false
            setTimeout(() => {
                this.security[index].value = false
                throttle = true
            }, 5000);
        }
```

（2）破坏监测控制设备。人体检测基于实时推理接口调用，采用 EventSource 接口获取处理后的视频流，数据返回为 base64 编码的图片和结果数据。当振动传感器监测到振动时进入人体检测模式并警报。

```javascript
//请求图片流资源
imgData = new EventSource(this.config.user.edge_addr + this.linkList[index])
//设置节流变量
let throttle = true
//处理图片流返回的数据
imgData.onmessage = res => {
    let {result_image} = JSON.parse(res.data)
    this.img = 'data:image/jpeg;base64,${result_image}'
    let {result_data} = JSON.parse(res.data)
    if(result_data.obj_num > 0 && throttle){
        //throttle 节流，设置每次识别成功触发蜂鸣器后暂停文字识别结果处理，5s 后重新处理
        //破坏监测窗口：若识别到人体且振动报警中，则触发蜂鸣器报警
        if(index == 2){
            console.log(result_data);
            rtc.sendMessage(this.config.macList.mac_602,'{OD1=8,D1=?}')
            throttle = false
            setTimeout(() => {
                throttle = true
            }, 5000);
        }
    }
}
```

（3）入侵检测控制设备。人体检测基于实时推理接口调用，当检测到光栅传感器报警时，通过 EventSource 接口获取处理后的视频流，数据返回为 base64 编码的图片和结果数据。前端应用 JS（/js/index.js）处理示例如下。

```javascript
//请求图片流资源
imgData = new EventSource(this.config.user.edge_addr + this.linkList[index])
//设置节流变量
let throttle = true
//处理图片流返回的数据
imgData.onmessage = res => {
    let {result_image} = JSON.parse(res.data)
    this.img = 'data:image/jpeg;base64,${result_image}'
    let {result_data} = JSON.parse(res.data)
    if(result_data.obj_num > 0 && throttle){
        //throttle 节流，设置每次识别成功触发蜂鸣器后暂停文字识别结果处理，5s 后重新处理
        //破坏监测窗口：若识别到人体且振动报警中，则触发蜂鸣器报警
        //入侵监测窗口：若识别到人体且光栅报警中，则触发蜂鸣器报警
        if(index == 4){
            console.log(result_data);
            rtc.sendMessage(this.config.macList.mac_602,'{OD1=8,D1=?}')
            throttle = false
            setTimeout(() => {
                throttle = true
            }, 5000);
        }
    }
}
```

（4）火焰检测发出警报。火焰检测基于实时推理接口调用，采用 EventSource 接口获取处理后的视频流，数据返回为 base64 编码的图片和结果数据。当火焰传感器检测到火焰时发出警报。

```
//请求图片流资源
imgData = new EventSource(this.config.user.edge_addr + this.linkList[index])
//设置节流变量
let throttle = true
//处理图片流返回的数据
imgData.onmessage = res => {
    let {result_image} = JSON.parse(res.data)
    this.img = 'data:image/jpeg;base64,${result_image}'
    let {result_data} = JSON.parse(res.data)
    if(result_data.obj_num > 0 && throttle){
        //throttle 节流，设置每次识别成功触发蜂鸣器后暂停文字识别结果处理，5s 后重新处理
        //破坏监测窗口：若识别到人体且振动报警中，则触发蜂鸣器报警
        //入侵监测窗口：若识别到人体且光栅报警中，则触发蜂鸣器报警
        //火情监测窗口：若识别到火焰且火焰报警中，则触发蜂鸣器报警
        if(index == 3 && result_data.obj_list[0].score > 0.5){
            console.log(result_data);
            rtc.sendMessage(this.config.macList.mac_602,'{OD1=8,D1=?}')
            throttle = false
            setTimeout(() => {
                throttle = true
            }, 5000);
        }
```

8.2.3　结果与应用验证

1. 硬件部署

准备人工智能边缘应用平台，给边缘计算网关正确连接 Wi-Fi、摄像头、电源，按下电源开关，启动边缘计算网关，启动 Ubuntu 操作系统。系统启动后，连接局域网内的 Wi-Fi 网络，登录边缘计算网关的 IP 地址，如 192.168.100.200。可选择两种方式创建产业硬件设备：①利用虚拟仿真进行硬件原型搭建，具体参考第 3 章节内容创建传感器设备的项目；②利用人工智能边缘应用平台的实际硬件进行项目部署，并与边缘计算网关构建成功一个物联网传感网络。

2. 工程部署

（1）运行 MobaXterm 工具，通过 SSH 登录边缘计算网关。

（2）在 SSH 终端创建实验工作目录。

```
$ mkdir -p ~/aiedge-exp
```

（3）通过 SSH 将本实验工程代码和 AiCam 工程包上传到 aiedge-exp 目录下。

（4）在 SSH 终端输入以下命令解压缩实验工程。

```
$ cd ~/aiedge-exp
$ unzip edge_security.zip
$ unzip aicam.zip -d edge_security
```

（5）修改工程配置文件/static/edge_security/js/config.js 内的智云账号、百度账号、硬件地址、边缘服务地址等信息，示例如下。

```
user: {
    id: '12345678',                                    //智云账号
    key: '12345678',                                   //智云密钥
    addr: 'ws://api.zhiyun360.com:28080',              //智云服务地址
    edge_addr: 'http://192.168.100.200:4001,           //边缘服务地址
    baidu_id: '12345678',                              //百度应用 ID
    baidu_apikey: '12345678',                          //百度应用 apikey
    baidu_secretkey: '12345678',                       //百度应用 secretkey
},
//定义本地存储参数（mac 地址）
macList: {
    mac_601: '01:12:4B:00:E3:7D:D6:64',                //Sensor-A 采集类
    mac_602: '01:12:4B:00:27:22:AC:4E',                //Sensor-B 控制类
    mac_603: '01:12:4B:00:E5:24:1F:F1',                //Sensor-C 安防类
},
```

（6）修改文件后，通过 MobaXterm 工具创建的 SSH 连接，将修改后的文件上传到边缘计算网关。

3. 工程运行

（1）在 SSH 终端输入以下命令运行实验工程。

```
$ cd ~/aiedge-exp/edge_security
$ chmod 755 start_aicam.sh
$ conda activate py36_tf114_torch15_cpu_cv345        // PC ubuntu20.04 环境需要切换环境
$ ./start_aicam.sh
 * Serving Flask app "start_aicam" (lazy loading)
 * Environment: production
   WARNING: Do not use the development server in a production environment.
   Use a production WSGI server instead.
 * Debug mode: off
 * Running on http://0.0.0.0:4001/ (Press Ctrl+C to quit)
```

（2）在计算机端或者边缘计算网关端打开 chrome 浏览器，输入实验页面地址（http://192.168.100.200:4001/static/edge_security/index.html）并访问，即可查看实验内容。

4. 应用验证

（1）智慧物联。第一次进入应用可单击主页上方的"设置"选项卡，设置应用参数（默认读取/static/edge_security/js/config.js 内的初始配置），包括智云账号、节点地址、百度 AI 账号等。设置后，在智云账号页面单击"连接"按钮即可连接到硬件项目，成功后会弹出消息提示，如图 8-24 所示。

在应用首页可以看到智能环境相关的数据，包括采集类（温度、湿度、光强、空气质量、大气压力）、安防类（人体、火焰、光栅），同时语音播报文物相关介绍（如越王勾践剑文物介绍），如图 8-25 所示。

图 8-24 智慧安防系统设置信息

图 8-25 智慧安防系统文物监测

（2）破坏监测交互。首先在虚拟仿真平台找到安防类传感器的振动和人体红外选项卡并填入 1，此时人体红外传感器感应到有人靠近时人体标志和振动标志变红，发出警报，铃铛图标变红且蜂鸣器图标从蓝色变为红色，如图 8-26 所示。

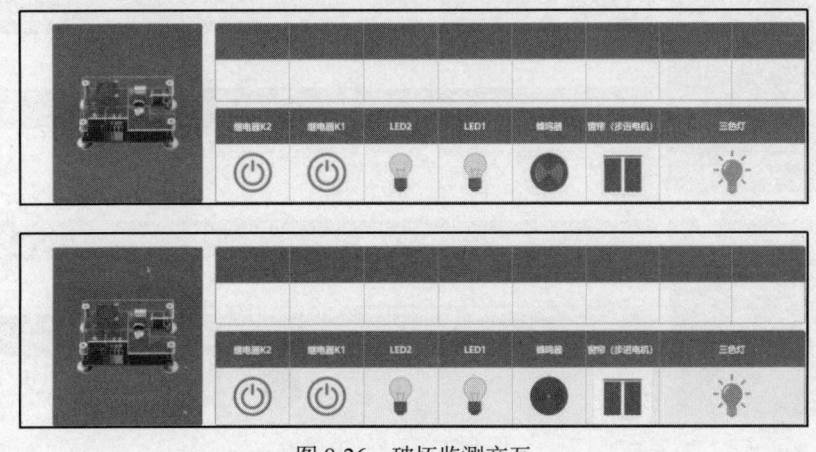

图 8-26 破坏监测交互

（3）火情监测交互。首先在虚拟仿真平台找到火焰选项卡并填入 1，火焰传感器每隔 3s 上传警报 1 数据，此时触发火焰检测算法进行火焰检测。当火焰传感器监测到火情时开始发出警报（警报声使用控制类传感器的模拟蜂鸣器），如图 8-27 所示。

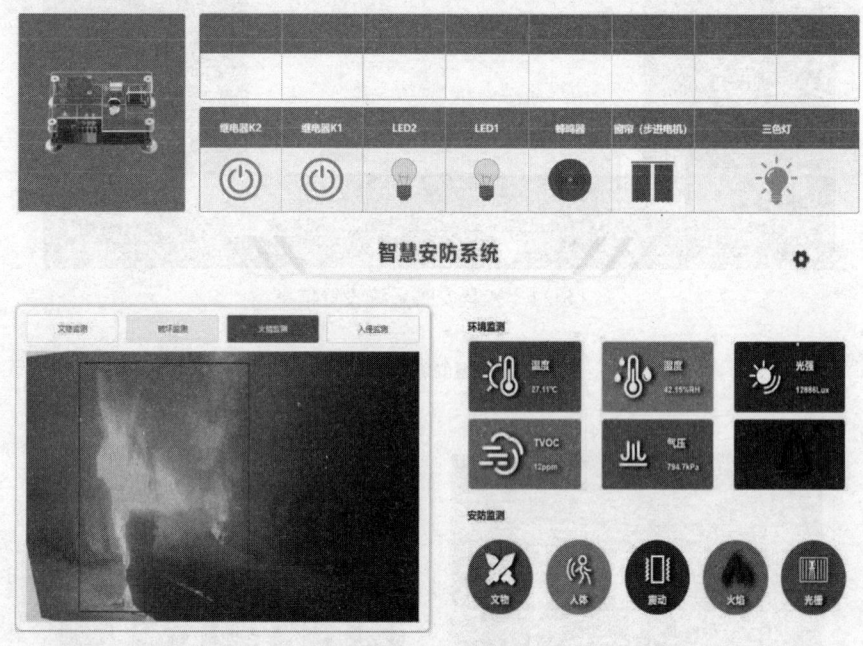

图 8-27 火情监测交互

（4）入侵监测。用不透光的卡片穿过光栅传感器遮挡，此时光栅传感器上报警报（值为 1），光栅传感器每隔 3s 上传警报 1 数据，此时触发人体检测算法进行人体检测。识别到人体后弹出警报消息。光栅传感器一直处于警报状态时，应用会每隔 10s 进行人体检测识别并拍照存储。

如果采用虚拟仿真创建的光栅传感器设备，设置光栅传感器状态为 1，表示当前处于光栅报警状态，如图 8-28 所示。

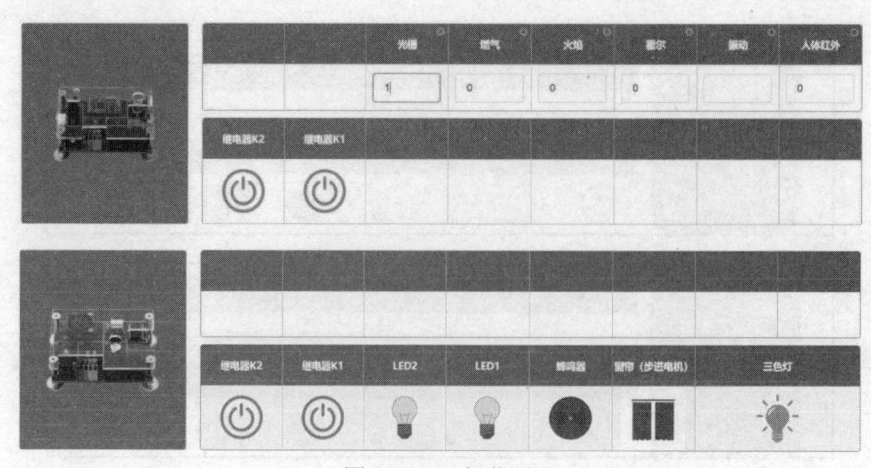

图 8-28 入侵监测

8.3 智慧停车系统应用开发

智慧停车的目的是让车主更方便地找到车位，包含线下、线上两方面。线上智慧化体现为用户获取指定地点的停车场、车位空余信息、收费标准、是否可预订、是否有充电桩、共享等服务，并实现预先支付、线上结账功能。线下智慧化体现为让车辆更好地停入车位。智慧停车场系统的功能如下。

（1）车辆出入管理。对使用停车场出入口的车牌识别软件进行车辆入场时间统计、出场费用结算的入场"车牌无法识别"的车辆，采用停车场检索系统，结算车辆的停车时间和停车费。

（2）停车场云平台接口服务。停车场云平台是统一充值、收费、停车信息资源共享的云停车平台，具有集中的车牌修改功能，停车场摄像头将不确定的车牌图像发送到停车场云平台的修改系统引入云的多个视频识别软件对图像中的车牌进行修正处理，解决车辆车牌识别不准确的问题。

（3）车辆的自动定位功能。车辆停放在停车场时，视频车位检测终端自行检测车辆信息，并传输到上位处理器处理数据。处理后的车牌号数据和车辆停放的位置信息保存在服务器上，车主可以通过输入车牌号找到车辆停靠的地方。

8.3.1 系统分析与功能设计

1. 系统架构分析

智慧停车系统是一套典型的边缘应用场景，包含硬件层、边缘层、应用层。

（1）硬件层。无线节点和 Sensor-A 采集类传感器、Sensor-C 安防类传感器、Sensor-D 显示类传感器、Sensor-EH 识别类传感器组成一套完整的智能停车系统硬件部分。采集类传感器采集实时的环境信息；当安防类传感器的霍尔（磁感应）检测到磁场（模拟车辆进入）时，调用车牌识别，并在 Sensor-D 传感器显示车牌信息和车位数计数；识别类传感器的 ETC 杆模拟收费杆开关。

（2）边缘层。边缘计算网关内置物联网网关服务和 AiCam 计算引擎。物联网网关服务负责接收/下发无线节点的数据，发送给应用端或者将数据发给云端的物联网智云平台。AiCam 计算引擎内置算法、模型、视频推流等服务，支持应用层的边缘计算推理任务。

（3）应用层。应用层通过智云接口与物联网硬件层交互（默认与云端的物联网智云平台接口交互），通过 AiCam 的 RESTful 接口与算法层交互。

2. 功能设计

本实验智慧停车系统主要具有智慧物联、停车记录、车辆识别和统计、应用设置等功能，智慧停车系统主要功能框如图 8-29 所示。

（1）智慧物联：展示实时的视频流、环境信息、剩余车位数、车辆最新出入场信息。

（2）停车记录：记录车辆对应的入库的开始和结束时间、停车时长、停车费等信息。

（3）车辆识别和统计：识别停车场车辆，并在应用端统计每种车辆的数量显示。

（4）应用设置：设置项目的智云账号、设备地址、百度账号。

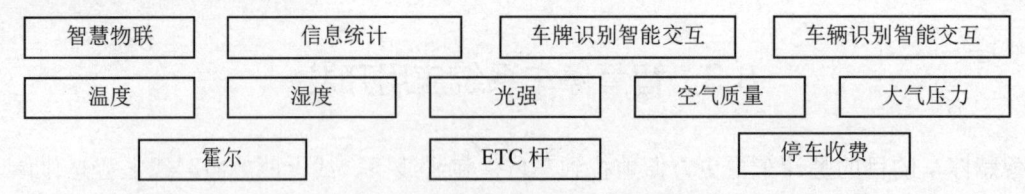

智慧物联	信息统计	车牌识别智能交互	车辆识别智能交互
温度	湿度	光强	空气质量	大气压力
霍尔	ETC 杆	停车收费

图 8-29 智慧停车系统主要功能框

3. 硬件接口

智慧停车系统采用 LiteB 无线节点、Sensor-A 采集类传感器、Sensor-C 安防类传感器、Sensor-D 显示类传感器、Sensor-EH 识别类传感器完成一套智慧停车系统硬件的搭建；也可以通过虚拟仿真软件来创建一个智能停车系统项目，并添加对应的传感器。

（1）Sensor-A 采集类传感器：采集温度、湿度、光强、空气质量、大气压力，如图 8-2 和图 8-3 所示。

（2）Sensor-C 安防类传感器：霍尔传感器（通过磁感应检测车辆进入），如图 8-4 和图 8-5 所示。

（3）Sensor-D 显示类传感器：LCD 显示出入车牌信息，数码管显示剩余车位数，如图 8-30 所示。

图 8-30 Sensor-D 显示类传感器

（4）Sensor-EH 识别类传感器：ETC 杆，如图 8-31 所示，其虚拟仿真平台如图 8-32 所示。

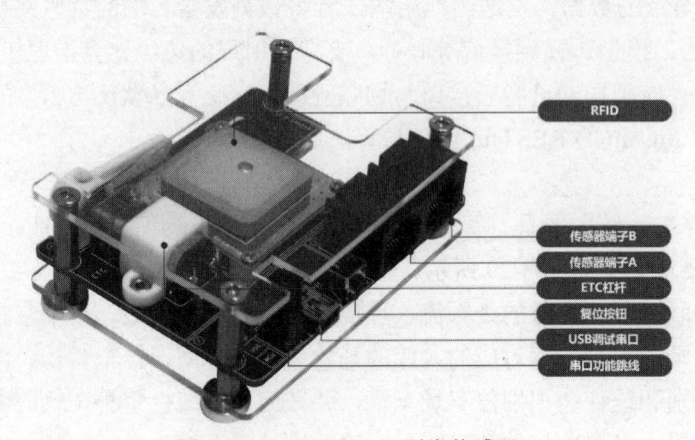

图 8-31 Sensor-EH 识别类传感器

| 307 93 | Sensor-EH(标准) | ZigBee | 终端节点 | 01:12:4B:00:7E:CB:2B:30 | 12606 | | 关闭 |

图 8-32 Sensor-EH 识别类传感器虚拟仿真平台

4. 传感器数据协议

前端应用中硬件控制部分采用智云 ZCloud API 接口连接到硬件系统进行硬件交互，智慧停车系统的传感器数据协议见表 8-3。

表 8-3 智慧停车系统的传感器数据协议

节点名称	型号	参数	含义	读写权限	说明
采集类 Sensor-A	601	A0	温度	R	温度值，浮点型：0.1 精度，-40.0~105.0，单位为℃
		A1	湿度	R	湿度值，浮点型：0.1 精度，0~100，单位为%Rh
		A2	光强	R	光强值，浮点型：0.1 精度，0~65535，单位为 lx
		A3	空气质量	R	空气质量值，表征空气污染程度，整型，0~20000，单位为 ppm
		A4	大气压力	R	大气压力值，浮点型：0.1 精度，800.0~1200.0，单位为 hPa
		A5	跌倒状态	R	通过三轴传感器计算出跌倒状态，0 表示未跌倒，1 表示跌倒
		A6	距离	R	距离值，浮点型：0.1 精度，10.0~80.0，单位为 cm
		D0(OD0/CD0)	上报状态	RW	D0 的 Bit0~Bit7 分别代表 A0~A7 的上报状态，1 表示主动上报，0 表示不上报
		D1(OD1/CD1)	继电器	RW	D1 的 Bit6~Bit7 分别代表继电器 K1、K2 的开关状态，0 表示断开，1 表示吸合
		V0	上报时间间隔	RW	A0~A7、D1 主动上报时间间隔，默认 30，单位为 s
安防类 Sensor-C	603	A0	人体/触摸	R	人体红外/触摸传感器状态，值为 0 或 1，1 表示人体活动/触摸动作
		A1	振动	R	振动状态，值为 0 或 1，1 表示检测到振动
		A2	霍尔	R	霍尔状态，值为 0 或 1，1 表示检测到磁场
		A3	火焰	R	火焰状态，值为 0 或 1，1 表示检测到明火
		A4	燃气	R	燃气泄漏状态，值为 0 或 1，1 表示检测到燃气泄漏
		A5	光栅	R	光栅（红外对射）状态值，值为 0 或 1，1 表示检测到阻挡

续表

节点名称	型号	参数	含义	读写权限	说明
安防类 Sensor-C	603	D0(OD0/CD0)	上报状态	RW	D0 的 Bit0~Bit7 分别代表 A0~A7 的上报状态，1 表示主动上报，0 表示不上报
		D1(OD1/CD1)	继电器	RW	D1 的 Bit6~Bit7 分别代表继电器 K1、K2 的开关状态，0 表示断开，1 表示吸合
		V0	上报间隔	RW	A0~A7、D1 值的循环上报时间间隔
显示类 Sensor-D	604	A0	五位开关状态	R	触发上报，状态值：1（UP）、2（LEFT）、3（DOWN）、4（RIGHT）、5（CENTER）
		D1(OD1/CD1)	OLED 背光开关	RW	D1 的 Bit0 代表 LCD 背光开关状态，1 表示打开背光
		D1(OD1/CD1)	数码管背光开关	RW	D1 的 Bit1 代表数码管背光的开关状态，1 表示打开背光
		V0	上报间隔	RW	A0 值的循环上报时间间隔
		V1	车牌	RW	出入车牌号
		V2	车位	RW	停车场空闲车位数
		V3	模式设置	RW	1 表示停车模式，2 表示抄表模式
识别类 Sensor-EH	606	A0	卡号	R	字符串（主动上报，不可查询）
		A2	卡余额	R	整型，范围为 0~8000.00，手动查询
		D1(OD1/CD1)	ETC 杆开关	RW	D1 的 Bit0 表示 ETC 杆开关，0 表示关闭，1 表示抬起一次 3s 自动关闭，同时 bit0 置 0
		V1	充值金额	RW	返回充值状态，值为 0 或 1，1 表示操作成功
		V2	扣款金额	RW	返回扣款状态，值为 0 或 1，1 表示操作成功

8.3.2 开发流程与算法交互

AiCam 人工智能轻量化应用框架是一款面向于人工智能边缘应用的开发框架，采用统一模型调用、统一硬件接口、统一算法封装和统一应用模板的设计模式，实现了嵌入式边缘计算环境下进行智慧停车系统快速的应用开发和项目实施，其框架如图 8-33 所示。

AiCam 为模型算法的调用提供 RESTful 接口，实时返回分析的智慧安防系统视频结果和数据；同时通过物联网云平台的应用接口 ZCloud API，实现与智慧停车系统硬件的连接和互动，最终显示在应用层，并与用户进行交互。

1. 开发流程

本实验的应用基于 AiCam 框架开发，开发流程如下。

（1）项目配置。在 AiCam 工程的配置文件添加摄像头（/config/app.json）。

（2）添加模型。智慧停车系统中用到了手势识别、人体检测深度学习模型，需要在 AiCam 工程添加对应的车牌识别模型文件，/plate_recognition/det3.bin/plate_recognition/det3.param、/plate_recognition/lffd.bin、/plate_recognition/lffd.param、/plate_recognition/lpc.bin、/plate_recognition/lpc.param 以及 /plate_recognition/lpr.bin、plate_recognition/lpr.param。

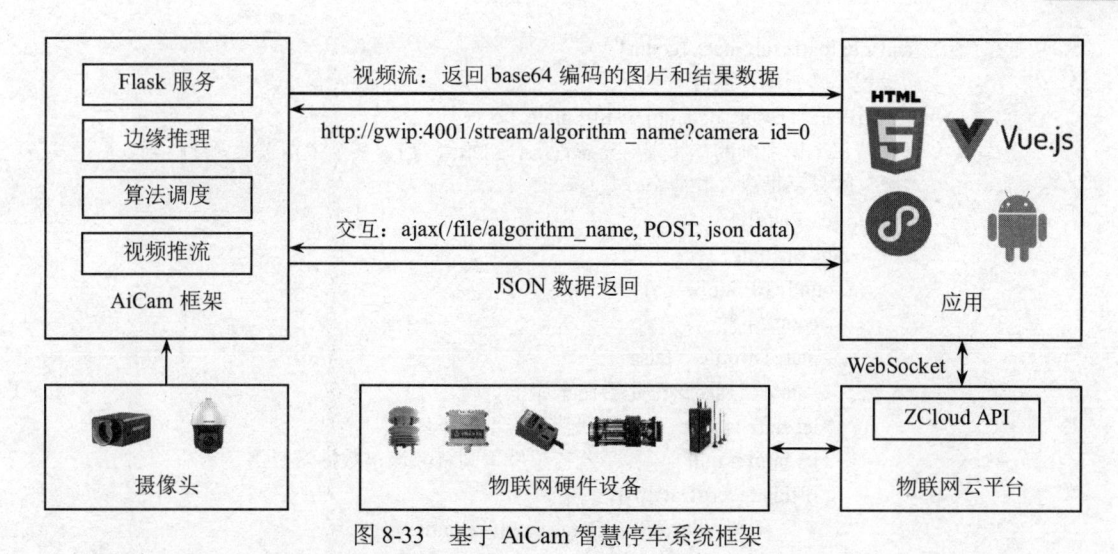

AiCam 边缘计算应用技术 | 第 8 章

图 8-33 基于 AiCam 智慧停车系统框架

（3）添加算法。智慧停车系统中用到了车牌识别、百度车辆检测算法，需要在 AiCam 工程添加车牌识别算法文件/algorithm/plate_recognition/plate_recognition.py、百度车辆检测算法文件/algorithm/baidu_vehicle_detect/baidu_vehicle_detect.py。

（4）添加应用。在工程添加算法/static/edge_parking 实验前端应用。

2. 算法交互

（1）车牌识别。车牌识别基于实时推理接口进行调用，采用 EventSource 接口获取处理后的视频流，数据返回为 base64 编码的图片和结果数据。前端应用 JS（/js/index.js）处理示例如下。

```
//请求视频资源
if(this.homeData[4].value == 1){
    //若霍尔传感器被触发（汽车接近）则显示车牌识别视频
    imgData = new EventSource(this.config.user.edge_addr + this.linkData[1])
    console.log(this.config.user.edge_addr + this.linkData[1]);
}else{
    //若霍尔传感器未被触发则显示初始视频
    imgData = new EventSource(this.config.user.edge_addr + this.linkData[0])
    console.log(this.config.user.edge_addr + this.linkData[0]);
}
//处理视频资源返回的数据
imgData.onmessage = res => {
    let {result_image} = JSON.parse(res.data)
    this.homeVideoSrc = 'data:image/jpeg;base64,${result_image}'
    let {result_data} = JSON.parse(res.data)
    //将识别到的车牌信息显示到文字实验结果显示框（设置添加间隔不得小于 1s 一次）
    if (result_data && resultThrottle) {
        resultThrottle = false
        //result_data.obj_list[0].plate_no：车牌，throttle：指令发送冷却时间（8s），this.onlineBtn：
          只有智云服务连接成功才能进入判断
        if(result_data.obj_num > 0 && plateThrottle && this.onlineBtn == '断开'){
```

```javascript
console.log(result_data,{count});
//设置车牌变量并赋值
let carPlate = result_data.obj_list[0].plate_no
//设置每个识别到的车牌为对象属性名,初始值为1。某个识别次数累计达到5后,发送更
  新车牌显示指令,并清空计数
if(count[carPlate]){
    count[carPlate] += 1
    if(count[carPlate] == 5){
        count = {}
        plateThrottle = false
        //state:判断该车是否在车库里
        let state = false        //默认该车不在车库里
        let num = null           //若在车库里则获取该车数据索引
        if(this.recordData[0]){
            state = this.recordData.some((val,index)=>{
                if(val.plate == carPlate && val.endTime == '— —'){
                    num = index
                    return true
                }
            })
        }
        //若在车库则为出库状态:显示离开时间、停车时长、停车费用、停车位+1
        if(state){
            this.recordData[num].endTime = new Date().toLocaleString()
            let ms = Date.now()-this.recordData[num].startTime[1]
            this.recordData[num].duration = this.formatSeconds(ms)
            this.recordData[num].cost = parseInt(ms/1000)*0.5
            //将此条数据显示在最顶部
            let item = this.recordData.splice(num,1)
            this.recordData.unshift(...item)
            swal('欢迎下次光临,祝您一路顺风!','车辆:${item[0].plate},停车时长
${item[0].duration},停车费${item[0].cost}元', "success", {button: false,timer: 3000});
            this.stall += 1
        }
        //若不在车库则为入库状态:添加新记录——进入时间,停车位-1
        else{
            this.recordData.unshift(
                {
                    plate: carPlate,
                    image: this.homeVideoSrc,    //当前监控图片(车辆)
                    startTime: [new Date().toLocaleString(),Date.now()],    //时间、时间戳
                    endTime: '— —',
                    duration: '— —',
                    cost: '— —'
                },
            )
            swal('车辆:${carPlate},欢迎光临!', "", "success", {button: false,timer: 3000});
```

```
                    this.stall -= 1
                }
                //将识别到的车牌首位汉字转换为编码
                for (let index in this.codeRule) {
                    if(carPlate[0] == index){
                        carPlate = carPlate.replace(carPlate[0],index)
                    }
                }
                console.log('车牌>>>', carPlate,'剩余停车位>>>', this.stall);
                //发送指令更新传感器车牌、剩余车位数
rtc.sendMessage(this.config.macList.mac_604,`{V1=${carPlate},V2=${this.stall},V1=?,V2=?}`)
console.log(this.config.macList.mac_604,`{V1=${carPlate},V2=${this.stall},V1=?,V2=?}`);
                //发送指令开启闸门
                rtc.sendMessage(this.config.macList.mac_606,'{OD1=1,D1=?}')
                console.log('开启闸门>>>',this.config.macList.mac_606,'{OD1=1,D1=?}');
                setTimeout(() => {
                    plateThrottle = true
                }, 8000);
            }
        }else{
            count[carPlate] = 1
        }
    }
    setTimeout(() => {
        resultThrottle = true
    }, 500);
}
```

（2）车辆识别控制设备。百度车辆识别基于单次推理接口调用，通过 AJAX 调用将图片数据传递给算法进行识别，见表 8-4。

表 8-4 百度车辆识别接口调用

参数	车辆识别
url	"/file/baidu_plate_recognition"
method	'POST'
processData	false
contentType	false
dataType	'json'

data	let blob = this.dataURItoBlob(this.homeVideoSrc);
	let formData = new FormData();
	formData.append('file_name', blob, 'image.png');
	formData.append('param_data', JSON.stringify({
	"APP_ID": this.config.user.baidu_id,
	"API_KEY": this.config.user.baidu_apikey,
	"SECRET_KEY": this.config.user.baidu_secretkey
	}));

续表

参数	车辆识别
success	function(res){}内容： return_result = {'code': 200, 'msg': None, 'origin_image': None, 'result_image': None, 'result_data': None} 示例： code/msg：200/车辆识别成功否则就是识别失败 result_data：算法返回的车辆类型识别后的车辆类型名和相应数量

前端应用 JS 调用示例如下（/js/index.js）。

```
/*******************************************************************
 * 名称：showModal(type,img)
 * 功能：根据传入的 type 来判断显示的模态框及数据
 * 参数：type（类型），img（当前模态框显示图片）
 * 返回：无
 *******************************************************************/
showModal(type,img){
    if(type == 'img'){
        this.showModalImg = img
        $('#myModal').modal('show')
    }
    if(type == 'record'){
        this.tab = true
        clearInterval(this.timer)
    }
    if(type == 'video'){
        this.tab = false
//每 10s 对当前视频监控进行一次车辆检测（显示各类型车辆数，并添加识别结果到历史记录）
        this.timer = setInterval(() => {
            if(imgData && this.homeVideoSrc != './img/02.jpg'){
                this.getRecord()
            }
        }, 15000);
    }
},
/*******************************************************************
 * 名称：getRecord()
 * 功能：车辆检测，识别车辆类别、数量，并将识别结果图片添加至历史记录
 * 返回：无
 *******************************************************************/
getRecord() {
            //单击发起实验结果请求，并处理返回的结果
            let blob = this.dataURItoBlob(this.homeVideoSrc)
            let formData = new FormData();
            formData.append('file_name', blob, 'image.png');
```

```javascript
                formData.append('param_data', JSON.stringify({
                    "APP_ID": this.config.user.baidu_id,
                    "API_KEY": this.config.user.baidu_apikey,
                    "SECRET_KEY": this.config.user.baidu_secretkey
                }));
                $.ajax({
                    url: this.config.user.edge_addr+this.linkData[2],
                    method: 'POST',
                    processData: false,         //必须
                    contentType: false,         //必须
                    dataType: 'json',
                    data: formData,
                    success: res => {
                        console.log(res);
                        if (res.code == 200) {
                            this.showModalRecord.unshift({
                                image: 'data:image/jpeg;base64,' + res.result_image,
                                time: new Date().toLocaleTimeString()
                            })
                            let {vehicle_num} = res.result_data
                            this.statisticsData[0].value = vehicle_num['car']
                            this.statisticsData[1].value = vehicle_num['bus']
                            this.statisticsData[2].value = vehicle_num['truck']
                            this.statisticsData[3].value = vehicle_num['motorbike']*1 + vehicle_num['tricycle']*1 + vehicle_num['carplate']*1
                            cocoMessage.success('识别车库车辆成功！')
                        }else{
                            cocoMessage.error('识别车库车辆失败！')
                        }
                    },
                    error: function (error) {
                        console.log(error);
                    }
                });
            },
```

8.3.3 结果与应用验证

1. 硬件部署

准备人工智能边缘应用平台，给边缘计算网关正确连接 Wi-Fi、摄像头、电源，按下电源开关，启动边缘计算网关，启动 Ubuntu 操作系统。系统启动后，连接局域网内的 Wi-Fi 网络，登录边缘计算网关的 IP 地址，如 192.168.100.200。可选择两种方式创建产业硬件设备：①利用虚拟仿真进行硬件原型搭建，具体参考第 3 章节内容创建包含传感器设备的项目；②利用人工智能边缘应用平台的实际硬件进行项目部署，并与边缘计算网关构建成功一个物联网传感网络。

2. 工程部署

（1）运行 MobaXterm 工具，通过 SSH 登录到边缘计算网关。

（2）在 SSH 终端创建实验工作目录。

```
$ mkdir -p ~/aiedge-exp
```

（3）通过 SSH 将本实验工程代码和 AiCam 工程包上传到 aiedge-exp 目录下。

（4）在 SSH 终端输入以下命令解压缩实验工程。

```
$ cd ~/aiedge-exp
$ unzip edge_parking.zip
$ unzip aicam.zip -d edge_parking
```

（5）修改工程配置文件/static/edge_parking/js/config.js 内的智云账号、百度账号、硬件地址、边缘服务地址等信息，示例如下。

```
user: {
    id: '12345678',                              //智云账号
    key: '12345678',                             //智云密钥
    addr: 'ws://api.zhiyun360.com:28080',        //智云服务地址
    edge_addr: 'http://192.168.100.200:4001',    //边缘服务地址
    baidu_id: '12345678',                        //百度应用 ID
    baidu_apikey: '12345678',                    //百度应用 apikey
    baidu_secretkey: '12345678',                 //百度应用 secretkey
},
//定义本地存储参数（mac 地址）
macList: {
    mac_601: '01:12:4B:00:E3:7D:D6:64',          //Sensor-A 采集类
    mac_603: '01:12:4B:00:E5:24:1F:F1',          //Sensor-C 安防类
    mac_604: '00:12:4B:00:15:D3:46:7C',          //Sensor-D 显示类
    mac_606: '00:12:4B:00:10:27:D3:9C',          //Sensor-EH 识别类
},
```

（6）修改文件后，通过 MobaXterm 工具创建的 SSH 连接，将修改好的文件上传到边缘计算网关。

3. 工程运行

（1）在 SSH 终端输入以下命令运行实验工程。

```
$ cd ~/aiedge-exp/edge_parking
$ chmod 755 start_aicam.sh
$ conda activate py36_tf114_torch15_cpu_cv345    // PC Ubuntu20.04 环境下需要切换环境
$ ./start_aicam.sh
* Serving Flask app "start_aicam" (lazy loading)
 * Environment: production
   WARNING: Do not use the development server in a production environment.
   Use a production WSGI server instead.
 * Debug mode: off
 * Running on http://0.0.0.0:4001/ (Press Ctrl+C to quit)
```

（2）在计算机端或者边缘计算网关端打开 Chrome 浏览器，输入实验页面地址（http://192.168.100.200:4001/static/edge_parking/index.html）并访问，即可查看实验内容。

4. 应用验证

（1）智慧物联。第一次进入应用可单击主页上方的"设置"选项卡，设置应用参数（默认读取/static/edge_parking/js/config.js 内的初始配置），包括智云账号、节点地址、百度 AI 账号等。设置后，在智云账号页面单击"连接"按钮即可连接到硬件项目，成功后会弹出消息提示，如图 8-34 所示。

图 8-34 智慧停车系统设置

（2）应用交互。应用交互包括采集类（温度、湿度、光强、空气质量、大气压力）、显示类（车牌信息和停车位数显示）、识别类（ETC 杆）。采集类传感器硬件默认 30s 更新上传一次数据，应用页面实时更新。通过对车牌的识别实时更新页面车牌信息和停车位信息，如图 8-35 所示。

图 8-35 智慧停车系统应用交互

（3）车牌识别交互。将磁铁靠近 Sensor-C 的霍尔传感器（用于模拟有车辆进出），检测到磁感应后上报 1 警报数据，此时应用界面中车辆图标变成绿色，表示有车辆进入，调用车牌识别算法进行实时视频的车牌识别，将一个车牌放置在摄像头前即可识别车牌信息，成功后打开 ETC 杆让车辆通行（进出），并在网页右端显示车牌信息（如果是虚拟仿真创建的 Sensor-C 安防类传感器，可手动在虚拟仿真页面设置霍尔传感器的值为 1，用来模拟车辆的进出），如图 8-36 所示。

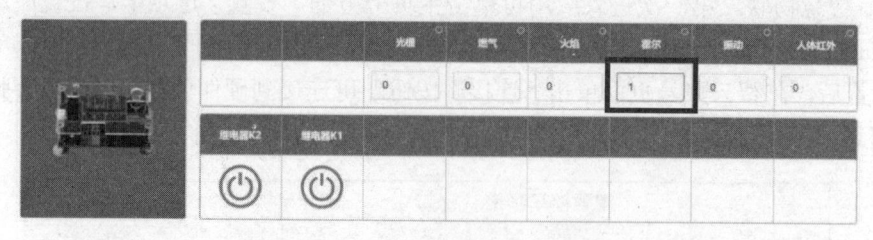

图 8-36　虚拟平台车牌识别交互

车辆进入识别如图 8-37 所示，ETC 杆虚拟仿真平台图 8-38 所示。

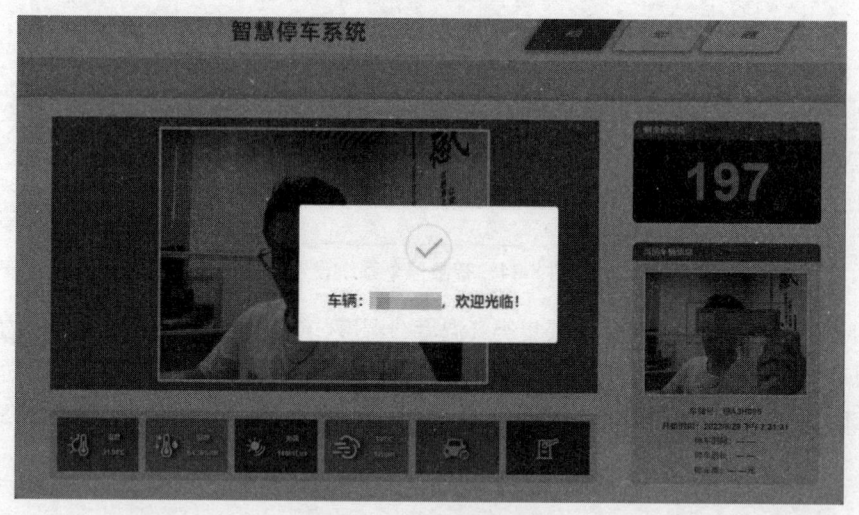

图 8-37　车辆进入识别

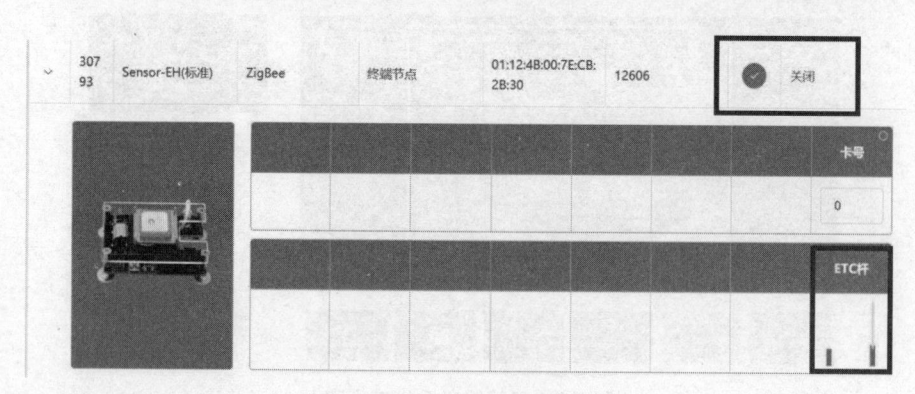

图 8-38　ETC 杆虚拟仿真平台

车辆离开识别如图 8-39 所示。

识别成功后，单击"统计"选项，查看停车记录，包括入库开始时间、结束时间、车费信息等内容，如图 8-40 所示。

图 8-39　车辆离开识别

图 8-40　停车记录

（4）车辆监控应用交互。单击"统计"选项，进入"统计"页面，单击"监控"按钮，在弹出的界面对当前车辆集进行分类和数量统计并展示，如图 8-41 所示。

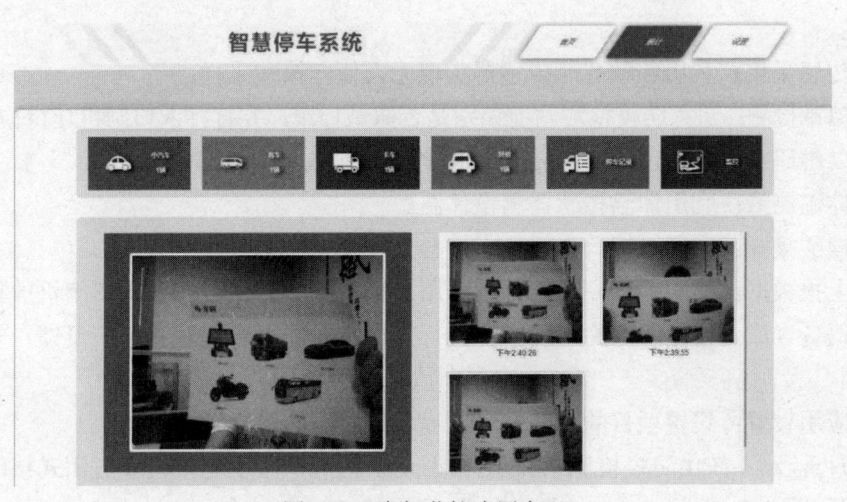

图 8-41　车辆监控应用交互

8.4 流感防疫监测系统应用开发

如今，随着数字化技术在公共卫生领域的广泛应用，流感监测系统正逐渐成为应对流感疫情的重要工具，该系统通过集成多种智能设备和数据平台，显示对流感疫情的实时监测、预警和防空，提升公共卫生管理效率和精准度，流感监控系统的主要功能有：

（1）口罩检测：实现当检测到人体时抓取面部同时检测是否佩戴口罩。

（2）二维码识别：扫流感防疫监测二维码，读取相应的个人信息和核酸检测信息，并统计检测记录并显示。

（3）智能传感器：利用机械臂、人体红外、距离感应、光栅传感、体温采集等传感器进行无人化管理。

8.4.1 系统分析与功能设计

1. 系统架构分析

流感防疫监测系统是一套典型的边缘应用场景，包含了硬件层、边缘层、应用层。

（1）硬件层。由无线节点和 Sensor-A 采集类传感器、Sensor-B 控制类传感器、Sensor-C 安防类传感器组成一套完整的流感防疫监测系统硬件部分。通过人体红外感应监测是否有人出现等 AI 智能交互操作。

（2）边缘层。边缘计算网关内置物联网网关服务和 AiCam 计算引擎。物联网网关服务负责接收/下发无线节点的数据，发送给应用端或者将数据发给云端的物联网智云平台。AiCam 计算引擎内置算法、模型、视频推流等服务，支持应用层的边缘计算推理任务。

（3）应用层。应用层通过智云接口与物联网硬件层交互（默认与云端的物联网智云平台接口交互），通过 AiCam 的 RESTful 接口与算法层交互。

2. 功能设计

本实验流感防疫监测系统主要具有传感采集、口罩检测、二维码识别、语音合成、应用设置等功能。

（1）传感采集：利用各种智能传感器实现无人值守核酸采样。

（2）口罩检测：进入防疫检测站前识别是否佩戴口罩，并打开入口闸机让待检人员进入。

（3）二维码识别：通过用户 App 出示的健康码录入个人信息。

（4）体温测量：利用体温传感器测量体温。

（5）核酸采样：利用机械臂实现无人核酸采样。

（6）上报数据：核酸采样完毕后，上传用户数据到数据库，打开出口闸机放行。

（7）语音合成：根据用户的不同状况及行为进行智能语音提示和相应反馈，辅助用户完成核酸检测。

（8）应用设置：设置项目的智云账号、设备地址、边缘网关。

流感防疫监测系统由防疫检测站和用户端 App 构成，用于无人值守封闭式核酸采样，主要功能框图如图 8-42 所示。

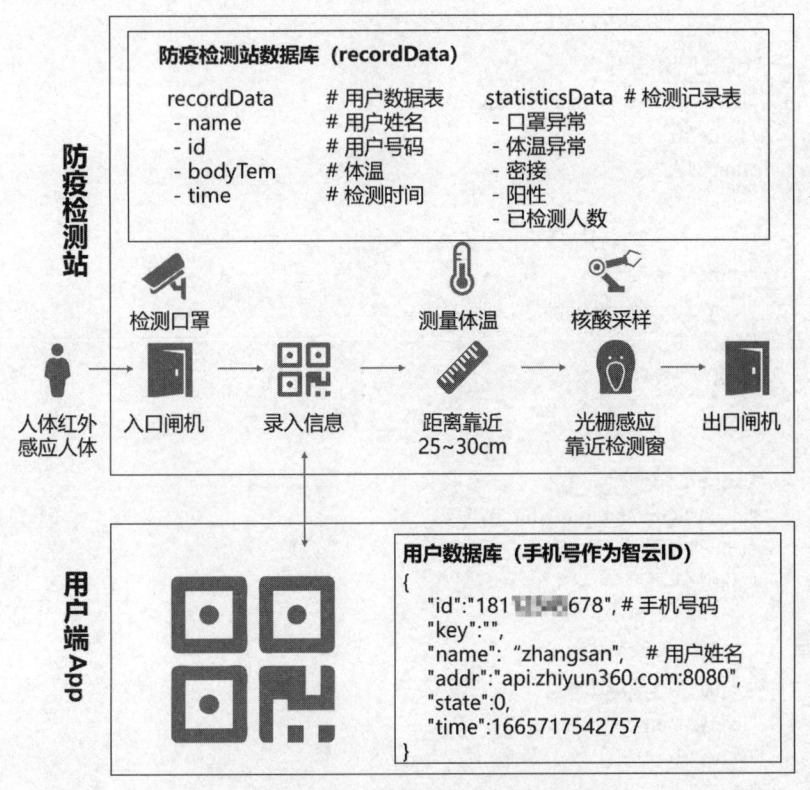

图 8-42 流感防疫监测系统主要功能框图

3. 数据库格式

防疫检测站的数据库采用智云平台的用户数据接口进行存储，所有数据存入防疫检测站智云账号下的 recordData 字段，格式如下。

```
{
    #检测站所有用户的检测记录
    "recordData":[
        {
            "name":"zhangsan",
            "id":"18112345678",
            "bodyTem":37.1,
            "state":0,              #0 表示阴性，1 表示阳性，2 表示密接，3 表示逾期未检测
            "time":"2022/10/13 14:32:57"
        }
    ],
    #检测站检测记录
    "statisticsData":[
        {
            "name":"口罩异常",
            "icon":"icon-kouzhao",
            "value":78,
            "unit":"人"
        },
```

```
        {
            "name":"体温异常",
            "icon":"icon-tiwenzhengchang",
            "value":0,
            "unit":"人"
        },
        {
            "name":"密接",
            "icon":"icon-fengxian",
            "value":0,
            "unit":"人"
        },
        {
            "name":"阳性",
            "icon":"icon-chanpinleibie-07",
            "value":0,
            "unit":"人"
        },
        {
            "name":"已检测人数",
            "icon":"icon-zongrenshu",
            "value":1,
            "unit":"人"
        }
    ]
}
```

用户 App 端的数据库采用智云平台的用户数据接口进行存储，用户的数据存入以用户手机号为智云账号的 user 字段（当检测站检测完成后，会将新的数据写入到该数据库），格式如下。

```
{
    "id":"18112345678",        #手机号码
    "key":"",
    "name":"zhangsan",         #用户姓名
    "addr":"api.zhiyun360.com:8080",
    "state":0,
    "time":1665717542757
}
```

4. 硬件接口

流感防疫监测系统采用 LiteB 无线节点、Sensor-A 采集类传感器、Sensor-B 控制类传感器、Sensor-C 安防类传感器完成一套流感防疫监测系统硬件的搭建；也可以通过虚拟仿真软件来创建一个流感防疫监测系统项目，并添加对应的传感器。

（1）Sensor-A 采集类传感器：采集距离、温度，如图 8-2 和图 8-3 所示。

（2）Sensor-B 控制类传感器：控制帘（步进电机模拟机械臂操作），如图 8-21 和图 8-22 所示。

（3）Sensor-C 安防类传感器：光栅、人体红外，如图 8-4 和图 8-5 所示。

流感防疫监测系统的传感器数据协议见表 8-5。

表 8-5　流感防疫监测系统的传感器数据协议

节点名称	型号	参数	含义	读写权限	说明
采集类 Sensor-A	601	A0	温度	R	温度值，浮点型：0.1 精度，-40.0～105.0，单位为℃
		A1	湿度	R	湿度值，浮点型：0.1 精度，0～100，单位为%Rh
		A2	光强	R	光强值，浮点型：0.1 精度，0～65535，单位为 lx
		A3	空气质量	R	空气质量值，表征空气污染程度，整型，0～20000，单位为 ppm
		A4	大气压力	R	大气压力值，浮点型：0.1 精度，800.0～1200.0，单位为 hPa
		A5	跌倒状态	R	通过三轴传感器计算出跌倒状态，0 表示未跌倒，1 表示跌倒
		A6	距离	R	距离值，浮点型：0.1 精度，10.0～80.0，单位为 cm
		D0(OD0/CD0)	上报状态	RW	D0 的 Bit0～Bit7 分别代表 A0～A7 的上报状态，1 表示主动上报，0 表示不上报
		D1(OD1/CD1)	继电器	RW	D1 的 Bit6～Bit7 分别代表继电器 K1、K2 的开关状态，0 表示断开，1 表示吸合
		V0	上报时间间隔	RW	A0～A7、D1 主动上报时间间隔，默认 30，单位为 s
控制类 Sensor-B	602	D1(OD1/CD1)	RGB	RW	D1 的 Bit0～Bit1 代表 RGB 三色灯的颜色状态 RGB：00（关）、01（R）、10（G）、11（B）
		D1(OD1/CD1)	步进电机	RW	D1 的 Bit2 分别代表电机的正反转动状态，0 表示正转（5s 后停止），1 表示反转（5s 后反转）
		D1(OD1/CD1)	风扇/蜂鸣器	RW	D1 的 Bit3 代表风扇/蜂鸣器的开关状态，0 表示关闭，1 表示打开
		D1(OD1/CD1)	LED	RW	D1 的 Bit4、Bit5 代表 LED1/LED2 的开关状态，0 表示关闭，1 表示打开
		D1(OD1/CD1)	继电器	RW	D1 的 Bit6、Bit7 分别代表继电器 K1、K2 的开关状态，0 表示断开，1 表示吸合
		V0	上报间隔	RW	A0～A7、D1 值的循环上报时间间隔
安防类 Sensor-C	603	A0	人体/触摸	R	人体红外/触摸传感器状态，值为 0 或 1，1 表示人体活动/触摸动作
		A1	振动	R	振动状态，值为 0 或 1，1 表示检测到振动
		A2	霍尔	R	霍尔状态，值为 0 或 1，1 表示检测到磁场
		A3	火焰	R	火焰状态，值为 0 或 1，1 表示检测到明火
		A4	燃气	R	燃气泄漏状态，值为 0 或 1，1 表示检测到燃气泄漏

续表

节点名称	TYPE	参数	含义	读写权限	说明
安防类 Sensor-C	603	A5	光栅	R	光栅（红外对射）状态值，值为 0 或 1，1 表示检测到阻挡
		D0(OD0/CD0)	上报状态	RW	D0 的 Bit0~Bit7 分别代表 A0~A7 的上报状态，1 表示主动上报，0 表示不上报
		D1(OD1/CD1)	继电器	RW	D1 的 Bit6~Bit7 分别代表继电器 K1、K2 的开关状态，0 表示断开，1 表示吸合
		V0	上报间隔	RW	A0~A7、D1 值的循环上报时间间隔

前端应用中硬件控制部分采用智云 ZCloud Api 接口连接到硬件系统实现硬件交互，前端应用 JS（/js/index.js）处理示例如下。

```
/******************************************************************
* 名称：getConnect()
* 功能：建立智云实时连接服务，监听数据并处理
* 参数：无
* 返回：无
******************************************************************/
getConnect(){              //建立断开连接功能函数，成功失败回调
    rtc = new WSNRTConnect(this.config.user.id, this.config.user.key)
    rtc.setServerAddr(this.config.user.addr);
    rtc.connect();
    rtc.onConnect = () => {        //连接成功回调函数
        this.onlineBtn = '断开'
        setTimeout(() => {
            if(this.onlineBtn == '断开'){
                cocoMessage.success('数据服务连接成功！查询数据中...')
                rtc.sendMessage(this.config.macList.mac_601, this.config.sensor.mac_601.query);   //发起数据查询
                rtc.sendMessage(this.config.macList.mac_602, '{D1=?}');       //发起数据查询
            }
        }, 200);
    }
    rtc.onConnectLost = () => {     //数据服务掉线回调函数
        this.onlineBtn = '连接'
        cocoMessage.error('数据服务连接失败！请检查网络或 IDKEY...')
    };
    rtc.onmessageArrive = (mac, dat) => {    //消息处理回调函数
        if (dat[0] == '{' && dat[dat.length - 1] == '}') {
            let its = dat.slice(1, -1).split(',')  //将后台返回的 JSON 对象截取（去掉{}符号）后以 "," 分割为数组
            for (let i = 0; i < its.length; i++) {     //循环遍历数组的每一个值
                let t = its[i].split("=");    //将每个值以 "=" 分割为数组，t[0]为参数，t[1]为对应的值
                if (t.length != 2) continue;
                //mac_601 采集类
```

```js
                    if (mac == this.config.macList.mac_601) {
                        if (t[0] == 'A0') {            //温度
                            this.homeData[7].data = 35 + parseInt(t[1])/10
                        }
                        if (t[0] == 'A6') {            //距离
                            if (this.step == 5 || this.step == 6) {   //距离 1m 时获取体温数据
                                this.step = 6
                                if (t[1] >= 25 && t[1] <= 35) {   //距离 30cm 时默认为 1m
                                    this.step = 7
                                    this.homeData[2].value = 1
                                    //根据体温值作出不同的语音提示
                                    if (this.homeData[7].data <= 38) {
                                        this.mp3.bodyTem1.audio ? this.mp3.bodyTem1.audio.play(): this.voiceSynthesis('bodyTem1')
                                    } else {
                                        this.statisticsData[1].value += 1
                                        rtc.sendMessage(mac, '{OD1=8,D1=?}')
                                        this.mp3.bodyTem2.audio ? this.mp3.bodyTem2.audio.play(): this.voiceSynthesis('bodyTem2')

                                    }
                                    this.homeData[7].value = this.homeData[7].data
                                } else {
                                    this.homeData[2].value = 2
                                    console.log('julii',this.homeData[2].value);
                                }
                                setTimeout(() => {
                                    this.homeData[2].value = 0
                                }, 3000);
                            }
                        }
                    }
                    //mac_603 安防类
                    if (mac == this.config.macList.mac_603) {
                        if (t[0] == 'A0') {            //人体红外
                            if (this.step === 1) {    //人体红外被触发
                                //检测到人体后进行语音提示并开启口罩识别功能
                                if (t[1] == '1') {
                                    if (this.homeData[0].value == 0) {
                                        this.step = 2
                                        this.homeData[0].value = 1
                                        this.mp3.start.audio ? this.mp3.start.audio.play(): this.voiceSynthesis('start')

                                        setTimeout(() => {
                                            this.homeData[0].value = 0
                                            this.switchTab('口罩识别')
                                        }, 3000);
```

```
                        }
                    } else {
                        if (this.homeData[0].value == 1) {
                            this.homeData[0].value = 0
                        }
                    }
                }
            }
            if (t[0] == 'A5') {            //光栅
                if (this.step === 7) {
                    if (t[1] == '1') {
                        this.homeData[3].value = 1
                        setTimeout(() => {
                            this.homeData[3].value = 0
                        }, 3000);
                        rtc.sendMessage(this.config.macList.mac_602, '{OD1=4,D1=?}')
                    } else {
                        this.homeData[3].value = 0
                    }
                }
            }
        }
        //mac_602 控制类
        if (mac == this.config.macList.mac_602) {
            if (t[0] == 'D1') {            //开关
                if (t[1] & 4) {
                    //电机启动模拟采样 5 秒后关闭
                    if (this.homeData[8].switch == 0) {
                        this.homeData[8].switch = 1
                        console.log('开始采样》》》');
                        $('#myModal').modal('show')
                        setTimeout(() => {
                            rtc.sendMessage(mac, '{CD1=4,D1=?}')
                        }, 5000);
                    }
                } else {
                    if (this.homeData[8].switch == 1) {
                        this.homeData[8].switch = 0
                        console.log('采样完毕》》》');
                        $('#myModal').modal('hide')
                        this.step = 8
                        //模拟采用结果，随机显示阴性（80%）、阳性（10%）、密接（10%）
this.homeData[8].value = Math.random()*100 < 10 ? 1 : Math.random()*100 < 10 ? 2 : 0
                        //生成采样信息
                        let obj = {
                            name: this.homeData[6].value.name,    //姓名
```

```javascript
                                id: this.homeData[6].value.id,        //证件号
                                bodyTem: this.homeData[7].value,      //体温
                                state: this.homeData[8].value,        //结果
                                time: new Date().toLocaleString(),    //当前时间
                            }
                            this.recordData.unshift(obj)
                            const user = this.homeData[6].value
                            user.state = this.homeData[8].value
                            user.time = Date.now()
                            //后台更新用户数据
                            const propertyUser = new WSNProperty(user.id, user.key);
                            propertyUser.setServerAddr(user.addr)
                            propertyUser.put( user.name, JSON.stringify(user), function (dat) {
                                console.log(user);
                                console.log("更新用户数据成功！");
                            });
                            rtc.sendMessage(mac, '{OD1=128,D1=?}')
this.mp3.end.audio ? this.mp3.end.audio.play() : this.voiceSynthesis('end')
                        }
                    }
                    if (t[1] & 8) {
                        console.log('蜂鸣器》》》');
                        setTimeout(() => {
                            rtc.sendMessage(mac, '{CD1=8,D1=?}')
                        }, 3000);
                    }
                    if (t[1] & 64) {
                        //闸门开启 5 秒后关闭，显示初始视频流
                        if (this.homeData[1].value == 0) {
                            this.homeData[1].value = 1
                            this.step = 4
                            console.log('入口闸门开启》》》');
                            setTimeout(() => {
                                rtc.sendMessage(mac, '{CD1=64,D1=?}')
                            }, 5000);
                        }
                    } else {
                        if (this.homeData[1].value == 1) {
                            this.homeData[1].value = 0
                            this.step = 5
                            console.log('入口闸门关闭》》》');
                        }
                    }
                    if (t[1] & 128) {
                        //闸门开启 5 秒后关闭，显示初始视频流
                        if (this.homeData[4].value == 0) {
```

```
                                this.homeData[4].value = 1
                                console.log('出口闸门开启》》》');
                                this.step = 9
                                setTimeout(() => {
                                    rtc.sendMessage(mac, '{CD1=128,D1=?}')
                                }, 5000);
                            }
                        } else {
                            if (this.homeData[4].value == 1) {
                                this.homeData[4].value = 0
                                this.step = 1
                                console.log('出口闸门关闭》》》');
                            }
                        }
                    }
                }
            }
        }
    }
}
```

8.4.2 开发流程与算法交互

AiCam 人工智能轻量化应用框架是一款面向于人工智能边缘应用的开发框架，采用统一模型调用、统一硬件接口、统一算法封装和统一应用模板的设计模式，实现了嵌入式边缘计算环境下进行流感防疫监测系统快速地应用开发和项目实施，其框架如图 8-43 所示。

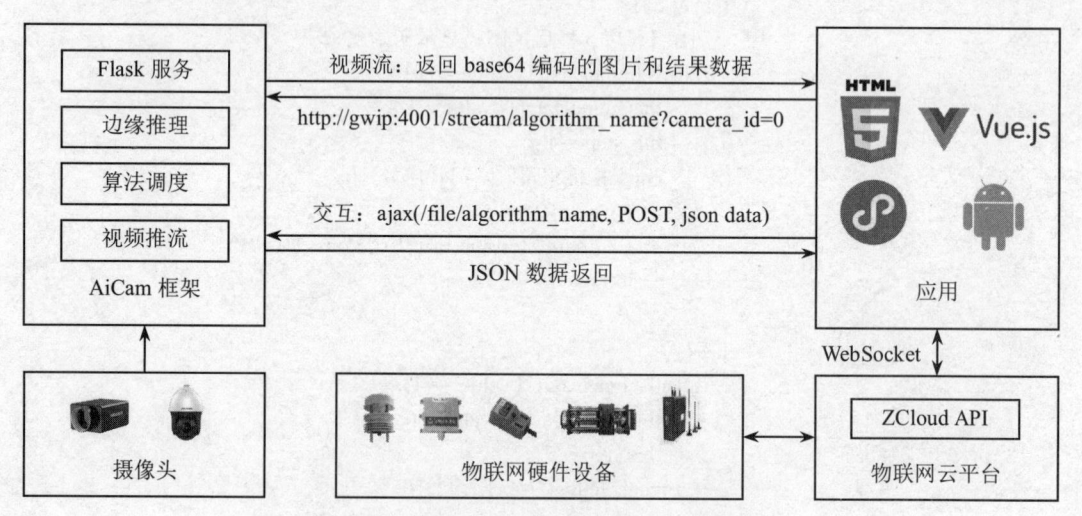

图 8-43 基于 AiCam 流感防疫监测系统框架

AiCam 为模型算法的调用提供 RESTful 接口，实时返回分析的流感防疫监测系统视频结果和数据；同时通过物联网云平台的应用接口 ZCloud API，实现与流感防疫监测系统硬件的连接和互动，最终显示在应用层，并与用户交互。

1. 开发流程

本实验的应用基于 AiCam 框架开发，开发流程如下。

（1）项目配置。在 AiCam 工程的配置文件添加摄像头（/config/app.json）。

（2）添加模型。流感防疫监测项目中用到了口罩检测深度学习模型，需要在工程添加对应的口罩检测模型模型文件：/models/mask_detection/yolov3-tiny-face_mask-opt.bin、yolov3-tiny-face_mask-opt.param；

（3）添加算法。在流感防疫监测项目中用到二维码识别、百度语音合成、口罩检测算法，需要在工程添加/image_qrcode_recognition/image_qrcode_recognition.py 二维码识别算法文件；/baidu_speech_synthesis/baidu_speech_synthesis.py 百度语音合成算法文件；/mask_detection/mask_detection.py 口罩检测算法。

（4）添加应用。在 AiCam 工程添加算法实验前端应用/static/edge_antiepidemic。

2. 算法交互

（1）轮循控制设备。实时监控，并根据 val 值进行不同检测功能的切换。前端应用 JS（js/index.js）处理示例如下：

```
***********************************************************************
* 名称：switchTab
* 功能：实时监控，并根据val值进行不同检测功能的切换
* 参数：val，调用检测功能
* 返回：无
***********************************************************************
switchTab(val) {
    imgData && imgData.close()
    let resultThrottle = true       //设置节流结果识别隔间
    let mask = 0                    //默认识别到口罩0次
    //请求视频资源
    if (val == '初始视频') {        //未被触发则显示初始视频
        imgData = new EventSource(this.config.user.edge_addr + this.linkData[0])
        console.log(this.config.user.edge_addr + this.linkData[0]);
    }
    if (val == '口罩识别') {        //检测到人体后进行语音提示并开启口罩识别功能
        imgData = new EventSource(this.config.user.edge_addr + this.linkData[1])
        console.log(this.config.user.edge_addr + this.linkData[1]);
//切换到口罩识别8s后，mask计数未达到5次者为未佩戴口罩，进行语音提示并重置防疫流程
        setTimeout(() => {
            if (mask < 5 && val == '口罩识别') {
                rtc.sendMessage(this.config.macList.mac_602, '{OD1=8,D1=?}')
                this.mp3.mask.audio ? this.mp3.mask.audio.play() : this.voiceSynthesis('mask')
                this.switchTab('初始视频')
                this.homeData[5].value = '未佩戴口罩'
                this.statisticsData[0].value += 1
                setTimeout(() => {
                    this.step = 1
                }, 3000);
```

```
                    }
                }, 8000);
            }
            if (val == '二维码识别') {     //检测到人体后进行语音提示并开启口罩识别功能
                imgData = new EventSource(this.config.user.edge_addr + this.linkData[2])
                console.log(this.config.user.edge_addr + this.linkData[2]);
            }
            //对视频资源返回的数据进行处理
            imgData.onmessage = res => {
                let { result_image } = JSON.parse(res.data)
                this.videoSrc = 'data:image/jpeg;base64,${result_image}'
                let { result_data } = JSON.parse(res.data)
                //将核酸检测信息显示到实验结果显示框（设置添加间隔不得小于1s）
                if (result_data && resultThrottle) {
                    resultThrottle = false
                    if (val == '口罩识别' && result_data.obj_num > 0 && result_data.obj_list[0].name == 'face_mask' && result_data.obj_list[0].score > 0.8) {
                        mask++
                        console.log('口罩识别次数', mask);
                        if (mask == 5) {
                            this.step = 3
                            this.homeData[5].value = '已佩戴口罩'
                            this.mp3.qrCode.audio ? this.mp3.qrCode.audio.play() : this.voiceSynthesis('qrCode')
                            setTimeout) => {
                                this.switchTab('二维码识别')
                            }, 3000);
                        }
                    }
                    //根据二维码识别到的数据判断是否进入下一步操作
                    if (val == '二维码识别') {
                        console.log(result_data);
                        const user = JSON.parse(result_data)
                        if(user.name && user.id && user.key && user.addr && user.time) {
                            this.$set(this.homeData[6], 'value', user)
                            if (user.state == 1 || user.state == 2) {
                                this.switchTab('初始视频')
                                user.state == 1 && this.statisticsData[3].value ++
                                user.state == 2 && this.statisticsData[2].value ++
                                rtc.sendMessage(this.config.macList.mac_602, '{OD1=8,D1=?}')
                                setTimeout(() => {
                                    this.step = 1
                                }, 3000);
                            } else {
                                this.switchTab('初始视频')
                                this.step = 4
                                rtc.sendMessage(this.config.macList.mac_602, '{OD1=64,D1=?}')
```

```
                            setTimeout(() => {
                                this.mp3.distance.audio ? this.mp3.distance.audio.play() :
this.voiceSynthesis('distance')
                            }, 1000);
                        }
                    }
                }
                setTimeout(() => {
                    resultThrottle = true
                }, 500);
            }
        }
    }
```

（2）根据用户的不同状况及行为进行智能语音合成提示和相应反馈，见表 8-6。

表 8-6 智能语音合成参数

参数	语音合成
url	"/file/baidu_speech_synthesis"
method	'POST'
processData	false
contentType	false
dataType	'json'

data	let config = configData;
	let formData = new FormData();
	formData.append('file_name', blob, 'text.txt');
	formData.append('param_data', JSON.stringify({"APP_ID":config.user.baidu_id, "API_KEY": config.user.baidu_apikey, "SECRET_KEY":config.user.baidu_secretkey}));

success	function(res){}内容： return_result = {'code': 200, 'msg': None, 'origin_image': None, 'result_image': None, 'result_data': None} 示例：code/msg：200/语音合成成功、500/语音合成失败 result_data：算法返回的语音合成的文字内容

前端应用 JS（/js/index.js）处理示例如下。

```
/************************************************************************
 * 名称：voiceSynthesis（语音合成）
 * 功能：根据用户的不同状况及行为进行智能语音合成提示
 * 参数：val
 * 返回：无
 ************************************************************************/
/* 语音合成播报功能，val：需要合成的文字 */
voiceSynthesis(val) {
    let {text} = this.mp3[val]
    let blob = new Blob([text], {
```

```javascript
            type: 'text/plain'
        });
        //语音合成播报
        let formData = new FormData();
        formData.append('file_name', blob, 'text.txt');
        formData.append('param_data', JSON.stringify({
            "APP_ID": this.config.user.baidu_id,
            "API_KEY": this.config.user.baidu_apikey,
            "SECRET_KEY": this.config.user.baidu_secretkey
        }));
        $.ajax({
            url: this.config.user.edge_addr + this.linkData[3],
            method: 'POST',
            processData: false,      //必须
            contentType: false,      //必须
            dataType: 'json',
            data: formData,
            headers: {
                'X-CSRFToken': this.getCookie('csrftoken')
            },
            success: (result)=> {
                console.log(result);
                if (result.code == 200) {
                    //将返回的语音数据编码转换为音频并赋值
                    this.mp3[val].audio=newAudio('data:audio/x-wav;base64,${result.result_data}')
                    this.mp3[val].audio.play()
                }
            },
            error: function (error) {
                console.log(error);
            }
        })
    },
```

8.4.3 结果与应用验证

1. 硬件部署

准备人工智能边缘应用平台，给边缘计算网关正确连接 Wi-Fi、摄像头、电源，按下电源开关，启动边缘计算网关，启动 Ubuntu 操作系统。系统启动后，连接局域网内的 Wi-Fi 网络，登录边缘计算网关的 IP 地址，如 192.168.100.200。可选择两种方式创建产业硬件设备：①利用虚拟仿真进行硬件原型搭建，具体参考第 3 章节内容创建传感器设备的项目；②利用人工智能边缘应用平台的实际硬件进行项目部署，并与边缘计算网关构建成功一个物联网传感网络。

2. 工程部署

（1）运行 MobaXterm 工具，通过 SSH 登录到边缘计算网关。

(2）在 SSH 终端创建实验工作目录。

```
$ mkdir -p ~/aiedge-exp
```

(3）通过 SSH 将本实验工程代码和 AiCam 工程包上传到 aiedge-exp 目录下。

(4）在 SSH 终端输入以下命令解压缩实验工程。

```
$ cd ~/aiedge-exp
$ unzip edge_antiepidemic.zip
$ unzip aicam.zip -d edge_antiepidemic
```

(5）修改工程配置文件/static/edge_antiepidemic/js/config.js 内的智云账号、百度账号、硬件地址、边缘服务地址等信息，示例如下。

```
user: {
    id: '12345678',                              //智云账号
    key: '12345678',                             //智云密钥
    addr: 'ws://api.zhiyun360.com:28080',        //智云服务地址
    edge_addr: 'http://192.168.100.200:4001',    //边缘服务地址
    baidu_id: '12345678',                        //百度应用 ID
    baidu_apikey: '12345678',                    //百度应用 apikey
    baidu_secretkey: '12345678',                 //百度应用 secretkey
},
//定义本地存储参数（mac 地址）
macList: {
    mac_601: '01:12:4B:00:A8:C9:04:9F',          //Sensor-A 采集类
    mac_602: '01:12:4B:00:47:A8:E5:8D',          //Sensor-B 控制类
    mac_603: '01:12:4B:00:83:DC:57:68',          //Sensor-C 安防类
},
```

(6）修改文件后，通过 MobaXterm 工具创建的 SSH 连接，将修改好的文件上传到边缘计算网关。

3. 工程运行

(1）在 SSH 终端输入以下命令运行实验工程：

```
$ cd ~/aiedge-exp/edge_antiepidemic
$ chmod 755 start_aicam.sh
$ conda activate py36_tfl14_torch15_cpu_cv345    // PC Ubuntu20.04 环境下需要切换环境
$ ./start_aicam.sh
 * Serving Flask app "start_aicam" (lazy loading)
 * Environment: production
   WARNING: Do not use the development server in a production environment.
   Use a production WSGI server instead.
 * Debug mode: off
 * Running on http://0.0.0.0:4001/ (Press Ctrl+C to quit)
```

(2）在计算机端或者边缘计算网关端打开 Chrome 浏览器，输入实验页面地址（http://192.168.100.200:4001/static/edge_antiepidemic/index.html）并访问，即可查看实验内容。

4. 应用验证

进入应用可单击主页上方的"设置"选项设置应用参数，包括智云账号、节点地址、百度 AI 账号等，系统默认读取/static/edge_antiepidemic/js/config.js 内的初始配置，设置好后，在

智云账号页面单击"连接"按钮即可连接到硬件项目,成功后会弹出消息提示,如图 8-44 所示。

图 8-44　流感防疫监测系统选项设置

（1）进入应用后,"人体检测"图标会闪烁,开始进入检测流程。通过 Sensor-C 安防类传感器人体红外传感器检测待核检人员,检测成功后进入下一步。

（2）接下来进行口罩检测,语音提示进行口罩检测,此时会调用摄像头进行口罩识别,识别为未戴口罩则从第（1）步重新开始,识别到正确佩戴口罩后,则打开入口闸机（Sensor-B 采集类传感器 K1 模拟）让待检测人员进入防疫检测站,"入口闸机"图标变亮,如图 8-45 所示。

图 8-45　口罩监测

（3）语音提示用户出示健康二维码,此时用户打开"流感防疫监测"App（在 Android 手机安装相关应用）,登录用户的手机号码、用户姓名等信息进入"健康码"界面,在摄像头前展示健康码,防疫检测站将调用摄像头进行二维码信息读取,如图 8-46 所示。

（4）正确读取完用户信息后,进行体温测量。通过距离传感器检测人员的距离（Sensor-A 采集类传感器测距传感器模拟）在 25～30cm 范围内,"测距图标"变亮,并开始测量体温（Sensor-A 采集类传感器温度传感器模拟：体温=35+传感器温度/10）,如图 8-47 所示。

图 8-46　语音提示

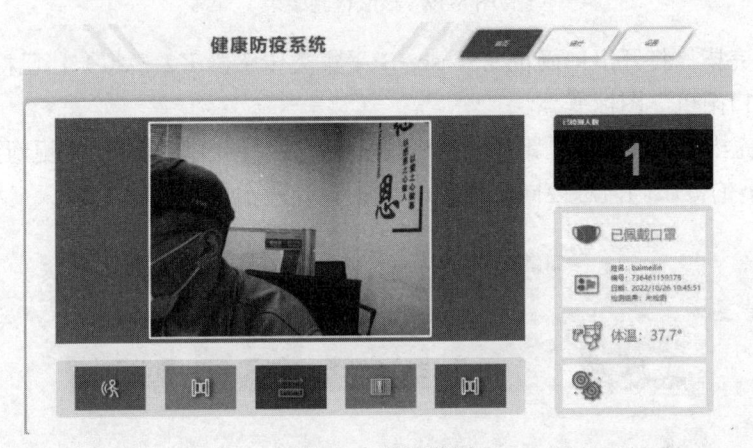

图 8-47　体温监测

（5）体温测量完毕后，进行核酸采样。通过光栅传感器（Sensor-C 安防类传感器光栅传感器模拟）监测人员是否靠近核酸采样工位，检测到光栅遮挡，"光栅图标"变亮，控制机械臂（Sensor-B 控制类传感器电机传感器模拟）进行核酸采样，并显示检测结果（核酸结果是随机数产生：阴性 80%、阳性 10%、密接 10%），如图 8-48、图 8-49 所示。

图 8-48　核酸检测

图 8-49　核酸检测结果

（6）检测完毕，打开出口闸机（Sensor-B 采集类传感器 K2 模拟）让已检测人员离开防疫检测站，"出口闸机"图标变亮。

（7）检测完毕后，将数据更新到防疫检测站数据库，同时将检测结果更新到用户数据库，用户端手机 App 的健康码信息会同步更新，如图 8-50 所示。

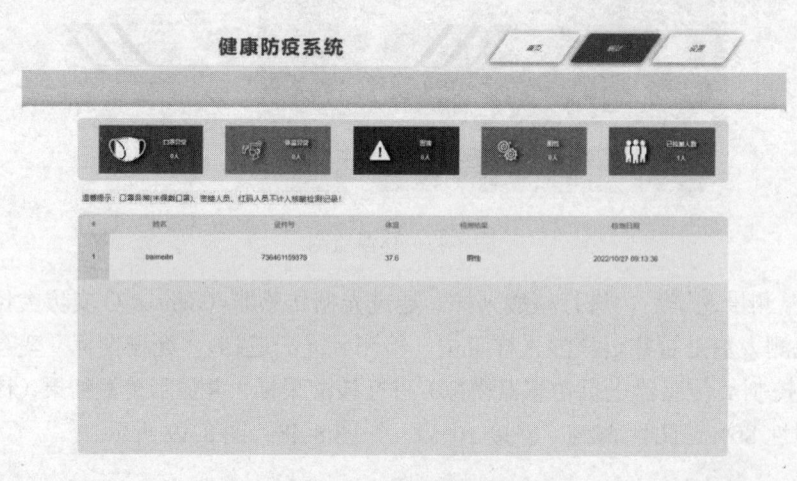

图 8-50　数据更新结果

单 元 测 试

一、单项选择题

1. 门禁系统又称出入管理控制系统，是一种管理人员进出的智能化管理系统。下列不属于智慧门禁系统主要功能的是（　　）。

　　A．人脸识别开锁　　　　　　　　B．刷卡开锁
　　C．监控报警　　　　　　　　　　D．密码开锁

2. 智慧门禁系统的硬件层是由无线节点和（　　）传感器组成的。
   A. Sensor-A 采集类传感器、Sensor-B 控制类传感器、Sensor-C 安防类传感器
   B. Sensor-A 采集类传感器、Sensor-C 采集类传感器、Sensor-EL 识别类传感器
   C. Sensor-A 采集类传感器、Sensor-D 显示类传感器、Sensor-EL 识别类传感器
   D. Sensor-A 采集类传感器、Sensor-C 安防类传感器、Sensor-EH 识别类传感器

3. 下列不是智慧门禁系统主要功能的是（　　）。
   A. 展示当前环境的温度、湿度、光强、TVOC、气压
   B. 人脸识别开锁
   C. 刷卡识别交互
   D. 火情监测

4. 基于 AiCam 的智慧门禁系统需要添加模型和算法文件，下列不属于需要添加的模型、算法文件的是（　　）。
   A. /face_det.bin/face_det.param
   B. /face_rec.bin/face_rec.param
   C. /face_recognition.py
   D. /person_detector.bin/person_detector.param

5. 智慧安防系统是一套典型的边缘应用场景，包含硬件层、边缘层、应用层，下列关于智慧安防系统说法不正确的是（　　）。
   A. 它是由无线节点和 Sensor-A 采集类传感器、Sensor-B 控制类传感器、Sensor-C 安防类传感器组成一套完整的智慧安防系统硬件部分
   B. 边缘层支持应用层的边缘计算推理任务
   C. 通过 AiCam 的 ZCloud API 接口与算法层交互
   D. 应用层通过智云接口与物联网硬件层交互

6. Sensor-C 是安防类传感器，下列关于 Sensor-C 传感数据协议说法不正确的是（　　）。
   A. A0 表示人体或触摸状态，A0=1 表示有人体活动或触摸动作
   B. A3 表示火焰，A3=0 表示没有检测到火情发生
   C. A4 表示燃气，A4=1 表示没有检测到燃气泄漏
   D. A5 表示光栅，A5=1 表示检测到有阻挡

7. 下列不属于基于 AiCam 智慧安防系统算法文件的是（　　）。
   A. fire_detection.py 火焰监测算法
   B. sword_detection.py 文物监测算法
   C. face_recognition.py 人脸识别算法
   D. person_detection.py 人体监测算法

8. Sensor-D 是显示类传感器，LCD 显示出入车牌信息，数码管显示剩余车位数。下列关于 Sensor-D 数据协议说法不正确的是（　　）。
   A. A0 表示五位开关状态，1 代表 UP，3 代表 DOWN，5 代表 CENTER
   B. V1 代表车牌，显示出入车牌号
   C. V2 表示车位，表示停车场空闲车位数
   D. V3 表示模式设置，V3=2 表示停车模式

9. 下列关于 AiCam 开发流程说法错误的是（   ）。

   A．基于 AiCam 开发首先训练模型，然后采用算法计算，最后开发前端应用

   B．模型文件一般存储在 models 目录下

   C．algorithm 目录一般存储模型文件

   D．前端应用文件存储在 static 目录下

10. 下列关于基于 AiCam 智慧停车系统开发流程说法错误的是（   ）。

    A．在 AiCam 工程的配置文件添加摄像头（/config/app.json）

    B．在工程添加算法/static/edge_parking 实验前端应用

    C．在工程添加车牌识别、百度车辆检测算法

    D．基于 AiCam 智慧停车系统不需要添加手势识别、人体检测深度学习模型

11. 下列关于基于 AiCam 智慧停车系统算法交互说法错误的是（   ）。

    A．车牌识别是基于实时推理接口进行调用，采用 EventSource 接口获取处理后的视频流

    B．百度车辆识别基于单次推理接口进行调用，通过 AJAX 调用将图片数据传递给算法识别

    C．车牌识别是基于单次推理接口进行调用，采用 EventSource 接口获取处理后的视频流

    D．百度车辆识别基于实时推理接口进行调用，通过 AJAX 调用将图片数据传递给算法识别

12. 基于 AiCam 边缘算法开发主要包括实时推理和单次推理，下列说法不正确的是（   ）。

    A．实时推理返回 base64 编码的图片和结果流数据

    B．单次推理返回 JSON 数据

    C．实时推理接口主要实现了视频流的实时 AI 推理计算，并将计算的结果图像和结果数据以数据流的方式推送给应用层

    D．单次推理是对一个单独的输入样本进行一次模型推理的过程，一般立即返回结果

13. 模型接口是将深度学习模型的功能暴露给外部系统的一种方式，通常通过 Web 服务的形式实现，下列关于模型接口开发的说法不正确的是（   ）。

    A．模型接口开发是将深度学习的模型封装为可调用的服务接口

    B．模型接口开发主要由模型部署、API 设计、服务实现和接口测试组成

    C．优化模型一般放在 cpp 目录里

    D．推理结果包括目标物体坐标、类别和置信度等数据

14. 流感防疫监测系统是一套典型的边缘应用场景，包含了硬件层、边缘层、应用层，下列关于流感防疫监测系统说法正确的是（   ）。

    A．它是由无线节点和 Sensor-A 采集类传感器、Sensor-B 控制类传感器、Sensor-C 安防类传感器

B. 它是由无线节点和 Sensor-B 控制类传感器、Sensor-D 显示类传感器、Sensor-C 安防类传感器

C. 它是由无线节点和 Sensor-A 采集类传感器、Sensor-D 显示类传感器、Sensor-C 安防类传感器

D. 它是由无线节点和 Sensor-A 采集类传感器、Sensor-D 显示类传感器、Sensor-EH 识别类传感器。

15. 下列关于基于 AiCam 流感防疫监测系统说法不正确的是（　　）。

A. 流感防疫监测项目中用到了口罩检测深度学习模型，需要在工程添加对应的口罩检测模型文件

B. 流感防疫监测项目中用到了二维码识别、百度语音合成、口罩检测算法，需要在工程添加这些算法文件

C. switchTab 实时监控、并根据 val 进行不同检测功能的切换

D. 识别到正确佩戴口罩后，则打开入口闸机（Sensor-B 采集类传感器 K1 模拟）让待检测人员进入防疫检测站，入口闸机图标不会变亮

二、多项选择题

1. AiCam 支持 x86、ARM 等异构计算环境部署和离线计算推理，下列属于 AiCam 框架技术的是（　　）。

    A. Flask 服务　　　B. 边缘推理　　　C. 算法调度　　　D. 视频推流

2. 下列属于辅助驾驶系统主要功能模块的是（　　）。

    A. 自动/手动模式　　　　　　　B. 手势识别智能交互
    C. 语音识别智能交互　　　　　　D. 驾驶行为智能检测

3. 基于 AiCam 的辅助驾驶系统主要采用（　　）完成一套硬件的搭建。

    A. Sensor-A 采集类传感器　　　　B. Sensor-B 控制类传感器
    C. Sensor-C 安防类传感器　　　　D. Sensor-D 显示类传感器

4. 下列关于 Sensor-A 采集类传感器数据协议说法正确的是（　　）。

    A. A0 表示的是温度值，A1 表示的是湿度，A2 表示的是光强，其数值都是浮点型

    B. A1 表示的是湿度，A2 表示的是光强，A3 表示的是空气质量，其数值都是浮点型

    C. A4 表示大气压力，其数值类型是浮点型

    D. D0(OD0/CD0)表示上报状态，D0 的 Bit0～Bit7 分别代表 A0～A7 的上报状态，1 表示主动上报，0 为不上报

5. 辅助驾驶项目中用到手势识别深度学习模型，需要在工程添加对应的模型文件，下列属于辅助驾驶模型文件的是（　　）。

    A. /models/handpose_detection/handdet.bin

    B. /models/handpose_detection/handdet.param

    C. /models/handpose_detection/handpose.bin

    D. /models/handpose_detection/handpose.param

6. 以下属于 AiCam 框架主要特性的是（   ）。
   A. 多平台边缘部署
   B. 实时视频推送分析
   C. 统一模型调用接口和统一硬件控制接口
   D. 基于 Web 的 RESful 接口调用

7. 平台层是物联网数据的汇聚中心，也是整个物联网系统的数据中枢。下列关于平台层说法正确的是（   ）。
   A. 平台层主要解决应用层与网络层数据互操作性问题
   B. 平台层主要具有设备管理、数据管理、应用接口和服务管理等功能
   C. 平台层包含通信协议和网络设备
   D. 平台层可以进行数据的融合、管理、处理和决策支持

8. 智云平台支持海量物联网数据的接入，下列关于智云平台说法正确的是（   ）。
   A. 智云平台提供实时连接、历史数据、摄像监控、自动控制和用户数据五大应用接口供开发者使用
   B. 智云平台提供 JavaScript 接口库，用户直接调用相应的接口即可完成简单 Web 应用开发
   C. ZXBee 数据通信协议对物联网整个项目从底层到上层数据段作出了定义，采用 JSON 数据格式
   D. 智云的业务管理平台是基于 B/S 架构的后台分析管理系统，支持 Web 对数据中心进行管理和系统运营监控

9. 下列关于基于 AiCam 智慧门禁系统开发说法正确的是（   ）。
   A. 刷卡识别基于实时推理接口调用，采用智云的 rtc 接口库中的 sendMessage 接口向硬件发送控制指令去控制门锁
   B. inputPassword(val,type)函数主要用输入密码、删除密码、解锁密码
   C. AiCam 工程添加人脸检测模型文件 face_det.bin/face_det.param、人脸识别模型 /face_rec.bin/face_rec.param
   D. 通过物联网云平台的应用接口 ZCloud API，实现与智慧门禁系统硬件的连接和互动，最终显示在应用层，并与用户交互

10. 下列关于智慧安防系统说法正确的是（   ）。
    A. 人体检测基于实时推理接口进行调用，当检测到光栅传感器报警时，通过 EventSource 接口获取处理后的视频流，数据返回为 base64 编码的图片和结果数据
    B. 人体检测基于实时推理接口进行调用，采用 EventSource 接口获取处理后的视频流，数据返回为 base64 编码的图片和结果数据。当振动传感器监测到振动时进入人体检测模式并警报
    C. 刷卡识别基于实时推理接口进行调用，采用智云的 rtc 接口库中的 sendMessage 接口向硬件发送控制指令，控制门锁
    D. 人脸识别基于实时推理接口进行调用，采用 EventSource 接口获取处理后的视频流，数据返回为 base64 编码的图片和结果数据

11. 下列关于基于 AiCam 智慧停车系统说法正确的是（　　）。

　　A. 车牌识别交互，将磁铁靠近 Sensor-C 的霍尔传感器（用于模拟有车辆进出），检测到磁感应后上报 1 警报数据，此时应用界面中车辆图标变成绿色，表示有车辆进入

　　B. showModal(type,img)根据传入的 type 判断显示的模态框及数据

　　C. getConnect()表示建立智云实时连接服务，监听数据并处理

　　D. result_data 算法返回车辆类型识别后的车辆类型名和相应数量

12. 模型接口是指将深度学习模型的功能暴露给外部系统的一种方式，下列关于模型接口开发的说法正确的是（　　）。

　　A. 优化模型一般存储在 models 目录下

　　B. cpp 目录是模型接口

　　C. .param 文件是神经网络结构说明

　　D. .bin 文件是神经网络权重参数文件

13. 下列关于模型算法开发流程的说法正确的是（　　）。

　　A. 调用模型进行图像推理或算法 inference 方法处理图像

　　B. 应用层通过 EventSource 接口获取实时推送的算法流数据

　　C. 应用层解析流数据，提取结果图像和结果数据进行应用展示

　　D. 模型接口实现了模型的调用和推理相关方法的封装

14. 交通标志识别是通过边缘计算和计算机视觉技术自动检测及识别道路上的各种交通标志的过程，下列属于其开发流程的是（　　）。

　　A. 在 AiCam 工程的配置文件 config 添加摄像头

　　B. 在 models 目录下添加模型文件和交通标志识别

　　C. 在 algorithm 目录下添加算法文件和模型接口文件

　　D. 在 static 目录下添加前端应用文件

15. 下列关于修改工程配置文件的说法正确的是（　　）。

　　A. edge_addr: 'http://192.168.100.200:4001'表示边缘服务地址

　　B. key: '12345678'表示智云密钥

　　C. addr: 'ws://api.zhiyun360.com:28080'表示智云服务地址

　　D. baidu_secretkey:'12345678'表示百度应用 secretkey

三、判断题

1. 基于 AiCam 的智慧门禁系统中人脸识别开锁用到的推理是单次推理。（　　）
2. 边缘推理将计算能力和人工智能算法部署在网络的边缘节点。（　　）
3. 文物识别基于实时推理接口进行调用，采用 EventSource 接口获取处理后的视频流，数据返回为 base64 编码的图片和结果数据。（　　）
4. 人体检测基于单次推理接口进行调用，当检测到光栅传感器报警时，通过 EventSource 接口获取处理后的视频流，数据返回为 base64 编码的图片和结果数据。（　　）

5. 安防类传感器的振动和人体红外选项填入 1，此人体红外传感器感应到有人靠近时，人体标志和振动标志变为红色，发出警报，铃铛图标变红且蜂鸣器图标从红色变为蓝色。
（　　）

6. 智慧停车系统通过采集类传感器采集实时的环境信息，当安防类传感器的霍尔（磁感应）传感器检测到磁场（模拟车辆进入）时调用车牌识别，并在 Sensor-D 传感器显示车牌信息和计数车位数，同时用识别类传感器的 ETC 杆模拟收费杆开关。（　　）

7. AiCam 核心框架将返回的结果图像和结果数据拼接为/text/event-stream 流数据供应用调用。（　　）

8. 产业硬件设备创建方式主要有虚拟仿真和平台实际硬件。（　　）

9. 前端应用硬件控制部分采用智云 ZCloud API 接口连接到硬件系统交互。（　　）

参 考 文 献

[1] 罗佳骏. 基于视觉神经元网络计算模型及其在图像边缘检测中的应用研究[D]. 杭州：杭州电子科技大学，2015.

[2] YI H Z, WEI Z, QING F Z, et al.A Survey on Task Scheduling of CPU-GPU Heterogeneous Cluster[J]. ZTE Communications,2024, 22(3): 83-90.

[3] 郑逢斌，朱东伟，臧文乾，等. 边缘计算：新型计算范式综述与应用研究[J]. 计算机科学与探索，2020, 14（4）：541-553.

[4] 施巍松，孙辉，曹杰，等. 边缘计算：万物互联时代新型计算模型[J]. 计算机研究与发展，2017, 54（5）：907-924.

[5] 伍成豪，王维平，袁宝聚，等. 基于 ROS 多融合巡检机器人的设计[J]. 信息化研究，2024, 50（4）：73-78.

[6] 沓弋恒，牛开宇，何旭东. 基于 ROS 的智能机器人可视化自主交互系统研究[J]. 信息记录材料，2024, 25（7）：80-82.

[7] 韩宇，张磊，吴泽民，等. 基于嵌入式树莓派和 OpenCV 的运动检测与跟踪系统[J]. 电视技术，2017, 41（2）：6-10.

[8] 李雅梅，杨顺，李新春. 单片微机多任务处理能力分析[J]. 辽宁工程技术大学学报：自然科学版，2002, 21（3）：342-343.

[9] 严萍，张兴敢，柏业超，等. 基于物联网技术的智能家居系统[J]. 南京大学学报：自然科学版，2012, 48（1）：26-32.

[10] 吴吉义，李文娟，曹健，等. 智能物联网 AIoT 研究综述[J]. 电信科学，2021, 37（8）：1-17.

[11] 管继刚. 物联网技术在智能农业中的应用[J]. 通信管理与技术，2010（3）：24-27, 42.

[12] 徐杰. 基于 Flask 的分布式 Web 服务架构研究与应用[J]. 工业控制计算机，2020, 33（10）：101-104.

[13] 史璐璐，张索非，吴晓富. 基于 Tiny Darknet 全卷积孪生网络的目标跟踪[J]. 南京邮电大学学报：自然科学版，2018, 38（4）：89-95.

[14] 李珣，刘瑶，李鹏飞，等. 基于 Darknet 框架下 YOLO v2 算法的车辆多目标检测方法[J]. 交通运输工程学报，2018, 18（6）：142-158.

[15] 刘瑶. 改进 Darknet 框架的多目标检测与识别方法研究[D]. 西安：西安工程大学，2019.

[16] 刘明旺. 基于 YOLOv3 的国内交通标志识别及嵌入式实现[D]. 海口：海南大学，2020.

[17] ROSS G, JEFF D, TREVOR D, et al. Rich feature hierarchies for accurate object detection and semantic segmentation[C]. Piscataway: IEEE Computer Society, 2014.

[18] 张新航，张雅茹，麻振华，等. 基于深度学习方法的 YOLO 目标检测综述[J]. 长江信息通信，2024，37（8）：52-56.

[19] 米增，连哲. 面向通用目标检测的 YOLO 方法研究综述[J]. 计算机工程与应用，2024，60（21）：38-54.

[20] Redmon J, Divvala S, Girshick R, et al. You only look once: unified, real-time object detection[C]. Piscataway: IEEE Computer Society, 2016.

[21] LE C Y, BENGIO Y, HINTON G. Deep learning[J]. Nature, 2015, 521(7553): 436-444.

[22] 刘俊奇，涂文轩，祝恩. 图卷积神经网络综述[J]. 计算机工程与科学，2023，45（8）：1472-1481.

[23] 刘艳娇. 基于 CenterNet 和 ResNet 的三阶段自然场景车牌识别[D]. 兰州：兰州大学，2022.

[24] 唐璐，赵英. 基于深度学习的图像分割技术研究综述[J]. 电脑知识与技术，2023，19（23）：30-32.

[25] 李梦怡，朱定局. 基于全卷积网络的图像语义分割方法综述[J]. 计算机系统应用，2021，30（9）：41-52.

[26] 赵丹，郭姗姗，计尚冉，等. 基于改进 AlexNet 的红外图像行人姿态识别[J]. 廊坊师范学院学报：自然科学版，2024，24（1）：23-28.

[27] 赵小明，杨轶娇，张石清. 面向深度学习的多模态情感识别研究进展[J]. 计算机科学与探索，2022，16（7）：1479-1503.

[28] 周腾. 基于 RBF 神经网络的车牌识别技术的研究[D]. 哈尔滨：哈尔滨理工大学，2012.

[29] 薛亚清. 面向车路协同的多目标追踪方法研究与设计[D]. 北京：北京邮电大学，2022.

[30] PASSARELLA L S, MAHAJAN S, PAL A, et al. Reconstructing high resolution ESM data through a novel fast super resolution convolutional neural network (FSRCNN)[J]. Geophysical Research Letters, 2022, 49(4): 3-2.

[31] SINHA D, EL-SHARKAWY M. Thin mobilenet: An enhanced mobilenet architecture[C]//2019 IEEE 10th annual ubiquitous computing, electronics & mobile communication conference (UEMCON). 2019: 280-285.

[32] JIANG P, ERGU D, LIU F, et al. A Review of Yolo algorithm developments[J]. Procedia computer science, 2022, 199: 1066-1073.

[33] 蔡莉，王淑婷，刘俊晖，等. 数据标注研究综述[J]. 软件学报，2020，31（2）：302-320.

[34] 尹明朗，寇家庆，张伟伟. 一种高泛化能力的神经网络气动力降阶模型[J]. 空气动力学学报，2017，35（2）：205-213.

[35] JOCHER G, CHAURASIA A, STOKEN A, et al. ultralytics/yolov5: v6. 1-tensorrt, tensorflow edge tpu and openvino export and inference[J]. Zenodo, 2022.

[36] 杨肖，袁锐波，李兆旭，等. 改进 YOLOv4 的蚕豆苗检测算法及 TensorRT 加速[J]. 重庆理工大学学报：自然科学，2023，37（3）：312-320.

[37] MANCA F, RATTO F, PALUMBO F. ONNX-to-Hardware Design Flow for Adaptive Neural-Network Inference on FPGAs[C]. Heidelberg: Springer-Verlag, 2024: 289.

[38] SÜZEN A A, DUMAN B, SEN B. Benchmark analysis of jetson tx2, jetson nano and raspberry pi using deep-cnn[C]. Piscataway, IEEE Computer Society, 2020.

[39] IMAMBI S, PRAKASH K B, KANAGACHIDAMBARESAN G. PyTorch[J]. Programming with TensorFlow: solution for edge computing applications, 2021: 87-104.

[40] 贾小军，喻擎苍. 基于开源计算机视觉库 OpenCV 的图像处理[J]. 计算机应用与软件，2008（4）：276-278.

[41] 聂文都，蔡锦凡. 基于 OpenCV 与 SVM 的车牌识别方法[J]. 计算机与数字工程，2021，49（6）：1244-1247，268.

[42] 韦琪. 基于颜色与形状特征融合的物体识别方法研究[D]. 长春：东北师范大学，2019.

[43] 何婧媛，李沐阳，田原，等. 基于深度学习的人脸识别系统的设计与实现[J]. 江西科学，2023，41（2）：400-404.

[44] 李清洲，潘为刚，王书新. 基于 Python-OpenCV 的车牌识别系统[J]. 单片机与嵌入式系统应用，2020，20（9）：59-62.

[45] 杜秀君，舒成业. 人工智能门禁系统在智慧社区中的实践应用[J]. 建筑科学，2022，38（9）：195-196.

[46] 车辉，杨波，刑慧芬. 基于物联网的智慧门禁系统设计与实现[J]. 智能物联技术，2021，4（4）：6-10.

[47] 张玮玮，钱中阳，崔袁丁. 城市智慧停车系统关键技术研究[J]. 建筑电气，2019，38（5）：22-25.

[48] 张明慧，史小辉. 城市智慧停车解决方案及应用案例[J]. 计算机应用与软件，2021，38（6）：345-349.

[49] 孙入川，刘钰，王健，等. 区域健康智能防疫系统设计与实现[J]. 福建电脑，2021，37（8）：43-46.